"十四五"普通高等教育本科部委级规划教材

江苏省高等学校重点教材（编号：2021-2-240）

现代食品检测技术

Xiandai Shipin Jiance Jishu

赵希荣 毕艳红 ◎ 主编

U0286653

中国纺织出版社有限公司

内 容 提 要

本书围绕食品的化学、物理、生物等特性开展相关分析，分为四篇，34 章。第一篇，共 7 章，介绍食品物理性质分析；第二篇，共 20 章，介绍现代仪器分析；第三篇，共 5 章，介绍基于食品感官评定的计算机辅助检测；第四篇，共 2 章，介绍食品微生物快速检测。

本书可作为食品科学与工程专业应用型本科教材或参考书，也可作为各类食品从业人员的参考用书。

图书在版编目（CIP）数据

现代食品检测技术 / 赵希荣，毕艳红主编 . -- 北京：中国纺织出版社有限公司，2023.11

"十四五"普通高等教育本科部委级规划教材

ISBN 978-7-5229-0265-4

I. ①现… II. ①赵… ②毕… III. ①食品检验—高等学校—教材 IV. ①TS207.3

中国版本图书馆 CIP 数据核字（2022）第 250134 号

责任编辑：闫 婷　　责任校对：江思飞　　责任印制：王艳丽

中国纺织出版社有限公司出版发行
地址：北京市朝阳区百子湾东里 A407 号楼　邮政编码：100124
销售电话：010—67004422　传真：010—87155801
http://www.c-textilep.com
中国纺织出版社天猫旗舰店
官方微博 http://weibo.com/2119887771
三河市宏盛印务有限公司印刷　各地新华书店经销
2023 年 11 月第 1 版第 1 次印刷
开本：787×1092　1/16　印张：23.75
字数：532 千字　定价：68.00 元

凡购本书，如有缺页、倒页、脱页，由本社图书营销中心调换

普通高等教育食品专业系列教材
编委会成员

《现代食品检测技术》
编委会成员

前　言

党的二十大举旗定向，擘画未来，对全面建设社会主义现代化国家，全面推进中华民族伟大复兴做出重要部署，明确将食品安全纳入国家安全、公共安全统筹部署，要求"强化食品药品安全监管"。聚焦保安全守底线，食品安全直接关系民生福祉、产业发展、公共安全和社会稳定。从确保国家安全和社会稳定出发，始终坚持风险管理，预防为主，全程控制，社会共治，实行全过程严管，加大风险排查治理，以"零容忍"的态度坚持守护食品安全。因此，现代食品检测技术在保障食品安全方面显得尤为重要。

进入21世纪以来，人们越来越重视食品的营养性、安全性和功能性。食品检测中对食品的功能性成分、农药及兽药残留、有毒有害物质、内分泌干扰物质等的分析精度和检测限要求越来越高；其次，作为食品生产企业和政府监管机构，对食品安全和品质的监管和控制则要求能实现现场无损检测，快速获得检测结果；第三，在食品研发过程中，对食品的感官性能、物理结构、理化性质、生物性质提出更高的要求。因此，21世纪的食品检测技术正朝着高灵敏度、高选择性、快速、自动、简便、经济、绿色、信息智能化和仿生化方向发展。将现代食品检测技术归纳总结以教材方式出版十分必要。

现代食品检测技术是食品科学与工程类相关专业本科阶段的专业课程之一，本书涉及食品安全监管、食品法律法规、食品品质控制和管理以及新型食品研发的诸多内容，涵盖物理、化学、生物和感官的检测原理、检测技术、检测方法以及检测装备。本书为应用型本科院校食品科学与工程类相关专业的本科教材，也可供相关从业人员参考。

本书由淮阴工学院赵希荣教授、毕艳红教授担任主编，齐齐哈尔大学王岩副教授，青海大学支欢欢博士，徐州工程学院冯小刚副教授，淮安市食品药品检验所陈长毅高级工程师和淮阴工学院赵立副教授、刘培博士、王小花博士、赵祥杰副教授、罗思副教授、迟永洲博士共同编写。布鲁克（北京）科技有限公司万新民工程师、安捷伦科技中国有限公司郑锋工程师提供了相关仪器信息。在读研究生潘亮、杨瑞琪、黄骏涵对本书的文字、图表进行了处理。

全书分为四篇，34章。第一篇，共7章，介绍食品物理性质分析；第二篇，共20章，介绍现代仪器分析；第三篇，共5章，介绍基于食品感官评定的计算机辅助检测；第四篇，共2章，介绍食品微生物的快速检测。

本书中使用仪器等产品样本的图片只是给读者直观的表现，若其中显示生产商的名称，并不表明编者推荐使用。

本教材得到淮阴工学院教材建设经费的资助，为江苏省重点建设教材。

现代食品检测技术涉及内容广泛，原理方法多样，限于编者的知识水平有限，教材不妥之处在所难免，恳请读者批评指正。

目　　录

第一篇　食品物理性质分析

第二篇　现代仪器分析

第三篇　基于食品感官评定的计算机辅助检测技术

教材资源总码

绪　　论

课件　　思政

随着人民生活水平的不断提高，人们越来越关注每日摄入食品的组成、品质和安全。作为特殊商品，从原料处理、生产加工和流通保藏的每个环节，食品必须做到：保证原料的安全性，生产条件和过程必须达到食品许可的要求，出厂产品满足标准的要求，食品的营养组成必须符合营养标签的要求。因此，食品自身的成分组成、外加的食品添加剂和生产环节污染的有害物质以及食品生产、流通、贮藏过程中的任何变化都是食品检测的内容和范畴。

现代食品检测的任务远远多于以往，必须重点解决以下问题：①食品安全的要求，是所有人关心的，无论是政府管理监督部门、生产企业、流通企业还是消费者，都将食品安全提升到了非常重要的地位，对食品安全的关注前所未有；②食品法律法规的要求，如生产许可证、营养标签、食品标准、国家食品安全标准、原材料的检验分级等环节都要求对食品进行检验；③食品品质的控制，所有食品都需要分析原材料、加工半成品到最终产品的各种特性（即化学成分、微生物含量、物理特性、感官特性），已成为食品质量管理不可或缺的一部分；④新型食品的研究和开发，无论是对其组成的定性定量分析，还是对食品结构的鉴定，或是感官评定的认可，都需要食品检测的支撑。

现代食品检测要求对检测方法的合理性、分析方法的选择进行速度、精确度、准确度、稳健性、特异性和灵敏度等关键因素的优化。必须对正在分析特定食品基质的方法进行验证，以确保该方法的有用性。

第一节　现代食品检测技术的范畴

化学是研究物质的组成、结构、性质及其相互变化的一门基础学科，分析化学是研究获得物质分析组成、含量、结构和形态等化学信息的分析方法及理论的一门科学，即表征与测量的科学。其主要任务涵盖：定性分析——分析鉴定物质的化学组成；定量分析——测定物质中相关组分的相对含量；结构与形态分析——表征物质的结构（化学结构、晶体结构、空间分布）和存在形态（价态、配位态、结晶态）等；动态分析——表征组成、含量、结构、形态、能态的动力学特征，确定物质的结构及其与物质性质之间的关系等。

分析化学（analytical chemistry）分为化学分析（chemical analysis）与仪器分析（instrumental analysis）两大分析方法。其中，仪器分析就是利用能直接或间接地表征物质的各种特性（如物理性质、化学性质、生理性质等）的实验现象，通过探头或传感器、放大器、信号读出装置等转变成人可直接感受的、已认识的关于物质成分、含量、分布和结构等信息的分析方法。也就是说，仪器分析是利用各种学科的基本原理，采用电学、光学、精密仪器制造、真空、计算机等先进技术探知物质化学特性的分析方法。一般使用较复杂或特殊的仪器和设备通过测量光、电、磁、声、热等物理量而得到分析结果，所以称为"仪器分析"。

与经典分析化学密切相关的概念是定性分析系统、重量法、容量法、溶液反应、四大平衡、化学热力学，而与现代分析化学密切相关的概念是化学计量学、传感器过程控制、自动化分析、专家系统、生物技术和生物过程，以及分析化学微型化所要求的微电子学、显微光学和显微工程学等。现代分析化学已经远远超出化学科学的领域，正把化学与数学、物理学、计算机科学、生物学结合起来，发展成为一门多学科性的综合性科学。现代食品检测技术就是将现代分析化学、感官评价技术、生物检测技术等应用于食品品质和安全性分析的技术。

食品是指原料不经加工或经过加工或改变性状，具有一定营养价值、对人体无害、可供人类食用的物质。由于食品与人们的日常生活和身心健康密切相关，食品质量和安全的评价一直是重要研究课题。

一、食品质量与安全的定义

质量是客体的一组固有特性满足要求的程度。优质的食品质量包括感官特性、营养价值（化学成分）、机械特性、功能特性。外观、色泽、风味和质地是食品感官质量的关键因素。食品的质量通常与味道有关，因为不受欢迎的味道通常表明食物的变质。味道、风味和消费者偏好之间的关系是保持和提高客户满意度的关键。

如新鲜水果和蔬菜的质量因素包括：

（1）卫生检疫因素：（a）检疫：寄生虫（幼虫、蛹、成虫）；（b）消费者安全：天然毒物、污染物、霉菌毒素（真菌等）、微生物污染物。

（2）外观：（c）重量、体积和尺寸；（d）规律性、长度、直径；（e）表面质地：光滑度、蜡感、光泽度；（f）颜色：均匀性、强度、光谱；（g）生理：褐变、遗传缺陷等。

（3）质地和风味因素：（h）质地：紧实度、多汁度、纤维度；（i）风味：甜味、酸味、异嗅、异味等。

（4）营养：碳水化合物、脂类、蛋白质、矿物质、维生素、功能活性成分等。

《中华人民共和国食品安全法》第十章附则第九十九条规定：食品安全指食品无毒、无害，符合应当有的营养要求，对人体健康不造成任何急性、亚急性或者慢性危害。食品（食物）的种植、养殖、加工、包装、储藏、运输、销售、消费等活动符合国家强制标准和要求，不存在可能损害或威胁人体健康的有毒有害物质以导致消费者病亡或者危及消费者及其后代的隐患。

食品安全标准涉及：①食品相关产品的致病性微生物、农药残留、兽药残留、重金属等污染物质以及其他危害人体健康物质的限量规定；②食品添加剂的品种、使用范围和用量；③专供婴幼儿的主辅食品的营养成分要求；④对与营养有关的标签、标识、说明书的要求；⑤与食品安全有关的质量要求；⑥食品检验方法与规程；⑦其他需要制定为食品安全标准的内容；⑧食品中所有的添加剂必须详细列出；⑨食品中禁止使用的非法添加的化学物质。

食品质量和安全检测作为在食品和农业领域采用的食品质量和安全检测手段，覆盖了从原材料和加工过程控制，到成品检验及产品销售的全过程。食品质量和安全指标可以是静态的，也可以是动态的。

二、食品自身和外源性物质的组成和性质——静态分析

从物理状态来看，食品样品可能是均质的，即在样品内的任何地方都具有相同的化学成分。如盐水、纯香草布丁和纯牛奶巧克力棒。然而，大多数食品样品是非均质的，样品内的成分因区域而异，食品的物理性质和均质性是影响食品特性的重要方面。

从食品食用体验来看，食品的色香味、质构是可以被人所感知的，感官性状分析无疑是食品分析中特有的分析方法。果蔬细胞的微观结构特征包括其形状、尺寸、机械性能、细胞间隙尺寸和细胞膨压等，均与其脆度相关，因此研究果蔬的微观结构特征可以从一定程度上了解不同品种果蔬间脆度的差异性。当果蔬受到压力时会发生破裂，导致细胞壁进一步松弛，结构瓦解。因此，感官评定分析的仪器化、自动化和拟人化是现代食品仪器分析涉足的内容之一。

食品的化学组成、性质和变化是食品分析检测的重点。从营养角度来看，随着食品功能性日益获得青睐，食品营养素的研究已经从常量向微量方向发展，$\mu g / L$、ng / L 级的功能活性成分不断涌现，对食品营养素的检测要求不断提高。从体现食品特征的风味物质和浓度看，如世界六大蒸馏酒中，白兰地风味成分约 400 种，威士忌约 100 种，朗姆酒约 180 种，伏特加、杜松子酒低于 100 种，而中国白酒已发现的风味成分多达 1874 种，包括酸、酯、醇、醛、羰基化合物、芳香族化合物、吡嗪类化合物、萜烯类化合物、呋喃化合物、含氮化合物、含硫化合物等，若干痕量香气物质含量仅有纳克级。

从食品安全来看，在极其复杂的基质中检测多种有害物质（十几甚至几十个组分），如农兽药残留等化学污染物、有毒有害元素、致病菌、生物毒素以及转基因食品等，且含量又极低（微克级、纳克级）的有毒有害残留物或污染物已经成为食品检验部门的基本任务。

食品的生物特性，无论从有益的益生菌还是危害人类健康的各种致病菌等，都是现代食品检测技术中的研究内容。

三、食品加工和保藏过程的动态变化

现代食品工业要求对食品在生产加工、保藏过程的动态变化进行分析，因为有的中间组分瞬间消失，也可能快速反应生成了新的物质，因此对动态分析有了更高的、更加严格的要求。

在食品加工过程中不断发现新的有害物质，如在咖啡中发现了丙烯酰胺（acrylamide），这是咖啡豆在烘烤过程中产生的一种化学物质，动物实验证明这种物质会破坏 DNA，并引发癌症。如人造奶油中所含的反式脂肪酸、美拉德反应最终产物类黑精等安全性问题都是倍受关注的课题。

现代食品加工和保藏过程中，导致食品安全事故的原因越来越复杂，有一些致病源找不到合适的检测方法和相应的检测标准，带来了巨大的隐患。

消费者对当日市场供应的新鲜果蔬的安全性心存疑虑，迫切要求可快速检测农药残留等有害物质的分析方法，促生了快速检测方法的飞速发展；针对功能性成分得率极低，数量有限，无法满足所有分析要求的问题，要求在检验过程中对样品无任何破坏作用，以备其他分析用；食品生产过程中要求对已包装好的食品进行异物分析或者运输过程中对食品进行无损检测。

因此，评价食品营养品质及其安全性与现代仪器分析密不可分，且外延还在不断扩大，

也要求检测技术与相应的仪器设备不断地提升，只有对食品先进检测技术、方法和设备不断进行深入研究，才能适应新形势下对食品质量和安全的要求。

第二节 现代食品检测技术的分类

现代食品检测技术涵盖的分析方法很多，目前至少有数十种。每一种分析方法依据的原理不同，测量的参数不同，操作过程及应用情况也不同。传统食品分析中采取的是分析对象的分类方法，并不适合现代食品检测技术的分类。

测定食品质量和安全参数的方法可大致分为两种：分析或客观方法、感官或主观方法。这两种方法各有优缺点。分析或客观方法基于产品属性，而感官或主观方法则以消费者为导向。当然，食品安全方面的参数不能通过感官方法来测定。

感官属性随感官评价小组、区域、文化、社会等因素的变化而变化。测定质量的实际感官方法更适合于特定区域采用，而客观评估方法有助于开发用于测量特定质量属性的特定仪器。客观方法也可以分为两种：一种是破坏性方法，另一种是非破坏性方法。大多数破坏性方法使用小样本，并在测试过程中消耗它们，经测试过的样品不能被食用。破坏性方法通常是化学分析方法。在无损方法中，样品或大量材料保持原样。它是非破坏性的，因为样品不会被破坏，可保持完好以备将来使用。

为了更加科学地进行分类，本书从食品的物理、化学、感官和生物的性质和变化出发，按照检测方法的原理进行分类，可以分为食品物理性质（参数）分析技术、仪器分析技术（电化学分析、光谱分析、色谱分析等）、食品感官评定计算机辅助检测技术、生物检测技术等分析方法（见下表）。

现代食品检测技术的分类

方法类型		测量参数或相关性质	相应的分析方法
食品物理性质分析方法		表面形貌分析	电子显微镜、扫描电子显微镜、电子探针显微分析、扫描探针显微镜、场离子显微镜
		表面成分分析（能谱）	X射线光电子能谱、俄歇电子能谱、离子散射谱、二次离子质谱、电子探针
		表面结构分析	X射线散射、电子衍射、低能电子衍射、光电子衍射、中子衍射
		颗粒尺寸测定	低角度激光散射、动态光散射、照片沉淀
		力学	流变学
		热分析	热重分析法、差热分析法、差示扫描量热分析法
		电学性质	介电常数、电学检测
现代仪器分析	电化学分析	电位	电导分析、电位分析
		电流	电流分析
		电阻	库仑分析
		电量	极谱分析

方法类型		测量参数或相关性质	相应的分析方法
现代仪器分析	色谱分析	两相间的分配	气相色谱、液相色谱、凝胶色谱、离子色谱、毛细管电泳色谱
	光谱分析	辐射的发射	原子发射光谱、X 射线荧光、拉曼光谱等
		辐射的吸收	原子吸收光谱、红外光谱、可见-紫外光谱、核磁共振等
	质谱	离子的质量电荷比	无机质谱、有机质谱
食品感官评定计算机辅助检测技术		视觉	视觉计算机辅助技术
		视觉	色差分析
		味觉	电子舌
		嗅觉	电子鼻
		力学	质构分析，流变学
生物检测技术		DNA 片段扩增	PCR 基因扩增技术
		核酸碱基互补配对	核酸探针检测技术
		生物分子的亲和反应	生物芯片技术
		抗体和抗原	免疫学检测技术
		识别化学分子的生物材料和信号放大器	生物传感器
		基于表型、基因型、蛋白	现代微生物自动鉴定系统

第三节　现代食品检测技术的仪器设备构成

一、分析仪器的基本构成

进行现代食品检测时，一般需要使用各种各样的分析仪器，不管是何种类型的分析仪器，一般都是由信号发生器、信号检测器或传感器、信号处理器和信号读出装置 4 个基本部分组成。

1. 信号发生器

信号发生器使样品产生信号，信号源可以是样品本身，如气相色谱仪、液相色谱仪测试时所使用的的样品；也可以是样品和辅助装置，如核磁共振仪测试时的样品和射频发生器产生的微波辐射，透射电镜测试时的样品和电子束等。

2. 信号检测器或传感器

信号检测器或传感器是将某种类型的信号转变成可以测定的电信号的器件，是非电信号实现电测不可或缺的部件。如气相色谱仪中的氢火焰检测器、热导检测器，凝胶色谱中的示差检测器、多角度激光光散射检测器等。

3. 信号处理器

信号处理器是一个放大器，是将微弱的电信号放大，便于读出的装置。

4. 信号读出装置

信号读出装置将信号处理器放大的信号显示出来，如表针、显示器、打印机记录仪等或用计算机处理。

二、仪器的参数要求

食品样品的性质和拟分析的具体原因通常决定了分析方法的选择，而速度、精密度、准确度、稳健性、特异性和灵敏度通常是方法选择的关键因素。为特定应用选择合适的分析技术需要对各种技术有全面清晰的了解，对仪器要求如下。

1. 稳定性好

样品峰的保留时间误差小于1%（气相色谱）或2%（液相色谱）。峰面积误差小于1%。质谱仪扫描质量数误差小于0.1 amu。

如气相色谱要求载气压力稳定，尤其在程序升温时稳定；仪器各部分温度稳定或程序升温，重复性好。液相色谱仪输液泵流量准确并稳定，各种洗脱液混合均匀、比例准确；梯度洗脱时根据要求改变各种流动相的配比，重复性好。

2. 灵敏度满足分析要求

目前对于禁用药物及化学品，安全标准一般为仪器的检测下限，此下限是根据仪器的指标所定。准许使用的药物及化学品，仪器灵敏度要低于最大允许残留限量的一个数量级。如我国规定原粮中敌敌畏最大允许残留限量为0.1 mg/kg，要求分析方法的检出限为0.01 mg/kg。如果分析时样品浓缩10倍，回收率为80%左右，则要求仪器检出限在0.08 mg/kg。若仪器灵敏度很高，对此样品的检测下限为5 pg，即进样1 μL时可检出浓度为0.005 mg/L的敌敌畏，样品就无须浓缩10倍了，这样给样品的净化减轻了压力。

3. 仪器经久耐用

一台仪器的寿命一般为10年；各项技术指标如仪器的灵敏度、稳定性要保持10年以上。如仪器的密封圈、垫片要耐高温、耐腐蚀等。

4. 自动化程度高

在样品的前处理、自动进样和数据处理方面，均能实现自动化，提高效率。

5. 易用性好

仪器设备的使用界面友好，符合中国人的使用习惯。

6. 其他要求

符合良好实验室规范（GLP）的仪器更适合于未来认证实验室的要求，安全环保，防止实验室的二次污染，充分保护分析人员的健康。

第四节　现代食品检测技术的基本特点

为了确保食品的质量和安全，分析食品的物理、化学和感官特性，微生物和化学污染物以及毒性非常重要。因此，始终需要有效且可靠的分析方法。现代食品检测技术是现代分析学科的一个特殊分支，是体现学科交叉、科学与技术高度结合的一个综合性极强的学科分支，提供各种技术来识别食品的成分、结构、物理、化学、营养、感官和生物特性。现代食品检测技术呈现出自动化、微型化、多功能、智能化、网络化分析的发展趋势等特点。

一、灵敏度高，样品用量少，在低浓度下的分析准确度较高

对分析检测灵敏度的要求不断提高，"不得检出"这种限量要求催生了一代又一代高灵敏度的分析仪器。例如，原子吸收分光光度法测定某些元素的绝对灵敏度可达 10^{-14} g，电子光谱甚至可达 10^{-18} g，串联质谱与色谱的联机尤为突出。

二、方便、快速、自动化、网络化

发射光谱分析法在 1 min 内可同时测定水中 48 种元素。可做即时、在线分析控制生产过程，自动监测与控制，省去了繁多的化学操作过程。随着自动化、程序化程度的提高，操作将更加简化。能进行多信息或特殊功能的分析，有时可同时定性、定量分析，有时可同时测定材料的组分比和原子的价态。

三、运用现代数学和生理学

现代食品检测技术在检测食品样品时，由于信息量巨大、冗余量多，不利于数据的降维和快速检测，所以，采用优化和改进传统的分析方法，例如主成分分析（PCA）、独立成分分析（ICA）、偏最小二乘法（PLS）、人工神经网络（ANN）、支持向量机（SVM）等，或提出一种集成有效的算法，来提高预测模型与实际值之间的相关性和精准度，提高食品检测系统的数据处理能力。

四、实时在线、非侵入、非破坏的食品无损检测技术

可进行无损分析：有时可在不破坏试样的情况下进行测定。有的方法还能进行表面或微区分析，试样可回收。关键响应参数的快速测定以及不以任何方式破坏食物是至关重要的。立即和无损地测定食物参数的仪器是发展趋势，使用各种技术，如机器视觉系统、X 射线、CT、超声、近红外（NIR）光谱、傅里叶变换（FT）、NIR、中红外、FTIR、电子鼻等进行了大量工作。

五、生物技术在食品检测中占据越来越重要的地位

生物技术已广泛应用于食品检测中，不仅能监测食品安全，还能多层次、全方位地监督食品生产的各个环节，对食品全过程进行检验。通过生物技术原理，根据生物相关的特性，对食品品质与安全作出精密、准确的判断。这种覆盖性与高效率，是其他检验技术无法做到的。同时，生物技术还能检测微生物，及时发现存在的不合格食品并剔除，避免人们因食用不合格食品而对身体健康造成威胁。生物技术还能检测农药残留和重金属。生物技术具有操作简易、灵活性强、成本低、绿色环保等优点。

酶联免疫法在超微量农药残留分析检测以及现场快速检测等方面的技术逐渐完善，在食品检验方面具有广阔的应用前景和开发潜力。特异性强的重组抗原可以进行多项标记的全自动酶联免疫测定方法，如酶联免疫试剂盒可快速、准确地检测饲料及畜产品中残留的三聚氰

胺；胶体免疫层析技术可检测饲料食品中的真菌毒素；纳米传感器可在不破坏食品包装的情况下实现对食品包装内气体、食品中小分子和食源性致病菌等的动态监测；基于光学表面等离子共振测量方法的生物传感器技术可将盐酸克伦特罗抗原固定于表面金膜上，通过竞争抑制法监测其物质的量的微量波动，从而测得样品中盐酸克伦特罗含量。

生物芯片技术是食品检验中快速、高通量、更适用的高新检测技术。生物芯片可在单个芯片上进行高通量的检测，而且可以对样本的多个方面进行分析。可视芯片可直接用肉眼或显微镜下观察芯片杂交信号，不需要使用昂贵的荧光扫描仪，极大地降低了检测成本。芯片实验室是一种高度集成的便携式生物系统，包括从生物样品的制备到生物活性物质的分离、浓缩、扩增、检测分析及结果显示等都会在一块芯片上体现，从而使现有烦琐的、不精确的生化分析过程实现微型、连续、自动化，检测结果更加准确和客观。

第五节　现代食品检测技术的发展趋势

现代食品检测技术的发展与现代分析学科和食品科技的发展密不可分，食品工业对现代食品检测技术的要求越来越高，同时又不断地输入新理论、新方法和新技术，在多功能化、集成化、自动化、微型化、模块化、智能化方面不断创新，为食品质量与安全研究提供强有力的硬件支持。现代食品检测技术呈现以下发展趋势：

1. 仿生化

化学传感器在向小型化、仿生化发展，例如生物芯片、化学和物理芯片以及嗅觉和味觉（电子鼻和电子舌）、鲜度等食品检测传感器的发展。

2. 超高灵敏度

提高信噪比是提高一切分析方法和仪器灵敏度的关键，痕量与超痕量分析（ng/g 至 pg/g 以及 fg/g 和 ag/g，甚至 zg/g）是现代食品检测技术的重要方向。各种选择性检测技术和多组分同时分析技术是当前分析研究的重要课题。

3. 分析仪器智能化

微型计算机不仅可以运算分析结果，而且可以储存分析方法和标准数据，控制仪器的全部操作，实现分析操作自动化和智能化。

4. 新型动态分析检测和非破坏性检测

运用先进的技术和分析原理，研究并建立有效且实用的实时、在线、高灵敏度、高选择性的新型动态分析检测和非破坏性检测。目前，生物传感器和酶传感器、免疫传感器、DNA 传感器、细胞传感器等不断涌现，纳米传感器的出现为活体分析带来了可能。

5. 各种方法的联用

分离与检测方法的联用可以更高效、准确地完成检测任务，如色谱和光谱技术相结合，这两类技术的各自缺点（色谱识别缺乏可靠性及光谱技术需要高纯的分析物）与其优点互补（色谱分离的效能和光谱识别的可靠性），如 GC-MS、HPLC-MS、热分析-MS、热分析-IR、HPLC-ICP-MS 联用等。应建立仪器接口标准，有利于仪器联用。

6. 扩展时空多维信息

现代食品检测技术的发展已不局限于将待测组分分离出来进行表征和测量，而是为物质提供尽可能多的化学信息。随着人们对客观物质认识的深入，采用现代 NMR、MS、IR 等分析方法，可提供有机物分子更加精细的结构、空间排列构成及瞬态变化等信息，为人们对食品反应历程的认识提供重要基础。

7. 现代检测技术的绿色化

其目的是以环境友好的方式为实际问题提供解决方案，应着重解决以下问题：①消除或减少用于分析程序的试剂和有机溶剂的消耗；②减少有毒有害蒸气和气体的排放以及分析实验室中固体废物的产生；③从分析程序中消除具有高毒性和（或）生态毒性的试剂；④减少分析程序的试验步骤和能源消耗。

总之，现代食品检测技术是物理学、化学、生物学、计算机科学等多学科、多技术的交叉与整合的成果，是许多新机理、新方法的拓展和实践。随着科学技术的发展和进步，今后还将不断有更多的新技术、新原理、新工艺、新材料应用其中，涌现出更多、更好、更快、更方便的食品安全快速检测新技术、新方法、新装备，向快速、准确、灵敏及适应特殊分析的方向迅速发展。

思　考　题

1. 现代食品检测技术具有哪些基本特点？
2. 现代食品检测技术涵盖哪些方法？
3. 现代食品检测技术的基本原理与仪器组成都由哪些部分构成？
4. 现代食品检测技术的发展趋势如何？

第一篇　食品物理性质分析

食品是一个复杂的物质体系，物质构成复杂，结构多样，因此，食品的物理性质表现为复杂多样，主要包括表面性质、力学性质、热学性质、光学性质、电学性质等。

食品的形状、色泽、硬度、弹性、黏性、比热容、潜热等都属于食品的物理性质。由于在保藏过程中，食品物理性质的变化相对比较明显，有些可以直接凭感官判断，因此，通过分析食品在贮藏加工过程中的物理性质及其变化（如硬度、弹性和色泽的变化），是一种直观推断食品质量状况的方法。

第一章　几何属性：大小和形状

思政

随着食品工业的发展，科学家对食品分析的范围和深度都有进一步的提升，除了要了解食品的组成和含量外，还要求了解食品的尺寸、形状、组织与构造，即食品的表面和超微结构。

几何属性是指刻画对象具有的轮廓、形状，寻找能轻松量化不规则形状的手段非常重要。无论是将颗粒作为单独的个体，还是将许多颗粒看作一个系统中的整体来处理，都是如此。由连续介质包围的颗粒组成的材料体系称为分散体系，颗粒形成分散相，周围介质为连续相。颗粒的大小可以从 10^{-1} m（葡萄柚、甜瓜、马铃薯）到 10^{-6} m（乳液），再到 10^{-8} m（胶体和纳米颗粒）不等。颗粒可以是固体、液体或气体。表 1-1 概述了已知的 6 种不同类别的分散体系。

表 1-1　分散体系

分散相	连续相	分散体系	实例
固体	气体	粉末、灰尘	淀粉粉末、玉米粒
固体	液体	悬浮液	淀粉水悬浮液、番茄酱、熔化的液体巧克力
液体	液体	乳化液	蛋黄酱、牛奶、沙拉酱
液体	气体	气溶胶	雾/薄雾、喷涂涂层
气体	液体	泡沫	生奶油、冰激凌、搅打鸡蛋清
气体	固体	固体泡沫	棉花糖、面包、蛋糕

分散体系可以通过其颗粒的大小和状态来表征。根据颗粒的大小和状态，可以区分具有不同物理特性（如孔隙率、堆积密度和流动特性）的不同产品。

粒度信息对于食品研发和工业过程极为重要。平均粒度尺寸或完整的粒度分布等分析技术可提供粒度信息。因此，选择合适的分析技术进行粒度分析是第一步，其取决于所需的粒度信息以及样品的化学和物理特性。对于特定的样品和分析，每种粒度测定方法各有其优缺点。

第一节　几何属性概述

粒度通常用直径、体积或表面积描述。粒度分布反映出粉体样品中不同粒径颗粒占颗粒总量的百分数。有区间分布和累计分布两种形式。区间分布又称微分分布或频率分布，表示一系列粒径区间中颗粒的百分含量。累计分布也叫积分分布，它表示小于或大于某粒径颗粒的百分含量。

由于描述的粒子是三维的，而唯一可以用一个量来描述的三维物体是球体。一个球体若给定了直径，可以精确计算其表面积和体积。如果知道球形粒子的密度，也可以计算出它的质量。

对于非球体粒子，通常方法是假设粒子是球形的，然后像处理球形粒子一样进行处理，或者可以将测量的量转换成等效球体的量。例如，如果得到一个粒子的质量 m，可以把它等效成一个球的质量，因为 $m = \dfrac{4\pi r^3 \rho}{3}$，其中 r 是粒子半径，ρ 是粒子密度，颗粒的大小只能用其直径 $d = 2r$ 来描述。这个直径即是与粒子质量相同的球体直径。可以与表面积、体积等其他参数进行转换。

测量粒子尺寸的另一个基本问题是，使用显微镜直接测量粒子直径，不同的测量方法往往得出不同的结果。例如，粒子是立方体，直径则可能被测定为三个不同的长度，分别为边长、对角线长、体对角线长，以上 3 个长度都可作为等效球体的直径进行计算。通过显微镜得到的结果可能不同，但均是正确的。因此，不同的技术可以给出不同的粒度分布结果。

解决粒径难题的唯一合理方法是使用相同的测量技术对比粒径和粒径分布表。有时会比较不同测量程序的仪器，但通常被认为是定性的。一些测量技术也需要测定物理特性，如密度和折射率。例如，基于光散射的方法通常需要测定折射率，而基于沉积的方法通常需要测定密度。

粒径和形状对控制分散体系的物理性质，如流动性、堆积密度、孔隙率、泡沫和乳液的稳定性等，具有决定性影响。散装材料的界面表面积是暴露于分散体系中颗粒之间中空空间的总表面积。比表面积取决于粒径和形状，并且会影响分散体系的吸附、溶解或反应的动力学。对于非球形颗粒，测量粒径的方法或技术可能会影响最终结果。如果在绘图纸平面上试图绘制出芸豆的形状，很明显，绘制的颗粒形状和大小将取决于观察颗粒的方向。当尝试描绘不规则形状的食品和农产品材料形状时，情况也是如此。图 1-1 所示为以某种标准方式描述苹果、桃子和马铃薯的形状而准备的图例。此外，在一定包装中并非所有食品样品都具有相同的形状和大小，这就是为什么必须根据数学分布来处理粒径和形状的原因。

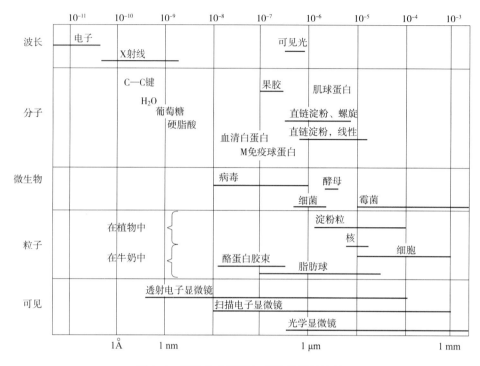

图 1-1　颗粒大小以及与其他长度的比较

在选择粒度测定技术前，通常用显微镜估测样品的大小和形状。近似球形的颗粒测得最准确。通过将颗粒悬浮于不溶的流体中，产生浓度均匀且尺寸均一的悬浮液，利用粒度测定仪进行测定。流体悬浮液会破坏任何可能导致颗粒凝结或聚集的作用力，所以选择的流体须对仪器所接触的材料具有惰性。

一、粒径

具有规则形状的颗粒，如立方体、圆柱体或球体，可以通过它们沿主轴的线性尺寸来表征。此外，具有规则几何形状固体的体积和表面积可以通过数学方程计算，所谓的等效粒径是假设尺寸，可以分配给具有相同体积或表面积的模型颗粒。

当通过显微镜观察颗粒时，只能看到颗粒在垂直于显微镜观察方向的二维平面上的投影。利用千分尺，可以在显微镜观察时估计颗粒的大小。但是，无法确定颗粒的厚度，需将粒子旋转 90°，以便可以看到的二维平面将包含（x 和 z 或 y 和 z）相互垂直的方向。

长度 a、宽度 b 和厚度 c 这三个相互垂直维度的平均值通常可用于指定使用单个特征直径颗粒的平均尺寸，可以是算术平均直径 $\dfrac{a+b+c}{3}$ 或几何平均直径 $(a \cdot b \cdot c)^{\frac{2}{3}}$。无论使用什么特征直径来指定颗粒的大小，单个颗粒的实际大小都会在粒子群内发生一定程度的变化。只有在理想或理论情况下，粒子才会具有相同的直径。通常可以假设粒子为球体。

二、比表面积

比表面积是指多孔固体物质单位质量所具有的表面积，如谷仓中的谷物、容器中的糖晶体或粉末是常见的散装颗粒材料。对于两种不同的应用，比表面积的精确定义略有不同。

（一）单个颗粒的比表面积

单个颗粒的比表面积可以基于颗粒的体积或质量。

基于体积的比表面积，方程式为 $A_V = \dfrac{A}{V}$，m^{-1}；

基于质量的比表面积，方程式为 $A_m = \dfrac{A}{m}$，m^2/kg；

已知颗粒密度为 ρ_S，则：

$$A_V = \rho_S \cdot A_m \tag{1-1}$$

式中：A——样品所有颗粒的表面积，m^2；

　　　V——样品所有颗粒的体积，m^3；

　　　m——样品所有颗粒的质量，kg；

　　　ρ_S——颗粒的密度，kg/m^3。

基于质量的比表面积取决于构成颗粒材料的密度，基于体积的比表面积仅是一个几何量。通过测量吸附值，即通过测量颗粒材料在其表面吸附参考材料的能力，可以得到基于质量的比表面积。

（二）散装材料的比表面积

由分散体系组成的散装材料中，比表面积为散装材料的单位体积或质量中的总表面积，也可以被认为是暴露于流过多孔材料的气体或流体的总内表面积。比表面积控制着多孔散装材料的渗透程度（流体流过孔隙的难易程度）。例如，通过测量经过粉末样品的气体流速和压降可以计算粉末的透气性，如果已知粉末的孔隙率，则可以计算单位体积的比表面积。这种透气性方法对于估算散装材料样品的比表面积非常有效，例如谷物、食品粉末和粉状成分。

估算散装材料或分散体系内比表面积的一种更常用的方法是首先根据代表性单个颗粒的质量（m^2/kg）估算其比表面积，然后乘以散装材料颗粒的体积密度（kg/m^3），结果是散装材料的比表面积（m^2/m^3）。

对于形状不规则的颗粒，可以使用单个颗粒的等效直径估算比表面积见式（1-2）和式（1-3）：

$$A_V = \frac{A}{V} \tag{1-2}$$

已知 $A = \pi d_A^2$ 和 $V = \dfrac{\pi d_V^3}{6}$，

$$A_V = \frac{6\pi d_A^2}{\pi d_V^3} = \frac{6 d_A^2}{d_V^3} \tag{1-3}$$

若无法获得精确的等效直径，则可以通过假设粒子具有球体形状来近似计算，$A_V = \dfrac{6}{d}$。

三、晶体的颗粒形状和尺寸

大小和形状是水果和蔬菜以及谷物和各种粉末的品质参数。部分食品粉末由单个晶体的颗粒组成，例如糖和盐。这些小晶体具有各种几何形状，取决于其化学结构和结晶方式。描述晶体材料时，必须区分晶体的形状。例如晶体具有八面体、四面体或锥体形式。晶体形状受到加工的影响，因此，晶体形状取决于结晶溶质、温度和成分。当固态晶格由固体材料的化学成分控制时，晶格的形状（锥体或八面体等）是固定的，与加工无关。另外，固体可能以不同的形态出现，即不同的晶格。通过对结晶过程的控制，可以控制晶体结构。因此，结晶颗粒的结构由其物质本身和结晶条件控制。需要控制结晶的实例包括巧克力和黄油等脂肪产品的固化、富含糖产品的固化以及涉及冰晶形成的水溶液和悬浮液的冷冻和硬化。然而，相同材料的不同固态可能具有不同的特性，例如 α-乳糖和 β-乳糖具有不同的甜度或溶解度。

（一）外形因素（球形）

食品是结晶产品时，几乎不需要区分形状和结构。配料中所有物质的形状可以用来计量，可以使用描述性术语来完成，例如"针状""片状""结块"或"形状因子"等量值。形状因子是无量纲的比率，表示给定颗粒形状与完美球体，即球状的相似度。与颗粒尺寸一样，所有颗粒的形状都不同，而是分布的。

（二）粒度分布

为了获得有关颗粒大小的信息需要测量量值。量值可以是长度，也可以是面积或体积。粒度分级通常通过筛分完成，即测量可通过给定筛子（筛网）中的开口落下的数量来对颗粒的大小进行分类。以这种方式对颗粒尺寸进行分级后，称量每个筛上的颗粒数量（质量），以获得所有颗粒的尺寸分布信息。

粒径测量仪通常基于称重（$n=3$）或计数。光散射实验基于体积，例如测量流体中的沉降（$n=3$）。估算粒径的一种方法是测量粉末的比表面积，如气体吸附。一旦形成单层，使用BET理论就可以计算固体的表面积。另一种方法是在 Blaine 之后测量粉末样品对气体（或空气）的流动阻力，声学技术基于测量样品的声阻抗。

第二节　测定方法

一、低角度激光光散射

低角度激光光散射（LALLS）技术，又称激光衍射，是测量粒径和粒径分布最常用的方法之一，该技术用途广泛，动态范围为 $0.1 \sim 2000~\mu m$，具有精度高、易用性强以及普适性等优点。测量方法是将样品暴露在一束光中，并感知粒子散射光的角度及形状，由于产生的形状具有很高的粒度特征，对光散射形状进行数学分析可以得到精确的、可重现的粒度分布形状。

（一）理论模型

大多数商用仪器在其分析软件中使用了基于米氏散射理论或夫琅和费衍射理论的光学模型。

1. 米氏理论

粒子被认为是有限物体而不是点散射体，粒子的不同区域都有散射中心，当这些粒子散射光时，米氏散射发生在直径大于入射光波长（$d>\lambda$）的粒子上。

2. 夫琅和费衍射理论

认为粒子是透明球体，且比入射光束的波长大得多，不考虑吸收和干涉效应。因此，粒子就像一个圆孔，并散射产生衍射图案。

3. 粒度分布分析

任何实际样品都存在着各种大小的颗粒，散射光的强度可以用来计算颗粒大小分布。在夫琅和费衍射的情况下，散射光的强度分布与粒子的粒径分布之间存在一定的关系。

通常分布根据体积来计算。每个粒子直径处的值表示直径小于或等于该值的粒子百分比。频率分布表示具有特定颗粒直径，通常也会给出直径范围的颗粒百分比，这些可以绘制成直方图或连续分布。

（二）仪器

典型的激光衍射仪如图 1-2 所示。连续波（CW）激光器（通常是 He-Ne 激光器）的光束被准直并通过样品且发生散射。光束随后聚焦在探测器阵列上，测量散射图案，然后根据理论模型分析散射模式，给出粒子的粒径分布。

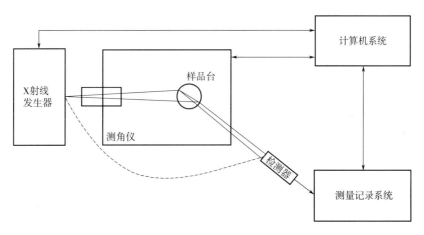

图 1-2　激光衍射仪示意图

有些仪器通过设在透镜焦点上的遮蔽探测器来监测光束中粒子浓度。如果光束中没有粒子，所有的光都会落在遮蔽探测器上。粒子一旦进入光束，会将光散射到探测器阵列的元素上。光被散射、吸收或两者削弱的比例与光束中粒子的浓度有关。

当粒子进入激光束时，光线就会以与粒子大小相关的角度散射。利用探测器采集散射光，分析散射模式。在一定范围内，一组不同大小的粒子的散射模式是单个粒子散射模式的总和。

（三）应用

激光衍射仪器在 20 世纪 70 年代首次引入，在粒度分析方面具有不同的应用，包括测量晶体生长颗粒、土壤、药品的大小分布。

二、动态光散射

动态光散射（DLS），也被称为光子相关光谱学（PCS）和准弹性光散射（QELS），是一种探测溶液动力学和测量粒子大小的强大技术。DLS 技术可以在几分钟内获得直径从几纳米到大约 5 μm 颗粒的尺寸信息。

（一）仪器

在 DLS 实验中，样品很好地分散于悬浮介质中，使用单波长的激光束照射样品。DLS 的典型仪器设置如图 1-3 所示，由激光光源、样品池、光电探测器和带自相关器的计算机组成。采用连续波激光作为光源。He-Ne 激光器（632.8 nm）和 Ar 激光器（488.0 nm 和 514.5 nm）是最常见的光源。激光束聚焦在样品池的中间，样品池中含有悬浮在液体中的目标粒子。

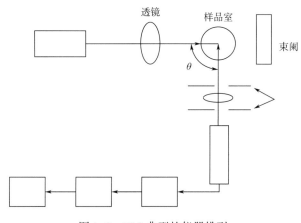

图 1-3 DLS 典型的仪器排列

一般使用试管型样品池且通常被保持恒定温度的液体包围着，这种液体的折射率与悬浮介质的折射率相当。通过轻微的震动或者超声波搅拌，样品在悬浮介质中充分分散，测定悬浮介质与分散相之间的折射率差值可计算出样品粒径。

光电倍增管（PMT）是最常见的光电探测器，PMT 输出可以通过光子计数技术处理或作为模拟光电流，然后从处理信号的相关分析中获得粒度信息。

（二）应用

DLS 技术可用于测定聚合物晶格和树脂的大小，并监测粒子在乳化和聚合过程中的生长，还广泛应用于生物聚合物和生物胶体的研究，如天然和合成的多肽、核酸、核糖体和肌肉纤维等。

三、光沉降作用

光沉降型粒度分析仪是最重要的粒度分析仪之一，通过光度法测量颗粒在液体中的沉降速率来确定粒度尺寸分布。同一材料的不同大小的颗粒在液体中剧烈搅拌，使它们分布均匀。停止搅拌后，颗粒开始沉降，最大的颗粒下落速度最快，中等尺寸的颗粒下落速度较慢，依此类推。导致颗粒沉降的力可以是重力或离心力。光沉降分析仪可以测量从 0.01～300 μm 的粒径。

（一）原理

当一个力 F 作用于溶液中的一个粒子时，该粒子就会加速。随着速度的增加，粒子由于摩擦而受到的阻滞越来越大。低速时，摩擦力用 vf 表示，其中 v 是速度，f 是摩擦系数。当速度足够大时，摩擦力等于作用力，粒子以恒定速度运动，$vf = F$，摩擦系数 f 包含颗粒大小和形状的信息。对于球形粒子，斯托克斯（Stokes）定律为 $f = 6\pi\eta r$，适用于层流条件，其中 η 是黏度，r 是粒子半径。

若斯托克斯方程式应用于沉降物颗粒大小的测量，必须假设：①粒子必须是球形的、光滑的、刚性的。对于非球形颗粒，计算的直径等效于斯托克斯直径，即相同物质球体的直径具有相同的沉降速度；②粒子的最终速度瞬间达到；③所有颗粒的密度 ρ 相同，沉降容器壁的影响可以忽略不计；④所有粒子都独立运动，不与系统中的其他粒子相互干扰或相互作用。因此，首选浓度小于 1% 的体积；⑤流体为恒定黏度的连续体，与任何速度和浓度梯度无关，近似于牛顿流体。当稀释介质是水时，这个假设是有效的。

（二）仪器

图 1-4 为通过重力或离心力实现沉降的仪器原理图，该系统由光学系统、离心机、控制电路和计算系统组成。旋转速度可自选或自动设定。速度 300 r/min 对应离心力为 8G，而 10000 r/min 对应离心力为 9000 G。绿色 LEDs（560 nm）提供源辐射。在离心模式下，光源连续照射；而在重力模式下，光源为 15 Hz 脉冲。计算机监控并发出信号来控制电机的速度。

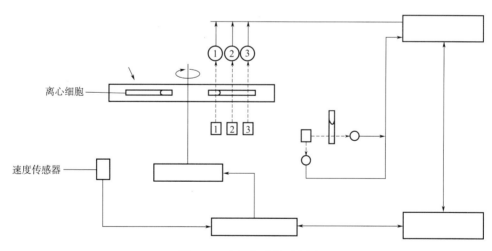

图 1-4　光沉降系统示意图

重力沉降作用适用于大粒子，不适用于直径远小于 5 μm 的粒子，需选择具有不同黏度和密度的介质。离心沉降适用于较小的颗粒。梯度模式需加速离心机。

重力沉降过程中，斯托克斯直径与时间的平方根成反比。因此，浓度与斯托克斯直径的曲线表示尺寸过小的分布。在离心沉降中，测量区以下的颗粒浓度随沉降时间呈指数下降，这通常被称为径向稀释效应。

（三）应用

光沉降法已被用于测定聚合物、药物制剂和生物材料的颗粒大小及食品生产过程中的质量控制。例如在制药行业通过吸入粉剂输送药物，如使用超临界流体控制各种化学品的粉末形成。干粉作为吸入剂使用时，颗粒大小必须控制在一个相当有限的范围内。

思　考　题

描述食品几何属性的参数都有哪些？有哪些测定几何属性的方法？

第二章　表面性质分析

食品的表面分析在食品分析中的应用日益广泛，已成为食品科学家研究食品表面现象和超微世界的形貌和成分的一把钥匙。

第一节　表面的定义

表面为固体或液体与真空、气体及液体之间接触的边界层。一般来说，表面被认为是材料的一部分，其成分不同于散装材料的平均成分。根据该定义，表面不仅包括固体的上层原子或分子，还包括具有从外层到本体的连续变化的不均匀组成的过渡层。然而，通常表面层组成的差异不会显著影响测量体积的整体平均成分，因为表面层一般只占总固体的小部分。从实际角度看，最好采用由特定测量技术采样的固体体积作为表面的操作定义。不同的表面技术实际上可能采样的是不同的表面，尽管有用，但可能得到不同的结果。

20 世纪已经开发了许多不同的方法来表征表面。经典的方法仍然很重要，可提供许多关于表面物理性质的有用信息，但很少提供其化学性质的信息。这些方法利用表面的光学和电子显微图像，以及测量吸附等温线、表面积、表面粗糙度、孔径和反射率进行表征。从 20 世纪 50 年代开始，表面光谱方法的出现，可提供表面化学性质的信息。

第二节　表面的光谱测定方法

固体或生物样品表面的化学成分通常与材料的内部或其他部分显著不同。在科学和工程等领域，表层的化学成分比材料的主体成分要重要得多。

表面的光谱测定方法提供了表面层组成的定性和定量的化学信息，表面层的组成是十分之一纳米（几埃）到几纳米（几十埃）厚。

一、表面的光谱实验

图 2-1 展示表面光谱检测的一般方法。由光子、电子、离子或中性分子组成的主光束照射固体样品，主光束对表面的影响导致形成二次光束，二次光束也由来自固体表面的光子、电子、分子或离子组成，通过光谱仪检测到二次光束。组成主光束的粒子类型不一定与组成

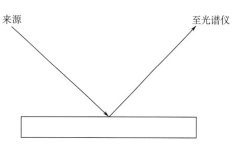

来源　　　　　　　　　　　　　　至光谱仪

图 2-1　表面光谱学的总方案

二次光束的粒子类型相同，然后用各种光谱方法研究散射、溅射或发射所产生的二次光束。

最有效的表面测定方法是那些主光束、二次光束或两者都由电子、离子或分子而不是光子组成的方法，因为这一限定确保了测量仅限于样品的表面，而不是样品的其他部位。例如，1 ke·V 电子或离子束的最大穿透深度约为 2.5 nm（25Å），而相同能量光子束的穿透深度约为 1000 nm（10^4Å）。因此，对于包含两种光子束的许多方法，如 X 射线荧光、红外反射光谱、椭圆测量或共振拉曼光谱，必须采取预防措施将测量范围限定在表面层。

二、采样表面

无论使用何种表面光谱检测方法，采样方法主要有 3 类：第一种方法是将主光束聚焦在样本的一小块区域上，并观察二次光束，通过光学显微镜视觉选择这个斑点。第二种方法是表面映射，通过测量增量的光栅模式移动主光束，并观察二次光束的变化。映射可以是线性的，也可以是二维的。第三种方法为深度分析，来自离子枪的离子束通过溅射在表面蚀刻出一个洞，同时一个更细的主光束在孔中心处产生二次光束，提供表面组成作为深度函数的分析数据。

三、表面环境

大多数表面光谱技术都需要"真空"环境。高真空条件确保所使用的粒子具有与待测表面相互作用的长的平均自由路径。在表面分析实验中，真空环境保持表面无吸附气体。表 2-1 最后 3 行给出的光子-光子技术无须高真空要求。

表 2-1　表面分析中的一些常用光谱技术

方法和缩略语	主光束	检测光束	信息
X 射线光电子光谱（XPS）或者	X 射线光子	电子	化学组成
化学分析的电子光谱（ESCA）			化学结构
俄歇电子光谱（AES）	电子或 X 射线	电子	化学组成
电子能量损失谱（EELS）	电子	电子	化学结构 吸附结合
电子微探针（EM）	电子	X 射线光子	化学组成
二次离子质谱（SIMS）	离子	离子	化学组成 化学结构
离子散射光谱（ISS）和卢瑟福背散射	离子	离子	化学组成 化学结构
激光-微探针质谱（LMMS）	光子	离子	化学组成 化学结构
表面等离子体共振（SFG）	光子	光子	薄膜的组成和浓度
和频振荡	光子	光子	界面结构、吸附结合
椭圆偏振法	光子	光子	薄膜厚度

表面分析中经常遇到的一个问题是由于吸附大气成分而污染表面，如氧气、水或二氧化碳。这种污染即使在真空中也会在相对较短时间内发生。由于吸附问题，必须经常清洁

样品表面。清洗方法包括在高温下烘烤样品；用电子枪的惰性气体离子溅射样品；通过研磨对样品表面的机械刮擦或抛光；超声波溶剂清洗样品；将样品盛放在还原大气中以去除氧化物。

主光束本身也会随着测量过程而改变表面。主光束造成的损害取决于主光束粒子的动量。离子的破坏性最大，光子的破坏性最小。

固体表面临近的几个原子层内具有许多与主体内部不同的性质（如化学组成、原子排列、电子状态等）。在表面附近，由于垂直于表面方向的晶体发生周期性中断，相应的电子密度分布也将发生变化，从而形成空间突变的二维区域。材料的许多重要物理化学过程首先发生在这一区域，材料的许多破坏和失效也源于表面和界面。同时，由于这一突变区的存在，使材料表面产生许多新的物理化学性质。

通常情况下，"表面"是指一个或几个原子厚度的表面，而厚一些的表面（如微米级）称为"表层"。但是许多实用表面技术所涉及的表面厚度通常为微米级，因此本书谈到的"表面分析"，包括表面和表层两部分。物质表面分析的基本原理是用一个探束（光子或原子、电子、离子等）或探针（机械加电场）去探测样品表面，并在两者相互作用时，从样品表面发射或散射电子、离子、光子及中性粒子（原子或分子）等。检测这些粒子的能量、质荷比、束流强度等就可得到样品表面的各种信息。根据这些信息的特点，表面分析可大致分为表面形貌分析、表面成分分析和表面结构分析3类。由于各种方法的原理、适用范围均有所不同，因而从不同层面提供了认识微观世界的手段。

第三节　表面形貌分析

表面形貌分析指"宏观"几何外形分析，主要应用电子显微镜（TEM、SEM等）、场离子显微镜（FIM）、扫描探针显微镜（SPM，如STM、AFM等）等进行观察和分析。

一、透射电子显微分析

眼睛是人类认识客观世界的第一架"光学仪器"，但它的能力有限，通常认为人眼的分辨率为0.1 mm。17世纪初，光学显微镜的出现，可以把细小的物体放大到千倍以上，分辨率比人眼提高了500倍以上。随着科学技术的不断发展，直接观察到原子是人们一直以来的愿望，电子显微学的出现为人们实现这一夙愿提供了可能。

透射电子显微镜（transmission electron microscope，TEM）是一种用高能电子束做光源，用电磁透镜做放大镜的大型电子光学仪器。通过平面样品的TEM观察，可以很清晰地显示晶粒的大小、晶粒内的亚结构及缺陷类型、晶粒间的微结构信息。

由于受限于电子束穿透固体样品的能力，要求必须把样品制成薄膜，对于常规透射电镜，如电子束加速电压在50~100 kV，样品厚度控制在1000~2000 Å为宜，因此样品的制备比较复杂。

（一）透射电子显微镜的来源

1924年，德布罗意提出了粒子具有波动性。1926—1927年发现了电子衍射，从而证明了电子的波动性，因此，想到了可以用电子代替可见光来制作电子显微镜，以克服光波长对分辨率的限制。1926年，德国Busch提出采用轴对称的磁场有可能使电子聚焦，为电子显微镜的制作提供了理论依据。1933年，Ruska等人做出了世界上第一台透射电子显微镜。1934年，电子显微镜的分辨率已经达到了500 Å，Ruska也因此获得了1986年的诺贝尔物理学奖。1939年，德国西门子公司制造出世界上第一台商品透射电子显微镜（TEM），分辨率优于100 Å。之后，美国Arizona州立大学物理系的Cowley教授等人定量地解释了相位衬度像，即所谓高分辨像（高分辨透射电子显微镜），从而建立和完善了高分辨电子显微学的理论和技术。高分辨电子显微技术能够使大多数晶体中的原子列成像，其分辨率达到了1~2 Å。

（二）透射电子显微镜的原理

透射电镜的工作原理是电子枪在超高真空条件下发射电子，电子束被几十千伏到几千千伏的电压加速，经电磁透镜折射后以平行电子束形式（或会聚电子束形式）照射到纳米级厚度的样品上，当它入射到样品表面时，与样品物质的原子核及核外电子相互作用后，能产生多种带有样品信息的散射电子。根据散射中能量是否发生变化，分为弹性散射和非弹性散射。其中弹性散射电子与透射电子显微镜成像密切相关，是电子衍射谱、衍射衬度成像和相位衬度成像的基础，经多级电磁透镜放大后，最终激发荧光屏，产生强度不同的光，形成能用肉眼观察的电子显微图像。而非弹性散射损失的能量会转变成其他信号，如X射线、二次电子、阴极荧光、俄歇电子等。这些信号可用于样品的化学元素分析，如能谱分析、电子能量损失谱分析或表面观察。

电子穿过样品时被样品中原子的静电势散射，发生不连续的电子散射和连续的电子衍射从而获得有衬度的图像。透射电镜的成像方式有明场像、暗场像、电子衍射谱、高分辨晶格像和原子像。

（三）透射电子显微镜的构造

从现代TEM的结构示意图和成像及衍射工作模式的光路图（图2-2）可以看出，TEM的镜筒（column）主要由三部分构成：①光源，即电子枪；②透镜组，主要包括聚光镜、物镜、中间镜和投影镜；③观察室及照相机。

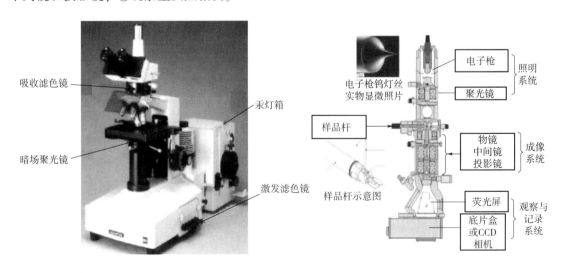

图2-2　TEM示意图

1. 电子枪

电子枪可产生足够的电子，形成一定亮度的束斑，从而满足观察的需要。电子枪主要有3 种类型：钨丝枪，六硼化镧（LaB$_6$）枪，场发射枪。

2. 透镜组

透镜组的作用是将电子束汇聚到样品，再将从样品上透射出来的电子束进行多次放大、成像。透镜组的作用与光学显微镜中的透镜完全一样。现代 TEM 基本上都使用磁透镜，这样，只要适当调整磁场强度，就可以得到不同的工作模式。目前 TEM 最常见的工作模式有两种，即成像模式和衍射模式。在成像模式下，可以得到样品的形貌、结构等信息；而在衍射模式下，可以对样品进行物相分析。新一代 TEM 装备了数字记录系统，可以将图像直接记录到计算机中。

（四）透射电子显微镜的应用

1. 在淀粉颗粒中的应用

用乙醇和十二烷基磺酸钠（SDS）分别从小麦中提取淀粉，将两种提取淀粉经超薄切片机切片后，利用 TEM 观察淀粉的微观结构，用乙醇提取的小麦淀粉颗粒纤维呈现不同状态，并且有纤维基质结构，而用 SDS 提取的淀粉颗粒除了有纤维结构外还有壳结构存在。

2. 在淀粉糊中的应用

TEM 可观察淀粉糊的直链淀粉网状结构和形态。将小麦淀粉糊经化学固定并染色后切成薄片，TEM 可观察不同热处理后淀粉糊的形态。

3. 在淀粉衍生物中的应用

TEM 观察磁性交联高链淀粉的形态和特征。用 TEM 观察疏水改性淀粉颗粒的图像，发现存在着小囊泡结构，这是由于有较大的淀粉微粒存在。

二、扫描电子显微镜

扫描电子显微镜（scanning electron microscope，SEM）是利用极细电子束在样品表面做光栅状扫描时产生的二次电子或背散射电子量来调制同步扫描的成像显像管电子枪的栅极而成像的，反映的是样品表面形貌或元素分布。"冷场"扫描电镜的分辨率已达到 0.6 nm（加速电压 30 kV）和 2.5 nm（加速电压 1 kV）。

SEM 技术始于 20 世纪 30 年代，已从钨灯丝电镜逐渐发展到场发射电镜，分辨率可达0.5 nm，并可与背散射电子探头、X 射线能谱仪（X-ray energy spectrometer，EDS）、背散射电子衍射仪等附件联用，在获得样品形貌图像的同时分析微区成分、晶体结构等信息。SEM具有分辨率高、景深长、成像好、样品制备简单等优点。

（一）基本原理

从电子枪中的阴极产生电子，经栅极调制，由阳极加速，形成电子束。电子束通过聚光镜和物镜会聚，获得纳米尺度的电子探针。电子探针在扫描偏转作用下轰击样品室中的样品，并在样品上逐帧扫描。样品在电子束的轰击下会产生包括背散射电子、二次电子、特征 X 射线、吸收电子、透射电子、俄歇电子等多种信号，而单一机器能够配有所有信号的探测器是很难的，背散射电子（BSE）、二次电子（SEI）、特征 X 射线探测器是一般扫描电子显微镜的标配探测器。

各种电子信息经各种探测器接收，再经过几级放大和处理，随样品表面形貌、材料等因素而变。电子信息经视频放大器进一步放大，调制显像管荧光屏的亮度。由于显像管偏转线圈和镜筒中扫描线圈中的扫描电流是严格同步的，所以由探测器逐点检取由样品表面各个部位的几何形状、化学成分和电位分布存在的差异，使电子束从样品表面扫描范围内各部位激发出来的电信号不同，而产生信息反差，于是在显像管荧光屏上形成反映样品表面形貌或元素分布的扫描电子图像。

扫描电镜性能的主要判断依据是分辨率和有效放大倍数。分辨率即能够分辨的最小距离，通常采用阿贝公式定义。有效放大倍数定义为 $M_c = \dfrac{R_p}{R_m}$，式中，R_p 为人眼能够区分的最小距离，R_m 为机器能够分辨的最小距离。例如人眼可以区分 0.2 mm，机器可以区分 1 nm，那么这台仪器有效放大倍数为人眼的 20 万倍。

（二）扫描电子显微镜的信号类型及主要特征

电子束与样品相互作用主要有弹性散射和非弹性散射。弹性散射产生背散射电子，非弹性散射可以产生二次电子、俄歇电子、X 射线及阴极荧光等信号。

1. 背散射电子衍射的特点

当电子束大角度掠射样品时，入射电子受到样品晶格散射，产生的背散射电子有晶格通道效应，可以获得 EBSD 图像，通过对背散射衍射花样图谱分析，能获取在微米甚至纳米尺度上矿物丰富的结晶学特征。

2. 二次电子的特点

二次电子是入射电子经非弹性散射，从样品中射出能量小于 50 eV 的电子，只有表层几到几十纳米范围内的这类电子才能从样品中逃逸出来，成为二次电子。因此，二次电子的多寡与样品表面形貌有关，其图像可以反映样品的形貌信息。特别是场发射扫描电子显微镜的出现，利用高分辨二次电子成像使形貌图像的分辨率达到 1 nm 左右，可以在纳米尺度上获得三维形貌信息。

3. 元素特征 X 射线特点

元素特征 X 射线是入射电子经样品非弹性散射产生的，样品原子中内壳层电子激发外层电子跃迁而产生具有元素特征信息的 X 射线。X 射线能谱仪可以给出微区分析中成分的定性结果，也可以给出成分的半定量或定量结果，同时还可以通过电子束的线扫描和面扫描，给出样品的元素分布。

4. 阴极荧光的特点

阴极荧光是入射电子经样品非弹性散射产生的，一些固体材料样品（如有机分子材料）受电子照射后，价电子被激发到高能级或能带中，被激发的材料产生弛豫发光。

（三）仪器

扫描电子显微镜由三大基本部分组成（图 2-3）：①电子光学系统，包括电子枪、电磁透镜、扫描线圈、消像散器、光阑等；②信号探测、

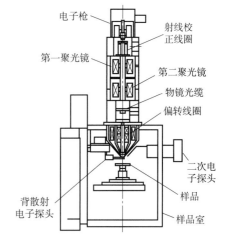

图 2-3 SEM 的构成

处理及显示系统;③真空系统。为了对样品进行不同的测试,还可以配备 X 射线谱仪(包括光谱仪和能谱仪)、阴极发光系统、电子能量损失谱仪等附件。

(四)技术

1. 样品制备技术

试样可以是块状或粉末状,在真空中能保持稳定,应先烘干除去水分。表面受到污染的样品,要在不破坏试样结构的情况下清洗烘干。对磁性样品要求预先去磁,以免观察时电子束受磁场影响。

对于导电样品,除了大小要适合仪器样品座尺寸外,基本无须进行其他制备,用导电胶把样品黏在样品座上,即可放在扫描电镜下观察。非导电或导电性差的样品要进行镀膜处理,采用离子溅射仪在材料表面镀一层导电膜。

粉末样品需黏结在样品座上,在座上先贴一层导电胶或火棉胶溶液,将试样撒在上面,待试样被黏牢后用吸耳球将表面未被黏住的样品吹去。也可将样品制备成悬浮液,滴在样品台上,待溶液挥发后粉末附在样品座上。需再镀层导电膜,才能放在扫描电镜下观察。

2. 测试控制参量

根据扫描电镜的组成及成像原理,在测试样品符合测试要求的情况下,通过控制加速电压和电子束流、工作距离、光阑选择等满足最优条件,并且启用消噪声、消震动装置。

(五)应用

采用 SEM 对不同玉米淀粉进行表征,干燥后产物过 $75\mu m$ 筛,进行喷金处理,采用场发射扫描电子显微镜对颗粒形貌进行形貌观察。

由图 2-4 可知,蜡质玉米淀粉(WMS)和普通玉米淀粉(MS)的淀粉颗粒呈光滑的球

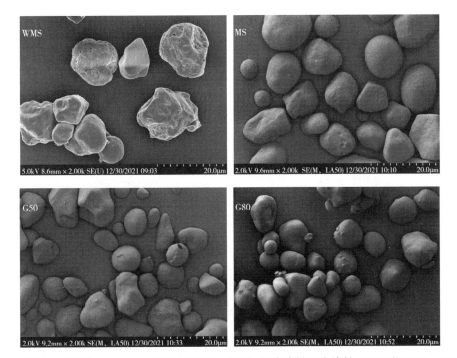

图 2-4 蜡质玉米淀粉(WMS)、普通玉米淀粉(MS)和高直链玉米淀粉(G50 和 G80)SEM 图谱

体或多面体，直径≥10 μm，而高直链玉米淀粉（G50 和 G80）的淀粉颗粒为小球体，直径<10 μm，其形貌特征分别符合 A 型和 B 型淀粉。值得注意的是，WMS 淀粉颗粒表面分布着明显的孔洞，这可能与淀粉颗粒形成过程中不利的环境因素或淀粉颗粒本身具有的淀粉酶有关。

三、电子探针显微分析

电子探针 X 射线显微分析（electron microprobe analysis，EMPA），简称电子探针显微分析，是一种利用高能电子束对物质组成成分中元素含量及分布进行原位无损化学分析的检测方法。电子探针可以对除氢、氦、锂、铍等几个较轻的元素以外的元素进行定性和定量分析。目前，该技术也运用于食品研究中。

（一）电子探针工作原理

EMPA 的功能是分析微区成分，结合了电子光学和 X 射线光谱学的原理。其原理是用一束能量足够高的细聚焦电子束轰击样品表面时，将在一个有限深度和侧面扩展的微区体积内激发出特征 X 射线，并分析特征 X 射线的波长或特征能量即可知道样品中所含元素的种类（定性分析），分析特征 X 射线的强度则可知道样品中对应元素含量的多少（定量分析）。电子探针的信号检测系统是 X 射线谱仪，用来测量特征波长的谱仪叫波长分散谱仪（WDS）或波谱仪；用来测定特征 X 射线能量的谱仪叫作能量分散谱仪（EDS）或能谱仪。图 2-5 为电子探针结构原理方框图。

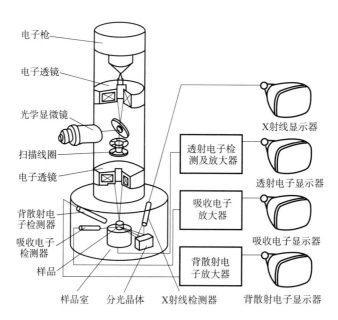

图 2-5　电子探针结构原理方框图

（二）电子探针 X 射线谱仪

电子探针镜筒部分的结构与扫描电子显微镜大体相同，只是在检测器部分使用了 X 射线谱仪，专门用来检测 X 射线的特征波长或特征能量，以此分析微区的化学成分。

电子探针常配备 EDS 和 WDS 两种 X 射线谱仪。EDS 是通过测出 X 射线光子的能量和强度以获得所分析元素的含量，可用较小的束流和微细的电子束对样品进行快速定性定量分析，但在元素分析范围、探测极限和分辨率方面均不及 WDS，因而定量分析的精度不高。WDS 通过测出 X 射线的波长和强度获得所分析元素的含量，分析元素范围广，探测极限小，分辨率高，适用于精确定量分析。

电子探针显微分析具有：显微结构分析，元素分析范围广，定量分析准确度高，不损坏试样、分析速度快，微区离子迁移研究等特点。

（三）电子探针显微分析的应用

电子探针元素面分布方法可表征水稻籽实主要元素的富集位置。

四、扫描探针显微镜

以扫描隧道显微镜（scanning tunneling microscope，STM）和原子力显微镜（atom force microscope，AFM）为代表的扫描探针显微术（scanning probe microscope，SPM），是继高分辨透射电镜之后的一种以原子尺寸观察物质表面结构的显微镜，其分辨率水平方向可达 0.1 nm，垂直方向达 0.01 nm。由于扫描隧道显微镜是以量子隧道效应为基础，以针尖与样品间的距离和产生的隧道电流为指数性的依赖关系成像的，所以要求样品必须是导体或半导体。AFM 是根据极细的悬臂下针尖接近样品表面时，检测样品与针尖之间的作用力（原子力）以观察表面形态的装置，因此对非导体同样适用，弥补了 STM 的不足。STM 的优点是可以在大气中高倍率地观察材料表面的形貌。逐渐缩小扫描范围，可由"宏观"的形貌观察过渡到表面原子分子的排列分析。

五、场离子显微镜

场离子显微镜（field ion microscope，FIM）是另一种直接对原子成像的方法。其原理是：将试样作成曲率半径为 20~5 0 nm 的极细针尖，在超高真空中施加数千伏正电压时，针尖表面原子会逸出，并呈正离子态，在电场作用下，以放射状飞至荧光屏，形成场离子像，其最大分辨率为 0.3 nm。在此基础上，又发展了原子探针-场离子显微镜，即利用"原子探针"鉴定样品表面单个原子的元素类别。其特点是参与成像的原子数量有限，实际分析体积仅约为 10^{-21}m^3，因而场离子显微镜只能研究大块样品内分布均匀和密度较高的结构细节。

第四节　表面成分分析

物理、化学方法均可测定材料的化学成分，但常规分析方法得到的结果往往是一个平均值，对于不均匀的样品，无法获知表面特征微区的化学组成。电子或场离子显微术及扫描探针显微术，虽然可以提供微观形貌、结构等信息，却无法直接测定化学组成。显微电子能谱则是特征微区成分分析的有力工具，可直接测量材料的微结构或微小区域中元素组分和化学态及其分布。表面成分分析包括表面元素组成、化学态及其在表层的分布（横行和纵向）测定等，主要应用 X 射线光电子能谱、俄歇电子能谱、电子探针、二次离子质谱和离子散射谱等。

一、X 射线光电子能谱

X 射线光电子能谱（X-ray photoelectron spectroscopy，XPS），也称作化学分析用电子能谱（electron spectroscopy for chemical analysis，ESCA），是利用 X 射线源所产生的特征 X 射线轰击样品，从样品中激发出光电子，并将其引入能量分析器，经能量分析器分析并由检测器检测，得出光电子的能量分布图。

XPS 是一种非破坏性的材料表面微量元素成分分析技术，主要借助光电子能谱及元素的电负性分析元素或离子之间的结合状态，可以对样品中除了氢、氦以外的全部元素进行定性、半定量及价态分析，为材料研究提供分子结构、原子价态等方面的信息，从而进行结构分析，鉴别物质的原子组成和官能团类别；通过电子能谱图中谱的平移，分析样品表面的元素形态变化，可探知材料主要化学组分的变化，是表面分析中最有效、应用最广的分析技术之一。

（一）原理

当具有精确已知能量的 X 射线束撞击保持在超高真空（UHV）下的样品表面时，内壳层电子会被喷射出来，测量喷射出的光电子的能量，这是 XPS 基现象。图 2-6 显示了模型原子的光电子和俄歇电子的发射。

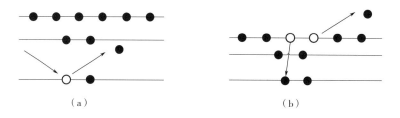

（a）　　　　　　　　　　　　（b）

图 2-6　模型原子 XPS 过程

注：（a）显示入射光子导致 XPS 光电子的射出；

（b）显示一种可能的弛豫过程，该过程随着光电子的喷射，导致俄歇电子的发射

由于发射电子的原始结合能 E_b 取决于电子轨道的能量和发射电子来源的元素，因此可用于识别所存在的元素。此外，原子的化学形式或环境对能量 E_b 的影响要小得多但可测量。这些微小的变化会引起化学位移，可用来确定原子的化合价，有时还可以确定其确切的化学形式。

（二）XPS 仪器

商用 XPS 仪由安装在具有磁屏蔽的超高真空系统（UHV）中的 4 个主要组件构成：①辐射源，由 X 射线源和提供高单色 X 射线的装置组成，主要有双阳极 X 射线源和单色化 X 射线源两种光源；②样品架，快速进样室的体积较小，可以在短时间内获得 10^{-3}Pa 以上的真空度；③能量分析仪，是电子能谱仪的核心部件，主要用于测量样品表面的电子能量分布，通过能量解析样品产生的电子分布；④电子检测器。现代仪器具有计算机化的数据记录和处理系统。

为了防止吸附残余气体而干扰表面分析，XPS 所需的压力须非常低，通常小于 10^{-7}Pa，这需要 UHV，是 XPS 分析仪的主要部件。

（三）XPS 技术

1. 样品的制备

试样需为固体，且满足在超高真空及 X 射线照射下稳定，不分解、不释放气体；无腐蚀性、无挥发性、无磁性与放射性等条件。在样品的保存和传递过程中应尽量避免用手触摸样品表面以防止造成表面污染。

2. 荷电校正

在使用单色 X 射线时，为了得到较为准确的结合能数值，需要对表面的荷电进行校正。XPS 实际分析中多采用内标法进行荷电的校正。

3. 离子刻蚀技术

XPS 分析中，常用离子束溅射样品表面来清洁被污染的固体表面。利用离子束对表层进行定量剥离，再用 XPS 分析表面成分，从而得到元素的深度分布。

4. 其他条件

测试的粉末样品经过压片处理，薄膜样品切割为符合制样要求。在分析过程中，样品必须保持在高真空下。在刻蚀过程中，由于存在着择优溅射，也可能导致表面元素组成的变化。因此，应利用相应的标准样品选择刻蚀参数来避免由此带来的检测误差。此外，反应基体混合物的组成和温度的改变可能导致样品表面元素含量及其化学态随之变化。

（四）XPS 的分析应用

利用 XPS 可对样品的元素组成、化学态、相对含量等进行分析。

1. 元素组成鉴别

在 XPS 谱线中，元素的结合能仅与元素的种类及原子的激发轨道相关，对于某一元素，其某一特定轨道的结合能是一定的，在能谱中对应各自的谱线，因此根据测得的谱线的结合能可以对元素的种类进行鉴定。

XPS 应用于样品表面元素的定性鉴定，金属深度可达 25 Å，聚合物可达 100 Å。除氢和氦外的所有元素都可以使用 X 射线源进行测定。对于化学成分未知的样品，表面元素的组成分析可通过作全谱扫描来实现，样品中绝大部分元素在一次全谱扫描中即可检测出。对部分需要详细分析的元素，可通过窄区扫描得到元素准确的结合能位置及精确的线性等，据此对元素的化学态和含量等进行分析。

2. 化学态分析

根据元素结合能的化学位移可分析原子的价态以及电子的分布状况。利用化学位移可对某一物质中元素的化学价态及存在形式进行分析。根据 XPS 内层电子的光电子化学位移可鉴别有机材料中的官能团，分析取代效应、配位效应、共轭效应和屏蔽效应等对反应过程的影响。

3. 定量分析

利用 XPS 可将谱峰信号强度转换为元素含量，谱峰信号强度可用谱峰面积来表示。任一元素的 XPS 峰强度是不同的，一般选择原子灵敏度因子最大的峰，即选择谱线强度最大的峰。

4. 深度剖析和元素位置

通过使用离子源溅射或除去最外表面原子，可以研究表面以下的表层。将样品成分作为表面以下表层深度的函数进行检查称为深度剖析。表层的溅射必须以可控方式进行，以便知道被检查表层的深度。对于非均相覆盖层，将 XPS 与氩离子刻蚀技术相结合，深度剖析可获得元素随深度的分布变化。

二、俄歇电子能谱

俄歇电子能谱（auger electron spectroscopy，AES）类似于 XPS 的过程，但涉及两步。与 XPS 一样，样品被加速电子或 X 射线光子辐照，当原子内壳层的电子被激发形成一个空洞时，电子从外壳层跃迁到内壳层的空洞并释放出能量；虽然能量有时以光子的形式被释放出来；这种能量可以被转移到另一个电子，导致其从原子激发出来。这个被激发的电子就是俄歇电子。

（一）原理

俄歇电子被弛豫释放的能量射出，该能量是特定原子的函数，而不是用于从内部轨道中弹出初始电子的源能量的函数。因此，俄歇电子的动能与落在样品上辐射源的能量范围无关。即光源不必是单能或单色。当使用两种不同的光源能量收集光谱时，俄歇电子的结合能明显随光源能量的变化而变化，而 XPS 光电子的结合能则没有变化。

俄歇过程和 XRF 在轰击原子释放能量过程中呈竞争关系。实践中发现，低原子序数元素更容易发生俄歇过程；但随着原子序数的增大而降低。由于涉及相同的原子壳，俄歇光谱的能量在所有方面都与 XPS 的能量相似。

AES 是一种元素表面分析技术，可以检测从锂到铀的元素，灵敏度约为 0.5 atom%。俄歇光谱能量区域（0~1000 eV）与 XPS 相同，每个元素的俄歇光谱由几个峰组成。

（二）仪器

AES 仪与 XPS 仪非常相似，主要区别是光源，前者来自电子枪或场发射源的聚焦电子束，而不是 X 射线光子。AES 仪的示意图如图 2-7 所示。电子束的优点是可以聚焦和偏转。这允许以非常高的分辨率和研究非常小的特征的能力对表面进行成分映射。

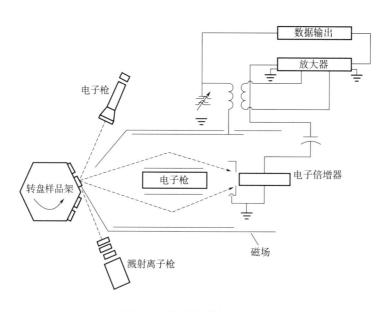

图 2-7　俄歇光谱仪示意图

　　场发射源使用针状钨或碳尖端作为阴极。尖端只有几纳米宽，在尖端产生非常高的电场。电子可以在没有热能输入的情况下从尖端穿出，从而产生极窄的电子束。由于场发射源的交叉直径仅为约 10 nm，可以作为纳米尺度的表面探针（俄歇纳米探针）。

　　（三）AES 的应用

　　AES 主要用于识别固体表面的元素组成，并可用于量化表面成分。AES 是一种真正的表面分析技术，因为低能量的俄歇电子只能从前几个（三到五个）原子层或从 0.2~2.0 nm 的深度逃逸。

　　AES 通过使用离子束在受控条件下逐渐剥离样品表面。可以收集光谱并去除作为表面材料记录的元素分布。结果显示不同元素分布随深度的变化而变化。

三、离子散射光谱

　　离子散射光谱（ion scattering spectrum，ISS）中，一束离子射向样品，与表面碰撞时，离子被表面的样品原子散射。在与表面原子进行单次二元弹性碰撞后，一些轰击离子被散射。对于以一定角度散射的此类离子，动量守恒导致这些离子的能量仅取决于表面原子的质量和轰击（初级）离子的能量。通过测量散射离子的能量，可以确定表面散射原子的质量。

　　只有表面上暴露的原子，即原子的顶部单层，对 ISS 的信号有贡献。因此，它是表面分析技术中对表面最敏感的。ISS 是一种提供表面原子同位素信息的技术，可用于测定原子序数大于轰击离子原子序数的所有元素。可以定性和定量地测定表面的元素和同位素组成。对于大多数元素，灵敏度约为单层的 1%。

　　ISS 仪由离子源、真空系统、能量分析仪和检测器组成。包括样品在内的主要仪器部件处于真空状态。最常见的离子枪使用惰性气体，尤其是氦气、氩气和氖气，以产生单能离子。ISS 可研究表面反应机制、催化剂行为和表面吸附-吸附过程。

第五节　表面结构分析

　　表面结构分析指研究表面晶相结构类型或原子排列，由于它们以晶体衍射现象为基础，所以衍射分析既可获得表面的晶体结构，又能获得化学式。主要应用低能电子衍射、光电子衍射、扫描隧道显微镜和原子力显微镜等。

一、X 射线衍射

　　18 世纪末，伦琴发现了 X 射线，标志着现代物理学的诞生，也开启了认知物质世界的新大门。物质结构分析最常用的方法是 X 射线衍射分析（X-ray diffraction，XRD），是 X 射线通过晶体时形成衍射，对物质进行原子尺度上空间分布状况的结构分析方法。X 射线分析技术包括 3 个方面：一是透射技术，如透视或金属探伤等；二是光谱技术，包括化学成分分析和微区电子探针成分分析等；三是 X 射线衍射技术，包括晶体结构分析、X 射线晶体学等。由于 X 射线的高穿透能力，X 射线衍射分析实际是一种微米级的表层分析。

（一）X 射线衍射的基本原理

X 射线遇到晶体中规则排列的原子或离子时，受到原子核外电子的散射而发生衍射现象。X 射线衍射条件必须满足布拉格方程：

$$2d\sin\theta = n\lambda \tag{2-1}$$

式中：λ——X 射线的波长；

　　　d——晶面间距；

　　　θ——衍射角；

　　　n——衍射级数。

X 射线衍射物相分析基本原理：任何一种晶体的结构与其 X 射线衍射谱图呈一一对应关系，即每种结晶物质均有其独特的衍射谱图。任何一种结晶物质都具有独特的化学组成和独一无二的晶体排列结构，通过 X 射线衍射技术处理之后，转化成晶体的 X 射线衍射谱图。

X 射线衍射谱图可以直观地反映晶体的晶面间距（d）和衍射强度（I）这两个重要参数。d 是晶体重要的晶胞参数，可以表征晶胞的大小及形状；I 则与参与衍射的质点种类、多少以及位置有关，是 X 射线鉴定物质的基本依据。

目前粉末衍射标准联合会（JCPDS）已经制定并出版 PDF 卡片，这些卡片都是由一些纯物质或者标准物质进行粉末衍射得到的标准谱图。将待测样品的 X 射线衍射谱图与标准 PDF 卡片进行对比，就可以确定物相组成。

X 射线衍射定量分析基本原理：某相物质参与衍射的体积或者重量与其所产生的衍射强度成正比。因此可利用衍射强度的大小计算出物质参与衍射的体积分数或者质量分数，就可以确定某相物质的含量，这就是 X 射线衍射物相定量分析的理论基础。X 射线衍射物相定量分析方法有很多种：内标法、外标法、绝热法、无标样法、基体冲洗法和全谱拟合法等分析方法，各种方法都有其适用范围。

（二）X 射线衍射的应用

X 射线衍射具有不破坏样品的特点，可以定量测定胶原蛋白分子中分子链间的间距、分子中非结晶形态的比例，以及分子链中重复结构单元沿三股螺旋的轴向距离。胶原蛋白 X 射线衍射谱通常有 3 个主峰，第一个峰（一般用 C 表示）的 2θ 值约为 10°，代表胶原蛋白分子链之间的距离（d）；第 2 个峰（一般用 A_1 表示）的 2θ 值约为 20°，代表胶原蛋白内部非结晶成分的含量比例；第 3 个峰（一般用 A_2 表示）的 2θ 值约为 30°，代表胶原蛋白无侧链肽链之间的距离。

根据布拉格方程式 $2d\sin\theta = n\lambda$，可以计算出各个峰所对应的"距离"d 值（λ 为一定值，由晶体衍射仪的靶源决定，如铜靶 λ 为 0.154 nm）。此外，晶粒度大小与衍射峰半峰宽存在一定的定量关系（Scherrer 公式）：

$$\beta = \frac{K\lambda}{D\cos\theta} \tag{2-2}$$

式中：β——衍射峰半峰宽；

　　　K——常数，通常为1；

　　λ、θ——分别为 X 射线入射波长和入射角；

　　　D——晶粒度大小，D 值越小，则胶原蛋白有序程度越低。

二、电子衍射分析

电子与 X 射线不同，它穿透材料的能力较弱，一般为 1~100 nm，并且可以用电磁场进行聚焦，因此电子衍射法（electron diffraction，ED）常被用作微观表面结构分析。在电子显微镜分析中 ED 通常和图像分析相配合，其特点是灵敏度很高，可以给出几十甚至几纳米微晶的电子衍射花样；选区电子衍射结构分析可以与电子显微图像观察同时进行，还能得到有关物相的大小、形态及分布等，若电子显微镜附带有能谱仪，还能给出分析区域的化学成分。

三、低能电子衍射

低能电子衍射（low energy electron diffraction，LEED）利用低能电子束（20~250 eV）入射到晶体内，然后从表面衍射出来，产生衍射花样（衍射波场），通过分析这一携带了散射体结构信息的衍射花样来分析材料表面结构。

表面形貌分析、表面成分分析和表面结构分析技术各具特点，同时也存在局限性，物质表面分析已不再是单一技术的使用，而应该是多种分析技术的联合运用。因此要全面描述固体材料表面状态，阐明和利用各种表面特性，就必须充分了解各种分析技术的特点并灵活运用，从宏观到微观按不同层次对表面进行分析研究，这样才能更好地得到最直接、最全面的表面信息。

思 考 题

1. 表面分析中常用的光谱技术有哪些？

2. 什么是透射电子显微镜？其工作原理是什么？透射电子显微镜在食品分析中的应用有哪些？

3. 什么是扫描电子显微镜？其工作原理是什么？其样品制备中需要注意哪些问题？

4. 什么是电子探针 X 射线显微分析技术？其工作原理是什么？查阅资料总结该技术的应用领域及范围。

5. 表面成分分析包括哪些方面？常用的分析方法有哪些？

6. 什么是 X 射线光电子能谱？其工作原理是什么？其仪器包括哪些部分？查阅资料总结该技术的应用领域及范围。

7. 俄歇电子能谱的工作原理是什么？其应用在哪些领域？

8. 什么是表面结构分析？常用的测定方法有哪些？

9. 什么是 X 射线衍射？其工作原理是什么？其应用领域有哪些？

第三章　食品流变学分析技术

课件　　　思政

流变学是指从应力、应变、温度和时间等方面研究物质变形和（或）流动的物理力学，主要研究材料在应力、应变、温度、湿度、辐射等条件下与时间有关的变形和流动的规律。

食品流变学是流变学的重要分支，是研究食品工业中原料、中间产品及成品的变形和流动的科学。通过流变仪测量参数，寻找流变学特性参数之间的内在联系，总结规律，建立数学模型。随着食品品质要求的提高以及食品工业向大型化和自动化方向的发展，食品流变学在工艺参数优化、设备选型、品质控制和分析等方面得到了广泛应用。

食物通常分为流体、半固体和固体。这种分类不一定与流变学的分类相一致，流变学分类通常为牛顿（理想）流体（如水、蜂蜜）、黏弹性流体、黏弹性固体或胡克（理想）固体（如明胶凝胶）。

胡克固体在施加扭矩和随后的变形之间具有线性关系，反之亦然。同样地，牛顿流体在施加的变形速率和随后的变形之间具有线性关系。换言之，无论施加的扭矩如何，它们都具有恒定的黏度。当对胡克固体施加扭矩或变形时，所有施加的能量都储存在材料中，并在扭矩或变形释放时被释放出来，使材料恢复到其原始形状。另外，牛顿流体将所有传递给它们的能量以热量的形式消散。因此，在施加扭矩或变形下它们很容易流动，并且一旦去除扭矩或变形就不会恢复到它们的原始形状。

仅有水、蜂蜜和普通糖浆等流体食物表现出牛顿流体行为。同样地，表现出胡克固体行为的食物更少。通常，只有在高蛋白质浓度下制备的蛋白质凝胶［例如>10%（质量分数）明胶凝胶或>20%（质量分数）乳清分离蛋白凝胶］表现出胡克行为。

大多数食物表现出黏弹性行为，黏弹性材料既通过其弹性成分储存能量，又通过其黏性成分耗散能量。黏弹性固体储存的能量多于耗散的能量，而黏弹性流体耗散的能量多于储存的能量。

大多数固体食物是具有相对较高比例弹性与黏性行为的黏弹性固体；大多数流体食品是具有相对较高比例黏弹性行为的黏弹性流体。半固体食物可以是黏弹性固体或黏弹性流体，这取决于它们的结构特征。

食品流变测试的主要目的是确定它们的流动行为和黏弹性曲线。测定这些行为以及它们在不同条件下的变化方式有助于了解食品在工业加工、储存和口服条件下的行为。

第一节　流变学分析原理

流变行为是对施加扭矩的变形响应，反之亦然。在基本流变测试中，变形可以转换为应变，扭矩可以转换为应力。尽管如此，所有流变测试都涉及扭矩和变形的测定，使这两个参数在流变测试中至关重要。了解材料对施加的扭矩或变形的响应是对其流变行为进行完整分析的基础。

一、应变和剪切

应力和相对变形的基本概念是所有流变学评价的关键。应力（σ）为力（F，牛顿）除以施加力的面积（A），应力通常用 Pascals 单位（Pa）表示。

模量，这一特殊的比例常数将应力和应变联系起来。理想固体材料（如明胶凝胶）遵循胡克定律，其应力通过模量与应变直接相关；理想流体材料（如水、蜂蜜）遵循牛顿原理；而黏滞常数通常被称为黏度，定义为对流动的内部阻力。

流体或半固体材料的黏弹性行为通常表现为剪切相关的行为。就像牛顿流体一样，剪切速率和产生应力之间的关系是非线性的。在非常低或非常高的剪切速率下，非线性可以表现为屈服应力、剪切变稀、剪切增稠或黏度。

大多数具有剪切依赖行为的食品都是剪切稀化的：它们的黏度随剪切速率的增大而降低。例如，$1 \sim 100 \ s^{-1}$ 模拟混合和揉捏过程，$10 \sim 100 \ s^{-1}$ 代表口腔处理（咀嚼和吞咽），$10 \sim 10^4 \ s^{-1}$ 代表管道流动。许多半固体食品材料的流动行为与温度有关，需要根据具体的应用测量温度。例如，黏度曲线是模拟低温（例如 4 ℃）下的管道流动开发的，则应在相同的温度下进行测试。如果黏度曲线是为感官预测而开发的，那么测试温度最好设置为口腔温度（37 ℃）。

二、流动行为评估

剪切行为、屈服应力、零剪切黏度和无限剪切黏度可解释各种流动行为。材料经受一系列增加的剪切速率并记录产生的应力来测量剪切行为。使用受控应力扫描方法测量零剪切黏度和屈服应力，用于测量结构化食品材料的屈服行为。

幂律模型是食品材料使用最广泛的模型之一，已被用于模拟搅拌酸奶的黏度与剪切速率的函数关系。然而，该模型的缺点是它不能很好地适用于低剪切和高剪切范围内的许多材料。由于低剪切速率下的黏度对于表征许多食品的稳定性很重要，因此需要考虑零剪切黏度模型对这些食品体系进行正确建模。此外，对于相对高黏弹性的凝胶食品材料，例如希腊酸奶，在开始流动前需要一定的力或压力（屈服应力）。因此，需要更全面的模型来表达屈服点和流动行为，以便更好地描述食品材料。

某些材料表现出触变行为或随时间的剪切而变薄。触变性可以通过在同一样品上从低剪切到高剪切，然后从高剪切到低剪切的剪切速率斜面进行仪器测量。如果需要，可以在两个斜面之间的设定时段内以最高剪切速率连续剪切材料。触变性表现为从剪切速率斜面获得的两条黏度曲线之间的滞后。上曲线面积减去下曲线面积之差可得到触变面积。触变行为可表征食品材料的结构，可控制某些发泡食物的起泡。

三、振荡测试

流变学测试一般分为静态测试和动态测试两种，静态测试主要指旋转流变测试，常见检测项目有剪切黏度、触变性、静态屈服应力等；动态测试主要指正弦波振荡测试，常见检测项目有频率、幅度、时间、温度扫描以及蠕变回复测试等。

振荡测试，也称为动态力学分析（DMA），用于测量材料的黏弹性和变形行为。该方法适用于液体、半固体和固体材料。平行板、锥板和同心圆柱等几何形状可用于通过以给定频率（ω）振荡上部工具并保持下部板或杯静止来进行振荡测试。平行板和锥板装置优于同心圆柱装置，因为同心圆柱具有高惯性并且难以精确振荡，特别是在高频率时。

振荡测试在样品上引入正弦变形并测量产生的扭矩，也可在样品上施加正弦扭矩并测量产生的变形。无论输入变量如何，应力波和应变波的组合都可用于测定材料的黏弹性行为。

黏弹性模量，包括储能模量（G'，Pa）、损耗模量（G''，Pa）和复数模量（G^*，Pa），可以从应力–应变数据计算。复数模量是通过将应力波的幅度除以应变波的幅度计算。使用相位角（δ，rad）计算储能和损耗模量。储能模量表示每个循环中储存的能量值，而损耗模量表示每个循环中耗散的能量。换句话说，储能模量代表弹性（类固体）行为，损耗模量代表黏性（类流体）行为。相位角描述了弹性到黏性行为的程度；它通常被报告为相角的正切（$\tan\delta$）。$\tan\delta$ 是表征凝胶半固体食品的重要流变参数，例如乳制品凝胶。当弹性和黏性行为的程度相等时，$\tan\delta=1$。弹性主导材料（黏弹性固体）的 $\tan\delta<1$，而黏性主导材料（黏弹性流体）的 $\tan\delta>1$。G^* 被认为是半固体食品材料整体硬度的指标。

复数黏度（η^*）是从振荡测试得出的附加参数。η^* 是用于描述黏弹性行为的替代概念。在半固体食品的表征或质量控制中，具有较高复数黏度值的乳制品显示出更多的弹性行为（类固体）行为。

复数模量和剪切模量都可以用来表示材料的刚性程度，也可以用来比较不同固体和半固体食物的结构强度。类似地，复数黏度是在瞬态条件下测量的，与使用带星号的旋转测试测量的黏度不同。

四、振幅扫描

振幅扫描通常用于表征食品材料的结构性质。它们可以以应变或应力控制模式进行，通常以中等频率（0.1~10 rad/s）进行。通过改变应力或应变的方式进行振幅扫描，一般情况下首选控制应变的模式。两项测试均在恒定的温度和频率下进行。

五、频率扫描

频率扫描在恒定的应变和温度下将振荡频率斜面传递给样品。该技术可评估不同时间材料的黏弹性行为，还可用于深入了解凝胶食品体系的结构特征。频率扫描可用于凝胶结构类型的定性比较和凝胶黏弹性行为作为温度或其他处理变量的函数的直接比较。

非胶凝淀粉、刺槐豆胶、羧甲基纤维素等食品亲水胶体可形成软凝胶。物理凝胶可能表现出某种频率的依赖性，但是，通常不存在黏弹性模量交叉，并且凝胶表现出黏弹性固体行为。这些凝胶被认为是半硬凝胶，非共价相互作用参与了它们的胶凝过程。在酸性 pH 值（pH 4.5~4.6）下制备时，酪蛋白胶束可以形成物理凝胶。硬凝胶或强凝胶的模量值与频率无关并显示黏弹性固体行为。

六、蠕变松弛试验

蠕变松弛测试包括两部分测试，涉及应力的施加和去除。蠕变测试是瞬态测试，不是旋转测试，与振荡测试不同，它使用了恒定应力。蠕变测试可以被视为一种非常低频的振荡测试，因为它指示材料的长期流动趋势。在测试的蠕变阶段，尽可能快地向样品施加恒定的剪切应力，并将样品保持在该应力下一段时间。在松弛阶段，应力被完全消除，样品在第二个时间段内保持静止。

在测试期间监测样品变形（应变）。由于较坚硬的食物具有更加坚固的结构，在蠕变测试期间显示较低的应变变化；弹性更好的食物会在测试的松弛阶段显示出更大的恢复，因为它们储存能量更高。因此，蠕变松弛试验可用于对比食品材料的结构强度和黏弹性行为。此外，蠕变柔量或蠕变测试期间的应变与应力之比可表示材料的弹性回缩。如奶酪蠕变柔量与多种感官属性显著相关，包括手感和咀嚼硬度、弹性和黏性。

第二节　流变仪

流变仪是用于测定食品等材料流变性质的仪器，能快速、简便、有效地进行原材料、中间产品和最终产品的品质控制。

一、旋转流变仪

（一）类型

控制应力型流变仪使用最多，大多采用异步交流马达，惯量小，特别适合于低黏度的样品测试；也有采用永磁体直流马达。采用马达带动夹具给样品施加应力，同时用光学解码器测量产生的应变或转速，并在大扭矩测量方面不会产生大量的热，不会产生信号漂移。

控制应变型流变仪采用直流马达，安装在底部，通过夹具给样品施加应变，样品上部通过夹具连接到扭矩传感器上，测量产生的应力；扭矩传感器在测量扭矩时会产生形变，需要一个再平衡的时间，因此反应时间较慢，无法通过回馈循环来控制应力。

（二）工作原理

旋转流变仪是在旋转黏度计基础上发展而来，一般包括马达、光学解码器、空气轴承和测试夹具。测试夹具的分类如图 3-1 所示。不同的测试夹具通过马达的带动，采用旋转或振荡的模式作用于样品，然后光学解码器采集样品反馈的应力、应变或扭矩，数据分析软件再

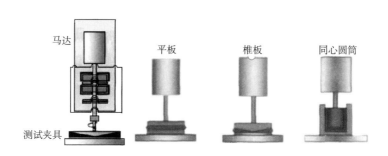

图 3-1　旋转流变仪的结构图和测试夹具的分类

根据已知测试状态参数计算其他流变参数并加以分析。除了测定样品的特征黏度，还可采用振荡模式精确测定样品的黏弹性质，据此分析样品的组成和结构；剪切速率范围更宽（6~9个数量级），基本可以涵盖食品加工的剪切速率范围。

测试通常首选锥板夹具，锥板夹具的测试间隙固定（10~100 μm），要求样品颗粒粒径一般小于测试间隙的1/10。对于粗颗粒分散样品宜采用平板夹具，由于其各个测试位置剪切速率不一致，平板不适宜测试黏度过低的样品。对于稳定性差、易挥发和易沉淀分层的样品宜采用同心圆筒夹具，但是其测试体间隙内剪切速率不均匀、样品质量大和达到温度平衡慢；而锥板和平板夹具所需样品量少，易达到温度平衡，且均可实现非常高的剪切速率。

二、毛细管流变仪

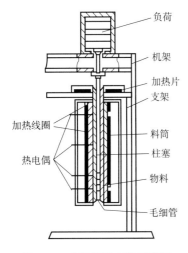

图 3-2　毛细管流变仪示意图

毛细管流变仪主要用于高聚物材料熔体流变性能的测试（图 3-2）。工作原理是材料在电加热的料桶内被加热熔融，料桶下部安装有一定规格的毛细管口模（直径 0.25~2 mm、长度 0.25~40 mm），温度稳定后，料桶上部的料杆在驱动马达的带动下以一定的速度或以一定规律变化的速度把材料从毛细管口模中挤出来。在挤出过程中，可以测量毛细管口模入口的压力，结合已知的速度参数、口模和料桶参数以及流变学模型，从而计算出在不同剪切速率下熔体的剪切黏度。

毛细管流变仪由加压系统、温度控制系统、炉体（包括料筒、柱塞、毛细管）、记录仪等组成，为恒压式流变仪，其加在柱塞顶端的压力值恒定，压力值大小由杠杆处所加砝码决定。恒温恒压下，聚合物熔体从毛细管强迫挤出，通过记录所施加的压力和柱塞下降速度计算熔体在挤出过程中的剪切应力、剪切速率和剪切黏度。

图中标注：负荷、机架、加热片、支架、加热线圈、料筒、热电偶、柱塞、物料、毛细管

三、界面流变仪

界面流变仪有振荡液滴、振荡剪切等几种原理，主要有锥板式、平行板式、同轴圆筒式和毛细管式。锥板式为精密流变仪，可测多种材料函数，适用于较高黏度的高分子溶液和熔体。平行板式为锥板式的附件，作为补充，适于较黏高分子溶液熔体和多相体系。同轴圆筒式为简易黏度计，适合低黏、低弹性流体。毛细管式黏度计适用于宽范围表观黏度的测定（尤其适于高速、高黏流体），剪切速率及流动时的流线、几何形状与挤出注模时的实际条件相似，可精确测量材料的黏度、弹性和流变特性。

第三节　食品流变特性的应用

在食品工业中食品原料和加工食品的流变特性作为常规质量控制参数进行测量。

一、工程化

许多半固体食品，尤其是乳制品（例如酸奶），表现出剪切和时间相关的流动行为：即黏度随着流速和时间的增加而降低或增加。因此，了解不同加工条件下流动系统的流动行为变化对于设计制造过程至关重要。

二、产品稳定性

许多半固体食品是水包油（O/W）乳液或悬浮液体系，遵循斯托克斯定律，因此，相对较高的连续相黏度可能导致较低的乳化或沉降速率，从而得到相对更加稳定的乳化液或悬浮液体系。通过研究乳液液滴的界面流变特性，可以更好地表征、预测甚至控制基于乳液食品的相对稳定性或物理保质期。

三、食物结构设计与感官预测

半固体食物的感官属性取决于质构。特定的质构是不同食物成分之间特定的组合，这种组合表现为微观和宏观结构特征，是食品开发中改善产品质构属性的主要任务之一。由于这些结构特征还控制着食品的流变行为，因此半固体食品的流变特性可能与其质构属性有关。一般来说，描述性感官评价和流变学测试都是了解食品质构属性的分析手段，但从仪器中收集的流变学数据相对而言更具重现性和客观性。

四、食物消化

流变行为和消化动力学相互关联。研究食物结构在调节胃肠道消化过程中的作用已成为热点话题。界面流变与食品乳液的稳定性有关，食用过程中和食用后乳液液滴之间界面流变学和界面组成的变化可能会促进乳液体系的宏观结构变化，并可能影响消化酶在乳液液滴表面的吸附。此外，不仅食物成分，而且食物体系的微观结构也决定了它在食用过程中和食用后的消化过程。研究表明，体积流变行为的这种变化会影响胃肠道的蛋白质消化和氨基酸吸收动力学。例如，乳蛋白食品的研究表明，乳基质的凝胶化会增加胃的滞留时间，液体基质的摄入更有利于肌肉蛋白质的合成（即更好的蛋白质吸收），而凝胶乳基质是一种饱腹感更强的食物。

流变学是表征食品流动和变形行为的有用工具。旋转测试通常用于确定流动行为，而振荡和其他瞬态测试用于确定黏弹性行为。流变行为可以通过各种方程进行建模，并在理解材料加工和感官行为中发挥关键作用。

思　考　题

1. 名词解释：食品流变学；振荡测试；黏弹性模量；振幅扫描；频率扫描。
2. 旋转流变仪、毛细管流变仪以及界面流变仪的工作原理各是什么？
3. 食品流变特性主要应用于哪些方面？

第四章 热分析法

课件　　　　思政

第一节 热分析法概述

国际热分析及量热学联合会（International Confederation for Thermal Analysis and Calorimetry，ICTAC）对热分析定义如下：热分析是在程序控制温度下，测量物质的物理性质与温度之间关系的一类技术。

"程序控制温度"一般指线性升温或线性降温，也包括恒温、循环或非线性升温、降温。"物质"指试样本身和（或）试样的反应产物，包括中间产物。物理性质主要包括质量、温度、能量、尺寸、力学性能、声、光、热、电等。在加热或冷却过程中，随着物质的结构、相态、化学性质的变化都会伴随相应的物理性质变化。根据测量物质物理性质的不同，热分析方法的种类多种多样。根据 ICTAC 的归纳和分类，目前的热分析方法共分为 9 类 17 种（表 4-1）。

表 4-1 主要的热分析方法

物理性质	热分析技术名称	缩写
质量	热重分析法	TG
温度	差热分析法	DTA
热量	差示扫描量热法	DSC
尺寸	热膨胀（收缩）法	TD
力学特性	动态力学分析	DMTA

热分析法是一种利用温度和（或）时间关系准确测量物质理化性质变化，研究物质在受热过程所发生的熔融、蒸发等物理变化或热分解、氧化等化学变化以及伴随发生的温度、能量改变的方法，是表征物质性质极其有效的手段。

试验温度范围为 -180~1000 ℃，涉及低温稳定性和加工（如冷冻和冷冻干燥）、高温加工和烹饪（如挤压、喷雾干燥、煎炸）。热分析的结果提供了原材料以及成品的结构和质量特点。非晶态、结晶、半结晶物质的物理结构反映了一套物理特性，反过来定义最终用途属性，如质构和储存稳定性，可适用于质量保证、产品开发和新材料、配方研究以及加工条件研究。

食品加工过程中，热是最普遍的加工参数，不论是食品的热杀菌、烹调、干燥还是冷冻保藏都会涉及热。当食品与热之间相互作用时会使食品发生一系列的变化，如相变（水和冰）、蛋白质构象发生有序到无序变化、质量或组成变化、食品流变性质的变化等。大多数物质的热容随着温度的变化而变化，结构也发生变化，发生这些变化时会伴随能量的变化，因此，可以用热分析技术研究食品的性质和变化。

热分析具有以下主要优点：温度范围较大；温度控制可调节（不同的升降温速率）；对样品的物理状态无特殊要求；样品量少（10~100 mg）；仪器灵敏度高（质量变化的精确度达 10^{-5} μg）；可与其他技术联用；可获取多种信息。在上述热分析技术中，热重法、差热分析、差示扫描量热法应用最为广泛。

第二节　热重分析法

热重分析法（thermogravimetric analysis，TG 或者 TGA）具有操作简便、准确度高、灵敏、快速以及试样微量化等优点。

一、基本原理

热重法是在程序控制温度下，测量物质的质量随温度（或时间）的变化关系。其中，在恒温下观测试样质量随时间的变化为静态法；在程序升温下观测试样质量随温度的变化为动态法。在试验过程中，根据检测要求，可以在静止的或者流动着的活泼或惰性气体环境中进行。

检测质量变化最常用办法是热天平。测量原理可分为变位法和零位法。变位法是根据天平梁倾斜度与质量变化成比例的关系，用差动变压器等检知倾斜度，并自动记录。零位法是采用差动变压器法、光学法测定天平梁的倾斜度，然后去调整安装在天平系统和磁场中线圈的电流，使线圈转动恢复天平梁的倾斜。由于线圈转动所施加的力与质量变化成比例，这个力又与线圈中的电流成比例，因此只需测量并记录电流的变化，便可得到质量变化的曲线。

二、热重分析仪的测量参数

TGA 技术可衡量样品在可控气氛中加热、冷却或者恒温状态下质量的变化。TGA 测定的性质包括含湿量、挥发物及灰分含量，升华过程，脱水和吸湿，高温分解、吸附/解吸附、溶剂的损耗，催化活度的测定，表面积的测定，氧化和还原的稳定性，反应机制的研究等。目前广泛应用于食品的表征。

三、热重分析仪

热重分析仪由记录天平、炉子、程序控温装置、记录仪器和支撑器等组成（图4-1）。

记录天平与一台优质的分析天平基本相同，如准确度、重现性、抗震性能、反应性、结构坚固程度以及适应环境温度变化的能力等都有较高的要求。按动作方式可分为偏转型和指零型。测量到的重量变化应用适当的转换器变成与重量变化成比例的电信号，并可以将得到的连续记录转换成其他方式，如原始数据的微分、积分、对数或者其他函数等，用于对实验的多方面热分析。

炉体是热重分析仪的主要部分，承载样品的坩埚置于支撑架上，样品的重量变化用扭转式微电天平来测量，当试样因分解作用和化学反应发生重量变化时，天平梁发生偏转，梁中

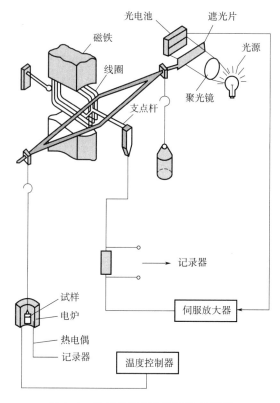

图 4-1　热重分析仪内部结构示意图

心的纽带同时被拉紧，光电检测元件的偏转输出变大，导致吸引线圈中电流的改变。在天平一端悬挂着一根位于吸引线圈中的磁棒，能通过自动调节线圈电流使天平梁保持平衡态，吸引线圈中的电流变化与样品的重量变化成正比，由计算机自动采集数据得到 TGA 曲线。燃烧失重速率曲线 DTG 可以通过对曲线的数学分析得到。

主要有美国 TGA-601 热重分析仪、德国耐驰（NETZSCH）TG209F3 型热重分析仪、TG8000 分析仪等。

四、热重分析技术

由于温度的动态特性和天平的平衡特性，使影响热重曲线（TGA 曲线）的因素非常复杂，主要有：升温速率、走纸速率、炉内气氛、试样用量、试样粒度、试样容器、浮力和对流、挥发物的冷凝、装填方式和预热时间等。

热重分析仪和质谱仪可构成 TG-MS 系统，其热天平无特殊的要求，可以根据实验条件进行较宽范围的选择。比较适宜用作 TG-MS 联用系统的质谱仪是飞行时间质谱和四极滤质型质谱。

五、热重分析法在现代食品检测中的应用

TGA 主要适用于研究物质的相变、分解、化合、脱水、吸附、解析、熔化、凝固、升华、蒸发等现象及对物质作鉴别分析、组分分析、热参数测定和动力学参数测定等。已应用于油脂生产过程的质量监控和抗氧化剂的开发研究。

第三节　差热分析法

许多物质在加热或冷却过程中会发生熔化、凝固、晶型转变、分解、化合、吸附、脱附等物理化学变化，这些变化必将伴随体系焓的改变，因而产生热效应。试样与外界环境之间有温度差，选择一种对热稳定的物质作为参比物，将其与试样一起置于可按设定速率升温的电炉中，分别记录参比物的温度以及试样与参比物间的温度差。差热分析法（differential thermal analysis，DTA）是在程序控制温度下，测量试样与参比物之间的温度差与温度关系的一项技术。

一、原理

差热分析是指在程序控制温度下，测量物质与参比物之间的温度差与温度的关系。差热分析曲线，或称差热谱图，描述了样品与参比物之间的温差（ΔT）随温度或时间的变化关系。

将被测样品与参比物放在相同的环境中同时升温，其中，参比物往往选择热稳定性很好的物质，在测量温度范围内不发生任何热效应。在升温过程中，由于被测样品受热导致其特性发生改变，产生吸、放热反应，引起自身温度的变化，使被测样品和参比物的温度出现差异。用计算机软件描图的方法记录升温过程和升温过程中温度差的变化曲线，最后获取温度差出现时对应的温度值（引起样品产生温度差的温度点），以及整个温度变化完成后的曲线面积，得到在温度控制过程中被测样品的物理特性变化过程及能量变化过程。

差热分析原理如图 4-2 所示。图中两对热电偶反向联结，构成差示热电偶。将试样 S 和参比物 R 分别放入坩埚，置于炉中以一定速率进行程序升温，分别测定试样温度 T_S 以及试样温度 T_S 和参比物温度 T_R 之差 ΔT。设试样和参比物的热容量不随温度而变。

以 $\Delta T = T_S - T_R$ 对 t 作图，所得 DTA 曲线如图 4-3 所示，随着温度的升高，试样产生了热效应（如相转变），与参比物间的温差变大，在 DTA 曲线中表现为峰、谷。显然，温差越大，峰、谷也越大；试样发生变化的次数多，峰、谷的数目也多，所以各种吸热谷和放热峰的个数、形状和位置与相应的温度可用来定性地鉴定所研究的物质，而其面积与热量的变化有关。

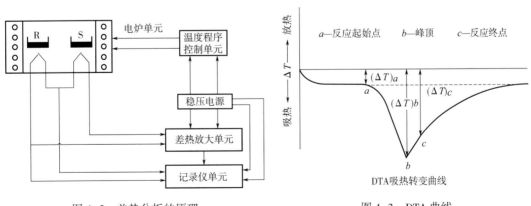

图 4-2　差热分析的原理

图 4-3　DTA 曲线

根据 DTA 曲线可以了解样品的热稳定性、氧化稳定性、组分及含量等信息,直接反映样品在设定实验条件下的稳定性,是否发生了与质量相关的物理或化学变化。

二、差热分析仪的结构

差热分析主要测量与热量有关的物理、化学变化,如物质的熔点、熔化热、结晶与结晶热、相变反应热、热稳定性(氧化诱导期)、玻璃化转变温度等变化。

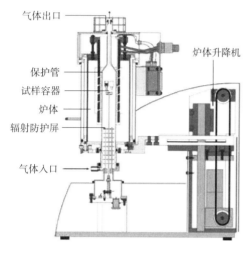

图 4-4 常见的差热分析仪

随着 DTA 技术的发展,美国 Du-Pont、Perkin-Elmer,日本理学电机、岛津,瑞士 Mettlor,英国 Stanton-Redoroft,法国 SETARAM、Bureadeliaison 等公司先后生产了各种差热分析仪及其联用仪(图 4-4)。

(一)加热炉

加热炉分立式和卧式,有中温炉和高温炉。加热炉采用 1 kW Fe-Cr-Al 双向绕制。试样支撑-测量系统有热电偶、坩埚、支撑杆和均热板。

(二)测量系统

样品室的均热体采用耐热不锈钢加工,两组性能相同的 NiCr-NiSi 热电偶置于均热体样品室的底部。用参比物端的一对热电偶测量温度,用另外一对热电偶测量样品与参比物的温度差。参比物和样品的坩埚分别装在 R 与 S 样品室内,坩埚底部的凹坑与热电偶的焊接点接触,整个均热体处于加热炉的均热段内,保证了测量系统均匀受热。

(三)温度控制器

利用调压器控制加热炉炉丝的输入电压,使加热过程以一定的速率升温或降温。温度程序控制单元使炉温按给定的程序方式(升温、降温、恒温、循环)以一定速率变化。

(四)记录和信号放大系统

使用微机进行自动控制和记录,并可对测试结果进行分析。由于记录仪量程为毫伏级,而差热分析中温差信号很小,一般只有几微伏到几十微伏,因此,差热信号须经差热放大单元放大后再送入记录仪中记录。

三、差热分析技术

(一)气氛和压力的选择

气氛和压力可以影响样品化学反应和物理变化的平衡温度、峰形,因此,必须根据样品的性质选择适当的气氛和压力,对于易氧化的样品可以通入 N_2、Ne 等惰性气体。

(二)升温速率的影响和选择

升温速率不仅影响峰的位置,而且影响峰面积的大小。选择适当的升温速率,可以得到精确表征试样热效应特性的 DTA 曲线。一般升温速率宜选用 10 ℃/min。

图中标注:气体出口、保护管、试样容器、炉体、辐射防护屏、气体入口、炉体升降机

（三）试样的预处理及粒度

尽可能减少试样用量，最多大至毫克。样品的颗粒度为 100~200 目，颗粒小可以改善导热条件，但太细可能会破坏样品的结晶度。对易分解产生气体的样品，颗粒尺寸应大一些。参比物的颗粒、装填情况及紧密程度应与试样一致，以减少基线的漂移。

（四）参比物的选择

要获得平稳的基线，要求参比物在加热或冷却过程中不发生任何变化。常用 α-三氧化二铝（Al_2O_3）或煅烧过的氧化镁（MgO）或石英砂作参比物。若试样与参比物的热性质相差很远，则可用稀释试样的方法解决，常用的稀释剂有 SiC、铁粉（Fe_2O_3）、玻璃珠（SiO_2）等。

四、差热分析在食品分析中的应用

差热分析是一种动态温度技术，由于准确、快速，在食品研究中具有较好的实用性。运用 DTA 技术可分析升温速率、试样粒度、试样用量等因素对小麦和玉米热分解过程的影响，并可通过国标法和差热分析法的对比探讨小麦和玉米的水分含量、粗纤维含量和对应 DTA 曲线峰面积的关系。

第四节　差示扫描量热分析法

差示扫描量热法（differential scanning calorimetry，DSC）是在差热分析的基础上发展起来的，能够在程序控制温度下测定多种热力学和动力学参数。该法主要特点是：使用温度范围较宽（−180~700 ℃）、分辨率高、灵敏度高、样品用量少、省时易操作、重复性好、定量性好和基线回复快，应用领域极广。

一、基本工作原理

根据测量方法的不同，DSC 可分为两种类型：功率补偿型 DSC 和热流型 DSC。以样品吸热或放热的速率，即热流率 $\dfrac{dh}{dt}$（单位 mJ/s）为纵坐标，以温度 T 或时间 t 为横坐标，记录得到的曲线称 DSC 曲线，可以测定多种热力学和动力学参数，其中熔融、结晶、固-固相转变或化学反应等热效应曲线呈峰形，玻璃化转变等比热容变化曲线呈台阶形。在热力学意义上，吸热曲线峰是用向上峰来表示（热焓增加），而放热峰是用向下峰表示，曲线峰面积与热焓变化成正比。

（一）功率补偿型 DSC

功率补偿型 DSC 的主要特点是试样和参比物分别具有独立的加热器和传感器。整个仪器由两个控制系统进行监控，一个控制温度，使试样和参比物在预定的速率下升温或者降温；另一个补偿试样和参比物之间所产生的温差，而这个温差是由试样的放热和吸热效应产生的。通过功率补偿使试样和参比物的温度保持相同，这样就可从补偿的功率直接求算热流率。

（二）热流型 DSC

热流型 DSC 是在程序温度（升温/降温/恒温及其组合）变化的过程中，通过热流传感器测量样品与参比物之间的热流差，以此表征所有与热效应有关的物理变化和化学变化。

二、差示扫描量热技术

（一）实验操作条件

1. 实验室要求恒温恒湿

室内需配备空调、除湿机等，以保证温湿度在所需要的工作范围，其中湿度要求在 50% 左右。配备稳压电源，电压 220 V，电流 10 A。

2. 具有合适的气氛气

在操作过程中用保护气体如 N_2、Ar、He 等惰性气体对加热元件进行保护，以保证其使用寿命。一般保护气体输出压力应调整为 0.03 MPa，流速恒定为 70 mL/min。

在样品测试过程中，吹扫气体（Purge1/Purge2）作为气氛气或反应气。一般采用惰性气体，慎重使用氧化性气体（如空气、氧气等）或还原性气体（如 CO、H_2 等），还原性气体不仅会缩短样品支架热电偶的使用寿命，还会腐蚀仪器上的零部件。吹扫气体输出压力应调整为 0.03 MPa，流速≤100 mL/min，一般情况下为 10~20 mL/min。更换液氮时，容器内压力必须排空。

（二）试样

测试样品可为粉末状、颗粒状、片状、块状、固体、液体，但要保证与测量坩埚底部接触良好，才能得到更加尖锐的热效应峰，提高测试结果的精度。

根据样品材料选择合适的坩埚，常规使用铝坩埚。保持坩埚清洁，应使用镊子夹取，避免用手触摸。

热分析仅需少量试样（0.1 μg~10 mg），有利于气体产物的扩散和试样内部温度的均衡，减小在测试中样品的温度梯度，确保测量精度。样品放在容器的中间部位，建议使用 0.01 mg 以上精度的天平称量。

（三）样品测试

为了保证样品温度达到稳定，将试样于一定温度（23±2）℃、相对湿度（50±5）% 下放置 24 h 以上，待状态稳定后开始测试。

考虑温度程序的类型（单一测试段、多段测试、温度调制程序）、参数的选择（升温速率、开始和结束温度）、样品的热传导性等因素来选择温度程序。程序升温速率主要对 DSC 曲线的峰温和峰形产生影响。除特殊要求外，升温速度一般为 0.5~50 K/min。纯度测定时，特别要注意当升温达到熔化起初温度以下（10~20 ℃）时，升温速率要转换成 0.5 ℃/min。对于 300 ℃ 以上的测量，建议使用惰性气氛。试验完成后，必须等炉温降到 100 ℃ 以下后，才能打开炉体。

（四）仪器校准方法

差示扫描量热仪必须定期校准，可用高纯物质的熔点或相变温度进行校验。温度校正与灵敏度校正可在同一次标样测试中完成。一般仪器自带 1 个标样盒。

DSC 校正应注意测试物与标准物的相似性。在测定无机物与合金等时，应采用金属标准物质校正；而测定有机物质时，应当用有机标准物质校正。校准样品选用金属铟（In）［标准样品：熔点（平衡温度）156.6 ℃；熔融热 28.42J/g］。

三、差示扫描量热法在食品检测中的应用

在食品的加热或冷却过程中，经常伴随着各种各样的物理或化学变化，这些变化都可以用热分析进行定性或定量的表征。热分析技术的样品主要包括水、蛋白质、碳水化合物和脂肪等复合体系。

差示扫描量热法研究谷物和淀粉的玻璃化转变可以为生产实践提供更好的加工保藏工艺参数。DSC 技术通过降温测得植物油的冷却曲线，并对曲线进行微商作为辨认油品的"指纹"，以此快速确定植物油品种。热分析法应用于油脂的热稳定性以及食品中脂类的研究，如可可脂的口溶问题、巧克力的同质多晶现象、奶油中混入人造奶油的检测、腊肠和火腿中肉的判别等。

热分析技术以其具有试样用量少、不破坏试样、无试剂、无污染且能够快速、准确测定等优点在食品领域得到广泛应用。联用技术的大量开发和使用更加推动了这一技术的蓬勃发展，如 TG-MS、TGA-FTIR、TG-DTA、MR-MS 法等。热分析技术可用于控制食品质量，并指导食品加工和贮藏。

思　考　题

1. 什么是热分析？热分析可以分为哪些种类？其主要优点有哪些？

2. 热重分析的基本原理是什么？其仪器部件由哪几部分构成？举例说明热重分析在食品分析检测中的应用。

3. 什么是差热分析法？其工作原理是什么？在食品分析中的应用体现在哪些方面？

4. 什么是差示扫描量热法？其主要特点及工作原理分别是什么？该法在操作中有哪些实验要求？

第五章 超声波检测技术

扫码查看本章内容

第六章　介电常数分析法

物理学上，介电常数是衡量不同电介质及其性质的表征；介质的介电常数是分析和研究电波与介质相互作用及场量变化的基础参数。因此，介电常数反映了介质的基本特性，与物质的组成、结构、密度等许多因素有关。

第一节　介电常数的基本概念

真空中一个孤立的电荷 q 会在其周围产生电场 E，当另外一个试验电荷 q_0 进入该电场时会受到电场力的作用。由电荷 q 所产生的电场强度见式（6-1）：

$$\vec{E} = \frac{q}{4\pi\varepsilon_0} \cdot \frac{1}{r^2} \cdot \vec{r} \tag{6-1}$$

式中：ε_0——真空中的介电常数；

r——距离点电荷 q 的径向距离。

电场强度是一个矢量。试验电荷 q_0 在距电荷 q 的距离为 r 的点上受到的电场力见式（6-2）：

$$\vec{F} = \vec{E} \cdot q_0 = \frac{qq_0}{4\pi\varepsilon_0} \cdot \frac{1}{r^2} \cdot \vec{r} \tag{6-2}$$

根据力的反作用性质，电荷 q 也同样受到试验电荷 q_0 所产生电场的力的作用，且作用力的大小相等，方向相反。

根据式（6-2）可知，真空中的介电常数 ε_0 表征了孤立电荷 q 在给定的距离 r 上产生电场强度的大小。如果将式（6-2）中的真空条件换为某种电介质，则同样的孤立电荷 q 所产生的电场强度将可表示为式（6-3）：

$$\vec{E} = \frac{q}{4\pi\varepsilon} \cdot \frac{1}{r^2} \cdot \vec{r} \tag{6-3}$$

式中：ε——该种电介质的介电常数。

实际应用中，通常将真空中的介电常数 ε_0 作为参照，而将电介质的介电常数 ε 与 ε_0 的比值定义为一个无量纲的相对介电常数 ε_r，如式（6-4）所示：

$$\varepsilon_\mathrm{r} = \frac{\varepsilon}{\varepsilon_0} \geqslant 1 \tag{6-4}$$

由于真空是一个理想的电介质模型（没有原子、分子），所以，在真空中不可能出现在实际电介质中由于束缚电荷效应使原电荷 q 所产生的电场有所下降的情况。因此，针对实际电介质的相对介电常数 ε_r 总是满足大于或等于1。

第二节　测量介质介电常数的原理

1929 年就有了测定介电常数的方法，测量介电常数的方法可分为非谐振法和谐振法。随着技术水平和设备越来越先进，测量的精度越来越高。

一、非谐振法

在非谐振法中，电磁波在通过被测材料时阻抗和波速会发生变化，通过这些变化得到材料的电磁参数。当电磁波从一种介质传播到另一种介质时（一般是从空气到样本），电磁波的特性阻抗和波速都会变化，这样在分界面上一部分电磁波进入物质中，另一部分被反射回来，这些传输和反射的电磁波包含了材料的电磁特性信息，当测定传输和反射的电磁波便可推导出材料的介电常数和损耗。非谐振法又可以分为反射法和传输反射法。几乎所有传输线都能用于非谐振法中。

二、谐振法

谐振法又常称为介质谐振器法，用来测定导体材料的介电常数和表面电阻。把待测样本做成谐振器，夹在两片导电板中间，再放到测试电路中，然后再根据谐振器的谐振频率和品质因数得出样本的介电常数和损耗。谐振器的工作模式在样本和导电板之间没有横电场，因此样本和导电板之间的缝隙不会对测试结果有较大的影响。谐振法不仅可以测定大介电低损耗的材料，也可以测定各向异性的材料特性。

通常谐振法的精度和灵敏度比非谐振法高，所以谐振法非常适合测量低损耗的材料。根据拟测介电常数或磁导率，将待测样本放在电场或磁场的波腹处，如果样本放在电场最大磁场的最小处，则可测量到样本的介电常数。

第三节　测量介电常数的仪器

电介质的相对介电常数 ε_r 是反映材料特性的重要参数，是材料科学中的一个重要物理量。测量电介质相对介电常数的一般方法是将被测物质作为电容传感器的一部分，通过测量电容来实现。

测量电容值实质上是电容传感器的检测应用，即变介电常数电容传感器，其原理是在电容几何规格不变的情况下，被测物理量通过影响电容极板间的电介质的介电常数来改变电容传感器的电容值。

介电常数检测器是利用通过检测电容的溶质具有不同介电常数，从而引起电容量的变化，由电容量变化的大小计算溶质的浓度，只要求所选用的流动相介电损耗不要太大，各种溶剂都能适用，因此是一种通用型的检测器，类似示差折光检测器。专用介电常数测定仪可准确测出介电常数。

第四节　介电常数分析法的应用

一、测定谷物水分含量

无论是电容法、射频法、微波法还是太赫兹法，测量谷物的含水率时均依据谷物介电特性的变化。常温下谷物的介电常数为 2~5，而水的介电常数为 81 左右，谷物内水分含量的变化会引起其介电常数的变化，如电容式含水率检测法通过测量振荡电路受介电常数变化的输出频率值来测算出谷物的含水率。当温度与测试信号频率一定时，鲜玉米含水量与其介电常数之间存在一定的线性相关性。由驻波比原理可知，介电常数可由测量电压测得，利用含水量与电压差进行回归分析，测量输出电压差与玉米水分含量之间有较好的线性相关性。

二、基于介电常数温变特性测定食用油品质

极性组分是衡量食用油品质的重要指标之一，我国规定煎炸油极性组分含量不得超过 27%。食用油极性组分含量越高，油脂介电常数越大，因此通过检测介电常数检测油脂品质。如基于介电常数变温测量的电容传感器，可实现食用油介电常数的准确测量，也可以对加热食用油进行实时检测。

三、食品加工中的应用

在食品加工的储藏、加工、灭菌、分级及质检等方面都广泛采用了介电常数测量技术。例如，通过测量介电常数的大小，新鲜果蔬品质、含水率、发酵和干燥过程中的一些指标都得到间接的体现，此外，根据食品的介电常数、含水率可确定杀菌时间和功率密度等工艺参数。

思　考　题

1. 什么是介电常数？测量介电常数常用的方法有哪些？
2. 介电常数分析技术在食品中的应用主要体现在哪些方面？

第七章 X射线荧光光谱技术

扫码查看本章内容

第二篇　现代仪器分析

第八章　电化学分析

课件　　思政

　　电化学是研究化学能和电能相互转换的化学领域，侧重于研究两类导体构成的带电界面上所发生的现象和变化。电化学分析法是建立在化学电池的一些电学性质（如电导、电位、电流、电量等）与被测物质浓度之间存在某种关系而进行测定的一种分析方法。电化学研究的理论基础遵循法拉第定律，其基本规则为电解过程中电极工作面发生反应的物质量与电荷的通过量呈正比，且当几个串联的电解槽有相同的电量通过时在各个电极上的反应物与 $1/z$ 成正比，其中 z 为各电极反应进行时电荷数的变化。法拉第定律可以揭示通电量与析出物间的定量关系。已开发多种电分析方法，如图 8-1 所示。

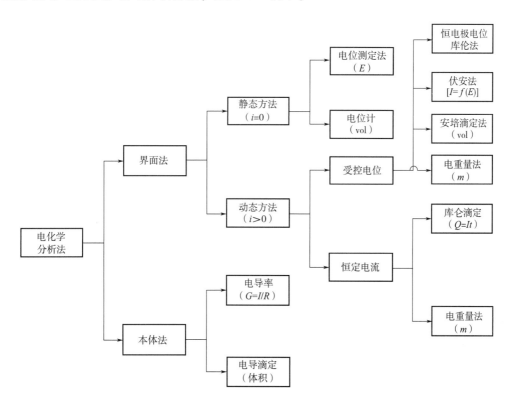

图 8-1　常用电分析方法

i＝电流　E＝电位　R＝电阻　G＝电导　Q＝电荷量　t＝时间　体积＝标准溶液体积　m＝电沉积物质的质量

上述方法可分为界面法和本体法。界面法是基于在电极表面和刚好与这些表面相邻的溶液薄层之间的界面处所发生的现象；而本体法是基于溶液中发生的现象，并努力将界面效应降至最低。界面法比本体法运用更加广泛。

根据电化学电池中是否存在电流，界面法可分为静态法和动态法。需要电位测量的静态法因其速度快和选择性好而极为重要。电流起重要作用的动态界面法有多种类型，在图 8-1 左侧显示的 3 种方法中，在测量其他变量的同时需控制电池电位。通常，这些方法灵敏且具有相对较宽的动态范围（通常为 $10^{-3} \sim 10^{-8}$ mol/L）。此外，这些方法可以用微升甚至纳升体积的样品进行。因此，这些方法的检测限可以达到皮摩尔。在恒流动态法中，收集数据时电池中的电流保持恒定。

在施加电压或电流时发生还原或氧化的物质称为电活性物质。电活性物质在水性或非水性溶剂中，甚至在薄膜中，通常是以溶剂化或络合的离子或分子形式出现。电化学方法现在不仅用于痕量金属离子的分析，还用于分析有机物和连续过程以及研究单个活细胞内的化学反应，还适用于工业生产中产品流的质量控制、体内监测、材料表征以及药物和生化研究。

正常条件下，检出限低至 1 mg/L。通过使用电沉积然后反转电流或电位，可以将许多电活性物质的灵敏度再扩大 $3 \sim 4$ 个数量级，从而达到微克每升级。实际中，电化学不仅可提供元素和分子的分析；若使用极谱法、电流分析法、电导分析和电位分析法，可获取有关平衡、动力学和反应机制的信息。

由于是电信号，电化学测量易于自动化。设备通常比光谱仪器便宜很多。电化学技术也常用作液相色谱的检测器。电化学分析法具有灵敏度和准确度高、测量范围宽、仪器设备简单、容易实现自动化等特点，已经在食品质量检测中广泛应用。电化学分析逐渐走向微量分析，并向单细胞水平检测、实时动态分析、无损分析、超高灵敏度和超高选择的方向发展。

第一节　电化学基础

电化学研究电子从一种反应物转移到另一种反应物的氧化还原反应。电化学氧化还原反应可以作为电路的一部分在电化学电池中进行，这样就可以测量转移的电子、电流和电压，每一个参数都提供了有关氧化还原反应的信息。一个电子的电荷绝对值为 1.602×10^{-19} 库仑（C），所以 1 mol 电子电荷为 $(1.602 \times 10^{-19} \text{ C/e}^-)$ $(6.022 \times 10^{23} \text{ e}^-/\text{mol})$ = 96485 C/mol，该数值称为法拉第常数，F；电路中每秒流过的电荷量称为电流，i；电流单位为安培，A；1A 等于 1 C/s。电池中两点之间的电位差 E 是在两点之间移动带电电子所需的能量。如果电子从第一个点被吸引到第二个点，电子就可以做功。如果第二点排斥电子，则必须做功迫使它们移动，即 $W = Eq$。

一、电化学方法的分类

电分析方法可以根据被测变量进行分类，按照实验过程中测定的电学参数（如电流、电压、电荷和电阻）不同，可将电化学分析法分为库仑分析法、伏安法、电导分析法和电位分析法等，测量一个变量，而控制其他变量。表 8-1 总结了重要的电分析方法。

表 8-1 电分析技术

技术	可控参数	测定参数
电导测定法	电压，V（AC）	电导，$G = 1/R$
电导滴定法	电压，V（AC）	滴定体积对电导
电位法	电流，$i = 0$	电位，E
电位滴定法	电流，$i = 0$	滴定体积与 E
循环伏安法	电位，E	i 与 E
极谱法	电位，E	i 与 E
阳极溶出伏安法	电位，E	i 与 E
电流测量法	电位，E	i
库仑法	E	电荷，q（积分电流）
电重法	E 或 i	重量沉积
库仑滴定法	i	时间，t

电位计测量的是由指示电极和参比电极组成的电池所产生的电位。理论上，指示电极响应是对溶液中单一组分（分析物）活度的衡量。电位 E_{cell} 在可忽略不计的电流下测量，以避免被测组分的浓度发生显著变化。现代电位计允许在 <1 pA 的电流下测量电位，因此电位计可以被认为是一种无损技术。电位法是测量 pH、离子选择电极（ISE）测量和电位滴定的基础。

库仑法是基于分析物电解氧化或还原的方法。通过控制电位进行电解，并将分析物定量地转化为新的氧化态。库仑法的一种形式是电重法，其中金属元素被还原，镀到电极上，然后称重。沉积金属的重量是溶液中原始金属浓度的量度。库仑法基于法拉第定律，该定律指出电极上的反应程度与电流成正比。众所周知，还原（或氧化）1 克当量（分子）的电活性分析物需要 1F（96485C）的电流。

通过测量完全还原（或氧化）给定样品所需的电量，可以测定分析物的数量，前提是反应效率为 100%（或已知效率）。质量或电荷 $q = i \cdot t$（As），可用作电化学反应程度的量度。

伏安法中，将受控电位施加到一个电极上，并随着时间的推移监测流过电池的电流。极谱法需要三个电极，滴汞电极（DME）或静态（悬垂）汞滴作为工作电极；辅助电极（或对电极）通常是铂丝或箔；第三个（参比）电极用作控制电位。感兴趣分析物的电流在工作电极和辅助电极之间流动，而参比电极仅用作高阻抗探头。电压随时间逐渐增加或减少（扫描伏安法），每当电活性物质被氧化或还原时，阳极或阴极电流就会发生相应的变化。

电流测量法，在固定电位下测量电流。分析物在已知外加电位的电极上发生氧化或还原反应，根据法拉第定律计算分析物的量。安培法用于检测滴定终点，可作为液相色谱的检测器，并构成了许多用于生物监测和环境监测的新型传感器的基础。

测量电导时，在浸入同一溶液中的两个电极之间施加交流（AC）电压。施加电压导致电流的流动，电流的大小取决于溶液的电解电导率。尽管测量本身无法识别携带电流的物质，但该方法可以检测化学反应（例如滴定）期间样品中成分的变化。

二、电化学测试体系

电化学分析中最常用的测试体系是由工作电极、参比电极及辅助电极，外加电解池所组成的标准三电极体系。三电极体系的工作原理可以简要理解为三个电极、两个回路：工作电极与参比电极间构成电压回路，工作电极相对电势的测量需要依靠参比电极来实现；辅助电极与工作电极构成电流回路，其中辅助电极只是起到保障电流能够流畅通过的作用。电化学反应过程中的变化主要发生在工作电极的表面，所以工作电极又被称为研究电极，是最重要的电极。

工作电极的要求：所研究的电化学现象不能因为电极内部发生的反应而受到影响，有较宽的电势范围，不和溶剂、电解液等组分反应。理论上能够导电的固体材料都可以用作电极，但考虑到稳定性等问题，一般实验中常用玻碳、铂、金等惰性材料作为工作电极。对于液体电极则要求均相表面能够很好的重复。对于工作电极最重要的要求是有良好的重现性，并且性质稳定。

参比电极需要电势已知并且状态偏向于理想不极化，几乎没有电流经过参比电极，与工作电极共同构成电压回路实现对研究电极电势的测量。多数使用的参比电极为银/氯化银电极（Ag/AgCl）以及饱和甘汞电极（SCE），在电化学测量中电位值大小都是相对于参比电极的。

辅助电极，有时也被叫作对电极，指与工作电极对应而构成电流回路。辅助电极的比表面积一般很大，从而可使极化反应主要发生在工作电极上。使用最普遍的辅助电极为铂材料电极。

第二节　电位分析法

电位分析法是在不消耗可观的电流的基础上测量电化学电池电位的方法，如滴定终点的电位。离子选择性电极电位的测定已被用于测定大量离子的浓度。此时电极相对不受干扰，并为大量重要阴离子和阳离子的定量测定提供快速方便的方法。

准确测定电池产生的电位需要在测量期间忽略电流。电流流动意味着正在发生法拉第反应，这将改变无电流流动时存在的电位。电位法所需的设备简单且价格低廉，包括指示电极、参比电极和电位测量装置。图 8-2 显示了用于电位分析的典型电池。

图 8-2　电位分析用的典型电池

参比电极是一个半电池，其电极电位 E_{ref} 准确已知，与待研究溶液中分析物或任何其他离子的浓度无关。标准氢电极（SHE）可作为参比电极，但很少使用，因为 SHE 难以维护和使用。按照惯例，在电位测量中，参比电极始终被视为左电极。参比电极的选择取决于应用。例如，Ag/AgCl 电极不能用于会沉淀或与银反应的卤化物或硫化物等物质的溶液中。

可变指示电极电位可以通过能斯特方程计算，且与分析物浓度相关。实际上，未知分析物的浓度是在用合适的标准溶液校准电位计后测定的。浸入分析物溶液中的指示电极产生的电位 E_{ind} 取决于分析物的活度。电位计中使用的大多数指示电极在其响应中是有选择性的。

电位计的第三个组成部分是盐桥，盐桥可防止分析物溶液的组成部分与参比电极的组成部分混合。在盐桥两端的液体接界处均产生一个电位。如果盐桥溶液中阳离子和阴离子的迁移率大致相同，则这两个电位往往会相互抵消。氯化钾是盐桥近乎理想的电解质，因为 K^+ 和 Cl^- 的迁移率几乎相等。由此，盐桥两端的净电位差可降低到几毫伏或更小。对于大多数电分析方法，连接电位小到可以忽略不计。然而，电位法中，连接电位及其不确定性可能是限制测量准确度和精密度的因素。

电池电位由式（8-1）给出：

$$E_{cell} = (E_{ind} - E_{ref}) + E_j \qquad (8-1)$$

该等式中的第一项 E_{ind} 包含所寻找的信息——分析物的浓度。为了对分析物进行电位测定，必须测量电池电位、校正参考电位和连接电位，并根据指示电极电位计算分析物浓度。严格地说，原电池电位与分析物的活度有关。只有通过使用已知浓度的溶液正确校准电极系统，才能测定分析物的浓度。

一、电极

（一）参比电极

理想的参比电极具有已知、恒定且对所研究溶液的成分完全不敏感的电位。此外，该电极应坚固且易于组装，即使电池中存在净电流时也应保持恒定电位。

1. 甘汞电极

甘汞参比电极由与饱和氯化汞（I）溶液接触的汞组成，该溶液还含有已知浓度的氯化钾。甘汞半电池用 Hg ｜ Hg_2Cl_2（饱和），KCl（xM） ‖ 表示。其中 x 代表溶液中氯化钾的摩尔浓度，因此，在描述电极时必须指定 KCl 的浓度。

饱和甘汞电极（SCE）易于制备，使用广泛。但是其温度系数要大得多，当改变温度时，由于氯化钾和甘汞重新建立溶解平衡所需的时间长，电位需缓慢地达到新值。SCE 在 25 ℃时的电位为 0.2444 V。

2. 银-氯化银电极

市场上销售最广泛的参比电极系统由浸入已被氯化银饱和的氯化钾溶液中的银电极组成。用 Ag ｜ AgCl（饱和），KCl（xM） ‖ 表示。该电极用饱和氯化钾溶液或 3.5 mol/L 氯化钾溶液制备。

3. 参比电极使用注意事项

使用参比电极时，内部液体的液位应始终保持在样品溶液的液位以上，以防止因分析物溶液与来自内部溶液的银或汞（I）离子发生反应而导致电极溶液污染和接头处堵塞。接头处堵塞会导致电位测量中的不稳定电池行为（噪声）。

在测定氯离子、钾离子、银离子和汞离子等离子时，必须采取预防措施以避免这种误差来源。常见方法是在分析物和参比电极之间插入第二个盐桥；该盐桥应包含无干扰的电解质，例如硝酸钾或硫酸钠。

（二）指示电极

指示电极是响应分析物活度变化的电极。理想的指示电极对目标分析物呈专一性，对活度变化迅速响应，并遵循 Nernst 方程。很遗憾无专一性的指示电极，有些对某些分析物显示出高度的选择性。指示电极分为金属电极和膜电极两类。

1. 金属指示电极

金属指示剂电极分为第一类电极、第二类电极、第三类电极和惰性氧化还原电极。

（1）第一类电极。

第一类金属电极仅仅是一根金属线、网或实心条，是与其溶液中的阳离子直接平衡的纯金属电极。如 Cu/Cu^{2+}、Ag/Ag^+、Hg/Hg^+ 和 Pb/Pb^{2+}。这类电极选择性很差，不仅对自身阳离子有反应，且对任何其他更容易还原的阳离子也有反应。一些金属电极表面很容易被氧化，除非溶液完全隔离空气。许多金属电极，如锌和镉溶解于酸或碱中，只能在有限的 pH 范围内使用。银和汞为最常用的金属电极。

（2）第二类电极。

第二类金属电极由涂有其微溶盐（或浸入其微溶盐的饱和溶液）的金属组成。该电极响应盐的阴离子活度。例如，涂有 AgCl 的银线对氯化物活度的变化作出响应，因为氯化物离子的活度受 AgCl 的溶解度影响。制备氯化物敏感电极的简便方法是在含有氯化钾的电解槽中将纯银线制成阳极。

（3）第三类电极。

第三类金属电极是利用两个平衡反应响应金属电极以外的阳离子。乙二胺四乙酸（EDTA）与许多金属阳离子发生络合，这些金属阳离子具有不同的稳定性，但都由共同的阴离子（EDTA）参与平衡。

（4）金属氧化还原指示剂。

由铂、金、钯或其他惰性金属制成的电极通常用作氧化还原指示电极，用于测量溶液中物质（例如 Fe^{2+}/Fe^{3+}、Ce^{3+}/Ce^{4+}）的氧化还原反应。这些电极通常用于检测电位滴定中的终点。惰性电极上的电子转移通常是不可逆的，尽管不是金属电极，碳电极也用作氧化还原指示电极，因为在低外加电位下碳不具有电活性。

2. 膜指示电极

膜电极是通过将分析物溶液与参比溶液分离的膜上产生电位差（一种连接电位）来选择性地响应离子的一类电极。电位差与在膜两侧测量的特定离子的浓度差有关。这类电极不像金属电极那样在电极表面发生氧化还原反应。

由于膜电极对离子有响应，所以通常被称为离子选择性电极（ISE）。理想的膜电极只允许一种离子通过，即仅适用于一种离子的测量，目前还没有专一性的 ISE。ISE 相对敏感，能够检测低至 10^{-12} mol/L 的浓度。

（1）膜电极的分类。

表 8-2 列出了已开发的各种类型的离子选择性膜电极。它们在膜的物理或化学组成上有所不同。在这些装置中产生离子选择性电位的一般机制取决于膜的性质，膜电极电位是一种将分析物溶液与参比溶液分开的跨膜所产生的连接电位。

表 8-2 离子选择性膜电极的类型

类型	举例
结晶膜电极	单晶，如 F^- 的 LaF_3
	多晶或混合晶体，如 S^{2-} 和 Ag^+ 的 Ag_2S
非晶体膜电极	玻璃，如 Na^+ 和 H^+ 的硅酸玻璃
	液体，如 Ca^{2+} 和 NO_3^- 的液态离子交换剂
	在坚固聚合物中固定化液体，如 Ca^{2+} 和 NO_3^- 的 PVC 基质

（2）离子选择性膜的特性。

所有离子选择性膜具有共同的特性，即对某些阳离子或阴离子的敏感性和选择性。这些属性包括最小溶解度，即在分析物溶液（通常是水溶液）中的溶解度接近于零；导电性；选择性。

（3）晶体固态电极。

晶体固态电极膜是单晶离子固体或在高压下由离子盐压制而成的颗粒。离子固体必须含有目标分析物离子且不溶于待测溶液（通常是水溶液）。

膜的厚度通常为 1~2 mm，直径约 10 mm。将固体密封在聚合物管的末端形成电极。与 pH 电极一样，聚合物管的内部包含一个内部电极以允许连接到电位计和包含固定浓度分析物离子的填充溶液。

氟化物 ISE（F-ISE）对氟离子具有极强的选择性。唯一的干扰离子是 OH^-，但电极对氟离子的响应比电极对氢氧化物的响应大 100 倍以上。只有当 OH^- 浓度为 0.1 mol/L 或更高时，氢氧化物干扰才显著。电极仅对氟离子做出反应，因此溶液的 pH 值必须保持足够高，以免形成 HF。

其他晶体固态电极可用于测量氯化物、溴化物、碘化物、氰化物和硫化物阴离子。此外，硫化银与铜、铅和镉的硫化物的混合物可制成用于 Cu^{2+}、Pb^{2+} 和 Cd^{2+} 的固态电极。

（4）液膜电极。

液膜电极基于离子交换原理。在膜的两个表面建立离子交换平衡，浓度差导致电位差。现代液膜电极具有固定或共价结合到聚合物膜上的液体离子交换剂，这些电极的选择性由离子交换剂对分析物离子的选择性程度所决定。已经开发出选择性亲脂络合剂。商用液膜电极可用于测量水的硬度、K^+ 以及 Zn、Cu、Fe、Ni、Ba 和 Sr 的二价阳离子，以及阴离子 BF_4^- 和 NO_3^- 等。

一般来说，液膜电极只能在水溶液中使用，以避免对膜的侵蚀。聚合物薄膜被用于涂覆金属丝电极，以制造用于体内分析的微型 ISE。这些带涂层的金属丝 ISE 不需要内部参比溶液，电极尖端直径约为 0.1 μm。

（5）气体传感电极。

气敏电极实际上是一完整的电化学电池，指对样品溶解的气态物质能直接响应：电极。因为是完整的电池，所以通常使用术语"探针"代替电极。

典型的气敏探头由 ISE 和密封在透气膜后面的参比电极组成。ISE 具有选择性，如 Ag_2S 电极可测量通过透气膜扩散的 H_2S。某些气敏探头以玻璃 pH 电极为指示电极，用于检测可改变内部溶液 pH 值的气体。实例包括 CO_2 的测定，CO_2 溶解在内部水溶液中生成 H^+ 和 HCO_3^-；氨的测定，氨溶解生成 NH_4^+ 和 OH^-。所有这些电池产生的电位取决于外部样品溶液中分析物气体的浓度。因为气体必须穿过膜，气体传感电极的响应时间通常很长，约需几分钟。电极具有高度选择性，不受非挥发性物质的干扰。如果使用 pH 电极作为 ISE，显然任何溶解并改变内部溶液 pH 值的气体都会被检测到，因此，某些气体可能会干扰其他气体分析物。

（6）固定化酶膜电极。

酶是生物催化剂，具有高度选择性。许多酶催化产生氨、二氧化碳和其他简单物质的反应，ISE 可用作检测器。用薄层酶涂覆的 ISE 有望为复杂分子制造高选择性的生物传感器，并具有电位测定法的优势——速度快、成本低和易操作。酶通常通过掺入凝胶共价键合到聚合物载体或直接吸附到电极表面而固定在电极上，因此可用于测量的酶数量不多。

（7）离子选择性场效应晶体管。

离子选择性场效应晶体管（ISFET）表面覆盖有氮化硅，可以从样品溶液中吸附 H^+。吸附程度与样品溶液 pH 值具有相关性，H^+ 的吸附会导致 ISFET 通道的电导率发生变化。

该电池需要外部参比电极。与易碎的玻璃泡 pH 电极不同，ISFET 的 pH 传感器可以做得非常小（约 $2 \, mm^2$）且非常坚固。具有响应快速，适用于腐蚀性样品、浆液甚至食品等湿固体等优点。传感器可以重复使用，洗净后存放在干燥条件下，使用前不需要补水。ISFET 的 pH 电极的价格约为标准玻璃电极的一半。

（8）玻璃电极。

测量 pH 的玻璃电池由一个玻璃指示电极与一个浸入在待测定 pH 值的溶液中的银-氯化银或饱和甘汞参比电极组成。指示电极由密封在厚壁玻璃或塑料管一端的薄的 pH 敏感玻璃膜组成。管中装有少量体积的饱和氯化银的稀盐酸（某些电极的内部溶液是含有氯离子的缓冲液）。该溶液中的银线形成银-氯化银参比电极，该电极连接到电位测量装置的一端，参考电极连接到另一端。

二、测量电位的仪器

电化学电池是整个仪表电路中具有特定电学特性的一种电路元件。电位计电池是连接到外部电位源的原电池，该电位与原电池的电位完全相等但相反。在这种电池中电流的流动可以忽略不计。

可以使用固态电路测量完整电池的电位，该电路的输入电流可以忽略不计，将电压输出到仪表、数字读出器、记录器或计算机。用于 pH 测量的玻璃电极的电阻非常大（50～10000 MΩ）。普通的电位器或电压表实际上不会指示可观察到的电压，这就是为什么需要高阻抗固态测量电路的原因。现代仪器从被测电池中排出的电流不超过 $10^{-10} \sim 10^{-12}$ A。

运算放大器和反馈电路的第二个重要用途是控制工作电极电位。执行此任务的电路称为恒电位仪。恒电位仪和现代极谱设备被称为三电极设备，因为它们连接到工作电极、参考电极和辅助电极。工作原理是工作电极和参考电极之间的电位由反馈电路保持。施加的电压 E_{appl} 可以是恒定电压或一些信号发生器电压。

在现代恒电位仪上，施加的电压作为工作电极上电压的实际符号给出。换句话说，如果将恒电位仪设置为 -0.500 V，则工作电极为 -0.500 V，而不是在实际电池中的任何参考电极。

三、电位法在食品分析中应用

电位法已广泛运用于工业、环境、农业、食品行业，可测量离子、酸、碱和气体。测量可以在标准实验室的环境中进行，也可以是在线过程监测、体内监测等现场测量。pH 值的定量测量极其重要，无机和有机离子、酸性和碱性离子以及气体的定量测量以及特定氧化态离子的测定通常也可以通过电位计进行。电位法用于测定复合物的稳定性常数、溶度积常数，确定反应速率、阐明反应机制，以及研究酶和其他生化反应的研究。

样品必须以液体或气体形式进行分析。样品制备包括将样品缓冲到适当的 pH 值以进行某些 ISE 和气体测量，或添加离子强度"缓冲液"以使所有样品和标准离子强度相等。大多数常见电极的检测限约为 10^{-6} mol/L，而气体探头的检测限在 mg/L 范围内。

主要应用包括直接测量离子浓度、电位滴定、pH 测定、pH 滴定、弱酸和弱碱的滴定、除氢之外离子的定量测定、标准品添加法校准、氧化还原滴定等。

ISE 可用于水溶液和非水溶液的分析，使用 ISE 无须样品制备，对于在不损失挥发性分析物的情况下获得快速结果特别有价值。ISE 电位计可以被认为是非破坏性的，因为泄漏的电解质对样品的污染可以忽略不计，甚至可以通过将电极插入样品并测量产生的电压。

第三节　库仑分析法

库仑分析法创立于 1940 年左右，是以测量电解过程中被测物质在电极上发生电化学反应所消耗的电量进行定量分析的一种电化学分析法，其理论基础就是法拉第电解定律。库仑分析法是对试样溶液进行电解，但它不需要称量电极上析出物的质量，而是通过测量电解过程中所消耗的电量，由法拉第电解定律计算出分析结果。为此，在库仑分析中，必须保证电极反应专一，电流效率 100%，否则，不能应用此定律。

一、原理

电解是借助于外加电源的作用实现化学反应向非自发方向进行的过程。通过施加电位或电流引起热力学非自发氧化或还原反应的过程称为电解，以这种方式运行的电池称为电解池。加直流电压于电解池的两个电极上，使溶液中有电流通过，物质在电极上发生氧化还原反应而分解。库仑分析是在电解分析法的基础上发展起来的，根据电解过程中所消耗的电量求得被测物质的含量。基于电解的电分析方法主要有恒电流库仑滴定法、恒电位库仑法和电重法3 种方法。

1. 恒电流库仑滴定法

恒电流库仑滴定法，简称库仑滴定法。用恒电流电解在溶液中产生滴定剂（称为电生滴定剂）以滴定被测物质进行定量分析的方法。恒电流电解法是在恒定的电流条件下进行电解，然后直接称量电极上析出物质的质量来进行分析。一般说来，控制电流在 0.5~2 A，电流越小，镀层越均匀牢固，但所需时间就越长。电极反应速率比控制电位电解分析得快，但选择性差。

2. 恒电位库仑分析法

恒电位库仑分析法，又称为恒电位库仑滴定法。在电解过程中，将工作电极电位调至测定所要求的电位值，保持恒定，开始时被测物质析出速度较快，随着电解的进行，浓度越来越小，电极反应的速率逐渐变慢，因此电流就越来越小；直至电解电流降到零，由库仑计记录电解过程所消耗的电量，由此计算出被测物质的含量。

若电流效率为100%，电解过程的电量为被测物质所需的电量。在实际中，为保持电流效率100%，需向电解液中通氮气数分钟以除去溶解氧或隔绝空气进行电解。为了防止干扰，常以控制阴极电位的方式进行电解分析。

3. 电重量法

通过电解试液，电解完毕后，金属在阳极溶解并沉积在阴极上，直接称量在电极上沉积的被测物质的质量进行分析，分析时不需要基准物质和标准溶液。大多数金属元素可以通过电重量法测定，通常以金属形式沉积，但是一些金属元素可以以氧化物形式沉积，卤化物可以通过卤化银形式沉积。

二、库仑法和电重量法的仪器

库仑法所需的基本设备是电源（具有直流输出电压的恒电位仪）、惰性的阴极和阳极（通常是铂箔、纱或网）以及搅拌装置。有时需要加热器促进这一过程。

库仑滴定装置是一种恒电流电解装置（图8-3）。通过电解池的电流可由精密检流计 G 显示，也可由精密电位计测量标准电阻上的电压求得。电解池有两对电极，一对是指示终点的电极；另一对为进行库仑测定的电极，其中与被测物质起反应的电极称工作电极，另一个称辅助电极。凡能指示一般电滴定法者，都可用来指示库仑的滴定终点。

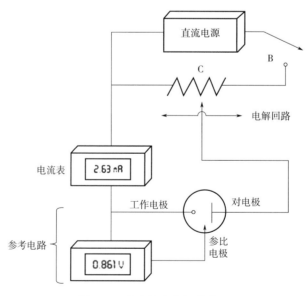

图 8-3　库仑滴定的仪器装置

电重量法通常在受控电位条件下进行，因此要一起使用辅助参比电极与工作电极（工作电极可以是阳极也可以是阴极）。辅助电极-工作电极对连接到恒电位仪，该恒电位仪通过在整个电解过程中自动调整施加的电动势来固定工作电极电位。工作电极应有大的表面积，由于铂是惰性的，常用铂，如铂的纱状或网状电极可提供大的表面积。

电极"网"类似于金属丝纱窗材料，金属丝直径约 0.2 mm。将网片焊接成敞开的圆柱体制成电极，标准尺寸是约 5 mm 高和 5 mm 直径。由于沉积物需要定量，电解时必须搅拌溶液，通常使用磁力搅拌器。对于电重量分析，需要适当容积和灵敏度的分析天平。

实验开始前称重将发生沉积的电极。电解完成后，将带有沉积物的电极从溶液中取出，洗涤、干燥，然后重新称重。对于库仑法，需测量电荷，电荷可通过使用电子积分器对电流进行积分获得。

三、应用

库仑法的主要优点是准确度高，因为"试剂"是电流，可以很好地控制和准确测量。库仑法用于分析、"按需"生成不稳定和稳定的滴定剂，以及用于研究氧化还原反应和评估基本常数。

库仑分析法具有准确、灵敏、选择性高等优点，特别适用于混合物的测定，可用于 50 多种元素及其化合物的测定。其中包括氢、氧、卤素等非金属，钠、钙、镁、铜、银、金、铂族等金属以及稀土元素等。在有机和生化物质的合成和分析方面的应用也很广泛，涉及的有机化合物达 50 多种。

第四节　伏安分析法

伏安法基于存在浓差极化条件下测量电化学电池中产生的电流。极化电极是施加的电压超过能斯特（Nernest）方程预测的电压以引起氧化或还原发生的电极。相比之下，电位测量是在接近零且不存在极化的电流下进行的。伏安法与库仑法的不同之处在于，库仑法是采取措施来最小化或补偿浓差极化的影响。伏安法中，在测量过程中分析物的消耗最少；而在库仑法中，所有的分析物基本上都转化为另一种状态。

伏安分析法由极谱分析法发展而来，是根据被测物质在电解过程中的电流-电压变化曲线进行定性或定量分析。极谱分析法以液态电极为工作电极，如滴汞电极，而伏安分析法则以固态电极为工作电极，所使用的极化电极一般面积较小，易被极化，且具有惰性。常用的有金属材料制成的金电极、银电极、悬汞电极等，也有碳材料制成的玻璃碳电极、热解石墨电极、碳糊电极、碳纤维电极等。近年来，在固体电极上化学修饰具有特殊的功能团。

伏安法和电流法与液相色谱联用已成为分析复杂混合物的有力工具。现代伏安法仍然是化学、生物化学、材料科学与工程以及环境科学等不同领域研究氧化、还原和吸附过程的绝佳工具。

一、伏安法中的激发信号

在伏安法中，可变电位激发信号被施加到电化学电池的工作电极上。该激发信号产生特征电流响应，这是该方法中的可测量值。伏安法中最常用的 4 种激发信号的波形如图 8-4 所示。

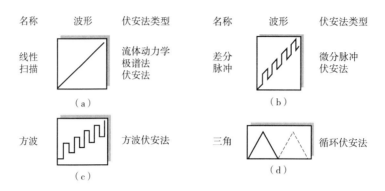

图 8-4　伏安法中使用的电压与时间激发信号

经典伏安激发信号如图 8-4 中（a）所示的线性扫描，其中施加到电池上的电压随时间的线性增加而增大。完整扫描的范围可能小到几百毫伏或大到 2~3 V。然后记录作为时间函数的电池电流，从而得到所施加电压的函数。在电流法中，在固定的施加电压下记录电流。

两个脉冲激发信号如图 8-4（b）和（c）所示。在这些脉冲的寿命期内的不同时间测量电流。图 8-4（d）所示的三角波形，电位在两个值之间循环，先线性增加到最大值，然后以相同的斜率线性降低到其原始值。这个过程可以重复多次，因为电流作为时间的函数被记录。一个完整的循环可能在 1~100 s 内完成。

二、伏安法涉及的仪器

图 8-5 显示用于线性扫描伏安测量的现代运算放大器恒电位仪组件示意图。

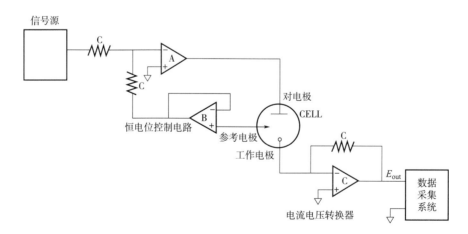

图 8-5　运算放大器恒电位仪

该电池由 3 个浸入含有分析物和过量非反应性电解质（称为支持电解质）的溶液中的电极组成。即工作电极，其电位随时间线性变化，尺寸保持较小以增强其极化趋势；参考电极，通常是饱和甘汞或银-氯化银电极，其电位在整个实验过程中保持恒定；对电极，通常是一圈铂丝，简单地将电流从信号源通过溶液传导到工作电极。

信号源是一个线性扫描发生器。来自源的输出信号被馈入恒电位电路；包含参考电极的控制电路的电阻如此之大（$>10^{11}\Omega$），以至于它基本上不吸收电流。因此，来自电源的全部电流从对电极传输到工作电极。

此外，控制电路调整电流，使工作电极和参考电极之间的电位差与线性电压发生器的输出电压相同。产生的电流与工作电极-参考电极之间的电位差成正比，然后转换为电压并由数据采集系统记录为时间的函数。需要强调的是，自变量是工作电极相对于参考电极的电位，而不是工作电极和对电极之间的电位。在整个实验过程中，工作电极处于虚拟公共电位。

（一）工作电极

伏安法中使用的工作电极有多种形状和形式，如图 8-6 所示。通常，它们是小扁平盘的导体，被压入惰性材料棒中，例如特氟龙或 Kel-F，其中嵌入了电线触点。导体可以是贵金属，如铂或金；碳材料，如碳糊、碳纤维、热解石墨、玻碳、金刚石或碳纳米管；半导体，如氧化锡或氧化铟；或涂有汞膜的金属。

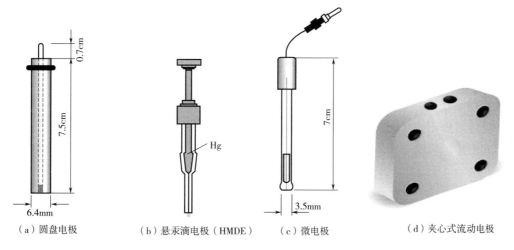

（a）圆盘电极   （b）悬汞滴电极（HMDE）   （c）微电极   （d）夹心式流动电极

图 8-6 常见的商用伏安电极类型

工作电极在水溶液中可以使用的电位范围有所不同，不仅取决于电极材料，还取决于它所浸入的溶液成分。首先，正电位限值是由于水氧化生成分子氧而产生的大电流引起的，负电位限值是由于水还原生成了氢。汞滴工作电极已广泛用于伏安法，因为这种金属有很高的氢过电压，汞电极可以承受相对较大的负电位。其次，通过简单地产生新的液滴，很容易生成新鲜的金属表面。而伏安法测量的电流对清洁度和不规则性非常敏感。最后，许多金属离子在汞电极表面可逆地还原为汞齐，从而简化了化学过程。

（二）修饰电极

开发经各种导电基材化学改性生产的电极以实现广泛的功能。修饰包括应用具有所需功能的不可逆吸附物质，将组分共价键合到表面，以及用聚合物薄膜或其他物质的薄膜涂覆电极；也可以通过热、等离子体、光化学或电化学由单体聚合生产方法。固定化酶生物传感器是一种修饰电极，可以通过共价连接、吸附或凝胶截留来制备。电极修饰的另一种连接方式是通过自组装单层或 SAM。

三、伏安法的分类

（一）伏安图

典型的线性扫描伏安图包括在汞膜电极上还原分析物以生成产物。此处，工作电极连接到线性扫描发生器的负极端。线性扫描伏安图通常为 S 形，称为伏安波。陡坡之后的恒定电流称为扩散限制电流或简称为限制电流 i_1，因为反应物通过传质过程到达电极表面的速率限制了电流。限制电流通常与反应物浓度成正比。

$$i_1 = kc_A \qquad (8-2)$$

式中：c_A——分析物浓度；

k——常数。

定量线性扫描伏安法依赖于这种关系。

（二）流体动力学伏安法

当分析物溶液或工作电极处于连续和可再现的运动时，可以快速实现可再现的极限电流。溶液或电极不断运动的线性扫描伏安法称为流体动力学伏安法。流体动力学伏安法以多种方式进行。①溶液在与固定工作电极接触时被剧烈搅拌。流体动力学伏安法的典型电池如图 8-7 所示。在这一电池中，普通的磁力搅拌器完成搅拌；②在溶液中以恒定的高速旋转工作电极以提供搅拌作用；③将分析物溶液通过装有工作电极的管子。最后一种广泛应用的技术是检测从液相色谱柱或流动注射歧管排出的可氧化或可还原分析物。

在电解过程中，反应物通过 3 种机制被带到电极表面：在电场影响下发生迁移、搅拌或振动引起的对流以及电极表面液膜与主溶液之间电极表面的浓度差引起的扩散。伏安法中，通过引入过量的非活性支持电解质使迁移最小化。当支持电解质的浓度超过分析物浓度的 50～100 倍时，分析物携带的总电流的比例接近于 0。结果，分析物向带相反电荷的电极迁移的速率基本上与施加的电位无关。

伏安测量为测定溶液中的溶解氧提供了一种方便且广泛使用的方法。然而，氧气的存在通常会干扰其他物质的准确测定。因此，除氧通常是伏安法和电流法的第一步。将惰性气体通过分析物溶液几分钟（鼓泡）可以除去氧气。在分析过程中，将相同的气体（通常是氮气）流过溶液表面以防止氧气的再吸收。

流体动力学伏安法最重要的用途包括：①检测和测定从色谱柱或流动注射装置排出的化学物质；②氧和某些生化物质的常规测定，如葡萄糖、乳糖和蔗糖；③库仑滴定和容量滴定终点的检测。

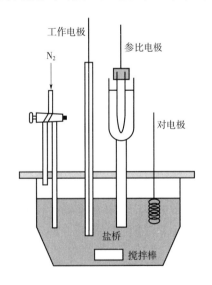

图 8-7　用于流体动力学
伏安法的三电极电池

工作电极　　参比电极

N_2　　　对电极

盐桥　　搅拌棒

（三）循环伏安法

在循环伏安法中，微电极用作工作电极。电位线性增加并测量电流。电流随着达到电活性材料的电位而增加。工作电极的面积和分析物扩散到电极表面的速率限制了电流。

循环伏安法是一个小的固定电极在未搅拌溶液中的电流响应，由三角电压波形激发。循环伏安法被广泛应用于有机和无机化学中，通常是第一个被选择来研究具有电活性物质的系统技术。例如，使用循环伏安法研究修饰电极的行为。循环伏安图可显示可逆表面氧化还原偶联的特征对称峰、氧化还原过程中中间产物的存在。

铂电极常用于循环伏安法中。对于负电位，可以使用汞膜电极。其他流行的工作电极材料包括玻璃碳、碳膏、石墨、金、金刚石以及最近的碳纳米管。循环伏安法中的峰值电流直接与分析物浓度成正比。虽然在常规分析工作中使用循环伏安峰值电流并不常见，但定量应用出现的频率越来越高。许多修饰电极正在被开发为生物传感器。

（四）脉冲伏安法

脉冲法的发展克服了传统线性扫描伏安法的许多局限性。脉冲伏安法是在所需法拉第曲线与干扰充电电流之间的差异很大时测量电流。两种最重要的脉冲技术是示差脉冲伏安法和方波伏安法。

四、伏安法的应用

过去，线性扫描伏安法用于定量测定各种无机物和有机物，包括具有生物学和生化意义的分子。由于脉冲方法更高的灵敏度、便利性和选择性，已在很大程度上取代了经典伏安法。通常，定量应用是基于校准曲线，其中将峰高绘制为分析物浓度的函数。在某些情况下，使用标准品加入方法代替校准曲线。在任何一种情况下，标准品的组成都必须尽可能接近样品的组成，包括电解质浓度和 pH 值。通常可以实现 1%~3% 范围内的相对精度和准确度。

溶出伏安法是伏安分析法之一，在测定食品中重金属含量方面应用较多，其工作电极通常选用修饰电极，以增强对待测金属离子的电化学响应。溶出伏安法在三电极电解池中测试了白酒中铅和锰的含量，工作电极为镀汞膜的玻碳电极，以标准曲线法定量，铅和锰的检出限分别为 $1.0×10^{-3}$ μg/mL 和 $2.0×10^{-2}$ μg/mL。以镀铋膜的玻碳电极为工作电极，采用微分脉冲溶出伏安法测定食品中的铅、镉和锌。发现铋膜工作电极对铅、镉和锌溶出的电化学响应明显，Pb^{2+}、Cd^{2+} 和 Zn^{2+} 的检出限分别为 $8.0×10^{-4}$ μg/mL、$6.5×10^{-4}$ μg/mL 和 $5.8×10^{-4}$ μg/mL。壳聚糖-多壁碳纳米管修饰的玻碳电极为工作电极，采用差分脉冲溶出伏安法测定了市售萝卜、番茄、浓缩枣汁、浓缩地瓜汁、浓缩草莓汁等样品中铅和铜含量，检出限分别为 $1.5×10^{-3}$ μg/mL 和 $1.2×10^{-3}$ μg/mL，实现了铅和铜的连续快速测定，结果与国标方法（石墨炉原子吸收法）基本一致。采用微波消解-Nafion（全氟磺酸隔膜，nafion）修饰碳糊电极测定海带样品中的 Pb^{2+}，Nafion 对电极起到增敏作用，微波消解可排除维生素、氨基酸、蛋白质等对 Pb^{2+} 测定的干扰，Pb^{2+} 检出限为 $4.0×10^{-5}$ μg/mL。

微分脉冲伏安法是目前溶出伏安方法中灵敏度最高的方法之一，可以检测出 10^{-6} mol/L 金属离子。操作方式为在线性电位扫描时迭加上 2~100 mV 的脉冲电压，其持续时间为 4~80

ms，目的是减弱电容电流和其他噪音电流的干扰，提高测定灵敏度并降低检测限。采用微分脉冲伏安法测定市售油炸食品中丙烯酰胺含量，最低检测限达到 1.0×10^{-8} mol/L，与高效液相色谱法一致。利用微分脉冲伏安法也可以测定食品中苏丹红 I 和铬含量。

思　考　题

1. 根据被测变量进行分类，电化学分析技术分别包含哪些类型？

2. 什么是电位分析法？所用参比电极及指示电极分别包含哪些类型？电位分析法在食品分析中主要应用在哪些方面？

3. 什么是库仑分析法？其工作原理是什么？库仑分析法可分为哪些类型？

4. 伏安法分为哪几种类型？查阅资料，总结伏安法在现代食品检测中的应用。

第九章 色谱基本原理

课件　　思政

色谱法或色谱分析是一种物理分析方法，其原理是利用混合物中各组分在两相中（一个为固定相，另一个为流动相）不同程度的分布，流动相流经固定相，使各组分以不同速度移动，从而达到分离。

色谱法的形式和机理多种多样：①以操作形式分类：固定相装于柱内的色谱称为柱色谱，如气相色谱、高效液相色谱等，而固定相呈平面状的色谱称为平面色谱，如纸色谱、薄层色谱等；②以两相状态分类：流动相为气体的色谱称为气相色谱，依固定相为吸附型和分配型又可分为气固色谱和气液色谱，后者为气相色谱中的主流，流动相为液体的色谱称为液相色谱，流动相为超临界流体的色谱，称为超临界流体色谱；③以分离机理分类可分为吸附色谱、分配色谱、凝胶渗透色谱、亲和色谱和离子色谱等。

第一节　色谱图及相关术语

色谱分析直接检测到的信号一般是电信号，直接记录并输出的检测信息为色谱图。

一、分配系数及分配比

物质在固定相和流动相之间发生的吸附、脱附或溶解、挥发的过程称为分配过程。在一定温度下，组分在两相间的分配达到平衡时，组分在固定相与在流动相中的浓度之比，称为分配系数。不同物质在两相间的分配系数不同，分配系数小的组分，每次分配后在流动相中的浓度较大，当分配次数足够多时，只要各组分的分配系数不同，混合组分就可分离，依次离开色谱柱。相邻两组分之间分离的程度，既取决于组分在两相间的分配系数，又取决于组分在两相间的扩散作用和传质阻力，前者与色谱过程的热力学因素有关，后者与色谱过程的动力学因素有关。

二、色谱流出曲线

色谱图是指被分离组分的检测信号随时间分布的图像。样品流经色谱柱和检测器，所得到的信号—时间曲线，称为色谱流出曲线（图9-1）。从色谱流出曲线可获得以下重要信息：

（1）根据色谱峰的个数，可以判断样品中所含组分的最少个数。

（2）根据色谱峰的保留值，可以进行定性分析。保留值是定性参数，是色谱分离过程中试样的各组分在色谱柱内滞留行为的一个指标，通常用时间表示。

①保留时间 t_R（retention time）：从进样到柱后出现待测组分浓度最大值时（色谱峰顶点）所需的时间，可用时间单位（min）表示。保留时间与固定相和流动相的性质、固定相

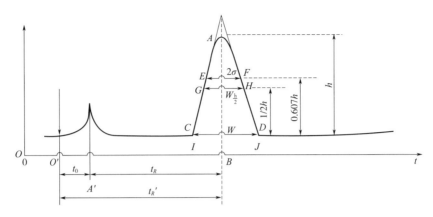

图 9-1　色谱流出曲线

的量、柱温、流速和柱体积有关。

②调整保留时间 t_R'（adjusted retention time）：扣除死时间后的组分保留时间。t_R'表示某组分因溶解或吸附于固定相后，比非滞留组分在柱中多停留的时间：$t_R' = t_R - t_0$。

③保留体积 V_R（retention volume）：从进样到柱后出现待测组分浓度最大值时所通过的载气体积。当色谱柱载气流速为 F_0（mL/min）时，它与保留时间的关系为：$V_R = t_R \times F_0$。

④调整保留体积 V_R'（adjusted retention volume）：是指扣除死体积后的保留体积，即：$V_R' = V_R - V_0 = t_R' \times F_0$。

在一定的实验条件下，V_R、V_R'与载气流速无关（$t_R \times F_0$ 及 $t_R' \times F_0$ 为一常数）。

⑤相对保留值 r_{21}（relative retention value）：也称为选择性因子（selectivity factor），指组分 2 和组分 1 的调整保留值之比。相对保留值的特点是只与温度和固定相的性质有关，与色谱柱及其他色谱操作条件无关。反映了色谱柱对待测两组分 1 和 2 的选择性，是色谱法中最常使用的定性参数。

（3）根据色谱峰面积（A）或峰高（h），可以进行定量分析。

（4）色谱峰的保留值及其区域宽度，是评价色谱柱分离效能的依据。

色谱峰区域宽度（peak width）是流出曲线中一个很重要的参数，直接反映了分离条件的好坏，可衡量色谱柱的效能。色谱峰区域宽度通常用 3 种方法来表示：①标准偏差 σ（standand deviation）：为正态分布曲线上拐点间距离之半。对于正常峰，σ 为 0.607 倍峰高处色谱峰宽度的一半。σ 的大小表示组分被带出色谱柱的分散程度，σ 越大，组分流出越分散；反之亦然。σ 的大小与柱效有关，σ 小，柱效高；②半（高）峰宽 $W_{\frac{h}{2}}$（peak width at half-height）：峰高一半处的色谱峰宽度，即图 9-1 中 GH：$W_{\frac{h}{2}} = 2.354\sigma$；③峰宽或基线宽度 W_b：通过色谱峰两侧的拐点作切线，切线与基线交点间的距离为峰宽，即图 9-1 中 CD。峰宽与标准偏差的关系为：$W_b = 4\sigma = 1.699 W_{\frac{h}{2}}$。

（5）色谱峰两峰间的距离，是评价固定相选择是否合适的依据。

（6）分离度（R），又称分辨率，表示相邻两个色谱峰的分离程度。两个色谱峰的分离程度受到色谱过程的热力学因素——保留值之差和色谱过程的动力学因素——区域宽度的综合影响，但是单独用柱效能或选择性不能完全反映组分在色谱柱中的分离情况，有必要引入一个综合性指标——分离度（R），体现色谱柱的总分离效能指标。分离度等于相邻色谱峰保留时间之差与两色谱峰峰宽均值之比。

分离度计算公式见式（9-1）：

$$R = \frac{2(t_{R_2} - t_{R_1})}{W_{R_2} - W_{R_1}}$$
（9-1）

R 值越大，表明相邻两组分分离得越好。一般说来，当 $R<1$ 时，两峰有部分重叠；当 $R=1.0$ 时，分离度可达 98%；当 $R=1.5$ 时，分离度可达 99.7%。通常用 $R=1.5$ 作为相邻两组分已完全分离的标志。《中国药典》规定 R 值应大于 1.5。

（7）分离度与柱效能：具有一定相对保留值的物质，其分离度与有效塔板数 n_e 有关，受热力学性质的影响。若理论塔板高度一定，分离度随柱长的增大而增大，但这样做将延长分析时间，因此，提高分离度的好方法是降低理论塔板高度，提高柱效能。

（8）分离度与选择性因子：两者的关系由基本色谱方程式判断，当 $r_{21}=1$，$R=0$。说明此时无论如何提高柱效能也不能使两组分分开。增大物质对的相对保留值 r_{21} 是提高分离度的有效方法。一般通过改变固定相和流动相的性质和组分或降低柱温可有效地增大相对保留值。

第二节　色谱分离基本理论

一、塔板理论

塔板理论是在对色谱过程进行多项假设的前提下提出的，可计算出反映分离效能的理论塔板数 n 或理论塔板高度 H，用于评价实际分离效果。由塔板理论导出的公式如式（9-2）所示。

$$n = 5.54 \left(\frac{V_R}{W_{\frac{h}{2}}} \right)^2 = 16 \left(\frac{t_R}{W} \right)^2$$
（9-2）

式中：V_R——组分的保留体积；

　　　t_R——组分的保留时间；

　　　$W_{\frac{h}{2}}$——半峰宽；

　　　W——峰底宽。

经过色谱峰的拐点所作三角形的底边宽，在相同的操作条件下，用同一样品测定色谱柱的 n 或 H 值，n 值越大（H 值越小），柱效越高，见式（9-3）。

$$H = \frac{L}{n}$$
（9-3）

式中：H——理论塔板高度；

　　　L——柱长；

　　　n——理论塔板数。

二、速率理论

在对色谱过程动力学因素进行研究的基础上，充分考虑溶质在两相间的扩散和传质过程，更接近溶质在两相间的实际分配过程，提出了范德姆特（Van Deemter）方程，见式（9-4）。

$$H = Au^{\frac{1}{3}} + \frac{B}{u} + Cu \tag{9-4}$$

式中：H——理论塔板高度；

A——涡流扩散项；

$\dfrac{B}{u}$——纵向扩散项（因扩散引起的区带展宽）；

u——流动相的流速（线速率）；

Cu——传质阻力项。

1. 涡流扩散项

涡流扩散项 A 是因流动相在柱中存在不同的路径或多通道效应而引起的分析物扩散。在填充柱色谱中，固相载体颗粒均匀度较差以及装填不好，都会使流动相存在多通道效应，从而导致分析物在柱中产生扩散。因此，可通过使用高性能固相载体和商品化填充粒来改善柱效。

2. 纵向扩散项

纵向扩散项 $\dfrac{B}{u}$，也叫分子扩散，是样品在色谱柱的轴向上、向前后发生扩散。纵向扩散是由于样品组分在浓度梯度的作用下，由高浓度向低浓度扩散的结果。流动相流速越快，纵向扩散越小。

3. 传质阻力项

传质阻力项 Cu，由固定相传质阻力和流动相传质阻力两部分构成。样品组分在传质过程中，如果其中一个分子溶解在固定相中，另一个并没有溶解，那么没有溶解的分子就继续沿着柱长方向移动，而另一个仍然停留在固定相中，这就导致了组分在柱中的区带展宽。影响该项的另一个因素是固定相的液膜厚度和在固相载体上涂渍的不均匀度，固定相液膜厚度应兼顾考虑最大分离效率和样品容量两个方面，大多数应用中都采用 $0.25 \sim 1~\mu m$。

思　考　题

1. 色谱法的分类有哪些？
2. 什么是色谱流出曲线？从曲线中可以获得哪些信息？
3. 色谱分离的基本理论有哪些？

第十章　气相色谱法

课件　　思政

第一节　气相色谱法概述

气相色谱法最早用于石油产品的分离分析，目前已广泛用于石油化学、化工医药、生物化学、食品分析和环境监测等领域。气相色谱与其他仪器联用技术的快速发展使其应用进一步扩展，目前气–质联用等已经得到了广泛的应用；自动化程度进一步提高，特别是 EPC（电子程序压力流量控制系统）技术已作为基本配置安装在许多厂家的气相色谱仪上，从而为色谱条件的再现、优化和自动化提供了更可靠、更完善的支持。色谱仪器上的许多功能得到了进一步的开发和改进，仪器的微型化以及与应用结合更紧密的专用色谱仪，如大体积进样技术，液体样品的进样量可达 500 μL；与功能日益强大的工作站相配合，色谱采样速率显著提高，最高已达到 200 Hz，这为快速色谱分析提供了保证；网络化实现了气相色谱仪的远程操作（样品已置于自动进样器中）；新的选择性检测器得到应用，如 AED、O-FID、SCD、PFPD 等；新的高选择性固定液，如手性固定液等不断得到应用；耐高温毛细管色谱柱扩展了气相色谱的应用范围。

气相色谱串联气相色谱技术是近年出现并飞速发展的气相色谱新技术，样品在第一根色谱柱上按沸点进行分离，通过一个调制聚焦器，每一时间段的色谱流出物经聚焦后进入第二根细内径快速色谱柱上按极性进行二次分离，得到的色谱图经处理后应为三维图。据报道，使用这一分析技术从航空煤油中检出了上万个组分。

一、气相色谱分析过程

气相色谱（GC）是一种分离技术，实际工作中要分析的样品往往是复杂基体中的多组分混合物。对含有未知组分的样品，首先必须将其分离，然后才能对有关组分进行进一步的分析。混合物中各组分的分离性质在一定条件下是不变的。因此，一旦确定了分离条件，就可用来对样品组分进行定性定量分析，这就是色谱分离分析过程。

混合物的分离是基于组分的物理化学性质的差异。例如，过滤时液体通过滤纸，而未溶解的固体物质则留在滤纸上，这就是利用二者物理状态不同而实现分离的。同样，常用萃取来分离溶解性不同的物质，用离心来分离密度不同的物质。可用于分离的物理化学性质还有沸点、分子尺寸、极性、带电状态和化学反应性能，等等。事实上，分离技术的发展过程就是不断发现并利用物质物化性质差异的过程。

气相色谱主要是利用物质的沸点、极性及吸附性质的差异来实现混合物的分离，待分析样品在汽化室汽化后被惰性气体（即载气，也叫流动相）带入色谱柱，柱内含有液体或固体固定相，由于样品中各组分沸点、极性或吸附性能的不同，每种组分都倾向于在流动相和固定相之间形成分配或吸附平衡，但由于载气是流动的，这种平衡实际上很难建立起来。也正是基于载气的流动，使样品组分在运动中进行反复多次的分配或吸附/解吸，结果是在载气中分配浓度大的组分先流出色谱柱，而在固定相中分配浓度大的组分后流出。当组分流出色谱柱后，立即进入检测器。检测器能够将样品组分的存在与否转变为电信号，而电信号的大小与被测组分的量或浓度成比例。

二、气相色谱分析的分类

就操作形式而言，气相色谱法属于柱色谱法。气相色谱法有多种类型，从不同的角度出发，有不同的分类方法。

按固定相的物态，分为气-固色谱法（GSC）及气-液色谱法（GLC）两类。用液体做固定相时，必须将液体均匀地涂布在多孔的化学惰性固体上，这时固定相中的液体叫固定液，它通常为高沸点有机物，多孔的化学惰性固体叫担体或载体。

按柱的粗细和填充情况，分为填充柱色谱法和毛细管柱色谱法两种。按分离机制，可分为吸附和分配色谱法两类。气-液色谱法属于分配色谱法，在气-固色谱法中，固定相常用吸附剂，因此多属于吸附色谱法。当固体固定相为分子筛时，分离是靠分子大小差异及吸附共同作用。

第二节 气相色谱法原理

一、方法原理

气相色谱的分离原理有气-固吸附色谱和气-液分配色谱之分（图10-1），物质在固定相和流动相（气相）之间发生的吸附、脱附或溶解、挥发的过程称为分配过程。在一定温

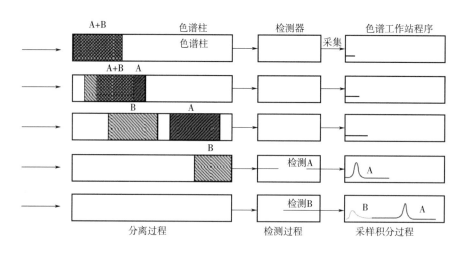

图 10-1 气相色谱基本工作原理图

度下组分在两相间分配达到平衡时，组分在固定相与在气相中的浓度之比称为分配系数。不同物质在两相间的分配系数不同，分配系数小的组分，每次分配后在气相中的浓度较大，当分配次数足够多时，只要各组分的分配系数不同，混合的组分就可分离，依次离开色谱柱。相邻两组分之间分离的程度，既取决于组分在两相间的分配系数，又取决于组分在两相间的扩散作用和传质阻力，前者与色谱过程的热力学因素有关，后者与色谱过程的动力学因素有关。

塔板理论和速率理论分别从热力学和动力学的角度阐述了气相色谱分离的效能及其影响因素。

二、气相色谱分析的特点

气相色谱法具有分离效能高、选择性好（分离高纯物质，纯度可达99%；可分离性能相近物质和多组分混合物）、灵敏度高（可检测出 $10^{-13} \sim 10^{-11}$ g 的物质）、样品用量少（进样量可在 1 mg 以下）、分析速度快（几秒至几十分钟）及应用广泛（易挥发的有机物和无机物）等优点。受样品蒸气压限制是其弱点，对于挥发性较差的液体和固体，需采用制备衍生物或裂解等方法，以增大挥发性。据统计，能用气相色谱法直接分析的有机物约占全部有机物的20%。

三、气相色谱固定相

气相色谱分析中，混合物中的各组分能否分离，主要取决于色谱柱中的固定相。气相色谱中所使用的固定相可以分为3类：固体固定相、液体固定相和合成固定相。

（一）固体固定相

固体固定相一般采用固体吸附剂，主要用于分离和分析永久性气体及气态烃类物质。利用固体吸附剂对气体吸附性能的差别，以得到满意的分析结果。

常用的固体吸附剂主要有强极性的硅胶、弱极性的氧化铝、非极性的活性炭和具有特殊吸附作用的分子筛，根据它们对各种气体吸附能力的不同来选择最合适的吸附剂。使用前，固体吸附剂均需进行预处理，使其活化后投入使用。固体吸附剂具有比表面积大、耐高温和价廉的优点，但其柱效低、重现性差、不易得到对称色谱峰。近年来，通过对固体吸附剂的表面进行物理化学改性，研制出了一些结构均匀的新型吸附剂。

（二）液体固定相

液体固定相由固定液和担体（载体）构成，是气相色谱中应用最为广泛的固定相。

1. 担体

担体，又称载体，是一种多孔性的、化学惰性的固体颗粒。提供一个具有较大表面积的惰性表面以承担固定液，使固定液能在其表面展成薄而均匀的液膜。

（1）担体的要求。

理想的担体应是能牢固地保留固定液并使其呈均匀薄膜状的无活性物质，为此，担体应具有足够大的表面积和良好的孔穴结构，以便使固定液和试样之间有较大的接触面积，且能均匀地分布成一薄膜。但担体表面积不宜太大，否则易造成峰拖尾；担体还应呈化学惰性，应没有吸附性或吸附性极弱，更不能与被测物发生反应。此外，担体还应形状规则、粒度均匀、具有一定的机械强度、浸润性好以及热稳定性好。

（2）担体类型。

气相色谱常用担体可分为硅藻土和非硅藻土两类。硅藻土担体由单细胞海藻骨架组成，主要成分为二氧化硅和少量无机盐。根据制造方法的不同，担体又分为红色担体和白色担体。

红色担体由硅藻土与黏合剂在 900 ℃煅烧后，破碎过筛而得，因含有氧化铁呈红色，故称为红色担体，如国产 201、202 担体系列、6201 系列，美国的 G22 系列、Chromosorb P 系列和 Gas Chrom R 系列等。

红色担体表面孔穴密集、孔径较小、比表面积较大，但表面存在活性吸附中心，对强极性化合物具有较强的吸附性和催化性。因此，红色担体适于涂渍非极性固定液，可分析非极性和弱极性物质。

白色担体是将硅藻土与 Na_2CO_3（助熔剂）混合煅烧而成，呈白色。白色担体结构疏松，比表面积较小（约 $1\ m^2/g$），吸附性和催化性弱，机械强度小于红色担体。相较于红色担体，白色担体表面活性中心较少，因此适于涂渍极性固定液、分析极性或碱性物质，如国产 101、102 担体系列，国外的 Celite 系列、Chromosorb（A、G、W）系列、Gas Chrom（A、Cl、P、Q、S、Z）系列等。

硅藻土担体的表面不是完全惰性的，具有活性中心，如硅醇基（—Si—OH）或含有矿物杂质如氧化铝、氧化铁等，从而使色谱峰产生拖尾。因此，使用前要对硅藻土担体表面进行化学处理，以改进孔隙结构，屏蔽活性中心。处理方法有：酸洗（除去碱性作用基团）、碱洗（除去酸性作用基团）、硅烷化（除去氢键结合力）、釉化（表面玻璃化，堵住微孔）及添加减尾剂。

非硅藻土担体适用于特殊分析，如氟担体用于极性样品和强腐蚀性物质如 HF、Cl_2 等。非硅藻土担体包括有机玻璃微球、氟载体（如聚四氟乙烯）、高分子多孔微球等。

2. 固定液

固定液一般为高沸点有机物，固定液均匀地涂在担体表面，呈液膜状态。

（1）固定液的要求。

①选择性要好。可用 r_{21} 来衡量。对填充柱，一般要求 $r_{21} > 1.15$；对于毛细管柱，一般要求 $r_{21} > 1.08$。②热稳定性好。在操作温度下，不会发生聚合、分解和交联等现象，并且有较低的气压（<13.33Pa）。通常固定液有一个"最高使用温度"。③化学稳定性好。固定液不能与试样或载气发生不可逆的化学反应。④对试样各组分有适当的溶解能力。⑤黏度低、凝固点低，以便在载体表面均匀分布。

（2）固定液的选择。

一般可按"相似相溶"原则来选择固定液。所谓相似是指待测组分和固定相分子的性质（极性、官能团等）相似，此时分子间的作用力强、选择性高、分离效果好。

具体考虑以下 6 个方面：①分离非极性物质，一般选用非极性固定液。此时试样中各组分按沸点次序流出，沸点低的先流出，沸点高的后流出。如果非极性混合物中含有极性组分，当沸点相近时，极性组分先出峰。②分离极性物质，宜选用极性固定液。试样中各组分按极性次序流出，极性小的先流出，极性大的后流出。③对于非极性和极性混合物的分离，一般选用极性固定液。这时非极性组分先流出，极性组分后流出。④分离能形成氢键的试样，一般选用极性或氢键型固定液。试样中各组分按与固定液分子间形成氢键能力的大小先后流出。⑤对于复杂的难分离物质，则可选用两种或两种以上的混合固定液。⑥样品极性未知时，一般先用最常用的几种固定液做实验，根据色谱分离的情况，选择极性合适的固定液。以上是按极性相似原则选择固定液。此外，也可按官能团相似和主要差别进行选择，即若待测物质为酯类，则选用酯或聚酯类固定液；若待测物质为醇类，则可选用聚乙二醇固定液；若待测各组分之间的沸点有明显的差异，可选用非极性固定液；若极性有明显的不同，则选用极性固定液。在实际应用时，一般依靠经验规律或参考文献，按最接近的性质来选择。

（三）合成固定相

合成固定相，又称聚合物固定相，包括高分子多孔微球和键合固定相，其中键合固定相多用于液相色谱。高分子多孔微球是一种合成的有机固定相，可分为极性和非极性两种。非极性的由苯乙烯和二乙烯苯共聚而成，如国内的 GDX-1 型和 2 型（GDX 101、102）以及国外的 Chromosorb 系列等。若在聚合时引入不同极性的基团，即可得到不同极性的聚合物，如极性由弱到强的 GDX301、401、501、601 和国外的 Porapak N 等。

聚合物固定相既是载体又是固定液，可活化后直接用于分离，也可作为载体在其表面涂渍固定液后再用。由于是人工合成的，可以控制其孔径大小及表面积。圆球形颗粒容易填充均匀，重现性好。由于无液膜存在，所以没有流失问题，有利于程序升温，用于分析沸点范围宽的试样。这类高分子多孔微球的比表面积和机械强度较大且耐腐蚀，其最高使用温度为 250 ℃，特别适用于有机物中痕量水的分析，也可用于多元醇、脂肪酸、腈类和胺类的分析，不但峰形对称，而且很少有拖尾现象。

第三节　气相色谱仪

一、气相色谱仪工作流程

气相色谱仪是一种能够分离、分析多种组分混合物的仪器。气相色谱系统如图 10-2 所示。

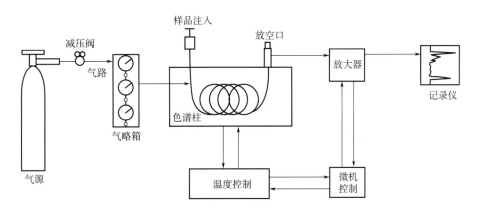

图 10-2　气相色谱仪流程示意图

载气由载气高压钢瓶供给，经减压阀减压后，通过净化器净化由进样器进入色谱柱。样品由进样器注入，瞬间汽化后被载气带入色谱柱。分离后的组分随载气依次流出色谱柱进入检测器。检测器将组分含量（或质量）的变化转变成相应大小的电压（或电流）信号，由记录器记录下来，得到色谱流出曲线。

二、气相色谱仪的构成

气相色谱仪的仪器结构分为分析单元和显示单元两部分。分析单元主要包括气源及控制计量装置、进样装置、恒温器和色谱柱。显示单元主要包括检测器和自动记录仪。色谱柱（包括固定相）和检测器是气相色谱仪的核心部件。

（一）气路系统

气相色谱仪的流动相多用稳定、可调节的气流，是气相色谱仪正常运转的保证，气路系统的各部件必须提供稳定而具有一定流量的载气气流。

气路系统包含气源和载气控制单元两部分。涉及载气和检测器所用气体的气源以及气流控制装置，是一个载气连续运行的密闭管路系统。整个气路系统要求载气纯净、密闭性好、流速稳定及流速测量准确。

气相色谱仪的气源可以是高压气体钢瓶、氢气发生器和空气压缩机，是载气和辅助气体的来源，通常使用的载气有氮气、氢气、氦气、氩气等。辅助气体为空气，可以用空气压缩机或空气钢瓶。使用高压气瓶时，必须经减压阀将气瓶中 $10 \sim 15$ MPa 的压力减少到 $0.4 \sim 0.6$ MPa，并通过专用净化器至稳压阀，保证气流压力稳定。

（二）进样系统

进样就是把气体或液体样品匀速而定量地加到色谱柱上端。进样系统要求进样载气按照预先设定的方向或排布的管线流动，进样过程要求严格密闭。进样系统包括进样装置、进样口及汽化室。

进样操作时需要根据样品的不同状态和化学属性，分别对应不同的进样方法。如果待测样品是液体介质，可使用注射器把样品从进样口打入后，通过高温加热汽化，再随载气一同流入色谱柱；如果待测样品是气体，就直接连同载气进入色谱柱。进样口大致可粗分为用于填充柱的直接进样口和用于毛细管色谱柱的分离进样口，如图10-3所示。

汽化室本质上是一个加热器，即将固态或液体的待测样品以高温瞬间汽化。要求汽化室内的热容量足够大，且温度可控，在汽化过程中不能让样品发生其他化学反应。

进样系统进样装置有手工推导注射器、自动进样器、六通进样阀、钻孔/拉杆式进样器、裂解器等。

1. 手动进样系统

手动进样主要有两种进样方法：微量注射器和固相微萃取进样器。微量注射器抽取一定量的气体或液体样品注入气相色谱仪，适用于热稳定的气体和沸点一般在500 ℃以下的液体样品。固相微萃取进样器利用萃取技术萃取液体或气体基质中的有机物，萃取的样品可手动注入气相色谱仪的汽化室进行热解析气化，然后进行色谱柱分析，适用于水中有机物的分析。

2. 液体自动进样器

可以实现自动化操作，降低人为的进样误差，减少人工操作成本。适用于批量样品的分析。

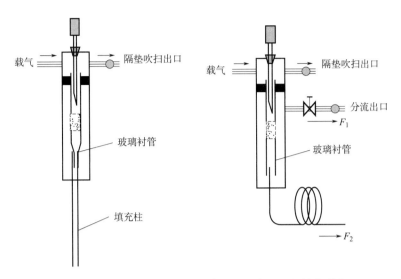

图 10-3　进样口的分类（左：填充柱；右：毛细管色谱柱）

3. 阀进样系统和气体进样阀

气体样品采用阀进样，不仅定量、重复性好，且可以与环境空气隔离，避免空气对样品的污染。采用阀进样系统可以进行多柱多阀的组合，进行一些特殊分析。气体进样阀的样品定量管体积一般在 0.25 mL 以上。液体进样阀一般用于液体样品的在线取样分析，其样品定量环一般是阀芯处体积为 0.1~1.0 μL 的刻槽。

4. 吹扫捕集系统

吹扫捕集法（purge and trap，PT）利用惰性气体直接吹扫液体样品，通过鼓泡方式将样品中溶解的气体吹扫出来，然后由吸附阱捕集浓缩，再通过热解吸进行气相色谱分析测定（图 10-4）。可用于固体、半固体、液体样品基质中挥发性有机化合物的富集和直接进气相色谱仪进行分析。

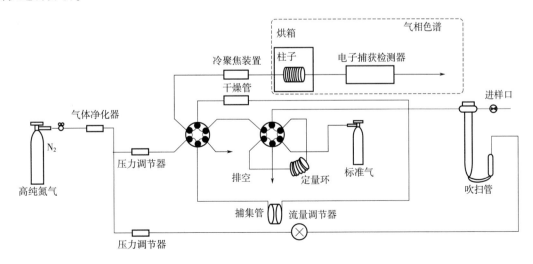

图 10-4　吹扫捕集装置示意图

5. 热解吸系统

热解吸是一种提取、分析样品中挥发性和半挥发性组分的较为新颖的预处理方法，无须使用任何有机溶剂，操作方便，灵敏度高，检测限达到 10^{-9} g。几乎任何含有挥发性有机物的样品都能使用该技术进行分析。

热解吸的工作原理是利用惰性载气流（高纯氮气或高纯氦气）经过正在加热的样品或吸附管，将样品或者吸附管内可被加热解吸出来的挥发性和半挥发性的有机物质载送到气相色谱进样口进行分析测定。

热解吸装置一般由加热单元、热解吸控制单元、气体流量控制单元、传输线等部分组成。热解吸装置基本结构示意如图 10-5 所示。

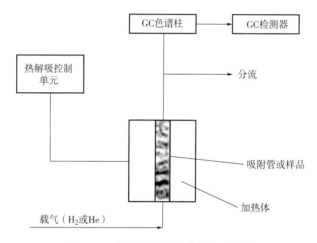

图 10-5　热解吸装置基本结构示意图

作为一种无溶剂样品处理技术，热解吸技术具有如下优点：①热解吸效率大于 99%，测定灵敏度高；②无须对样品进行预处理，无来自溶剂的分析干扰，很适合分析色谱保留时间短的样品组分；③不使用有机溶剂；④吸附管可重复使用，分析测定费用降低。采用热解吸技术，不仅可以分离食品中天然存在的香味物质，而且可以分离食品中的残留物和污染物。

6. 顶空进样系统

现代顶空分析法（headspace analysis）已经形成了一个相对较为完善的分析体系，主要可分为 3 类：①静态顶空分析（static headspace analysis）；②动态顶空分析或者吹扫捕集（dynamic or purge and trap analysis）；③顶空-固相微萃取（headspace solid-phase micro-extraction analysis）。

通常情况下，低沸点的溶剂（只应用于沸点 100 ℃ 以下的低沸点溶剂）采用顶空进样法，沸点高的溶剂可以采用溶剂直接进样法。顶空进样器主要用于固体、半固体、液体样品基质中挥发性有机化合物的分析等。

7. 热裂解器进样系统

在食品安全分析过程中，一部分有机化合物，由于分子量大、结构复杂、极性强、难挥发，而不适宜利用气相色谱仪进行直接分析。同时，复杂的样品前处理如溶剂萃取、浓缩和衍生化等，不但操作烦琐、费时，而且降低分析的准确性。

瞬间裂解气相色谱（Py-GC）是在 500 ℃左右的温度下，对难挥发化合物进行瞬间裂解，生成挥发性的物质，并通过气相色谱分离的分析方法。与检测器联用，能够直接对裂解产物进行鉴定分析，并可以通过裂解产物推测被测化合物的组成和结构。

除了最初使用的管式炉裂解器外，相继出现了热丝裂解器、居里点裂解器、激光裂解器和微型炉裂解器，且各类裂解器的性能和重现性不断的提高和改进，促进了 Py-GC 技术的发展。Py-GC 目前主要应用于聚合物的分析。

（三）分离系统

分离系统是气相色谱的核心部分，而分离系统的核心是色谱柱，其作用是将多组分样品分离为单一组分。分离系统主要由色谱柱和温度控制部分组成，包括柱加热箱、色谱柱以及与进样口和检测器的接头。气相色谱柱主要有填充柱与毛细管柱（又称为开管柱）。

1. 填充柱

填充柱是指填充了固定相的色谱柱。将色谱分析的固定相（吸附剂、涂渍了固定液的载体、离子交换树脂、凝胶颗粒等）作为填料，填充于一定口径、长度和形状的柱管中。填充柱的优点是制备和使用方法都较易掌握，具有多种填料可供选择，能满足一般样品分析要求。

2. 毛细管柱

毛细管气相色谱法（CGC）是使用高分离效能的毛细管柱分离复杂组分的气相色谱技术。现代毛细管色谱柱柱效一般在 2000~5000 块/m，总柱效可达 10^6，可以分析极其复杂的混合物，广泛应用于食品、生化、制药等领域。

气相色谱毛细管柱具有以下特点：①渗透性好，载气流动阻力小，可使用长色谱柱。②相比大，有利于提高柱效并实现快速分析。③柱容量小，允许进样量小。由于毛细管柱涂渍的固定液仅几十毫克，液膜厚度为 0.35~1.5 μm，一般采用分流进样技术。④总柱效高。气相色谱毛细管柱制备影响因素多，工艺复杂。

温度控制部分包括对汽化室、色谱柱箱、检测器的升温、降温、恒温等动态变化的控制。温度是影响色谱分离的最重要因素，通常也是考量气相色谱仪性能的指标之一，所以对温度的控制相当严格，要求变化率的精度控制在 ±0.1 ℃。

（四）检测系统

检测系统包含检测器、微电流放大器等部件。检测器的作用是把被色谱柱分离的样品组分根据其特性和含量转化成电信号，经放大后，由记录仪记录成色谱图。当样品到达检测器后，由于流动相具备高度的透明性（不传递信号给检测器），因此，可按样品的物理及化学性质检定出样品，即将分离后的组分对应的变化转变成信号值（电压），信号值的大小会跟组分浓度呈比率关系，最后通过微电流放大器将其放大后输出。

目前主要使用的检测器有热导检测器（TCD）、氢火焰离子化检测器（FID）、氮磷检测器（NPD）、电子俘获检测器（ECD）、火焰光度检测器（FPD）、质谱检测器（MSD）和原子发射光谱检测器（ACD）等。常用检测器简介如下。

（1）氢火焰离子化检测器。

氢火焰离子化检测器（flame ionization detector，FID）是气相色谱中应用最广的检测器，对几乎所有的有机化合物均有响应。其原理是利用氢火焰的热能和化学能作电离源，使有机物电离产生微电流，经放大而产生响应。其结构见图 10-6。

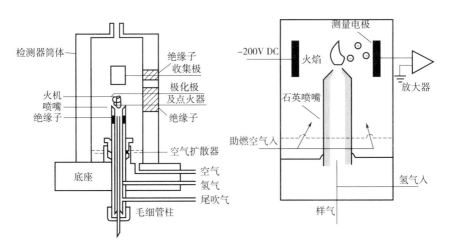

图10-6　氢火焰离子化检测器示意图

FID的特点是灵敏度高、基流小、死体积小（≤1 μL）、响应快（约1 ms）、线性范围宽（10⁷）、结构简单、稳定可靠。对H_2O、CO_2、CS_2等无机物无响应，对气体流速、压力、温度变化不敏感。其缺点是需要3种气源及其流速控制装置，目前已配备了模块化的电子流量控制器，使气体流速控制更加简便、准确。

FID既可做常量分析，也能检测痕量样品。常量分析如氨基酸、脂肪酸和糖类的分析等，在产地鉴定和掺假等鉴别中有不可替代的作用。

（2）氮磷检测器。

氮磷检测器（nitrogen-phosphorus detector，NPD）对氮、磷化合物的灵敏度高，专一性强，非常适于复杂样品如食品、生物样品中痕量的含磷、氮化合物的检测。氮是有机化合物中第二大类杂原子，许多农药中含有氮元素，而有机磷化合物在农药中所占比例更大，所以食品、农产品中氮、磷的农药残留检测是十分重要的内容。氮磷检测器系统由电离室和检测电路组成，如图10-7所示。

NPD的工作原理是：以熔融在一根螺旋铂丝上的非挥发性的硅酸铷玻璃珠（铷珠）做热电离源，小流量（2~6 mL/min）的氢气在铷珠表面形成一层化学活性很高的"冷氢焰"，此时电加热的铷珠表面温度为600~800 ℃，当含氮、磷化合物进入"冷氢焰区"，即发生热化学分解，产生CN、PO、PO_2等电负性基团。这些基团从电离源表面或其周围的气相中得到电子变成负离子，在高压电场的作用下，该负离子移向正电位的收集极，产生信号。烃类在"冷氢焰"区不发生电离，因此，NPD对含氮、磷元素的化合物有很强的选择性。

（3）电子捕获检测器。

电子捕获检测器（electron capture detector，ECD）是最早出现的选择性检测器。ECD对电负性强的化合物，如含卤化合物、含硫含磷化合物、金属有机化合物、羰基硝基化合物以及共轭双键化合物等具有很高的灵敏度，是气相色谱检测器中灵敏度最高的，对某些含卤化合物的最低检出限可达到10^{-13}g量级，而对烃类和生物活性化合物灵敏度很低或无响应。ECD在一定范围内响应值与组分的浓度成正比，为浓度型检测器。不足之处是线性范围较小，通常仅为$10^2 ~ 10^4$。

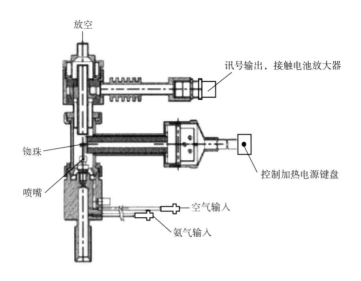

图 10-7　氮磷检测器示意图

ECD 的工作原理是：由柱尾进入 ECD 池的载气和吹扫气在放射源放出的 β 射线的轰击下被电离，产生大量电子。在电场作用下，该电子流向阳极，得到基流。当电负性组分从柱后流入检测池时俘获电子，使基流下降，产生负峰。通过放大和极性转换即得响应信号。电子捕获检测器结构见图 10-8。

在食品和环境中痕量有机氯农药残留和含氯有机化学污染物如多氯联苯等强毒物质的分析中至今仍然是首选电子捕获检测器。

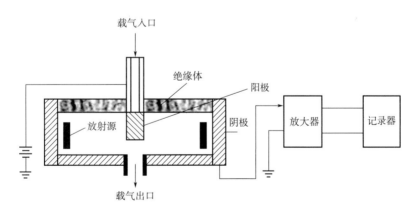

图 10-8　电子捕获检测器示意图

（4）火焰光度检测器。

火焰光度检测器（flame photometric detector，FPD）是一种具有高灵敏度、高选择性的检测器，只对含硫、磷化物有信号响应，因此也叫硫磷检测器。工作原理是利用富氢火焰使含硫、磷杂原子的有机物分解，形成激发态分子（S_2^*、HPO^*），这些分子从激发态回到基态时，发射出特征波长的光，此光强度与被测组分的量成一定的比例关系。因烃类的氧化产物无光信号，可选择性地测量含硫、磷化合物。脉冲火焰光度检测器（PFPD）的灵敏度比普通的 FPD 提高 100 倍，选择性也有很大的提高，避免了淬灭作用，并扩大了元素检测范围，目前 PFPD 在不同选择性条件下可检测包括 S、P、N、Se 在内的多种元素。

火焰光度检测器具有灵敏度高、选择性好、响应时间快等特点。在做定量分析时，硫的峰高信号严格与进入火焰中的硫化物量的平方成正比关系，磷的峰高信号严格与进入火焰中的磷化物的量成正比关系，因此可用于各类基质中微量硫、磷化物的测定。

（5）质谱检测器。

随着质谱仪体积的减小，造价降低，性能大幅度提高，气相色谱–质谱（mass spectrometry detector）联用已成为最为有效的分离技术，复杂有机混合物的分离与鉴定能快速、同步地一次完成，已成为当代最成熟、最有效的有机混合物分析工具，在未知物的定性和确证实验中具有不可替代的作用。

气相色谱与质谱的联用，充分发挥了气相色谱分离效能高和质谱定性能力强的优点：①气相色谱仪是质谱仪理想的进样器，混合物经气相色谱分离后，各组分以纯物质进入质谱仪，使质谱仪的定性能力得以发挥；②质谱仪是气相色谱仪理想的检测器，能检出几乎全部的化合物，灵敏度很高，最重要的是有很强的定性能力。而且，质谱仪既可以作为色谱的通用检测器全扫描，又可作为专用检测器选择离子监测，并可以将气相色谱仪所不能分离的色谱峰按照它们具有的不同特征离子的属性进行分离，这在复杂混合物组分的定性定量分析中非常有用。

（五）信号记录或微机数据处理系统

气相色谱仪主要采用色谱数据处理机，可打印记录色谱图，并能在同一张记录纸上打印出处理后的结果，如保留时间、被测组分质量分数等。画出色谱图，并获得相应的定性定量数据。

（六）控制系统

主要控制检测器、进样口和色谱柱的温度以及控制检测信号等。

第四节　气相色谱实验技术

一、样品制备

样品预处理的目的可归纳为：待测组分预分离；富集；转化；衍生化（转化成色谱能分析的状态）。

当不能直接进样分析，如品种繁多（含对仪器和色谱柱有不良影响的水、氧等）；样品组成及其浓度复杂多变（基体对分析痕量组分干扰大）；样品物理形态广（黏度、固体、多相性样品）；直接分析时干扰因素太多等情况时须进行样品的预处理。当出现如现场环境不允许（如时间）；样品的状态不合适、存在不稳定性或化学活性强；现有分析条件不允许；选购的仪器、设备条件不具备；操作人员的技术水平限制等情况，必须进行样品预处理以弥补现有仪器或分析条件的不足。

二、色谱条件的选择

色谱条件的选择包括固定相的选择、固定液配比（涂渍量）的选择、柱长和柱内径的选择、柱温的确定、载气种类和流速的选择、其他操作条件的选择等。

三、定性和定量分析

气相色谱分析中，在确定操作条件后，将一定量样品注入色谱柱，经过一定时间，样品中各组分在柱中被分离，经检测器检测后，在记录仪上得到一张色谱图。依据谱图中每个组分峰的位置可进行定性分析，由每个色谱峰的峰高或峰面积进行定量分析。

（一）定性分析

气相色谱的定性分析就是要确定谱图中每个色谱峰究竟代表什么组分。因此必须了解每个色谱峰位置的表示方法及定性分析方法。

1. 利用已知物直接对照进行定性分析

对组分不太复杂的样品，若想确定色谱图中某一未知色谱峰所代表的组分，可选择一系列与未知组分相接近的标准纯物质，依次进样，当某一纯物质的保留值与未知色谱峰的保留时间相同时，即可初步确定此未知色谱峰所代表的组分。

利用已知物直接对照法定性是一种最简单的定性方法，在具有已知标准物质的情况下常使用这一方法。将未知物和已知标准物在同一根色谱柱上，用相同的色谱条件进行分析，作出色谱图后进行对照比较。利用已知纯物质直接对照进行定性是利用保留时间（t_R）直接比较，此时要求载气流速、载气温度和柱温恒定。这些参数的微小波动或变化，都会使保留时间（t_R）发生改变，从而对定性结果产生影响。使用保留体积（V_R）定性，虽可避免载气流速变化的影响，但直接测定保留体积很困难，一般都是利用流速和保留时间来计算保留体积。

严格地讲，仅在一根色谱柱上利用纯物质和未知组分的保留值相同，作为定性的依据是不完善的，因为在一根色谱上，可能有几种物质具有相同的保留值。如果可能，应在两根极性不同的色谱柱上进行验证，如在两根极性不同的柱上纯物质和未知组分的保留值皆相同，就可以确定未知物与纯物质相同。

该法可进行初步推测，若要得到准确的结论，大多需要进一步的确认。

2. 相对保留值 $r_{i,s}$ 进行定性分析

由于相对保留值是待测组分与加入的参比组分（其保留值应与被测组分相近）的调整保留值之比，因此，当载气流速和温度发生微小变化时，被测组分与参比组分的保留值同时发生变化，而它们的比值——相对保留值不变。也就是说，相对保留值只受柱温和固定相性质的影响，而柱长、固定相的填充情况（即固定相的紧密情况）和载气的流速均不影响相对保留值（$r_{i,s}$）。因此，在柱温和固定相一定时，相对保留值（$r_{i,s}$）为定值，可作为定性的较可靠参数。

实验中要用双柱或多柱进行分析，必须要有适当的标准物质。

3. 用已知物增加峰高法定性

在未知样品中加入一定量的已知纯物质，然后在相同的色谱条件下，分别作未知样品和

已加纯物质的未知样品的色谱图。对比两张色谱图，哪个峰加高了，那么该峰就是加入已知纯物质的色谱峰。该法既可避免载气流速的微小变化对保留时间的影响，又可避免复杂色谱图图形对保留时间的准确测定，是确认复杂样品中是否含有某一组分的最佳方法。

4. 利用保留值的经验规律定性

实验证明，在一定的柱温下，同系物的保留值对数与分子中的碳数成线性关系，此即为碳数规律；另外，同一族的具有相同碳数的异构体的保留值对数与其沸点成线性关系，此即为沸点规律。当已知样品为某一同系列，但没有纯样品对照时，可利用上述经验规律定性。

（1）利用文献值对照进行定性分析。

在利用已知标准物直接对照定性时，获得各种各样的已知标准物质往往是很困难的。保留指数（I）（retention index）作为保留值的标准用于定性分析，是使用最广泛并被国际上公认的定性指标，具有重现性好，标准物统一及温度系数小等优点。

用保留指数定性时需要知道被测的未知物属于哪一类化合物，然后查找分析该类化合物所用的固定相和柱温等色谱条件。一定要用色谱条件来分析未知物，并计算它的保留指数，然后再与文献中所给出的保留指数值进行对照，给出未知物的定性分析结果。

保留指数定性与用已知物直接对照定性相比，虽避免了寻找已知标准物质的困难，但它也有一定的局限性，一些多官能团的化合物和结构比较复杂的天然产物是无法采用保留指数定性的。保留指数定性与用已知物直接对照定性一样，定性结果的准确度往往也需用其他方法再加以确认。

（2）利用保留值规律进行定性分析。

无论采用已知物直接对照定性，还是采用保留指数对照定性，其定性的准确度都不是很高，往往还需要其他方法再加以确认。如果将已知物直接对照定性与保留值规律定性结合，那么可以大大地提高定性分析结果的准确度。

可以在两根不同极性的柱子（双柱定性）上，将未知物的保留值与已知物的保留值进行对比分析，这样就可以大大提高定性分析结果的准确度。双柱定性时，所选择的两根柱子的极性差别应尽可能大，极性差别越大，定性分析结果的可信度越高。

非极性柱上各物质基本上按沸点高低出峰顺序，而极性柱上各物质的出峰顺序主要由其化学结构所决定，因此双柱定性在同分异构体的确认中非常重要。

碳数规律定性：同系物间，在一定的温度下，调整保留值的对数与该分子的碳数成线性关系。利用碳数规律可以在已知同系物中几个组分保留值的情况下，推出同系物中其他组分的保留值，然后与未知物的色谱图进行对比分析。在用碳数规律定性时，应先判断未知物类型，才能寻找适当的同系物。

沸点规律定性：同族具有相同碳原子数目的碳链异构体的调整保留值的对数值与沸点成线性关系。与利用碳数规律进行定性一样，对碳链异构体也可以根据其中几个已知组分的调整保留值的对数与相应的沸点作图，然后根据未知组分的沸点，在图上求其相应的保留值，与色谱图上的未知峰对照进行定性分析。

5. 利用其他方法定性

（1）配合化学方法进行定性。

可在柱后把流出物通入有选择性的化学试剂中，利用显性、沉淀等对未知物进行定性。

（2）结合仪器进行定性。

气相色谱是比较高效的分离分析工具，但复杂的混合物单靠色谱定性鉴定是很有困难的，而红外光谱、质谱等仪器分析方法对化合物的定性鉴定是更准确的，但对复杂混合物的分析有困难，因此如果用气相色谱法将复杂混合物分成单个或复杂的组成，然后用质谱、光谱鉴定则有助于解决许多问题。近年来发展了气相色谱与质谱或红外光谱在系统上联用，分离和定性同时进行，当色谱分析完毕后，就能得到质谱与光谱的谱图。

（二）定量分析

气相色谱分析的定量分析就是根据色谱峰的峰高或峰面积来计算样品中各组分的含量。无论采用峰高还是峰面积来进行定量，其物质浓度和相应峰高或峰面积之间必须呈直线函数关系，符合函数式（10-1）：

$$m_i = f_i \times A_i \tag{10-1}$$

式中：m_i——待测物质的质量；

　　　f_i——待测物质定量校正因子；

　　　A_i——待测物质色谱峰的积分面积。

这是色谱定量分析的重要依据。定量分析方法很多，但各种定量分析方法的使用范围和准确度是有条件的，一定要掌握各种方法的特点，灵活运用。

1. 峰面积定量法

本方法较为简便，分析结果的准确度主要取决于进样量的重复性和操作条件的稳定程度，如果仪器和操作条件不稳定，对结果影响很大，需定期校正标准工作曲线。

峰高乘以半峰宽法：

峰高乘以平均峰宽法：

峰高乘以保留值法：

电子积分法求峰面积。

$$A = 1.605 \times Y_{h/2} \times h$$
$$A = h \times (Y_{0.15} + Y_{0.85}) / 2$$
$$A = h \times Y_{h/2} = h \times b \times t_R$$

2. 定量校正因子

当用气相色谱法分析混合物中不同组分的含量时，因为不同组分在同一检测器上产生的响应值不同，所以不同组分的峰面积不能直接进行比较。为了进行定量计算，就需引入定量校正因子，以某组分的峰面积作标准，把其他组分的峰面积按此标准校正，经校正后，就可以对不同组分的峰面积进行比较，因而可计算出各组分的百分含量。

3. 定量校正因子与检测器相应值的关系

检测器的相对响应值与定量计算使用的相对校正因子互为倒数。

4. 内标法

若样品中除待测的几个色谱峰有良好分离，而其他组分不能全部流出色谱柱或有不可分辨的色谱峰时，可用内标法定量。即将一定量的纯物质作为内标物，加入到已知质量的样品中，进行色谱分析，测定内标物和样品中几个组分的峰面积。

5. 外标法

本方法可求出与单位峰面积（或峰高）对应的外标物的质量（或体积）。外标法就是选择样品中一个欲测组分的纯物质作为外标物，加稀释剂（对液体样品用溶剂稀释、气体样品用载气或空气稀释）配成不同含量（%）标准溶液，进行色谱分析，制作标准曲线。取固定量标准溶液进样分析，从所得色谱图上测出响应讯号（峰面积或峰高等），然后绘制响应信迅号（纵坐标）对百分含量（横坐标）的标准曲线。然后在相同条件下对样品进行色谱分析，由样品中待测物的峰面积和待测组分对外标物的相对质量校正因子，就可以求出待测组分的含量。

6. 归一化法

当样品中所有的组分均能被色谱柱分离并被检测器检出而显示各自的色谱峰，并且已知各待测组分的相对校正因子时，可用归一化法定量，求出各组分的质量分数。

上述定量方法各有优缺点和使用范围，因此实际工作中应根据分析的目的、要求以及样品的具体情况选择适宜的定量方法。

四、气相色谱分析新技术

（一）反吹控制

在分析有机磷农药时，农药的响应值（指农药色谱峰的峰面积）一方面受到本样品基质的影响，体现在基质标准溶液农药的响应值比纯溶剂标准溶液农药的响应值要大；另一方面，农药的响应值还受到色谱仪中残留累积基质的影响，累积的基质越多，响应值越低，检测约20个样品后，灵敏度大幅下降，极性强和（或）能形成强氢键作用的酸性和（或）碱性化合物受到基质的影响更大。

传统减少（消除）基质影响的方法有：①加入掩蔽剂（或分析保护剂）；②用于被分析对象相同的阴性样品提取基质液配制标准溶液校准（即基质匹配法），这两种方法可以改善基质对定量结果的影响，无法减少基质积累的影响；③通过增加前处理净化步骤使提取液更"干净"；④利用多次加标回收试验计算的回收率系数校准检测结果；⑤加大仪器维护的频率，改善仪器的状态等。但这些方法应用起来都很复杂，不但大大增加了工作量和时间，还加大了检测的成本和仪器的损耗。通过使用微流控装置实现反吹，可以实现以下4个优点：①使每次样品分析目标物出峰后残留在色谱柱中的基质可以反向从分流口排出，大大消除基质在色谱柱中的残留，有效减少基质积累引起的农药响应值急剧降低的问题，特别对于极性强的有机磷农药，改善很明显；②由于增加了反吹功能，无须延长高温烘烤老化色谱柱的时间，可以缩短每次样品分析的运行时间；③由于改善了仪器分析样品的稳定性，可减少标准曲线系列的进样次数，节约时间；④有效保护色谱柱，延长色谱柱的使用寿命，减少仪器的停机维护次数，节约成本，提高检测速度。

（二）快速气相色谱分析

快速气相色谱（high-speed GC，HSGC；又称 fastGC）可提高样品分析效率，降低单个样品分析成本；分析时间短；提高分析准确度和灵敏度；实现在线分析。

用峰宽作为衡量标准，将 HSGC 分为3类：FGC（fastGC，峰宽小于1 s）、VFGC（Very-fastGC，峰宽约为100 ms）和 UFGC（Ultra-fastGC，峰宽小于10 ms）。进一步的定义为：FGC 为使用 0.1~0.25 mm i.d.、5~15 m 长色谱柱，程序升温速度为 20~60 ℃/min，峰宽 0.5~2 s，且分析时间小于10 min 的分析；UFGC 为分析时间小于1 min，使用短细口径色谱柱（2~10 m，0.1~0.05 mm i.d.），大于1 ℃/s 的升温速度，峰宽 50~200 ms 的分析。以峰宽作为衡量标准，排除了样品的影响，将分析速度表示为单位时间内分离色谱峰的个数，从量的概念上定义了 HSGC。

（三）全二维气相色谱

全二维气相色谱（comprehensive two-dimensional gas chromatography，GC×GC）是 20 世纪 90 年代发展起来的，具有高分辨率、高灵敏度、高峰容量等优势，1999 年由 Phillips 和 Zoex 公司合作实现了商品化，是复杂体系分离分析的强大工具，是气相色谱技术的一次飞跃。

一维色谱（1D GC）使用一根柱子，适合含几十到几百个物质的样品分析，对于复杂体系的分离分析，使用常规的色谱分析方法，仅靠提高柱效或柱选择性难以得到满意的分析结果，组分重叠严重，影响定性、定量结果的准确性，即使是族组成分分析也很难得达到准确的分析结果。

解决峰重叠有两个办法，一是使用选择性检测器，二是提高系统的峰容量。使用选择性检测器的方法可以选择性地检测某些物质，要求互相重叠的峰在检测器上有不同的响应，才能发挥作用。对单柱系统来说，靠提高峰容量来提高分辨率是非常有限的，因为分辨率与柱长的平方根成正比，而分析时间却与柱长成正比地增加。对于痕量组分，使用长柱会使峰展宽而难以被检测器检测到。

要实现 GC×GC 的最佳 R_s，必须满足 3 个条件：①柱 2 两次进样的时间间隔，即进样周期应为化合物流出柱 1 时半峰宽的 0.85 倍；②柱 2 一次进样的分离时间应小于进样周期；③经柱 2 分离的峰宽应远小于柱 2 的进样周期。

GC×GC 发展所面临的最大挑战是柱连接技术。目前使用最广泛的主要有热调制器和冷冻调制器两种。热调制器最常用，通过改变温度，使几乎所有挥发性物质在固定相上吸附、脱附。冷阱系统也可以被用作调制器，并且只要加热到正常炉温即可使样品脱附，能处理更高沸点的样品，但是要求调制器中的固定相处于 -50 ℃ 的状态。

GC×GC 系统的优势是：可分析沸点达 450 ℃ 的成分，R_s 远高于一根柱子；灵敏度高，比通常一维色谱高 20~50 倍；分析时间短，定性可靠性大大增强。适用于分析香味等复杂样品。

（四）全二维液相-气相色谱仪

LC 与毛细管 GC 联用是复杂样品色谱分析的一个有力工具。在 LC×GC 中实现 LC 与 GC 在线连接的关键技术是大体积的快速进样。一般 LC 柱流速为 1 mL/min，峰宽约为 1 min。为维持 LC 柱的 R_s，每次须将约 200 μL 样品注入 GC 系统，且能够实现溶剂和溶质的充分分离，将溶质定量注入 GC 柱。现有的 GC 大体积进样技术有：适用于热不稳定和高挥发性物质的保留间隙管的直接柱头进样系统；部分溶剂共蒸发的柱头进样技术；环形接口。程序升温蒸发系统可将 10 mL 样品注入 GC 系统，即将样品注入冷却的蒸发腔，样品在蒸发腔内于低于溶剂沸点的温度下蒸发，然后通过快速加热腔体将被分析物送进色谱柱。当分析物含量高时，还可使用热蒸发腔。其进样快速，进样峰展宽小，可将 LC 样品定量地注入 GC 系统，高温阻止了进样口由于溶剂蒸发引起的明显冷凝。

LC×GC 已应用于许多领域，如生物分子、聚合物或环境样品的分离和定性，使用热分离腔在线连接的 LC×GC 已被成功地用于食品中 TAG 的分析。

（五）气相色谱-质谱联用技术

气相色谱-质谱联用（gas chromatography/mass spectrometry，GC-MS）。气质联用技术适

用于分子量小、容易挥发、热稳定性好、可以离子化的化合物，电子轰击电离（electron impact ionization，EI）和化学电离（chemical ionization，CI）源是气质联用仪器中质谱常用的电离源，GC-MS 仪结构如图 10-9 所示。

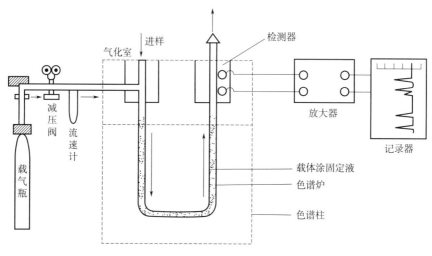

图 10-9　气相色谱-质谱的基本结构

　　1957 年底，J. Holmes 和 P. A. Morrell 首次实现气相色谱与质谱（GC-MS）联用。随着气相色谱和质谱技术及其联用接口技术的不断进步，使 GC-MS 联用技术在分离、检测和数据处理方面得到很大的提高，已广泛应用于药物分析、环境保护、食品安全检测等重要领域。GC-MS 联用仪已成为实验室中不可或缺的常规分析工具。

　　在 GC-MS 联用过程中，能够有效控制质谱进样量，质谱仪的污染程度大幅度减少，质谱图中杂质峰强度降低，从而实现对混合物中目标物的分离、定性、定量。质谱仪担当 GC-MS 联用的检测器，检测出目标离子的质量，得到目标化合物的质谱图。质谱作为检测器，不仅有通用型特点，还具有高选择性。由于质谱法有很多种电离方式能够让待测物可以有效电离，因此所有离子都可以被检测到，适用性广。质谱含有多种扫描方式和质量分析技术，能够选择性地检测目标化合物的特征离子。这样不仅可以排除基质和因前处理过程不完全造成的保留时间重叠的杂质峰干扰，还可以提高分析检测的灵敏度。

　　在色谱分析时，色谱图提供的是保留时间-强度两维信息；在质谱分析中得到的是质荷比-峰强度的两维信息。GC-MS 联用得到的谱图包括保留时间-质荷比-峰强度三维信息。与单一的定性方法相比，利用化合物的质谱特征和气相色谱保留时间进行双重定性，专属性更强，能够区分质谱特征相似的同分异构体。

　　（六）气相色谱-傅里叶红外检测联用技术

　　FTIR 技术是结构分析、物质鉴别的重要工具，可与 GC 实现联用。GC-FTIR 联用系统包括：气相色谱单元，对试样进行气相色谱分离；联机接口，GC 馏分在此检测；傅里叶变换红外光谱仪，同步跟踪扫描、检测 GC 各馏分；计算机数据系统，控制联机运行及采集、处理数据。

　　GC-FTIR 联用分析技术已广泛用于非法添加、结构鉴别、物质筛查、产地鉴别、高精度识别、食物源性鉴别、微生物或分子生物学相关检验及研究等领域。

（七）气相色谱-电感耦合等离子体质谱法联用

目前食品中重金属含量都是通过测定其元素的总量，然而依据体系中元素的总量来评价重金属元素的毒性是片面的，更重要的是应该对元素的形态进行分析。由于大多食品样品具有基体复杂、重金属相对含量低的特点，使其中的元素形态分析比仅测定元素的总量要复杂得多。电感耦合等离子体质谱法（inductively coupled plasma-mass spectrometry，ICP-MS）是近年来迅速发展起来的一门新技术，已广泛应用于食品、环境等领域。

ICP-MS 在微量元素分析，尤其是元素形态分析中起着越来越重要的作用。随着对食品中元素存在形态含量的要求越来越多，ICP-MS 单机技术已经不能满足现有的检测需求。ICP-MS 联用技术主要采用色谱进行分离，以 ICP-MS 为检测器，与 HPLC、GC、毛细管电泳等一系列高效分离方法的在线耦合技术为重金属元素的形态分析提供了平台，在食品行业也起了至关重要的作用。

铅、砷、汞、锡等元素在自然界中的存在形态很多，存在形态不同，毒性相差也比较大；而硒作为人体必需的微量元素，硒的存在形态决定了人体对硒的吸收，间接影响了硒在人体的生物学活性。由于有机铅易挥发，GC-ICP-MS 测定有机铅具有较好的优势，可直接进样，具有较好的灵敏度，已实现了无机铅和几种有机铅形态化合物的有效分离。采用低温气相色谱，通过氢化物衍生，并以 ICP-MS 为检测器，成功分离了 AsH_3、MMAA、DMAA、TMA 和 3 种未知形态的砷等 7 种砷形态。GC-ICP-MS 联用技术用于食品中汞的形态分析，如采用固液萃取进行样品前处理，GC-ICP-MS 检测海产品中的甲基汞，检出限达到 1.2 μg/kg。GC-ICP-MS 法只能测定有机汞，无法同时测定无机二价汞，且苯基汞不容易气化，也很难检测。因此，该方法目前仅局限在甲基汞的检测应用中。

第五节　气相色谱法的应用

一、定性分析方法

用气相色谱进行定性分析就是要确定色谱图上各个峰的归属。各种物质在一定的色谱条件下都有一个确定的保留值，据此进行定性分析。但在同一色谱条件下，不同物质也可能具有近似或相同的保留值。因此，有时还需要其他一些化学分析或仪器分析方法相配合，才能准确地判断某些组分是否存在。

（一）用已知纯物质对照定性

用已知纯物质对照定性是最方便、最可靠的方法。可以采用保留值法、相对保留值法、加入已知物增加峰高法和双柱、多柱定性的方法。

在相同的色谱条件下，将待测物质与已知的纯物质分别进样，若两者的保留值相同，则可能是同一种物质，此即为保留值法。利用保留值法进行定性分析时，应严格控制实验条件，且操作条件要稳定。

当两次分析的条件不能做到完全一致时，可以采用相对保留值法定性。此法可以消除某些操作条件差异所带来的影响，只要求保持柱温不变即可。其定性方法是找一个基准物质（一般选用苯、正丁烷、环己烷等，所选基准物的保留值应尽量与待测组分接近），通过比较待测组分与基准物的调整保留值，求得 r_{is} 后与手册数值进行比较从而达到定性目的。

对于复杂样品，由于其流出色谱峰间距太近或操作条件不易控制，可在试样中加入已知的纯物质，在相同的条件下进样，对比加已知物前后的色谱峰，若某色谱峰增高了，则原样中可能含有该已知物。

采用双柱、多柱定性，则可以消除用单柱法可能出现的差错。把试样和标准物质的混合物分别在极性完全不同的两根或多根柱子上进行色谱分离，若标准物和未知物的保留值始终相等，可判断为同一组分。

（二）用经验规律和文献值进行定性分析

当没有待测组分的纯样时，可用保留指数或用气相色谱中的经验规律如碳数规律、沸点规律进行定性。利用保留指数定性，可根据所用固定相和柱温直接与文献值对照而无须标准样品；利用碳数规律可推知同系物中其他组分的调整保留时间；根据同族同数碳链异构体中几个已知组分的调整保留时间，利用沸点规律可求得同族中具有相同碳数的其他异构体的调整保留时间。

（三）与其他方法结合进行定性分析

1. 与化学方法结合定性

有些带有官能团的化合物，能与一些特殊试剂反应，经过此处理后，这类物质的色谱峰会消失或提前或移后，比较样品处理前色谱图，便可定性。另外，也可在色谱柱后分馏收集各流出组分，然后用官能团分类试剂分别定性。

2. 与 MS、IR 等仪器结合定性

单纯用气相色谱法定性往往很困难，可以配合其他仪器分析方法定性。其中 IR、MS、NMR 对物质的定性最为有用。

二、定量分析

在适宜的操作条件下，样品组分的量与检测器产生的信号（色谱峰面积或峰高）成正比，此即为色谱定量分析的依据。可写成式（10-2）和式（10-3）：

$$m = fA \qquad\qquad (10-2)$$
$$m = fh \qquad\qquad (10-3)$$

式中：m——物质的质量，g；

    A——峰面积；

    h——峰高；

    f——校正因子。

其物理意义为单位峰面积或峰高所代表的物质的量，一般定量时常采用面积定量法。当严格控制各种操作条件（色谱柱、温度、载气流速等）不变时，在一定的进样量范围内，峰的半宽度不变。峰高就直接代表某一组分的量或浓度，对出峰早的组分，因半峰宽较窄，测量误差大，用峰高定量比用峰高乘半峰宽的面积定量更为准确，但对出峰晚的组分，如果峰形较宽或峰宽有明显波动时，则宜用面积定量法。

（一）峰面积的测量方法

峰面积 A 测量的准确度直接影响定量结果，因此对于不同峰形的色谱峰，需要采取不同的测量方法。

峰高（h）乘半峰宽（形）法适用于对称峰，见式（10-4）：

$$A = 1.065 \times hW \tag{10-4}$$

峰高（h）乘平均峰宽法适用于不对称峰，见式（10-5）：

$$A = 1.065 \times h(W_{0.15} \times W_{0.85}) \tag{10-5}$$

式中：$W_{0.15}$ 及 $W_{0.85}$——分别峰高为 $0.15h$ 和 $0.85h$ 处测得的峰宽。

用面积仪和积分仪测量。

（二）校正因子（f）及其测定

色谱定量的原理是组分含量与峰面积（或峰高）成正比。不同的组分有不同的响应值，因此相同质量的不同组分，它们的色谱峰面积（或峰高）也不等，这样就不能用峰面积（或峰高）来直接计算组分的含量。为此，提出了校正因子，选定一个物质做标准，被测物质的峰面积用校正因子校正到相当于这个标准物质的峰面积，再以校正后的峰面积来计算组分的含量。

在气相色谱中，通常用相对质量校正因子进行校正，它的定义是待测物质（i）单位峰面积相当物质的量和标准物质（S）单位峰面积所相当物质的量之比，以 f_W 表示，见式（10-6）：

$$f_W = \frac{f_i}{f_s} = \frac{\dfrac{m_i}{A_i}}{\dfrac{m_S}{A_S}} = \frac{m_i A_S}{m_S A_i} \tag{10-6}$$

式中：A_i、A_S——待测物质 i 和标准物质 S 的峰面积；

m_i、m_S——待测物质 i 和标准物质 S 的质量。

思　考　题

1. 试述气相色谱法的分离原理，其固定相都有哪些类型？
2. 气相色谱常用检测器有哪几种？其工作原理分别是什么？
3. 气相色谱新技术有哪些？各有什么特点？
4. 总结气相色谱在食品分析中的应用。

第十一章 高效液相色谱法

课件　　　思政

高效液相色谱法（high performance liquid chromatography，HPLC）是 20 世纪 70 年代快速发展起来的一项高效、快速的新型分离技术。它是以液相色谱为基础，引入了气相色谱的理论与实践方法，将流动相改为高压输送，采用高效固定相及在线检测等手段发展而成的分离分析方法。

高效液相色谱法只要求样品能制成溶液，而不需要汽化，因此不受样品挥发性的约束。对于挥发性低、稳定性差、分子量大的高分子化合物以及离子型化合物尤为有利，如氨基酸、蛋白质、生物碱、核酸、甾体和类脂等。分子量较大、沸点较高的有机物以及无机盐类，都可用高效液相色谱法进行分析。

第一节 高效液相色谱法概述

一、高效液相色谱法的特点

1. 高压

由于 HPLC 是以液体作为流动相，而液体比气体通过色谱柱时所受的阻力要大得多，所以必须施加高的压力，一般达到 15~30 MPa，最高可达 50 MPa。这是 HPLC 与 GC 相比较最显著的特点。

2. 高速

由于采用了高压输送泵，流动相液体的流速可控制在 1~10 mL/min，比经典的液相色谱要快得多。

3. 高效

由于 HPLC 分离柱采用直径 3~5 μm 的高效填料，理论塔板数可达几万米，甚至更高。

4. 高灵敏度

由于采用高灵敏度的检测器和自动化装置，可检出 10^{-9} g 乃至 10^{-11} g 的物质；所需试样量很少，通常只需数微升至数十微升试样即可进行分析。

二、HPLC 的分类

根据分离机理，HPLC 可分为 4 种类型。

1. 液固吸附色谱

以吸附剂作固定相，以不同极性的溶剂作流动相的载液，根据试样中各组分吸附能力的不同而进行分离。

2. 液液分配色谱

常用反相色谱。以弱极性的固定液涂于担体上作为固定相，以强极性的溶剂（如水+甲醇）做流动相的载液，根据试样中各组分在载液和固定液之间分配系数的不同而达到分离的目的。

3. 离子交换色谱

以离子交换树脂为固定相，根据树脂上可电离的离子与流动相中各种具有相同电荷的离子进行可逆交换的亲和力不同而进行分离。

4. 尺寸排阻色谱

尺寸排阻色谱，又称凝胶过滤法，是以凝胶为固定相，当待分离组分随流动相通过填充有凝胶的色谱柱时，体积大的分子不能渗透到孔穴内部而被排阻，因而较早地被洗脱下来，小分子或离子由于可以渗透到孔穴内部而较晚地流出，从而使相对分子质量不等的物质被依次收集，并分别测定。凝胶是一种经过交联而具有立体网状结构的多聚体，内部有一定大小的空穴。

第二节　基本理论和分析原理

自色谱技术出现以来，人们对色谱理论进行了不懈的研究，提出了许多著名的理论。例如：

（1）平衡色谱理论。1940 年由 Wilson 提出，该理论认为在整个色谱过程中，组分在流动相和固定相之间的分配平衡能瞬间达成。

（2）计量置换保留理论（SDT-R）。该理论适用于除体积排阻色谱以外的各类液相色谱的保留模型。认为在色谱保留过程中，当一个溶剂化的溶剂分子被溶剂化的固定相吸附时，在溶质和固定相的接触界面上必然要释放出一定计量的溶剂分子。

（3）塔板理论。该理论将色谱过程比拟为蒸馏过程，把色谱柱看作由一系列平衡单元-理论塔板所组成。在每一个塔板高度内，组分在流动相和固定相之间的分配平衡能瞬间达成。

（4）双膜理论。把流动相和固定相看成是两块相互紧密接触的平面薄膜，整个传质阻力为流动相膜的传质阻力和固定相膜的传质阻力所构成，界面处无阻力，组分在界面接触处达到平衡分配。

（5）纵向扩散理论。由 Amundson 等人通过大量实验提出，该理论认为在色谱过程中，组分在流动相的轴向扩散是影响色谱区域谱带扩张的主要因素，而有限的传质速率对区域谱带扩展没有影响。

一、高效液相色谱法的分析原理

流动相通过高压泵注入色谱柱，由于样品中不同组分在色谱柱中分配系数、亲和力、吸附力或分子大小的不同引起排阻作用的差别，使各组分在色谱柱中差速分离，被分离的每一单一组分逐一通过检测器检测，所得信号经过数据处理系统记录并加以存储和计算，从而完成整个分析过程。

液相色谱柱的分离度用式（11-1）表示：

$$R = \frac{\sqrt{n}}{4}\left(\frac{a-1}{a+1}\right)\left(\frac{k}{k+1}\right) \tag{11-1}$$

式中：R——液相色谱柱分离度；

n——柱效率，用理论塔板数表示；

a——溶剂效率，是固定相对某两个混合物分离能力的表征；

k——容量因子，是在平衡状态下组分在固定相与流动相中质量之比。

从式（11-1）可以看出，有 3 条途径可提高分离度 R：

（1）增加 n。在其他条件相同的情况下，增加 n 可以使色谱峰变窄。可以通过增加柱长实现，但是增加柱长，分离时间也会增加，可以考虑使用高效的填充剂，使宽峰变狭而提高灵敏度。

（2）增加 a。改变移动相或者固定相的组成，能使后一组分相对于前一组分的保留时间增加来提高分离度。

（3）增加 k。k 增加，移动相极性减小，色谱峰的流出时间增加，同时峰形变化，分离度提高。但若 k 过大，峰形变平坦，也会影响分辨率和灵敏度。

二、固定相和流动相

（一）固定相

高效液相色谱法固定相按承受的高压能力可分为刚性固体和硬胶两大类。刚性固体以二氧化硅为基质，它可以承受较高的压力，若其表面键合各种功能团，应用范围更广泛。

固定相按孔隙深度可分为表面多孔型和全多孔微粒型两大类，表面多孔型是在实心玻璃外面覆盖一层多孔活性物质，如硅胶、氧化铝、离子交换剂和聚酰胺等，其厚度为 1~2 μm，以形成无数向外开放的浅孔。全多孔微粒型由直径为 3~10 μm 数量级的硅胶微粒凝聚而成。

（二）流动相

高效液相色谱中，流动相对分离起着极其重要的作用。选定固定相之后，流动相的选择是最关键的。根据相似相溶原理，选择适宜的溶剂作为流动相。

常用溶剂的极性顺序排列如下：水（极性最大）、甲酰胺、乙腈、甲醇、乙醇、丙醇、丙酮、二氧六环、四氢呋喃、甲乙酮、正丁醇、乙酸乙酯、乙醚、乙丙醚、二氯甲烷、氯仿、溴乙烷、苯、氯丙烷、甲苯、四氯化碳、二硫化碳、环己烷、己烷、庚烷、煤油（极性最小）。

溶剂极性的选择：在正相分配色谱中，先选中等极性的溶剂为流动相，若组分的保留时间太短（出柱快、洗脱得快），则表示溶剂的极性太大（溶剂强度大，对样品的溶解度太大），则改用极性较弱的溶剂；其组分保留时间太长，则再选极性在上述两溶剂之间的溶剂，如此多次实验，选出最适宜的溶剂。

第三节　高效液相色谱仪的组成

高效液相色谱仪是实现液相色谱分析的设备。基本设备可分为 5 个部分：输液系统、进样系统、分离系统、检测系统与记录和控制系统。构造图如图 11-1 所示。

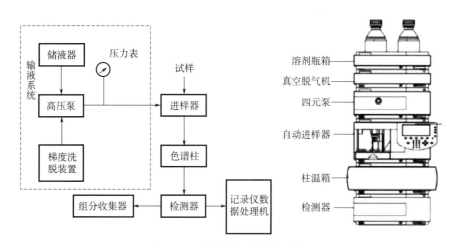

图 11-1　高效液相色谱仪的构造

1. 贮液器

贮液器是用于存放溶剂的装置，溶剂纯度至少为色谱级。贮液器的材料应耐腐蚀，对溶剂呈惰性，可为玻璃、不锈钢、氟塑料或特种塑料聚醚醚酮，一般采用容积为 1.0~2.0 L 的大容器。对凝胶色谱仪、制备型色谱仪，其容积应大些。贮液器放置位置要高于泵体，以便保持一定的输液静压差。还应配有溶剂过滤器，以防止流动相中的颗粒进入泵内。溶剂过滤器一般用耐腐蚀的镍合金制成，孔隙大小一般为 2 μm。在使用过程中贮液器应密闭，以防溶剂蒸发引起流动相组成的变化，还可防止空气中氧气和二氧化碳重新溶解于已脱气的流动相中。

2. 脱气器

脱气的目的是防止流动相从高压柱内流出时释放出气泡进入检测器而使噪声剧增，不能正常检测。一般情况下采用氦气鼓泡来驱除流动相中溶解的气体，因为氦气在各种液体中的溶解度极低，所以必须先用氦气快速清扫溶剂数分钟，然后使氦气以极小流量不断流过此溶剂。

3. 高压泵

高压泵的作用是提供动力，以便在高压下连续不断地输送流动相，保证流动相能正常工作。通常要求耐压 40~50 MPa/cm，连续工作 8~24 h。由于液体的黏度比气体大 100 倍，同时固定相的颗粒极细，柱内压降大，为保证一定的流速，必须借助高压迫使流动相通过柱。

高压泵应无脉动或脉动极小，以保证输出的流动相具有恒定的流速，同时采用脉动阻尼装置将产生的脉动除去，使流动相的流量变动范围不宜超过 2%~3%。泵体材料能耐化学腐蚀，通常采用普通耐酸不锈钢或优质耐酸不锈钢，密封性好，能在高压下连续工作。

高压泵主要分为恒压泵、恒流泵和螺旋传动注射泵3类。

4. 梯度洗脱

梯度洗脱装置的功能与气相色谱中的程序升温装置类似。所谓梯度洗脱，就是在分离复杂混合物时，按照一定的程序连续改变流动相的组成，通过流动相极性的变化来提高分析速度。通过梯度装置将两种或三种、四种溶剂按一定比例混合进行二元或三元、四元梯度洗脱。

梯度洗脱装置有两类：一类是低压梯度，又称外梯度，即在常压下先按一定的程序将溶剂混合后，再用泵输入色谱柱；梯度洗脱一般采用低压梯度的方法，低压梯度采用低压混合设计，只需要一个高压泵在常压下将两种或两种以上溶剂按一定比例混合后再由高压泵输出，梯度的改变可呈线性、指数型或阶梯型。另一类是高压梯度，又称内梯度，即用两台或两台以上泵将不同溶剂加压后按程序规定的流量比例输入梯度混合室混合，再使之进入色谱柱。其优点是方便，能得到任意类型的梯度曲线，易于自动化，但至少需两台高压泵，价格较高。

5. 进样器

高效液相色谱仪进样器一般有如下3种，普遍使用高压进样阀。

（1）隔膜注射进样器。

在色谱柱顶端装一耐压弹性隔膜，进样时用微量注射器刺穿隔膜将试样注入色谱柱。其优点是装置简单、廉价、方便、进样体积易改变，同时谱带扩展小；缺点是允许进样量小，通常为1~10 μL，重复性差，不能耐受高压，压力高于10 MPa时必须停留进样，但无法取得准确的保留时间，峰形重现性也较差。

（2）高压进样阀。

高压进样阀用微量注射器将样品注入不同尺寸的样品环管，当进样阀手柄放在吸液位置时，流动相直接通过孔的通路流向色谱柱，样品通过注射器从另外的位置进入样品环管，如果有过量的样品则会从出口孔排出，然后将手柄转到进样位置，此时流动相便将样品带进了柱子。

通过进样阀（常用六通阀、双路进样阀等）直接向压力系统内进样，定量精度高，重复性好，易于自动化；缺点是有一定的死体积，容易造成谱峰柱前扩宽。

（3）自动进样器。

在程序控制器或微机控制下，可自动进样取样、进样、清洗等一系列操作。操作者只需将样品按顺序装入贮样装置。

6. 色谱柱

色谱柱是整个色谱系统的心脏，它的质量优劣直接影响分离效果。色谱柱由柱管和固定相构成，常用内壁抛光过的优质不锈钢等材料制成，柱内壁必须光洁平滑，否则内壁的纵向沟痕和表面多孔性也会引起谱带的展宽，形状几乎全为直形，柱长10~50 cm，一般分析柱内径2~5 mm。若使用直径为5~10 μm固定相颗粒，理论塔板可达到5×10^4个/m。尺寸排阻色谱柱的内径通常大于5 mm，制备色谱柱则会更大；为了减少溶剂用量，可采用微径柱，内径为1 mm，长度为30~75 mm，若采用3 μm颗粒，理论塔板数高达1×10^5个/m。为了保护分析柱不被污染，有时需在分析柱前加一短柱，约数厘米长，此柱称为卫柱，为了防止卫柱过分增加柱阻力，在卫柱中使用的颗粒大小为10~30 μm。

初次使用的商品色谱柱应先用厂家规定的溶剂冲洗一定时间，然后改用分析用的流动相，至基线平稳后方可进样，每次用毕需将色谱柱用适当溶剂仔细冲洗一定时间。取下将两段紧紧密封，使之在不干燥的条件下保存。

7. 检测器

检测器是高效液相色谱仪的三大关键部件之一。它的作用是将从色谱柱流出的组分转化为可供检测的电信号，所描记的图形用于进行定性和定量分析。常用的检测器有：紫外吸收检测器、折光指数检测器、电导检测器和荧光检测器。要求检测器应该具有灵敏度高、重复性好、线性范围宽、适应范围广、对流量和温度的变化不敏感等特性。在高效液相色谱中没有通用检测器，实际应用时按需要和结合各种检测器的特点进行选择。

（1）紫外吸收检测器。

紫外吸收检测器（UVD）是 HPLC 中用得最早而又最广的检测器之一。直到现在，几乎所有色谱仪都配有这种检测器。它不仅有高的选择性和灵敏度，而且对环境温度、流速波动、冲洗剂组成的变化不甚敏感，因此无论等度还是梯度冲洗都可使用。对强吸收物质的检测下限可达 1 ng。UVD 是选择性浓度型检测器，通过测定物质在流动池中吸收紫外光的大小来确定其含量。对于单色光，物质在流动池中的吸收服从比尔定律，具有灵敏度高、噪声低等优点。

（2）荧光检测器。

荧光检测器（FD）是一种灵敏的高效液相色谱检测器。它属于选择性浓度型检测器，光源发出的光束通过透镜和激发滤光片，分离出特定波长的紫外光，此波长称为激光波长，再经聚焦透镜聚集于吸收池上，此时荧光组分被紫外光激发而产生荧光，在与光源垂直的方向上经聚焦透镜与荧光聚焦，再通过发射滤光片分离出发射波长，并投射到光电倍增管上，荧光强度与组分浓度成比例，FD 的灵敏度比 UVD 约高二个数量级，因此特别适合于痕量分析，非荧光物质可通过与荧光试剂反应变成荧光物质后再进行检测，使 FD 扩大了其应用范围。

（3）示差折光检测器。

示差折光检测器（RID），也称为光折射检测器，是一种通用型检测器。基于连续测定色谱柱流出物光折射率的变化而用于测定样品浓度。溶有样品的流动相和流动相本身之间光折射率之差即表示样品在流动相中的浓度。原则上凡是与流动相光折射指数有差别的样品都可以用它来测定，其检测限可达 $10^{-6} \sim 10^{-7}$ g/mL。

常用高效液相色谱检测器的性能比较见表 11-1。

表 11-1 常用高效液相色谱检测器性能比较表

性能	紫外	示差折光	荧光	电化学
类别	选择性	通用性	选择性	通用性
线性范围	2.4×10^4	10^4	10^3	10^4
最小检测量/ng	$0.1 \sim 1$	$10^2 \sim 10^3$	$10^{-1} \sim 10^{-2}$	$0.01 \sim 1$
梯度洗脱	能	不能	能	不能
对流速的敏感性	不敏感	不敏感	不敏感	敏感
对温度的敏感性	低	敏感	低	敏感

第四节　高效液相色谱法在食品检测中的应用

高效液相色谱法主要用于复杂成分混合物的分离、定性与定量。由于 HPLC 分析样品的范围不受沸点、热稳定性、相对分子质量大小及有机物与无机物的限制，一般来说只要能制成溶液就可分析，因此 HPLC 的分析范围远较 GC 广泛。HPLC 的定性定量方法与 GC 有很多相似之处。液相色谱法的定量方法常用外标法及内标法等进行定量分析。

HPLC 在食品领域中的应用主要包括两个方面：①食品成分分析，包括食品成分和食品添加剂的分析；②食品中污染物分析。HPLC 技术广泛应用于食品成分分析，包括蛋白质、氨基酸、维生素、有机酸类、糖类以及保健食品成分和食品的营养强化剂，如人参皂苷、原花青素、麦芽低聚糖、低聚果糖、褪黑素等。HPLC 也广泛应用于食品添加剂的分析，包括食品中添加的糖精、甜味素、苯甲酸、山梨酸、色素等。除了对食品成分进行分析之外，HPLC 可以测定食品中残留的农药、兽药、抗生素、杀虫剂、重金属以及霉菌毒素等污染。

思　考　题

1. 高效液相色谱法有哪些特点？
2. 高效液相色谱法的分析原理，如何选择流动相？
3. 高效液相色谱仪由哪几部分构成？
4. 检测器是高效液相色谱仪的关键部件之一，其作用是什么？常用的检测器有哪几种？
5. 总结高效液相色谱在食品分析中的应用。

第十二章 离子色谱分析法

思政

早在 20 世纪 40 年代，离子交换树脂就已用于离子性物质的分离。那时将颗粒较大且不很均匀的离子交换树脂填充在玻璃柱中，流动相靠重力自然流下，只能做一些简单的分离，不能对柱流出物进行连续的检测，而且分离效果差、耗时长。60 年代末，离子交换树脂性能有所改进，加上使用高压泵输送流动相，使离子交换树脂柱的分离效果和分析速度都大大提高。但是，用作流动相的都是强电解质溶液，具有很高的背景电导，被测离子洗脱到流动相中所引起的电导变化很小，因此，无法用电导检测器区别流动相中淋洗离子和待测离子，而紫外或可见分光光度检测器又只能检测少数离子性物质。

第一节 离子色谱法的定义与类型

一、离子色谱法的定义

准确定义离子色谱法很难，可以在不同的范围内，从不同的角度来描述离子色谱法。狭义而言，离子色谱法是以低交换容量的离子交换树脂为固定相对离子性物质进行分离，用电导检测器连续检测流出物电导变化的一种色谱方法。与普通液相色谱仪不同，专用的离子色谱仪配置的是离子交换柱和电导检测器。专用离子色谱仪可以进行离子交换色谱和离子排斥色谱两种方式的分析。目前，这两种分离方式仍然是离子色谱日常分析工作的主体。事实上，非离子交换树脂固定相和非电导检测器也已广泛用于离子性物质的分离与分析，特别是对近年来研究较多的生物医药样品中有机离子的分析，用上述两种离子色谱分离方式已经无能为力了。因此，完全可以将离子色谱法的概念加以扩展。

二、离子色谱法的类型

按分离机理可以将离子色谱法分为离子交换色谱法（ion exchange chromatography，IEC）、离子排斥色谱法（ion chromatography exclusion，ICE）、离子对色谱法（ion pair chromatography，IPC）、离子抑制色谱法（ion suppression chromatography，ISC）和金属配合物离子色谱法（metal complex ion chromatography，MCIC）。前 3 种分离方式（模式）是主要的方法，在文献中一般均有介绍，后两种分离方式虽在文献中有应用报道，但没有被归为离子色谱法。

1. 离子交换色谱

IEC 是目前使用最为普遍的化学抑制型离子色谱，主要用于无机和有机阴、阳离子的分离，通过在线自动连续检测，引入电导作为主要的检测器。

2. 离子排斥色谱

ICE 主要用于无机弱酸和有机酸的分离，也用于醛类、醇类、氨基酸和糖类的分离。其优点是可用于有机酸和弱的无机酸与在高的酸性介质中完全离解的强酸的分离。

3. 离子对色谱

IPC 主要用于具有表面活性的阴离子和阳离子以及金属配合物的分离。IPC 的检测器主要包括紫外分光检测器和电导检测器。

三、离子色谱法的分析对象和应用领域

IC 不仅灵敏度高，分析速度快，能进行多种离子的同时分离，还能将一些非离子性物质转变成离子性物质后测定，所以在环境化学、食品化学、化工、生物医药等许多领域都得到了广泛的应用。

近年来，随着毛细管电泳（capillary electrophoresis，CE）技术的迅速发展，有人预言 CE 将逐渐取代 IC 而成为离子性物质的主要分析方法。但多数分析工作者坚信在今后相当长的时间内，IC 仍将是离子性物质（特别是无机阴离子）的最佳分离分析方法。其硬件和应用技术还会有较大的发展。

第二节　基本理论

离子色谱法作为液相色谱法的一个分支领域，遵循液相色谱法的基本理论，只不过有其独特之处。

一、离子交换色谱

IEC 中所用离子交换剂的功能基团具有固定的电荷。流动相中带相反电荷的离子会接近功能基团，使功能基团保持电中性。在阴离子交换色谱中，最常用的是带季铵盐离子交换功能基团的阴离子交换树脂；在阳离子交换色谱中，最常用的是带磺酸离子交换功能基团的阳离子交换树脂。

当离子交换位置上的可离解离子被溶质离子所置换，则溶质离子会倾向于被功能基团的电荷所保留。不同的样品离子因与固定相的作用力不同而在色谱柱中的保留时间不等，因此不同的离子在通过色谱柱后可得到分离。

在离子色谱中，影响溶质保留行为的主要因素有流动相流速、分离柱长度、柱温、固定相性质、流动相的种类和浓度、流动相 pH 值等。

1. 阴离子交换色谱法

阴离子交换色谱法（anion exchange chromatography，AEC）以阴离子交换剂为固定相，用来分析阴离子。在离子色谱中，阴离子分析远比阳离子分析意义重大。尽管阴离子分析也可采用分光光度法、离子选择性电极等其他方法，但从分析速度、多成分同时分析和方法的简便性等方面考虑，离子色谱法具有显著的优越性。

体积大的阴离子往往较易极化，在阴离子交换固定相上显示出相当强的保留。一般而言，

水合离子的可极化度随离子半径的增大而增大，于是，在固定相中的保留时间也增大。例如卤素离子的保留时间依次为 $F^- < Cl^- < Br^- < I^-$。溶质离子的另一个特性参数是离子电荷数，一般情况下，离子电荷越大，则在固定相中的保留时间越长。不过，离子体积的大小对保留时间的影响通常要大于电荷，如二价阴离子 SO_4^{2-} 在可极化度很大的一价阴离子 SCN^- 之前洗脱。

2. 阳离子交换色谱法

在阳离子交换色谱中，尽管也采用抑制型和非抑制型电导检测以及光度检测和安培检测等多种检测手段，但检测方式对流动相选择的限制要小一些。选择流动相主要依据阳离子本身的性质和阳离子与固定相之间作用力的大小。

稀无机酸（$0.001 \sim 0.01\ mol/L$）作流动相时，所提供的淋洗离子是 H^+。H^+ 与阳离子交换树脂间的作用力较小，适合于洗脱碱金属离子、铵离子和小分子脂肪胺。盐酸和硝酸是最常用的无机酸流动相。稀无机酸流动相体系既可采用抑制型电导检测，也可采用直接电导检测。稀无机酸难以洗脱保留较强的二价碱土金属离子。

无机盐类，如硝酸锂、硝酸铈等，也用作阳离子的淋洗剂。因为 Ce（Ⅲ）具有荧光特性，用 $Ce(NO_3)_3$ 作为淋洗剂时，可以采用间接荧光检测法测定阳离子。

3. 阴阳离子同时分析

离子色谱法分析阴离子和阳离子通常是采用完全不同的分析条件分别分析，即采用不同的分离柱和淋洗液，甚至不同的检测方法。然而，对于绝大多数样品来说，阴离子和阳离子往往都是分析对象。因此，就要在分析完阴离子或阳离子成分后，更换分离柱和淋洗液甚至检测器来分析另一类离子。显然，如果不改变分析条件，一次进样就能既分析阴离子又分析阳离子，大大提高实验室的工作效率并降低分析成本。

由于阴离子和阳离子在物理和化学性质上存在着显著差别，不易制备能实现阴阳离子同时分离所用的色谱柱，且分析条件较苛刻，致使这一领域的研究进展缓慢，已通过以下多种途径尝试阴阳离子的同时分析。

（1）流动相和检测方法的选择与限制。

实现阴阳离子同时分离的基本条件之一就是要选择一种既能适用于阴离子洗脱，又能适用于阳离子洗脱的流动相。将这样的流动相称作两用流动相。两用流动相必须能提供两种淋洗离子来分别洗脱阴离子和阳离子。

在水溶液中可以部分离解的有机酸，如酒石酸、草酸等，具有很低的电导率，是较为理想的两用流动相，以羧酸根阴离子作为溶质阴离子的淋洗离子，以氢离子作为溶质阳离子的淋洗离子。不同的阴阳离子交换树脂以及不同的分析对象对淋洗离子的淋洗能力的强弱要求不同，这就给两用流动相的选择带来了限制。有时需要在有机羧酸溶液中加入适当的强酸性物质或强碱性物质，或者加入对阳离子有配位能力的羧酸来调节流动相的阴离子或阳离子洗脱能力。例如，邻苯二甲酸与乙二胺的混合溶液就能有效地同时分离有机酸、无机阴离子和阳离子。

电导与紫外检测是最常用的检测方法，但很难用一台检测器来同时检测阴、阳离子。与单独阴或阳离子的分析一样，色谱柱、流动相和检测器的选择与结合是实现阴阳离子同时分离的关键。

（2）实现阴阳离子同时分析的方法。

在过渡金属离子的色谱分析法中，往往将过渡金属离子与适当的配位体反应生成配阴离子或中性化合物，然后用离子交换色谱或反相分配色谱法进行分离。如果将金属离子与小分子的阴离子配位体反应，使之转变成它们的配阴离子后，用阴离子交换柱同时分离这些配阴离子和无机阴离子，就可以实现阴阳离子的同时分析。用 EDTA 既作配位体又作淋洗剂，将碱土金属离子（Ca^{2+} 和 Mg^{2+}）变成 EDTA 配阴离子后用阴离子交换柱与常见无机阴离子同时分离。因为 EDTA 与碱土金属和过渡金属离子易生成稳定的配阴离子，而且 EDTA 配阴离子既可以用紫外检测器，也可以用电导检测器与无机阴离子同时检测，所以，以 EDTA 作配体（往往同时为淋洗剂）的应用实例较多。

二、离子排斥色谱

（一）分离机理

离子排斥色谱法的分离机理建立在道南（Donnan）排斥效应的基础上。典型的离子排斥色谱柱是全磺化高交换容量的 H^+ 型阳离子交换剂，即其功能基团为磺酸根阴离子。树脂表面的这一负电荷层对负离子具有排斥作用，即所谓的道南排斥作用。将树脂表面的电荷层假想成道南膜，此膜将固定相颗粒及其微孔中吸留的液体与流动相隔开。由于这层道南膜只允许非离子性化合物通过，因此，只有非离子性化合物才可能进入树脂内溶液中，从而在固定相中产生保留，保留值的大小取决于非离子性化合物在树脂内溶液和树脂外溶液间的分配系数。完全离解的阴离子因受道南膜排斥，不能进入固定相，被树脂外溶液（流动相）带出色谱柱。

强电解质如盐酸完全离解成 H^+ 和 Cl^-，Cl^- 带负电荷，它受道南膜排斥，不能进入固定相，所以，强电解质阴离子不被固定相保留，其真实保留体积为零。中性水分子是弱电解质，能穿过道南膜进入树脂内溶液中，然后又返回流动相中。弱的有机酸样品（如乙酸）在中性和酸性溶液中部分或大部分以未离解的分子形式存在，不受道南膜排斥，进入树脂内溶液中，在固定相中保留。

（二）离子排斥色谱的检测技术——电导检测

低分子羧酸的离子性较强，可以直接采用电导检测，而对离解很弱的长链脂肪酸、醇、酚和糖，因其离子性太弱，直接电导检测灵敏度太低。离子排斥色谱中常用无机酸作淋洗剂以使样品有机酸尽可能以分子形式存在，有利于提高分离效率，但无机酸溶液通常具有较高的背景电导，这将使检测信号降低；而且酸性溶液还会抑制有机酸的离解，使样品溶液的电导率降低，这对于弱离解羧酸的电导检测灵敏度也会有损失。所以弱酸阴离子的离子排斥色谱分离体系常常配以化学抑制型电导检测。直接电导检测法检测低分子羧酸的灵敏度一般在毫克每升（mg/L）级，化学抑制型电导检测的灵敏度通常要比非抑制型电导检测高大约一个数量级。

三、离子对色谱

IPC 对于有机离子的分离具有其独特的优越性。IPC 提供一个含有离子对试剂（ion pair reagent）的流动相，其能与被测离子形成具有良好色谱性能的离子对化合物，流动相中的淋洗剂、缓冲介质或有机改进剂对分离也起重要作用。正是因为流动相的构成在 IPC 中的重要性，所以，IPC 也称作流动相离子色谱（moble phase ion chromatography，MPIC）。离子对的形成以及离子对在固定相中的保留机理都与离子间的相互作用密不可分，因此，IPC 也可称作离子相互作用色谱（ion interaction chromatography，IIC）。IPC 既可用于阴离子分离，也可用于阳离子分离。分离阴离子时常用的离子对试剂是季铵碱和季铵盐等有机阳离子，分离阳离子时常用的离子对试剂是烷基磺酸和烷基磺酸盐等有机阴离子。在离子对试剂中，与溶质离子具有相反电荷的离子，即与溶质离子形成离子对的离子称为反离子，被测离子与反离子形成离子对化合物后呈电中性，由于离子对试剂和（或）被测离子具有较大的疏水部分，所以离子对化合物的疏水性明显增加，有利于在非极性固定相中保留。由于化学键合型非极性固定相占据了液相色谱固定相的主导地位，所以，现在的离子对色谱基本上都是反相离子对色谱，即固定相为非极性的 C_{18} 或 C_8 柱，流动相为极性的甲醇或乙腈水溶液。

第三节　离子色谱仪

与 HPLC 仪器一样，离子色谱仪一般是先做成一个个单元组件，然后根据分析要求将单元组件组合起来。最基本的组件是高压输液泵、进样器、色谱柱、检测器和数据系统（记录仪、积分仪或化学工作站）。

1. 输液系统

离子色谱的输液系统主要包括储液罐、脱气装置、高压输液泵和梯度洗脱装置等。

2. 脱气装置

流动相脱气是离子色谱分析的重要步骤。溶液中的小气泡会产生很多尖锐的噪声峰，较大的气泡还有可能引起输液泵流速的变化，因此必须对流动相进行脱气处理。流动相的脱气方法主要有在线脱气法、振荡脱气法等。超声波、直接脱气法等脱气后很难避免空气再次溶解进入流动相，而且可能导致流动相被污染，所以，目前比较先进的离子色谱仪都采用在线脱气系统。

3. 高压输液泵

输液泵的作用是使流动相以相对稳定的压力或流量通过分析系统。压力或流量的稳定性将直接影响基线的稳定和分析结果的重现性。通常，要求输液泵压力能达到 30 MPa，能否耐高压是衡量离子色谱性能的一个重要指标。离子色谱常使用强的酸碱作为流动相，所以其输液系统材料必须能够耐酸碱腐蚀。目前常用的材料有聚醚醚酮（PEEK）。不锈钢泵会溶解出金属离子，须在进样阀前安装一个很高容量的阳离子交换柱。

4. 分离柱

分离柱是离子色谱仪的核心组成部件。离子交换是离子色谱的主要分离机理，基于离子交换树脂上的可离解离子与流动相中具有相同电荷的溶质离子之间进行可逆交换，由于离子与交换剂的亲和力不同而被分离，离子色谱的选择性主要是通过采用不同的固定相来实现。

5. 检测器

离子色谱的检测器主要有电导检测器、紫外可见光检测器、安培检测器、荧光检测器等。

其中电导检测器最常用，安培检测器主要检测能发生电化学反应的物质，紫外可见光检测器可作为电导检测器的补充，荧光检测器的灵敏度比紫外吸收检测器高出一个数量级，但在离子色谱上的应用比较少。

离子色谱仪的工作过程是：输液泵将流动相以稳定的流速（或压力）输送至分析体系，在色谱柱之前通过进样器将样品导入，流动相将样品带入色谱柱，在色谱柱中各组分被分离，并依次随流动相流至检测器。抑制型离子色谱则在电导检测器之前增加一个抑制系统，即用另一个高压输液泵将再生液输送到抑制器，在抑制器中，流动相的背景电导被降低，然后将流出物导入电导检测池，检测到的信号送至数据系统记录、处理或保存。非抑制型离子色谱仪不用抑制器和输送再生液的高压泵，因此仪器结构相对要简单得多，价格也要便宜很多。

第四节　离子色谱在食品分析中的应用

过去离子色谱在食品分析中的应用并不广泛，其主要原因是：对食品样品的预处理研究得不够；对无机阴阳离子、有机酸、氨基酸等各种离子型化合物在营养学、卫生学等方面的意义缺乏深刻的了解；没有充分利用离子色谱具有同时分析、形态分析等方面的特点，近年来这种状况正在逐步改变。

一、无机阴离子分析

离子色谱法是测定无机阴离子的首选方法，其一大亮点是可以同时检测多种痕量阴离子，且可以区分元素的不同价态，其检测器灵敏度高，可以降低基体中杂质离子的干扰。离子色谱法主要用于分析食物终产品中各种阴离子的含量。

食品中亚硫酸盐用碱液加稳定剂浸提后，采用离子色谱法测定食品中亚硫酸盐。采用电导检测-离子色谱法可分离测定乳品中的硝酸盐，此法检出限低，结果准确可靠。基体复杂时，可改用紫外-可见光检测。去离子水提取，三氟乙酸作为蛋白沉淀剂进行处理，KOH 作淋洗液进行梯度洗脱，抑制型电导检测，利用离子色谱测定多聚磷酸盐的含量。梯度洗脱离子色谱的引入使多磷酸盐的分析从传统的柱后衍生化光度检测法过渡到抑制型电导检测。抑制型和非抑制型电导检测离子色谱都可以同时测定 F^-、Cl^-、Br^-，而 I^- 通常采用安培检测。对于某些氧卤代化合物，也可采用紫外-可见光检测。

二、无机阳离子分析

离子色谱分析普遍应用于碱金属、碱土金属和胺类的检测。近年来又发展了选择性好且同时包含阳离子和阳离子功能基团的离子交换树脂，此种分离柱的分离效果更好。

三、有机化合物

采用梯度淋洗，IEC 在测定有机酸的同时还可同时测定样品中的无机阴离子含量，已广泛应用于果汁、饮料和酒类的有机酸分析。采用碱液作为淋洗液，脉冲安培检测器可以灵敏、方便地测定食品中多种糖类物质，特别是多羟基物质。利用离子色谱和选择相应的检测器对如乙醇、甜味剂、增味剂等有机化合物进行检测。一些水溶性差的有机物质，可以采取衍生方法对其预处理后再进行检测。对于分子量大、疏水性很强的着色剂阴离子，通过高浓度酸性淋洗液的离子抑制作用使强极性高价有机离子的有效电荷数降低，减少分析物与固定相之间的离子交换作用，并加入适当的有机溶剂以减少分析物与固定相之间的吸附作用。在某些疏水性有机大分子的检测上，离子色谱将会成为高效液相色谱的重要补充。

思　考　题

1. 离子色谱法的类型有哪几种？它们各有什么特点？
2. 离子色谱仪的基本组件有哪几部分？其工作过程是什么？
3. 离子色谱分析法在食品分析中的应用有哪些？

第十三章　毛细管电泳分析法

思政

毛细管电泳（capillary electrophoresis，CE），又称高效毛细管电泳（high performance capillary electrophoresis，HPCE）或毛细管电分离法（capillary electro-separation method，CESM），是一类以毛细管作为分离通道，以高压直流电场为驱动力，根据样品的多种特性（电荷、大小、等电点、极性、亲和作用、相分配特性等）的液相微分离分析技术。

1967 年，Hjertenv 首先提出毛细管电泳技术的概念，而现有的毛细管电泳技术则是 1981年由 Jorgenson 和 Lukacs 创立，他们在 75 μm 内径的毛细管中用高电压进行电泳分离。20 世纪 90 年代初，随着检测器的发展，CE 有了突飞猛进的发展，商业化毛细管电泳仪器相继出现。CE 是分析科学中继高效液相色谱之后的又一重大进展，它使分析科学得以从微升水平进入纳升水平，并使单细胞分析乃至单分子分析成为可能。生物大分子如蛋白质的分离分析也因此有了新的转机。

毛细管电泳符合对生物大分子的分离要求，其突出特点是：①灵敏度高：常用紫外检测器的检测限可达 $10^{-13} \sim 10^{-15}$ mol；②分离效率高：理论上毛细管电泳的塔板数为每米几十万，高者可达每米几百万乃至千万；③分析速度快：最快可在 250.0 s 内分离 10 种蛋白质，1.7 min 内分离 19 种阳离子，3.0 min 内分离 30 种阴离子；④进样量少：毛细管电泳只需纳升（10^{-9} L）级的进样量；⑤成本低、消耗少：只需少量缓冲液和价格低廉的毛细管（数十元/米）；⑥检测手段多样：可以与绝大部分检测技术联用（CE-MS 等），而且越来越成熟。

由于毛细管电泳在生物大分子、离子、对映体分析等方面具有独特的技术优势，在基础理论、仪器改进和实际应用等方面取得了一系列的研究成果，在生命科学、医药分析、食品、手性分离等诸多方面已展示出越来越广阔的应用前景。

第一节　毛细管电泳基本原理

毛细管内存在着两种现象：电渗流现象和电泳现象。毛细管电泳的分离过程是典型的差速运动过程。混合物在迁移过程中，由于样品分子自身的电荷密度、介质的黏度和介电常数的不同，导致各离子迁移速度不同，逐渐分成不同的方阵区带，快者前，慢者后。时间或距离越长、区带越窄、区带数目越多、区带间距离越开，分离越好。在分离通道的终点安装一检测器，把被分析物通过终点的情况记录下来，即可得到电泳图谱。

以区带电泳为例，毛细管和电极槽内充有相同组分和相同浓度的背景电解质溶液。当毛细管两端加上一定的电压后，荷电质向与其电荷极性相反的电极方向移动。同时，由于毛细管内壁与缓冲溶液接触的界面形成双电层，导致毛细管内的溶液在外加电场的作用下整体朝一个方向运动，即电渗流现象。由于电渗流的速度一般比电泳速度快，因此毛细管电泳利用电渗流可将正、负离子和中性分子一起朝一个方向移动,而离子或荷电粒子迁移速度是电泳和电渗流速度的矢量和。由于样品各组分间迁移速度的不同,经过一定时间,各组分按其速度大小依次流出毛细管到达检测端进行检测,得到按时间分布的电泳谱图。用谱峰的迁移时间作定性分析,按其谱峰的高度或峰面积进行定量分析。

第二节 毛细管电泳仪

毛细管电泳的基本仪器结构如图 13-1 所示,毛细管电泳系统是由高压电源、毛细管、电极、进样系统、温度控制系统及在线检测器等部分组成。

仪器运行时,以缓冲溶液作为分离介质,毛细管柱置于两个缓冲溶液池中,在缓冲溶液进入毛细管后,样品溶液进入毛细管,到达另一端的检测器窗口,将不同物质组分进行分离。不同物质会因各自带电粒子的属性不同和外界电泳条件的改变,会有不同的迁移速度,通过优化影响电泳的外界因素进而实现各组分的分离,得出相应的电泳谱图。

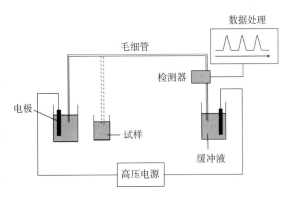

图 13-1 毛细管电泳仪器

以最常用的毛细管区带电泳为例,毛细管内部以及电极槽中都充满相同的电泳缓冲液,样品从毛细管的进样端注入,在毛细管的两端加上高压直流电场后,样品会朝着与自身电荷相反的方向运动,同时受到毛细管内壁形成的电渗流的共同驱动下发生迁移,最后各组分根据自身所受到的淌度的差异得到分离,并通过检测器被检测。常用的检测方法是紫外-可见分光检测、激光诱导荧光检测等,数据的处理可以参照色谱学方法,包括出峰时间、峰高、峰展宽等数据。

第三节 毛细管电泳分离技术

一、电渗流

(一)电渗流的产生

虽然毛细管可以由玻璃、石英、聚四氟乙烯等材料制造,但是由熔融石英拉制出的毛细管因内径小而均匀、紫外透光性好、散热性能良好、价格低廉,且呈化学和电惰性等优点而得到广泛使用。熔融石英管内表面为硅醇基(Si—OH),在常用的缓冲液 pH 值范围内,Si—OH 因解离作用而产生了电荷 Si—O⁻,这些电荷是以化学键形式结合在毛细管的内壁上,在电场力的作用下不会产生迁移。但是为了保持电荷平衡，溶液中的正电荷由于静电吸引会聚集到内表面附近，形成双电子层。在毛细管两端施加电压时，双电子层的阳离子层就向阴极移动，从而带领毛细管中整体溶液的移动，产生了电渗流（electroosmotic flow，EOF），如图 13-2 所示。

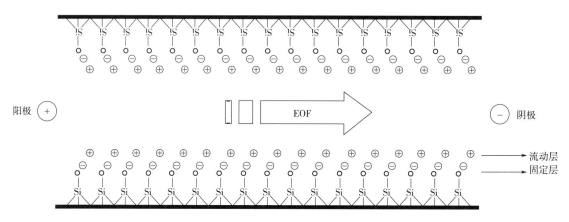

图 13-2　毛细管内电渗流原理图

EOF 方向一般是从阳极指向阴极，因而带正电粒子的运动方向与 EOF 同向，速度加快；中性分子因不受电场力的作用，随 EOF 做同向运动，其速度等于 EOF 速度；而对于带负电的粒子来讲，其运动方向由电泳速度和 EOF 共同决定，如果带负电粒子的 EOF 大于其电泳速度，则其运动方向与 EOF 一致，减缓速度，反之则相反；当带负电粒子的 EOF 等于其电泳速度时，其运动速度为零，无法到达检测器实现分离。

（二）电渗流的意义

不同电泳模式中，如对于毛细管等电聚焦（cIEF）、毛细管凝胶电泳（CGE）来说，必须尽量消除 EOF。而对于胶束电动毛细管色谱（MEKC）来说，EOF 则是必需的，因为胶束和被分离组分需要在强大的 EOF 带动下同向移动。在毛细管区带电泳（CZE）中，EOF 的作用更为复杂，较大的 EOF 对阴离子的分离有利，但过大的 EOF 却对阳离子的分离不利，因为阳离子迁移速度会过快，在分离组分还没有达到分离前就可能被整体带出检测端。

（三）电渗流的优缺点

电渗流的优点：在分离过程中可以提高分离组分的分离速度，还可以使正、负离子和中性分子得以同时分离。

电渗流的缺点：①分离时间的缩短、分离有效距离的降低会降低分离度；②影响 EOF 的因素包括电场强度、缓冲溶液黏度、缓冲溶液介电常数等直接因素，也包括分离温度、缓冲溶液组分、缓冲溶液酸碱性、毛细管自身性质等间接因素，引起测量中 EOF 的波动，会极大地影响迁移时间的重现性。

二、蛋白质吸附

（一）蛋白质吸附的产生

蛋白质具有复杂的空间结构和许多的结合位点，故具有其独特的带电性和亲疏水性。蛋白质的带电性是由其等电点 pI 和缓冲液的 pH 所决定的，当缓冲液的 pH 低于自身等电点时就显正电性，带电的蛋白质可以与缓冲液中带相反电荷的离子结合，甚至可以与毛细管壁结合。熔融硅的 pI 为 1.5，一般的 pH 下带负电荷，由于静电作用，带正电的蛋白质吸附在其表面，影响分离，且蛋白质的等电点越高，分子量越大，吸附性就越严重；另外，蛋白质所带的疏水基团或者自身氨基酸提供的疏水点，都会产生疏水相互作用，使蛋白质吸附到毛细管表层，降低分离度。此外，有些蛋白质（如酶、抗体等）具有独特的四级结构，会有许多结合位点，在缓冲液中可以结合水或者其他离子，通过疏水相互作用力、静电吸引或者氢键、范德华力等吸附于毛细管内壁，降低分离度，甚至难以分离。

（二）蛋白质吸附的影响

蛋白质吸附产生如下的影响：①蛋白质吸附于毛细管表面会造成峰拖尾、峰展宽等降低分离度的现象，对于吸附性严重的蛋白质（如细胞色素 C、溶菌酶等）甚至会出现完全吸附而难以出峰的现象，严重影响蛋白质的分离；②蛋白质吸附于毛细管表面难以冲洗掉，造成毛细管表面性质改变，使分离的重现性降低，对于定量分析来说影响很大。

三、电渗流和蛋白质吸附的控制方法

电渗流的大小和方向在一定程度上决定了待分离组分的迁移速度和方向，稳定的 EOF 是提高分离重现性的重要因素。而吸附对蛋白质的分离效果和分离重现性有明显的消极影响，所以针对蛋白质这类物质的分离，首要问题是抑制毛细管对其吸附作用。

（一）缓冲液控制方法

改变缓冲液成分，仅需把添加剂加入运行的缓冲液中，通过其对管壁的动态吸附，使管壁脱活。缓冲液中的添加剂与管壁表面的涂层处于平衡状态，呈现动力学稳定性。该方法操作简单，重现性好，添加剂按需要随时更换，较稳定。

1. 极端 pH 值

通过改变缓冲液的 pH 值（pH 为 8~11 或 pH<2），使在低 pH 下，毛细管内壁上 Si—OH 不解离，主要以不带电的质子化形式存在，故毛细管壁表面基本不带负电荷，既抑制了 EOF，也抑制了蛋白质的吸附；而在高 pH 值下，Si—OH 大部分电离成 Si—O$^-$，这时缓冲液 pH 值会高于蛋白质的等电点，蛋白质带负电荷，静电排斥作用也可以抑制蛋白质的吸附。极端 pH 法操作简单，但大部分蛋白质在极端 pH 值下易变性、分解，所以该方法的使用有局限性。

2. 添加剂

通过在缓冲液中加入添加剂，如季铵盐、阳离子表面活性剂、二胺类等，改变缓冲液的成分，使添加剂能动态地吸附于毛细管内壁上，从而改变毛细管内壁的表面性质，来达到抑制 EOF、防止蛋白质吸附的目的。此方法简单经济、相对稳定，但是添加剂的加入对缓冲液的 pH 范围有一定的限制，使用一些添加剂会影响蛋白质的性质和分离后的检测，离子强度的增加也会增加焦耳热，若添加剂不纯，则使仪器信噪比下降，以上都会影响毛细管的分离效果，所以目前添加剂法常作为一种辅助手段。

（二）毛细管涂层控制法

毛细管内壁改性主要是指把聚合物材料以形成物理涂层或化学涂层的方式结合到毛细管内壁上，使毛细管内壁的性质改变，以控制 EOF 和抑制蛋白质的吸附，是目前较常用、效果也较好的方法。

四、毛细管电泳的分离模式

(一) 毛细管区带电泳

毛细管区带电泳（capillary zone electrophoresis，CZE），也称毛细管自由溶液区带电泳，是毛细管电泳中最基本的一种操作模式。

CZE 分离机制是基于被分离组分在溶液中质荷比的差异而实现分离，在电场力的作用下，被分离物质在缓冲溶液中的迁移速度不同，以使各组分达到分离。CZE 常用的介质为电解质水溶液，根据实际情况可加入不同的有机溶剂或其他添加剂。现在可直接用乙腈、甲酰胺、甲醇等作溶剂进行非水 CZE。

通常把 CZE 看成其他各种分离模式的母体。对于中性物质的分离有一定的局限性。应用范围包括氨基酸、肽、蛋白质、简单离子、对映体拆分和很多其他带电物质的分离。

(二) 毛细管胶束电动色谱

毛细管胶束电动色谱（micellar electrokinetic capillary chromatography，MEKC）是电泳和色谱分离模式的结合，最适合分离具有一定疏水性的中性物质和离子，极大地扩展了毛细管电泳的应用范围。

在缓冲溶液中加入浓度大于临界胶束浓度（CMC）的表面活性剂，如 SDS、三羟甲基胺基甲烷（Tris）等，因疏水性一端聚集而形成带负电的胶束相，在电泳过程，胶束相与溶液相迁移速度不同，疏水性有差异的中性分子或离子因其在溶液相和疏水性胶束之间的分配系数也不同，故组分在电迁移和在胶束分配的双重过程中得到分离。疏水性强的，在胶束中保留强，迁移速度慢。

在中性和碱性条件下，电渗流的速度远大于胶束的迁移速度，因此，实际迁移方向决定于电渗流的方向。胶束迁移方向与电渗流相同，待分离组分在负极端检出。这种分离模式将分离的物质由原来只能分离离子化合物拓展到中性化合物。将原来的单一缓冲溶液变成胶束溶液。在 MEKC 中，影响分离的因素主要有表面活性剂的种类、浓度、稳定性以及缓冲液的种类、浓度和 pH 值等。

由于胶束溶液要比一般缓冲溶液产生更高的电流，因此，过程中要考虑散热问题。常见分离物质有小分子、肽等。

(三) 亲和毛细管电泳

亲和毛细管电泳（affinity capillary electrkphoresis，ACE）是指在电泳过程中，在 CZE 缓冲液中加入抗原或抗体，使具有生物专一性亲和力的两种分子之间发生特异性相互作用，形成了受体-配体（抗原-抗体）复合物，通过研究受体或配体发生亲和作用前后的电泳谱图的变化，就可以获得有关受体-配体亲和力大小、结构变化、作用产物等方面的信息。

该方法结合了免疫分析方法的高特异性和毛细管电泳分离技术的高效、快速、样品用量少等优点，是分析复杂样品中特定组分的重要方法之一。ACE 样品消耗量少、速度快、柱效高以及采用灵活的缓冲液体系，特别适合于价格昂贵的生物活性分子如蛋白、核酸、抗生素等。ACE 在研究分子相互作用时采用的大多为水溶液体系，甚至有些直接采用类生理环境，即与生物体类似的 pH 及支持电解质的种类和浓度，采用 ACE 研究受体-配体间作用得到的作用常数也就更接近真实值。

（四）毛细管凝胶电泳

毛细管凝胶电泳（capillary gel electrophoresis，CGE）是将凝胶电泳对生物分子的高效分离能力与毛细管电泳的快速、微量和定量相结合分离度极高的一种电泳分析技术。其原理是基于被测组分的荷质比和分子体积的不同而进行分离。实际上是增加了凝胶支持介质的取代电泳，将平板电泳的凝胶移到毛细管中作支持物进行电泳，不同体积的溶质分子在起分子筛作用的凝胶中得以分离。常用于蛋白质、寡核苷酸、RNA、DNA 片段分离和测序及聚合酶链反应产物分析等方面，CGE 能达到 CE 中最高的柱效。

此外，根据样品等电点的差异进行分离的毛细管等电聚焦（capillary isoelectric focusing，cIEF）、融合了毛细管电泳和液相色谱的毛细管电色谱（capillary electrochromatography，CEC）和毛细管柱上混合等技术都得以应用。

第四节　毛细管电泳法的应用

一、核酸、氨基酸、多肽、蛋白质的分析

毛细管电泳在生物分离分析领域应用广泛，包括对氨基酸、肽、蛋白质的鉴别分析以及蛋白质的定量定性测定、纯度检测。例如，cIEF 可以测定蛋白质的等电点；CZE 和 MECC 可以用来分离核苷酸、碱基、蛋白质；CGE 通过尺寸分离技术，分离较大的寡核苷酸、ssDNA、dsDNA 等；ACE 可进行蛋白质与小分子相互作用的研究，测定亲和常数、特异性相互作用、酶动力学、受体配体反应动力学等。

二、糖及其缀合物的分离分析

糖类物质呈电中性并有良好的亲水性，但缺乏吸光基团，通过糖的衍生化反应以及检测技术的创新，使 CE 可以分析单糖、寡糖、糖肽、糖蛋白等化合物。

三、离子和小分子分离分析

1. 无机离子

阴离子电泳方向和电渗流方向相反且速度相差不大，故出峰较晚，因此 CE 分离时可在涂层毛细管中进行。而阳离子之间的有效迁移差异小，因此要在缓冲液中加入络合剂与离子之间形成络合物，再依据络合分配常数的差异将其分离。

2. 有机酸

游离脂肪酸的分离主要在 MEKC 和 CZE 中进行，类同于无机阴离子。但是随着脂肪酸碳链的增长，其水溶性降低，易形成胶束，所以应在缓冲液中加入有机试剂来增加分析物的溶解性，进而增强其分离度。

3. 手性分离

构成生物体的基本物质如氨基酸都是 L 型，糖类化合物都是 D 型，在很多手性药物中，

一种对映体有明显的药理作用，另一种则低效甚至无效，有毒副作用，所以需要对其进行手性拆分。而 CE 具有高效快速的优势，常用方法就是添加剂法，在缓冲液中加入手性筛选剂即可。

思　考　题

1. 什么是毛细管电泳？其主要特点有哪些？

2. 毛细管电泳的基本原理是什么？

3. 什么是电渗流？分离过程中产生电渗流的优缺点分别是什么？

4. 富含蛋白质的样品在毛细管电泳分离中易产生蛋白质吸附，蛋白质吸附对分离效果会产生什么样的影响？

5. 如何控制分离中的电渗流和蛋白质吸附？

6. 毛细管电泳的分离模式有哪几种？毛细管电泳在食品分析中的应用有哪些方面？

第十四章　薄层色谱法

思政

薄层色谱法为色谱法中的平面色谱法，主要是由于固定相被涂布于平面载板上，流动相通常是借毛细管作用流经固定相，使被分离后的物质保留在固定相上，即薄层板上，分离过程在平面上操作，区别于各种柱形式的色谱法。

20 世纪 60 年代后薄层色谱法得以发展和普及，80 年代后出现仪器化薄层色谱法（instrumental thin layer chromatography，instrumental TLC）或现代化薄层色谱法（modern TLC），即在高效薄层板上进行组分分离，并且薄层色谱的每个步骤均用一整套仪器来代替以往的手工操作，可得到高质量的色谱图，再配以高精度的薄层扫描仪，这样就使薄层色谱法定量结果的重现性及准确度大大提高，成为一种极有实用价值的分离分析方法。

第一节　薄层色谱法基本原理

薄层色谱是柱色谱的改良，即开放式的柱色谱，而同时又类似纸色谱的操作技术，因此色谱法的一般原理适用于薄层色谱。在色谱分析中，主要是流动相溶剂带动混合物组分流经固定相（即色谱柱、薄层板等）的过程。根据固定相的性质，使被分离的组分基于：①在固定相的表面或内部所持有的液体中进行溶解分配；②在固定相的表面或孔隙中进行吸附分配；③与固定相的离子组分形成极性键的一种或几种，在流动相与固定相间进行分配，从而达到分离的目的。

一、主要技术参数

1. 比移值

比移值（R_f）指溶质移动距离与流动相移动距离之比，为平面色谱的基本定性参数。薄层色谱示意如图 14-1 所示。

展开后的平面色谱示意图，R_f 以下式表示：

$$R_f = \frac{b}{a} = \frac{原点中心至斑点中心的距离}{原点中心至溶剂前沿的距离}$$

当 R_f 为 0 时，表示组分留在原点未被展开，当 R_f 为 1 时，表示组分随展开剂至前沿，组分不被固定相吸附，所以 R_f 只能在 0~1 之间，故均为小数。

2. 分配系数

在液-液色谱中，当两相达到平衡后，某组分在固定相中的浓度（C_L）与流动相中的浓度（C_m）之比为分配系数

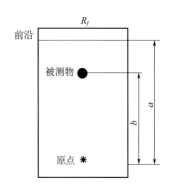

图 14-1　薄层色谱示意图

（K），在等温等压下可以用式（14-1）表示：

$$K = \frac{C_L}{C_m} \tag{14-1}$$

分配系数是一个常数，设若被分离的溶质在两相间的分配吸附等温线是一条直线，则分配系数与溶质的总浓度无关，这种情况多为低浓度。由式（14-1）可知，若溶质有较大的分配系数，则溶质与固定相有较强的亲和力。在色谱系统中就将保留相当长的时间，也就是说溶质的移动速度非常缓慢；相反，若溶质的分配系数小，则溶质对流动相有较强的亲和力，在色谱系统中就将保留较短的时间，也就是说溶质的移动速度非常迅速。

二、薄层色谱的类型

根据色谱中固定相对被分离物质的作用原理，可将薄层色谱分为 4 种类型。

（一）分配薄层色谱

分配薄层色谱即被分离的物质在动相溶剂与静相中所含有的液体之间进行分配分离。根据被分离混合物中溶质间分配系数的不同，进而达到分离的目的。分配系数小的溶质，在动相溶解得多，随动相移动的距离就大；分配系数大的溶质，移动的距离就小，因此使不同的化合物得以分离。

（二）吸附薄层色谱

在吸附薄层色谱中，吸附作用是主要形式。用动相溶剂展开时，不同的化合物在吸附剂和展开剂之间发生连续不断的吸附、解吸、再吸附、再解吸的现象。

（三）离子交换薄层色谱

离子交换薄层色谱是指在固体颗粒和液体溶剂界面上发生的离子互相交换。离子交换薄层色谱的原理是基于离子交换的基本原理，在离子交换树脂为静相的薄层板上，点上适量的被分离物质，当用展开溶剂展开时，就发生一系列的洗脱交换和吸留交换现象，随各种离子选择效应的不同，将混合物按一定次序进行分离。薄层色谱中常用的为离子交换纤维素。

（四）凝胶过滤薄层色谱

凝胶过滤薄层色谱是利用分子筛为静相物质，结合薄层色谱的操作技术，进行分离分析混合物各组分的一种方法。凝胶是一种多孔性物质，在色谱分离过程中，大小不同的被分离的分子，在不同程度上渗入凝胶内网络组织的孔隙内。这种渗透是可逆的，进入孔隙的小分子又可以用淋洗溶剂冲洗出来；不能进入孔隙内的较大分子，则在凝胶颗粒之间的空间内，很快被动相溶剂淋洗出来。进入孔隙的小分子被动相溶剂淋洗出来的速度以先大后小的次序而分离。

第二节　薄层色谱法的基本材料与设备

平面色谱法历史虽长，操作和设备等也不断改进，但至今整个操作过程仍是不连续的，操作步骤都是相同的。

平面色谱法之所以易于推广，主要是因为设备简单、操作方便（图 14-2），虽然目前已经发展到自动化及高效化，也有比较昂贵的自动化设备出售，但是即使不具备这些现代化的仪器，一般的实验室只要有以下基本材料及设备也完全可以开展平面色谱工作，这也是到目前为止该法能与其他色谱技术并存的原因。

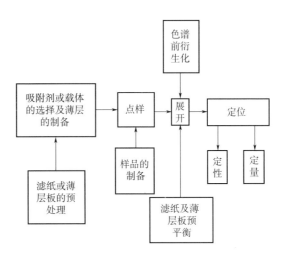

图 14-2　平面色谱流程图

一、薄层板

薄层色谱法必须将被分离物质点在将固定相于玻璃片、铝箔或塑料片上均匀涂成的薄层上进行分离，要使一组混合物得到很好的分离，必须要根据被分离化合物的性质来选择合适的固定相。常用的固定相有硅胶、氧化铝、聚酰胺、硅藻土、纤维素及 DEAE-纤维素。

1. 硅胶

硅胶是应用最广泛的一种极性吸附剂。化学惰性，具有较大的吸附量，易制备成不同类型、孔径、表面积的多孔性硅胶，一般以 $SiO_2 \cdot xH_2O$ 通式表示。硅胶的吸附活性取决于含水量，吸附色谱一般采用含水量为 $10\% \sim 12\%$ 的硅胶，含水量小于 1% 的活性最高，而大于 20% 时，吸附活性最低。用加热脱水法可使硅胶活化，降低吸附活性的硅胶能显著改善分离性能，增加样品的负载量。

硅胶适用于分离酸性和中性物质，碱性物质能与硅胶作用不能很好地分离。为了使某一类化合物得到满意的分离，可改变硅胶的酸碱性。例如，可用稀酸或稀碱液（$0.1 \sim 0.5 \text{ mol/L}$）或一定 pH 的缓冲溶液代替水制备任意 pH 的薄层；也可在硅胶中加入氧化铝（碱性）制成薄层；或在展开剂中加入少量的酸或碱进行展层。

使用硅胶和硅藻土时，通常要先加入黏合剂再在支持板上涂布。常用的黏合剂为煅石膏和淀粉，在硅胶、氧化铝和硅藻土中分别加入 $5\% \sim 20\%$ 石膏后，称为硅胶 G、氧化铝 G 和硅藻土 G。

2. 氧化铝

氧化铝为微碱性吸附剂，具有较高的吸附容量，价格低廉，分离效果好，适用于亲脂性物质的分离制备，应用较广泛。

使用氧化铝作为吸附色谱时，要注意选择适当活性及适当酸碱度的产品。按制备方法的不同，氧化铝可分为碱性、中性和酸性 3 种。碱性氧化铝可应用于碳氢化合物的分离；中性氧化铝适用于醛、酮、醌、某些苷类及酸碱溶液中不稳定的酯、内酯等化合物的分离；酸性氧化铝适用于天然及合成的酸性色素以及醛、酸的分离。

3. 聚酰胺

目前由国产原料制成的聚酰胺薄膜性能良好、效果满意，已用于酚类、醌类、氨基酸及其衍生物、抗生素、杀虫剂及维生素 B 等化合物的分析。

4. 硅藻土和纤维素

硅藻土和纤维素是中性支持剂，需在吸附水、缓冲溶液或甲酰胺等之后，才能用于薄层层析。要求支持剂颗粒大小固定在一定范围内并且薄层厚度均匀一致时，每次得出的 R_f 值即可保持恒定。无机类支持剂的颗粒以 150~200 目（直径为 0.07~0.1 mm）、薄层厚度为 0.25~1 mm 较合适。有机吸附剂如纤维素等的颗粒为 70~140 目（直径 0.1~0.2 mm）、薄层厚度为 1~2 mm 最恰当。

二、设备

传统薄层色谱法主要采用的仪器和材料包括：载板（薄层板）、固定相及载体、涂布器、点样器和展开室。随着科技发展和分析需求，仪器自动化程度不断提高，如全自动高效薄层色谱系统（图 14-3），其主要由全自动点样仪、薄层色谱成像系统、薄层色谱扫描仪、全自动展开仪、薄层色谱质谱接口等构成。

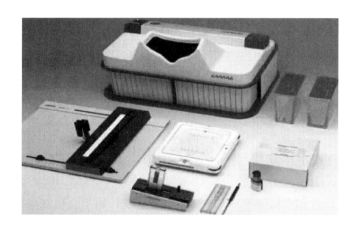

图 14-3　全自动高效薄层色谱系统

第三节　薄层色谱法技术

薄层色谱法的操作分为选择固定相、制板、点样、展开、显色定位、比移值 R_f 的计算、定性和定量分析几个部分，如图 14-4 所示。

一、固定相的选择

用于薄层色谱的固定相或载体，要求粒度较小、大小均匀。最常用的有硅胶 G、硅胶 GF、硅胶 H、硅胶 HF254，其次有硅藻土、硅藻土 G、氧化铝、氧化铝 G、微晶纤维素、微晶纤维素 F254 等。根据不同的分离样品选择固定相。

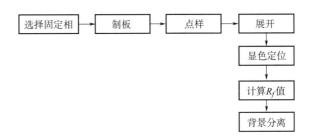

图 14-4　薄层色谱的操作流程

二、点样

将试样用少量展开剂溶解，用毛细管蘸取试样溶液，在薄层板上点样。在样点上轻轻画出一条平行于玻璃板底边的细线。点样原点应小而圆，点样基线距底边 2.0 cm，同时控制点样直径不超过 3 mm。点样是成功分离和精确定量的关键。

三、展开

薄层色谱中展开溶剂的选择是薄层分离是否成功的关键。因为在吸附剂、被分离物质及展开溶剂三因素中，前两者的性质在一定条件下是固定的，所以展开溶剂的性质对薄层分离效果产生重要影响。

用硅胶、氧化铝及其他无机吸附剂进行吸附薄层色谱分离时，溶剂系统选择的原则与吸附柱色谱类似。其中最重要的是展开溶剂的极性。一般来说，中等极性的物质，需用中等活性的吸附剂及中等极性的展开溶剂；非极性的物质，需要用高度活性的吸附剂及非极性的展开溶剂；极性的物质，用低活性的吸附剂及强极性的展开溶剂。

用纤维素、硅藻土等进行分配薄层色谱分析时，主要取决于被分离化合物在展开剂及固定相中的溶解度比，即分配系数。为了选择最佳的展开溶剂，通常多采用两种或两种以上的混合溶剂系统。这类溶剂由"基础溶剂"及"洗脱溶剂"两部分组成。基础溶剂常用极性小的溶剂，如正己烷、石油醚、苯、四氯化碳、氯仿等；洗脱溶剂多用极性强的溶剂，如丙酮、乙醇、甲醇、乙酸乙酯等。

展开室预先用展开剂饱和。然后将点好样品的薄层板放入展开室的展开剂中，点样一端在下，样品点在展开剂之上，展开剂要接触到吸附剂下沿，但切勿接触到样点。盖上盖子展开。待展开剂上行到一定高度，取出薄层板，再画出展开剂的前沿线。硅胶为固定相，展开剂为流动相。样品在固定相和流动相中反复多次吸附、解析。极性小的组分上移快，极性大的组分上移慢，逐渐形成不同展距的多个斑点，达到分离的目的。

总的来讲，平面色谱的展开有线性、环形及向心 3 种几何形式。实际应用中大部分采用的是线性。根据展层方式基本上可分上行、下行、连续及水平式四种。不加黏合剂的薄层只能作近水平式（板与水平成 10°~20° 角）的上行或下行展开。为了获得更好的分离效果，可采用双向展层和分次展层。

四、显色

显色是薄层色谱法的一个重要步骤,分离的化合物若有颜色,很容易识别出来各个样点。但多数情况下化合物没有颜色,要识别样点,必须使样点显色。挥发干展开剂后,可选择合适的显色方法显色。

1. 物理显色法

紫外光是一主要的检定光源,常用的有短波紫外线(波长254 nm)及长波紫外线(波长365 nm)两种。应用紫外线检定的方法可分为3类:①使被分离的化合物在紫外线激发下,显示出荧光,如黄曲霉毒素类化合物。②使含有荧光物质的薄层板在紫外线激发下显出荧光。由于这类化合物对紫外线有吸收作用,而形成色斑部分荧光淬灭,斑点呈黑色,同时色斑以外部分则因紫外线的激发而显示出荧光,这种方法称为荧光淬灭法。③促使被分离的化合物在紫外线照射下,与化学显色剂进行反应而产生色斑,如有机氯杀虫剂。

2. 化学显色法

被分离的化合物在薄层板上与化学显色试剂进行化学反应生成有色化合物,显示出色斑的位置。通常用喷雾法。很多显色试剂具有毒性,某些还有强烈的腐蚀性,因此,操作者应有防护措施。此外,利用酶抑制技术的酶化学显色法和生物显色法也有运用。

五、计算 R_f

R_f 是溶质移动的距离与流动相移动的距离之比,即原点到组分斑点质量中心的距离与原点到溶剂前沿的距离之比,是平面色谱的基本定性参数。

六、定性和定量分析

根据 R_f 值可以进行定性分析,能鉴别出分离后的各组分。用薄层色谱扫描仪对斑点进行扫描,根据扫描峰高或峰面积的分析进行定量评估。

第四节 薄层分析法在食品分析中的应用

一、定量分析

1. 洗脱法

此法是将展开后被分离化合物斑点区的吸附剂从薄层板上剥离下来,再用适当的溶剂溶解,提取出被分离的化合物,然后用其他方法进行测定。常用的测定方法有分光光度法、极谱法、气相色谱法等。

严格说来,薄层色谱在这里仅起分离作用,而含量测定要依靠其他分析技术,所以在这一方法中,主要是被分离化合物的洗脱技术。首先需要确定色斑的位置,采用紫外光法、荧光法或荧光淬灭法等显色,显色后用解剖针标记出色斑位置,然后取下洗脱。采用标准物质对照法更为可靠,即在被分离化合物的薄层板上同时点上标准物质,展开后使标准物质显色,而待测物质不显色，然后在与标准斑点相平行的位置处，确定被分离化合物的斑点位置，取下洗脱。

2. 面积法

面积法是在薄层板上直接定量的一种方法。可根据薄层板上斑点面积与物质浓度的关系，直接进行含量测定。在食品分析中，以微量甚至痕量的待测成分往往存在于组成非常复杂的样品中，因此，首先需要经过一个对待测成分的提取、净化及浓缩的处理过程。这一过程不仅可以消除测定中的干扰，还可以提高测定的灵敏度。

二、特点及应用

薄层色谱法可用于分离测定食品中所含的碳水化合物、维生素、有机酸、氨基酸等天然营养成分，也可用于食品添加剂如色素等的分析以及对某些有毒成分的控制。经典的薄层色谱法在仪器自动化程度、分辨率及重现性等方面不及之后发展起来的气相色谱法和液相色谱法，被认为是一种定性和半定量的方法。如 GB 5009.22—2016 中将薄层色谱法列为第五法。

综上所述，薄层色谱法具有以下特点：①固定相为一次性使用，故样品的预处理比较简单；②对分离物质的性质没有限制，应用广泛；③平面色谱具有多路柱效应，可同时平行分离多个样品；④分离样品所需展开剂量极少，既节约溶剂又减少污染；⑤固定相特别是流动相选择范围宽，有利于不同性质化合物的分离；⑥多种展开方式有利于难分离物质的分离，在同一色谱上可根据分离化合物的性质选择不同显色剂或检测方法进行定性或定量。薄层色谱也存在诸如标准化不易严格控制，R_f 值重现性不够理想；薄层板较脆弱，色谱不易保存；挥发性物质及高分子量化合物应用有难度等不足之处。

思　考　题

1. 什么是薄层色谱法？其基本原理是什么？
2. 薄层色谱的类型有哪些？
3. 薄层色谱的基本材料与设备都有哪些？
4. 薄层色谱的基本操作流程是什么？
5. 薄层色谱在食品分析中的应用有哪些？

第十五章 凝胶渗透色谱法

凝胶渗透色谱（gel permeation chromatography，GPC），也称分子排阻色谱（size exclusion chromatography，SEC），是 20 世纪 60 年代初发展起来的一种快速而简单的分离分析技术，是一种按混合物组分的分子大小进行分离的液相色谱模式，对高分子物质有很高的分离效果。GPC 和 SEC 这两个术语描述的是同一个液相色谱过程，只不过是不同行业使用的首字母缩写不同而已。一般而言，分析人员讨论 GPC 和 SEC 时，指的是相同类型的色谱分析。国际理论与应用化学联合会（IUPAC）倾向于使用 SEC。尽管名称不一，原理却相同，即体积排阻。历史上，SEC 柱的多孔介质由凝胶制成，因此创造了凝胶渗透色谱这个词，至今在工业中仍然普遍使用。

伦敦夏洛特皇后医院的 Grant H. Lathe 和 Colin R. Ruthven 于 1955 年和 1956 年首次发表了 SEC 的构想和对其原理的明确证明。1959 年，瑞典乌普萨拉药厂的 Jerker Porath 和 Per Flodin 引入右旋糖酐凝胶，于 1962 年以 Sephadex 商标销售。后来开发了其他具有尺寸分级特性的凝胶（1961 年的琼脂糖凝胶和 1962 年的聚丙烯酰胺胶）。随着对小、刚性强的珠粒的需求增加，引入了硅胶树脂和合成聚合物。

凝胶色谱法主要用于高聚物的相对分子质量分级分析以及相对分子质量分布测试，还可以根据所用凝胶填料的不同，分离油溶性和水溶性物质，可用于低聚物的分析，但主要用于分子量为 2000 Da 以上样品的分析。没有分子量的检测上限，甚至可分析分子量为几百万的高聚物。化学结构不同但相对分子质量相近的物质，不能通过凝胶色谱法达到完全分离纯化。凝胶渗透色谱是蛋白质生物化学中的基本工具，最常见的应用是分离，可根据大小分离大分子和其他分子。其次是估测蛋白质或蛋白质复合物的分子量。目前已经广泛采用生物化学、分子生物学以及医学等有关领域的科学实验研究和大规模工业化生产。

凝胶渗透色谱是液相色谱的一种类型，也使用固体固定相和液体流动相。然而，GPC 的分离机理完全依靠溶液中聚合物分子的大小，并非分析物和固定相间的化学作用。GPC 利用微球孔内滞留的液体为固定相，以流动的液体为流动相。因此，流动相可以在微球间流过，也可以流入流出微球上的孔。

第一节 凝胶渗透色谱的分离机理

将聚合物样品溶解在溶剂中这一步非常重要。尽管聚合物是由单体链接成的长链分子，一旦溶解在溶液中，聚合物分子链便缠绕起来呈线圈形态，进而组成一个线球。当使用凝胶渗透色谱分析时，可将链式聚合物分子看作为微球。微球的大小取决于分子量，分子量越高，缠绕成聚合物的微球越大。随着流动相流过色谱柱，溶解在流动相中的聚合物分子也被携带着流过固定相颗粒。此时可能会发生以下 4 种情况：①如果聚合物线团比固定相微球中最大的孔还要大时，它们将不能进入孔内，而随着流动相直接流过固定相微球；②如果聚合物线团比固定相微球上最大的孔略小，它们可以进入较大的孔内，但不能进入较小的孔内；③随着流动相的流动，聚合物线团占据了部分孔隙，但未占据所有孔隙；④如果聚合物线团比固定相微球中最小的孔还要小，则它们能进入任何一个孔内，因此可能占据固定相中所有的孔隙。随着聚合物分子进入色谱柱，这种分配不断重复进行，通过色谱柱时以扩散形式经过每一个孔，进去再出来。结果，小聚合物线团由于能进入固定相微球上的多数孔而需要较长时间才能通过色谱柱，相应地流出色谱柱较慢。相反地，大聚合物线团由于不能进入孔内而只需较短时间就能通过色谱柱，而中等聚合物线团通过色谱柱的时间介于这两者之间。

简而言之，其分离机理可以表述为：凝胶填料有其使用范围，相对于凝胶孔径不同大小的分子，要么能进入凝胶全部的内孔隙（完全渗透），要么完全不能进入凝胶的任何内孔隙（完全排除），此外，分子大小适中，能进入凝胶的内孔隙中孔径大小相应的部分（部分渗透）。图 15-1 列出了分离机理。包含 A、B 和 C 3 种组分的混合物，A 最大，C 最小。由于组分被流动相携带通过色谱柱，组分 A 不能分散到孔内（称为完全排阻），组分 B 部分分散到孔内（称为部分渗透），组分 C 可能全部进入孔内（称为完全渗透）。这样在色谱柱内的洗脱顺序依次为 A、B、C。

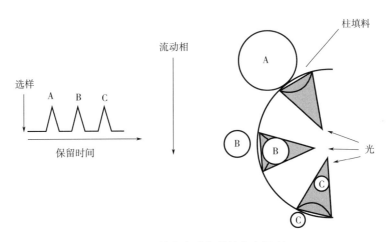

图 15-1　凝胶渗透色谱的分离机理

随着各组分流出色谱柱并被检测，样品的洗脱行为能以图表或色谱图形式展示出来。色谱图上显示了任一时间点上有多少物质流出色谱柱，可以看出，较高分子量的较大聚合物线团先洗脱下来，较低分子量的较小线团随后相继流出。不同分离产物对应不同的洗脱体积。为了便于测量，将洗脱体积转换成时间（前提是流速是恒定的）。然后，将生成色谱图的数据与显示一系列已知分子量聚合物洗脱行为的校准曲线对比，可以计算样品的分子量分布。样品的分子量分布为研究聚合物的化学家提供了重要的信息，因为分子量分布可预测聚合物的性能。凝胶渗透色谱的分离是基于分子大小而非化学性质。因此不能告诉有关样品化学性质的任何信息，甚至是样品中是否含有化学性质不同的组分。凝胶渗透色谱仅仅是根据样品大小进行的物理分级。

当蛋白质混合物沿色谱柱向下移动时，样品中的组分根据其大小以不同的速率沿色谱柱向下移动。从色谱柱流出的缓冲液被收集成相等大小的各馏分，以供进一步分析。

第二节　凝胶渗透色谱仪

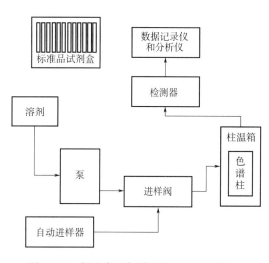

图 15-2　凝胶渗透色谱系统的主要部件

常规凝胶渗透色谱仪器由精确的溶剂输送系统、自动进样阀、色谱柱、浓度型检测器以及控制所有硬件、获取数据、执行数据分析和显示结果的软件组成。

一次的完整色谱运行包括将样品与溶剂混合，用泵输送到色谱柱上、检测样品组分以及捕获并显示结果。凝胶渗透色谱系统的主要部件如图 15-2 所示。

一、溶剂和溶剂容器

溶剂必须能溶解样品，不会引起样品和固定相间其他的任何作用，确保分离完全根据样品分子的大小。溶剂容器由透明玻璃制成，并带有塞子以隔绝灰尘和限制溶剂挥发。

二、进样和进样器

在不中断流路的情况下，进样器将聚合物样品导入溶剂流路中。进样体积一般为 20～200 μL。进样器不能干扰流动相的流动。

三、泵

泵抽取溶剂并以恒定、准确和可重现的流速将溶剂输送到系统的其他部分。泵必须能够以相同的流速输送各种黏度的溶剂。泵输送的压力必须平稳，避免流路中出现脉动。更换溶剂时，必须冲洗系统，因此泵的内部体积必须很小，才不会浪费溶剂。

四、温箱

凝胶渗透色谱一般在室温下运行，不过有些仪器在安装色谱柱和检测器的位置带有加热和恒温控制的柱温箱。对于某些黏度较大的溶剂来说，须使用较高的温度（最高可达 220 ℃）。如三氯代苯或氯代萘，比常用的有机溶剂如四氢呋喃、氯仿或甲苯的黏度大。高温下运行可降低黏度，从而降低色谱柱背压，相应地提高了效率。低温下不溶解的样品需使用高温维持样品在整个分析过程中的溶解。

五、色谱柱和色谱柱组件

样品分离在色谱柱内进行。在色谱柱中空管内紧密填充了非常小的多孔微球。多孔微球一般是聚合物或者硅胶，并有明确的孔径。根据用途的不同，色谱柱长度从 50~600 mm、内径从 4.6~25 mm 不等。如小色谱柱（50 mm×7.5 mm 内径）一般用作保护柱，中等大小色谱柱（300 mm×4.6 mm 或 7.5 mm）用于分析，而最大的色谱柱（600 mm×25 mm）用于制备。色谱柱内微球的类型必须与不同应用相匹配。

六、检测器

色谱法利用从色谱柱上洗脱下来的样品分子和流动相的化学和物理性质对其进行检测，因此，利用化合物的不同性质开发了不同的检测器。检测器可以对流动相中因出现样品而发生的改变产生响应，也能仅对样品性质的改变产生响应。前者响应必须非常灵敏，因为所测量的流动相的改变非常小。后者响应灵敏度要更高，不过常常只对特定样品产生响应。散射光的能力、分子黏度、紫外（UV）或红外（IR）的吸收强度都被用作测量参数。检测器可以分为仅测量浓度的检测器，例如示差折光、紫外和蒸发光散射检测器，以及响应值与浓度和聚合物分子的其他性质成比例的检测器，例如静态光散射检测器或黏度计。

最常用的 GPC 检测器是基于折光率原理的示差折光检测器（DRI），为"通用型"检测器，因为它对所有类型的聚合物产生响应。由于分子量约 1000 g/mol 以上的聚合物的折光系数为常数，检测器的响应值与样品的浓度直接成比例。

静态光散射检测器利用光到达聚合物分子时被散射这一现象进行检测。其优点是响应信号与聚合物分子的分子量成正比，还能提供分子大小的信息。

若要从样品中获得所有潜在的信息，可以通过在同一凝胶渗透色谱系统上使用包含浓度、黏度和静态光散射检测器的多检测器方式来实现。

七、自动化数据处理

数据管理软件自动化地计算和存储 M_n、M_w、M_z 和多分散性 $\left(\dfrac{M_w}{M_n}\right)$ 数据。控制软件还提供了对凝胶渗透色谱系统和多检测器的完全控制，因此可以机械化自动处理大量样品。

第三节　凝胶渗透色谱的分离技术

一、样品

对凝胶渗透色谱来说，样品的制备非常重要，特别是大分子样品。制备分析所用的样品时，首先将样品溶解于适宜的溶剂中。因为分离取决于样品分子的大小，所以，在进行色谱分析前，需要样品充分膨胀且完全溶于溶剂，这一过程可能长达 12~24 h。如果可能的话，应使制备样品的溶剂与系统中运行的洗脱液一致。分析所需的样品浓度取决于样品的分子量和黏度。

二、选择合适的色谱树脂

1. 购买适宜的尺寸排阻色谱树脂

市售树脂珠的大小和均匀性、孔径、树脂组成和树脂刚度各不相同。可以通过咨询或访问凝胶渗透色谱树脂生产商的网站来确定。

2. 孔径大小很重要

如果孔径太小，大多数蛋白质将从珠中排除，并在柱床体积 V_o 中找到。如果孔径太大，则大多数蛋白质将很容易扩散进出小珠，并在孔隙体积 V_t 内或附近洗脱。应选择使感兴趣蛋白质在 V_o 和 V_t 之间洗脱的一个孔径。

3. 珠的结构要坚硬

流速越快，珠耐受的背压越高，孔径较大的珠在流动的缓冲液压力下可能会塌陷。因此，珠的结构必须坚硬。交联度较高的树脂通常更加坚硬。

4. 正确倒入色谱柱并避免气泡

当将珠子倒入预先浇注的 SEC 色谱柱中时，应注意将缓冲液倒入色谱柱，并从柱底部流出，使珠子快速、有效且更均匀地沉降。否则，珠子不能紧密堆积，导致分辨率和分馏效果降低。填装前要对其进行脱气，以防止在色谱柱中形成气泡。对运行的缓冲液进行脱气，以进一步防止色谱过程中形成气泡。应该注意的是，将储存在冷藏室中的自倾或预倾的色谱柱移至室温时，通常会在柱中形成气泡，因为在较低温度下溶解的气体在更高的温度下溶解度将降低。色谱柱中的任何气泡都会大大降低分离度和色谱柱柱效。

三、选择柱的缓冲液

任何缓冲液都可用于 SEC，但是要注意：①调整缓冲液以保持蛋白质的稳定，如 pH 和盐应在目标蛋白质稳定且保持活性的范围内；②实现缓冲液的交换，目标蛋白质将在与柱平衡的缓冲液中洗脱，而不是与上样到色谱柱中的样品缓冲液成分相平衡；③避免离子强度过低，可使用 0.05~0.15 mol/L NaCl，以防止蛋白质与树脂中离子杂质的弱离子相结合；④避免过高的离子强度（<0.5 mol/L），防止蛋白质复合物的解离；⑤避免缓冲液与柱不兼容，否则树脂会降解甚至溶解。

使用凝胶渗透色谱进行蛋白质分离时，以下经验法则值得借鉴：①柱长与直径之比应为20:1 左右。②使用缓冲液前，要用多倍体积的同一缓冲液平衡该柱。去除含有的还原剂（如 2-巯基乙醇或二硫苏糖醇）。③除脱盐以外的所有应用，上柱的蛋白质样品体积应小于或等于色谱柱体积的 5%。这样可以使峰变窄，从而提高分辨率。④应将样品离心或过滤以除去颗粒物质。颗粒物质可以物理性捕获在树脂的顶部。谨慎的做法是在主色谱柱前使用一小的相同树脂的预柱，以捕获残留在加载样品中的任何颗粒物。⑤样品应小心装填，以免干扰平坦的树脂表面。通常在色谱柱端部配备一个流量适配器，这样可以更轻松地加载。⑥色谱柱运行不应太快。缓冲液流经色谱柱的速度必须足够慢，以使蛋白质和盐分子有充足的时间在珠内部或珠之间的间隙中达到平衡。当珠子尺寸较小时，平衡时间会较快，因此缓冲液流动会更快。例如，一根珠直径为 150 μm 的 100 cm 长的色谱柱通常需要约 24 h 才能运行，而相同尺寸的珠粒径为 30 μm 的色谱柱只需约 8 h 即可运行。⑦测试色谱柱。可以将色谱柱上完全排除的有色染料（如蓝色葡聚糖）或完全包含在色谱柱中的有色染料（如维生素 B_{12}）应用到色谱柱上。如果通过紫外线吸收或目视检查进行检测的染料洗脱出来为尖峰，并且在样品沿柱向下移动时不会偏斜，则说明色谱柱性能良好。⑧大多数色谱系统都有紫外线检测器。通常在色谱柱出口和馏分收集器之间使用流通池记录几种波长的吸收。在 280 nm 处，蛋白质显示峰吸收，而在 260 nm 处，核酸显示峰吸收。A_{280}/A_{260} 比可用于估计馏分中核酸的存在。如果该比值约为 2 时，则该蛋白质基本上不含核酸。当蛋白质含量较低时，在 215 nm 处进行检测非常有用，由于该蛋白质肽键的吸收，其吸光度是 280 nm 处的 10 倍。

第四节　凝胶渗透色谱的用途和优势

凝胶渗透色谱有两个主要用途——表征聚合物和将混合物分离成独立的组分，例如聚合物、低聚物、单体以及任何非聚合体的添加剂。凝胶渗透色谱是现有的唯一能表征聚合物分子量分布（所有合成聚合物都具有的性质）的技术。此外，聚合物混合物也可以被分离成独立的组分，例如聚合物。天然存在的聚合物（如木质素、蛋白质和多糖）也常用极性有机相或水相凝胶渗透色谱进行研究。

凝胶渗透色谱对低聚物和小分子的分离也非常出色。为了避免在色谱分离过程中损坏脆弱的生物化合物，一般使用低泵压和填充了凝胶（例如聚丙烯酰胺、葡聚糖或琼脂糖）的色谱柱。尽管此技术不是十分高效，其优势是不破坏化合物的生物活性，凝胶渗透色谱经常与其他方法联用，以根据其他性质如酸性、碱性、电荷或亲和性进一步分离。

一、食品

所有食物中都存在高分子聚合物，如淀粉、明胶、果胶、改性纤维素等。在食品安全方面，如油的煎炸过程中有害成分的变化，最好采用凝胶渗透色谱进行分析。

二、农药分析

农药残留分析是对复杂基质中的痕量组分进行分析，农药残留分析既需要精细的微量操作手段，又需要高灵敏度的痕量检测技术。

GPC 使用 XAD 系列凝胶，不同配比的环己烷和乙酸乙酯作为洗脱剂，根据多孔凝胶对不同大小分子的排阻效应进行分离，大分子的油脂、色素（叶绿素、叶黄素）、生物碱、聚合物等先淋洗出来，相对分子质量较小的农药等后淋洗出。收集含有农药成分的洗脱液，再进行检测分析。GPC 法的柱填料与被分离试样没有任何相互作用，完全靠分子自身的大小进行分离。因此，可在温和条件下进行，由于无可逆吸附，每个适用于 GPC 分离的样品都能完全洗脱。GPC 柱性能可保持较长时间，能反复使用。GPC 已应用于有机氯农药、有机磷农药、除虫菊酯残留分析和农药多残留分析中。

三、测定蛋白质分子量

通常，凝胶渗透色谱可分析纯化或部分纯化的蛋白质，如果有测定方法可以确定目标蛋白质的洗脱位置，则可以对粗样进行分子量的估测。将已知分子量的蛋白质混合物（M_W 标记蛋白）分别通过色谱柱，以确定它们从色谱柱洗脱的位置。根据各种标志物蛋白质和目标蛋白质的洗脱体积，可以通过标志物分子量的对数值对洗脱分数作图估算分子量，然后通过内插法估算目标蛋白质的分子量。此法已用于数千种蛋白质的表征研究。

思 考 题

1. 什么是凝胶渗透色谱？其分离机理是什么？
2. 凝胶渗透色谱仪器的主要部件有哪些？
3. 如何选择合适的色谱树脂？如何选择缓冲液？
4. 凝胶渗透色谱在分析中的应用主要集中在哪些方面？

第十六章 超临界流体色谱法

思政

CO_2 之类的化合物在常温常压下是一种气体,与低于某一临界温度的所有气体一样,进一步增加压力会形成液体。高于此临界温度时,增加压力会增加流体的密度,但不会形成液体。研究表明,自然界中某些物质具有明显的三相点和临界点。纯物质的相图如图 16-1 所示,从图中可以看出:在三相点以下,物质的气、液、固三态处于平衡状态。当温度高于某一点时,无论施加的压力有多大,气体也不会液化,此时的温度值称为临界温度;在处于临界温度下时,气体能够被液化的最低压力值称为临界压力。临界温度和临界压力所处的点称作临界点。在临界点以上,气相和液相的密度相同,这种状态既不是真正的液体也不是真正的气体,而是一种超临界流体(supercritical fluid, SCF)。所谓的超临界流体是物质在高于临界压力和临界温度时的一种特殊状态。

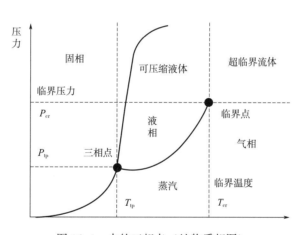

图 16-1 水的三相点(纯物质相图)

第一节 超临界流体色谱法基本原理

超临界流体兼具液态和气态的性质和优点,具有十分有利于分离的物理性质,这些性质恰好介于液体和气体之间。它的扩散系数和黏度接近于气体,具有较好的流动性和传递性能,可以进行快速的分离;其密度比气体要大得多,与液体相近,作为流动相具有较好的溶解能力;一些热物理参数变为无穷大,反应速度最大,音速变得最小;在临界点附近,当光照射流体时会出现乳光。温度和压力的微小变化都可以导致超临界流体性质的显著变化。表 16-1 为气体、液体和超临界流体的物理性质比较。

表 16-1　气体、液体、超临界流体物理性质比较

流动相	密度/$g \cdot mL^{-1}$	扩散系数/$cm^2 \cdot s^{-1}$	黏度/$[g \cdot (cm \cdot s)^{-1}]$
气体	10^{-3}	$1 \sim 10^{-2}$	10^{-4}
液体	$0.8 \sim 1.0$	$<10^{-5}$	10^{-2}
超临界流体	$0.2 \sim 0.9$	$10^{-3} \sim 10^{-4}$	$10^{-3} \sim 10^{-4}$

将在临界温度和压力下流体状态的物质用作色谱流动相，与在 GC 或 HPLC 中用作气体或液体时的性质不同，如表 16-1 所示。迄今为止，大多数注意力集中在 CO_2、C_2H_6 和 N_2O 上，其临界温度分别为 31 ℃、32 ℃ 和 37 ℃（表 16-2）。如果色谱柱的流出物端保持在高于环境压力足够高的压力下，则可以在常规 GC 仪器中调节温度和必要的压力。

SCF 的另一个重要特性是能够溶解挥发性差的分子。某些重要的工业过程就是基于有机物质在超临界 CO_2 中的高溶解度。例如，二氧化碳已被用于从咖啡豆中提取咖啡因以生产脱咖啡因的咖啡。

表 16-2　一些超临界流体的性质

流体名称	超临界温度/℃	超临界压力/$10^6 Pa$	超临界点密度/$g \cdot cm^{-3}$	在 $4 \times 10^7 Pa$ 下密度/$g \cdot cm^{-3}$
CO_2	31.2	72.8	0.48	0.96
N_2O	36.6	71.6	0.46	0.95
NH_3	132.4	112.6	0.25	0.40
$n-C_4H_{10}$	152.2	37.5	0.24	0.50

与 HPLC 和 GC 相比，采用超临界流体色谱作为流动相的色谱法主要具有以下优点：①在相同的保留时间内，该方法的分离度更大、理论塔板数更高；而在相同的分离度下，该方法的分离时间又更短。②在制备过程中，该方法能够很好地保持目标化合物的生物活性，并且在手性化合物、结构相似的同系物与异构体、弱极性化合物、不稳定化合物等物质的分离分析及纯化制备方面较其他方法具有无可比拟的优势。③该方法通常采用二氧化碳作为流动相，二氧化碳具有无色、无味、易得和溶解性好等优点，并且在紫外光区也不会产生吸收现象。④该方法容易与各种大型分析仪器配套使用。

第二节　超临界流体色谱仪

一套完整的超临界流体色谱仪系统的最基本配置一般由高压输液泵、自动进样器、色谱分析柱、检测器和数据处理系统等几个部分组成，如图 16-2 所示。

超临界流体色谱仪系统的工作流程为：

（1）首先启动高压输液泵，将超临界流体色谱从流动相容器中取出并以所设置的流速或压力将其输送至分析体系。

（2）使用自动程序控制进样阀，精确控制每次分析的进样量。

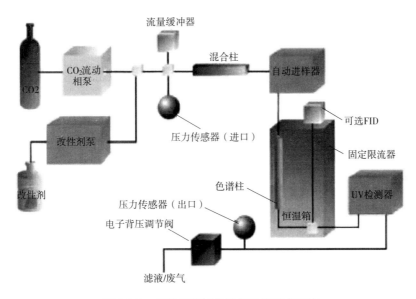

图 16-2　超临界流体色谱仪系统基本组成

（3）超临界流体色谱将待测样品带入色谱柱，在色谱柱中待测样品的各个组分因与固定相的相互作用大小不同而被分离，先后随超临界流体色谱流至检测器。

（4）检测器把流出的物质组分转换成电压信号，并进行简单的滤波、放大，再将采集到的信号传送至色谱工作站进行分析和处理。

（5）色谱工作站将接收到的谱图数据进行噪声滤除、谱峰检测、谱图基线校正、定量计算等处理，同时实时监测输液泵的压力值是否超过预设值；另外，色谱工作站可以对色谱仪的各个设备进行有效的管理和控制。

一、输液泵

高压输液泵系统一般由储液罐、输液泵、过滤器、压力脉动阻力器等部件构成，其中输液泵是最核心的部件，作为溶液输送单元，为系统提供了更高的流量准确性和重复性。可进行最大、最小压力设置、清洗流量设置、压力校正、梯度比例设置。

二、检测器

在色谱系统中，根据检测范围的划分，色谱检测器主要有两种基本类型，一种是溶质性检测器，只能检测到待测组分的响应信号，如紫外、荧光和电化学检测器等。另一种是总体检测器，除了待测组分，它还可以检测到洗脱液的响应信号，示差折光和电导检测器等属于这类检测器。

三、色谱柱

色谱柱一般由柱管、压帽、卡套（密封环）、筛板（滤片）、接头和螺丝等组成。柱管多采用不锈钢制成，为了达到增强柱效的目的，柱管的内壁要保持很高的光洁度。为了防止在制备分析过程中填料的漏出，色谱柱的柱接头内都会装有筛板。

四、数据处理系统

一般采用功能强大的色谱工作站，可以根据需要配置流动相在线脱气装置、梯度洗脱装置、自动进样系统、柱后反应系统和全自动控制系统等。

第三节　超临界流体色谱的操作条件

为了使设备适应超临界应用，需提供一个独立装置来控制系统的内部压力。

一、压力的影响

超临界色谱中的压力变化会影响 k'。例如，将填充柱上的平均 CO_2 压力从约 7000 kPa 增加到 9000 kPa，可将十六烷的洗脱时间从大约 25 min 减少到 5 min。其中柱压随着洗脱地进行而线性增加。其结果类似于在 GC 中使用程序升温和在 LC 中使用溶剂梯度洗脱获得的结果。

二、固定相

迄今为止，大多数超临界流体色谱都使用 LC 中常用的柱填料。毛细管 SCF 已使用结合到毛细管的有机薄膜固定相。由于 SCF 的低黏度，可以使用长柱（50 m 或更长），这会在合理的流过时间内产生非常高的分辨率。SCF 的主要优势是：结合了 GC 的低流动阻力，支持更长的色谱柱和更多的理论塔板，而流动相密度接近液体的密度，因此引入了一种类似液体的溶剂化能力，而这种能力是 GC 气体（如 H_2、He 或 N_2）完全缺乏的。

三、超临界流体色谱流动相

最常用的流动相是 CO_2，是许多有机分子的优良溶剂，在紫外线范围内是透明的。与其他色谱溶剂相比，它无味、无毒、易获得且价格低廉。CO_2 的临界温度为 31 ℃，临界点的压力为 7290 kPa，因此可以在不超过现代色谱设备的操作限制的情况下选择多种温度和压力。其他用作 SCF 流动相的物质包括乙烷、戊烷、二氯二氟甲烷、乙醚和 THF。

四、检测器

最广泛使用的检测器是 GC 或 LC 中的检测器，即 UV 吸收和荧光、RI、火焰离子化和 MS 检测器。

第四节　超临界流体色谱在食品分析领域的应用

超临界流体色谱在食品分析领域的应用广泛，目前主要应用于脂类（游离脂肪酸、甘油三酯、磷脂等）、类胡萝卜素和脂溶性维生素、食品中残留农药、活性成分（如黄酮类）等的分析。

　　超临界流体色谱可以处理比 GC 可分析更大的分子，比 LC 具有更高的效率，且其大部分 NP 填料提供与 RPLC 正交的分离。在 ESI 和 APCI-MS 接口出现之前，它与质谱仪的接口也比其液体对应物容易得多。使用带涂层的毛细管柱可获得的高色谱分离度尤为重要。使用 CO_2 时，流出物的收集特别容易，因为只需将收集的馏分打开至大气压，缓慢排出气体，避免发生冷凝和干冰结晶，就可以轻松、温和地从收集的馏分中除去流动相，这一特点使制备型 SCF 成为该技术目前的主要应用之一，而分析型 SCF 的应用较少。

思　考　题

　　1. 什么是超临界流体？与 HPLC 和 GC 相比，采用超临界流体作为流动相的色谱法有哪些优点？

　　2. 试述超临界流体色谱仪系统的工作流程。

　　3. 查阅资料总结超临界流体色谱技术在食品分析中的应用。

第十七章　超高压液相色谱法

扫码查看本章内容

第十八章　紫外-可见光光谱法

课件　　　　思政

光谱学是研究光与构成物质的原子和分子之间的相互作用，探讨利用各种光谱信息获取原子和分子的内部结构及其各种运动状态的一门科学。如普朗克常数就是在黑体辐射光谱研究中提出的，而对氢原子光谱的研究则直接促成玻尔原子模型以及薛定谔方程的提出。随着量子力学原理逐渐应用到以分子研究为中心的量子化学中来，光谱学研究的重心也逐渐向分子光谱学转移。特别是在激光器发明之后，人们借此新的光源可以获得强度更高和光谱分辨率、时间分辨率更高的各种分子光谱，激光光谱学迎来了现代光谱学的蓬勃发展时期。目前，各种新的光谱技术不断涌现，各种光谱仪器设备的更新层出不穷，光谱学研究已经远远超出了当初传统的物理、化学范畴，而是在几乎各个科学技术研究领域都发挥着越来越重要的作用，尤其是在材料科学、生命科学、医学中，光谱研究已成为一种不可或缺的研究手段。

一、粒子和波动理论

粒子理论：把光看作微粒子，认为光与物质相互作用的现象（如吸收、发射、反射等）表明光是具有不连续能量的微粒（光子），说明光具有粒子性。波动理论：把光看作一种波，它可以反射、衍射、干涉、折射、散射、传播等，可用速度、频率、波长等参数来描述，这表明光具有波的性质。

将电磁辐射的粒子说和波动说联系起来，提出了光量子能量与电磁辐射的频率有关，数学表达式见式（18-1）和式（18-2）：

$$E = h\nu \tag{18-1}$$

式中：E——辐射的光子能量；

$\quad\quad h$——普朗克常数；

$\quad\quad \nu$——辐射频率，Hz。

若用波长表示，则为：

$$E = h\nu = \frac{hc}{\lambda} \tag{18-2}$$

式中：c——光速；

$\quad\quad \lambda$——波长，m。

波长是能量的倒数，也就是说，波长越短，能量越大。

二、波段的能量范围和分类

光既是粒子又是电磁波，区别仅在于频率（波长）不同，若按频率（波长）的大小顺序，把电磁波排成一个谱（电磁波谱），如图 18-1 所示。不同波段的电磁波，产生的方法和引起的作用各不相同，因此出现了各种波谱法。

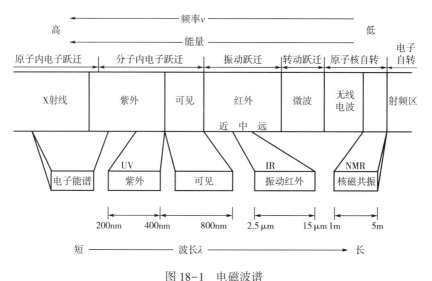

图 18-1　电磁波谱

第一节　紫外-可见光光谱法基本原理

一、原理（朗伯-比耳定律）

朗伯于 1760 年提出：如果溶液的浓度一定，则光的被吸收程度和液层的厚度有关，且成正比关系，见式（18-3）。

$$A = \lg \frac{I_0}{I} = K_0 b \tag{18-3}$$

式中：A——吸光度；

I_0——入射光强度；

I——透射光强度；

b——溶液厚度（即光程）；

K_0——比例常数。

1852 年比耳在研究了各种无机盐水溶液对红光的吸收后发现，如果吸收物质溶于不吸光的溶液中，吸光度和吸光物质的浓度成正比，见式（18-4）。

$$A = \lg \frac{I_0}{I} = K_1 c \tag{18-4}$$

式中：c——溶液浓度；

K_1——比例常数。

朗伯-比耳定律（lambert-beer law）：当一束光强为 I_0 的单色光通过浓度为 c、厚度为 b 的溶液时，一部分光强 I_R 被反射，另一部分光强 I_A 被吸收，还有一部分光强 I_T 透过溶液，$I_0 = I_R + I_A + I_T$。

朗伯定律说明了液层厚度与光的吸收程度的关系，比耳定律说明了物质的浓度与光的吸收程度的关系。朗伯-比耳定律说明了物质对单色光吸收的程度与吸光物质的浓度和厚度间关系，数学表达式见式（18-5）：

$$A = \lg \frac{I_0}{I} = K_2 bc \tag{18-5}$$

式中：K_2——比例常数。

一般将 K_2 称为吸光系数，单位为 L/（g·cm）。式（18-5）中，若将浓度 c 以 mol/L 表示，光程 b 以 cm 表示，则吸光系数 K_2 称为摩尔吸光系数，用 ε 表示，单位为 L/（mol·cm）。此时，数学表达式见式（18-6）：

$$A = \lg \frac{I_0}{I} = \varepsilon bc \tag{18-6}$$

式中：ε——有色溶液在浓度 c 为 1 mol/L，光程 $b = 1$ cm 时的吸光度；它表征各种有色物质在一定波长下的特征常数，可以衡量显色反应的灵敏度；ε 值越大，表示该有色物质对此波长光的吸收能力越强，显色反应越灵敏。一般 ε 的变化范围是 $10 \sim 10^5$，其中 $\varepsilon > 10^4$ 为强度大的吸收，$\varepsilon < 10^3$ 为强度小的吸收。

朗伯-比耳定律是在假设照射到吸光物质上的光是严格的单色光，被测物质是由独立的、彼此之间无相互作用的吸收粒子组成的前提下定义的。因此，在实际工作中，就必须要认真考虑这些问题，才能真正掌握和运用。

透光率（transmittance）采用空白溶液消除了 I_R 及溶剂、试剂对光吸收程度的影响后，朗伯-比耳定律数学表达式为 $I_T = I_0 \cdot 10^{-\varepsilon bc}$，两边除以 I_0 得到，$\frac{I_T}{I_0} = 10^{-\varepsilon bc}$，其中 $\frac{I_T}{I_0}$ 称为透光率，用 T 表示，即透射光强度与入射光强度之比，其数值小于 1，用百分透光率则表示为 $T = \frac{I_T}{I_0} \times 100\%$。为了方便起见，常用透光率的负对数表示溶液吸收光的强度，称为吸收度（absorbance，A），又称消光度（extinction，E）或光密度（optical density，OD）。

吸收系数（K）为单位浓度、单位液层厚度的吸收度。在一定条件下（单色光、浓度、溶剂、温度），吸收系数是常数。最大吸收波长处的吸收系数常作为物质的定性依据。吸收系数常用摩尔吸收系数（ε）及百分吸收系数表示。百分吸收系数用 $E_{1cm}^{1\%}$ 表示，是指浓度为 1 g/100mL 的溶液，光程为 1 cm 时的吸收度。两者的换算关系为 $\frac{E_{1cm}^{1\%}}{M} = \varepsilon$。摩尔吸收系数多用于分子结构研究，百分吸收系数多用于含量测定。摩尔吸收系数不能直接测得，需用准确的稀溶液测得吸收度换算而得。

吸收度的加和性：在多组分共存的溶液体系中，体系的总吸收度等于各组分吸收度之和，即 $A_总 = \sum A_i$，在任一波长下，共存的多组分中的各组分遵守朗伯-比耳定律。利用这一性质经过一定的数学处理，可进行多组分的含量测定。

比耳定律的偏离：比耳定律指出，如果吸光物质溶于不吸光的溶液中，吸光度和吸光物质的浓度成正比，因此以 $A-c$ 作图绘制的标准曲线或工作曲线应是通过原点的直线。但是在实际工作中，尤其当吸光物质浓度比较高时，直线常发生弯曲，此现象称为对比耳定律的偏离。如果在弯曲部分进行测定，将会引起较大的误差。出现偏离的原因主要有以下 4 个：①吸光物质浓度较高引起的偏离：在浓溶液中，吸光质点的相互碰撞和作用较强，这直接影响了它的吸光能力。因此，应选用适当浓度的溶液进行测定，最好使吸光度读数范围落在 0.16~0.18。②非单色光引起的偏离：严格地说，朗伯-比耳定律只适用于单色光。但是目前部分分光光度仪所提供的入射光并非是纯的单色光，从而引起对比耳定律的偏离。③介质不均匀引起的偏离：当吸光物质是胶体溶液、乳浊液或悬浮物时，由于吸光质点对入射光的散射而导致偏离。④吸光物质不稳定引起的偏离：溶液中吸光物质常因条件变化而发生偏离、缔合和形成新的化合物等化学变化，从而使吸光物质的浓度发生变化，导致对比耳定律的偏离。

二、紫外-可见吸收光谱

紫外-可见吸收光谱包括紫外吸收光谱（200~400 nm）和可见吸收光谱（400~800 nm），两者都属电子光谱。

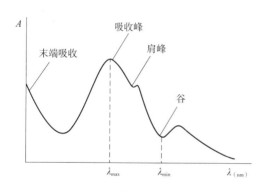

图 18-2　紫外-可见吸收光谱

（一）吸收光谱

吸收光谱，又称吸收曲线，是以入射光的波长 λ 为横坐标，以吸光度 A 为纵坐标所绘制的 A—λ 曲线。典型的吸收曲线如图 18-2 所示。图中，吸收最大的峰称为最大吸收峰，它所对应的波长称为最大吸收波长（λ_{max}），相应的摩尔吸光系数称为最大摩尔吸光系数。吸收次于最大吸收峰的波峰称为次峰或第二峰；在吸收峰的旁边产生的一个曲折称为肩峰；相邻两峰之间的最低点称为波谷，最低波谷所对应的波长称为最小吸收波长（λ_{min}）；在吸收曲线短波端，呈现强吸收趋势但并未形成峰的部分称为末端吸收。

紫外-可见吸收光谱是由分子中价电子的跃迁产生，因此，有机化合物的紫外-可见光谱取决于分子中价电子的分布和结合情况。有机化合物分子对紫外光或可见光的特征吸收，可以用最大吸收波长 λ_{max} 来表示。λ_{max} 决定于分子的激发态与基态之间的能量差。从化学键的性质来看，与紫外-可见吸收光谱有关的价电子主要有 3 种：形成单键的 σ 电子、形成不饱和键的 π 电子以及未参与成键的 n 电子（孤对电子），根据分子轨道理论，分子中这 3 种电子的能级高低次序是：

$$(\sigma) < (\pi) < (n) < (\pi^*) < (\sigma^*)$$

σ，π 表示成键分子轨道；n 表示非键分子轨道；σ^*，π^* 表示反键分子轨道。σ 轨道和 σ^* 轨道是由原来属于原子的 s 电子和 P_x 电子所构成的；π 轨道和 π^* 轨道是由原来属于原子的 P_y 和 P_z 电子所构成的；n 轨道是由原子中未参与成键的 P 电子所构成的。当受到外来辐射的激发时，处在较低能级的电子就跃迁到较高能级。由于各分子轨道间的能量差不同，因此要实现各种不同跃迁所需要吸收的外来辐射的能量也各不相同。3 种价电子可能产生 $\sigma \rightarrow \sigma^*$，$\sigma \rightarrow \pi^*$，$\pi \rightarrow \sigma^*$，$\pi \rightarrow \pi^*$，$n \rightarrow \sigma^*$，$n \rightarrow \pi^*$ 6 种形式的电子跃迁。其中 $\sigma \rightarrow \sigma^*$，$\sigma \rightarrow \pi^*$， π→σ*电子跃迁所需的能量较大，与其相对应的吸收光谱都处于 200 nm 以下的远紫外光区。由于空气对远紫外光区的光有吸收，一般的紫外–可见分光光度计还难以在远紫外光区工作，因此，对这 3 种跃迁的紫外–可见吸收光谱研究得较少。在紫外–可见吸收光谱分析中，有机化合物吸收光谱主要由 π→π*，n→σ*，n→π* 及电荷转移跃迁产生（图 18-3）。

π→π*，n→π* 跃迁是最常遇到的跃迁类型，相应照射波长大多大于 200nm，所涉及的基团都具有 π 不饱和键，这种含 π 不饱和键的基团被称为生色基团。

比较 π→π*，n→π* 跃迁发现：前者的吸收峰强度要比后者低。在 n→π* 跃迁中，ε 通常比 π→π* 跃迁低 10 倍以上，而且在极性大的溶剂中 n→π* 跃迁的吸收峰产生紫移现象。而 π→π* 跃迁却常表现出红移现象，即向长波方向位移。

在各类不饱和脂肪烃中，有单个双键（如乙烯），也有共轭双键的烯烃（如丁二烯），都涉及 π 电子及 π→π* 跃迁。共轭双键可形成大 π 键。使各能级间的差距接近，故其电子易激发，所以吸收波长产生红移，生色效应加强。如乙烯的特征吸收波长为 171 nm，丁二烯的吸收波长为 217 nm，且其吸收强度也增加了。在共轭体系中，共轭双键越多，生色作用也越强。

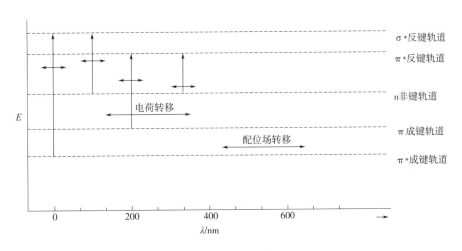

图 18-3　典型电子跃迁类型及其吸收波长范围和相对能量示意图

注：↑跃迁类型，↔吸收波长的范围。

电荷转移跃迁：某些分子同时具有电子给予体和电子接受体，它们在外来辐射照射下会强烈吸收紫外光或可见光，使电子从给予体轨道向接受体轨道跃迁，这种跃迁称为电荷转移跃迁，其相应的吸收光谱称为电荷转移吸收光谱。因此，电荷转移跃迁实质上是一个内氧化还原过程。

无机化合物的紫外–可见吸收光谱主要由电荷转移跃迁和配位场跃迁产生。电荷转移跃迁：若用 M 和 L 分别表示络合物的中心离子和配体，当一个电子由配体的轨道跃迁到与中心离子相关的轨道上时，可用式（18-7）表示这一过程：

$$M^{n+} - L^{b-} \xrightarrow{hv} M^{(n-1)^+} - L^{(b-1)^-} \tag{18-7}$$

式（18-6）中，中心离子为电子接受体，配体为电子给予体。一般来说，在络合物的电荷转移跃迁中，金属离子是电子的接受体，配体是电子的给予体。不少过渡金属离子与含生色团的试剂反应所生成的络合物以及许多水合无机离子，均可产生电荷转移跃迁。电荷转移吸收光谱出现的波长位置，取决于电子给予体和电子接受体相应电子轨道的能量差。电荷转移吸收光谱谱带最大的特点是摩尔吸光系数较大，一般 $\varepsilon_{max} > 10^4$ L/(mol·cm)。因此应用这类谱带进行定量分析时，可以提高检测的灵敏度。

配位场跃迁：元素周期表中第4、第5周期的过渡元素分别含有3d和4d轨道，镧系和锕系元素分别含有4f和5f轨道。这些轨道的能量通常是相等的（简并的）。但在络合物中，由于配体的影响，过渡元素5个能量相等的d轨道及镧系和锕系元素7个能量相等的f轨道分别分裂成几组能量不等的d轨道及f轨道。如果轨道是未充满的，当它们的离子吸收光能后，低能态的d电子或f电子可以分别跃迁到高能态的d或f轨道上去。这两类跃迁分别称为d-d跃迁和f-f跃迁。由于这两类跃迁必须在配体的配位场作用下才有可能产生，因此又称为配位场跃迁。与电荷转移跃迁相比，由于选择规则的限制，配位场跃迁吸收谱带的摩尔吸光系数小，一般 $\varepsilon_{max} < 100$ L/(mol·cm)。这类光谱一般位于可见光区。

（二）常用术语

生色团：指分子中能吸收紫外或可见光的基团，它实际上是一些具有不饱和键和含有孤对电子的基团，如烯、炔、酮基和偶氮基，表18-1列出了一些常见生色团的吸光特性。

表18-1　常见生色团的吸光特性

生色团	溶剂	λ/nm	ε_{max}	跃迁类型
烯	正庚烷	177	13000	$\pi \rightarrow \pi^*$
炔	正庚烷	178	10000	$\pi \rightarrow \pi^*$
羧酸	乙醇	204	41	$n \rightarrow \pi^*$
酰胺基	水	214	60	$n \rightarrow \pi^*$
羰基	正己烷	186	1000	$n \rightarrow \pi^*$，$n \rightarrow \sigma^*$
偶氮类	乙醇	339，665	150000	$n \rightarrow \pi^*$
硝基	异辛酯	280	22	$n \rightarrow \pi^*$
亚硝基	乙醚	300，665	100	$n \rightarrow \pi^*$
硝酸酯	二氧杂环己烷	270	12	$n \rightarrow \pi^*$

如果一个化合物的分子含有数个生色团，但它们并不发生共轭作用，那么该化合物的吸收光谱将包含有这些个别生色团原有的吸收带，这些吸收带的位置及强度相互影响不大。如果两个生色团彼此相邻形成了共轭体系，那么原来各自生色团的吸收带就会消失，同时会出现新的吸收带。新吸收带的位置一般比原来的吸收带处在较长的波长处，而且吸收强度也显著增加，这一现象称为生色团的共轭效应。

助色团：是指本身不产生吸收峰，但与生色团相连时，能使生色团的吸收峰向长波方向移动，并且使其吸收强度增强的基团。例如—OH、—OR、—NH、—SH、—Cl、—Br、—I等。

红移和蓝移：在有机化合物中，常常因取代基的变更或溶剂的改变，使其吸收带的最大吸收波长 λ_{max} 发生移动。λ_{max} 向长波方向移动称为红移，向短波方向移动称为蓝移。

增色效应和减色效应：最大吸收带的摩尔吸光系数 ε_{max} 增加时称为增色效应；最大吸收

带的摩尔吸光系数 ε_{max} 减小时称为减色效应。

强带和弱带：最大摩尔吸光系数 $\varepsilon_{max} \geq 10^4$ L/（mol·cm） 的吸收带称为强带；$\varepsilon_{max} < 10^3$ L/（mol·cm） 的吸收带称为弱带。

R 带（radikal 基团）：是由含杂原子的生色团（如 C=O、N=N、N=O 等）的 n→π* 跃迁所产生的吸收带。它的特点是强度较弱，一般 $\varepsilon < 100$ L/（mol·cm），吸收峰通常位于 200~400 nm 之间。

K（konjugation 共轭）带：是由共轭体系的 π→π* 跃迁所产生的吸收带。其特点是吸收强度大，一般 $\varepsilon > 10^4$ L/（mol·cm），吸收峰位置一般处于 217~280 nm 范围内。K 吸收带的波长及强度与共轭体系的数目、位置、取代基的种类等有关。其波长随共轭体系的加长而向长波方向移动，吸收强度也随之加强，据此可以判断共轭体系的存在情况。K 带是紫外-可见吸收光谱中应用最多的吸收带。

B 带（benzenoid）：是由芳香族化合物的 π→π* 跃迁而产生的精细结构吸收带。苯的 B 带的摩尔吸光系数约为 200 L/（mol·cm），吸收峰出现在 230~270 nm 之间，中心在 259 nm。B 带是芳香族化合物的特征吸收，但在极性溶剂中精细结构消失或变得不明显。

E 带：是由芳香族化合物的 π→π* 跃迁所产生的吸收带，也是芳香族化合物的特征吸收，可分为 E₁ 和 E₂ 带。如苯的 E₁ 带出现在 184 nm，E₂ 带出现在 204 nm。

在芳香烃环状化合物中，具有 3 个乙烯的环状共轭体系，可产生多个特征吸收。如苯（乙醇中）有 185 nm、204 nm 和 254 nm3 处强吸收带。若在苯环上增加助色团，如—OH、—NH₂、—X 等，由于 n-π 共轭，则吸收波长会产生红移，而且吸收强度也增加。如增加生色团，并和苯环体系产生共轭，同样会引起波长红移现象。

（三）影响紫外-可见吸收光谱的因素

紫外-可见吸收光谱主要取决于分子中价电子的能级跃迁，但分子的内部结构和外部环境都会对紫外-可见吸收光谱产生影响，如图 18-4 所示。

共轭效应：使共轭体系形成大 π 键，结果使各能级间的能量差减小，从而跃迁所需能量也就相应减小，因此共轭效应使吸收波长产生红移。共轭不饱和键越多，红移越明显，同时吸收强度也随之加强。

溶剂效应：溶剂极性不仅影响吸收带的峰位，也影响吸收强度及精细结构。溶剂极性对光谱精细结构的影响当物质处于气态时，它的吸收光谱是由孤立的分子所给出的，因而可表现出振动光谱和转动光谱等精细结构。但是当物质溶解于某种溶剂中时，由于溶剂化作用，溶质分子并不是孤立存在着，而是被溶剂分子所包围。溶剂化限制了溶质分子的自由转动，因而使转动光谱表现不出来。此外，溶剂的极性越大，溶剂与溶质分子间产生的相互作用就

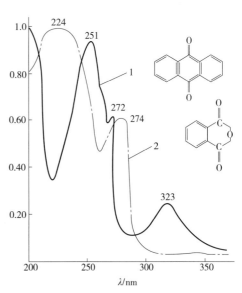

图 18-4 蒽醌的紫外吸收光谱

越强，溶质分子的振动也越受到限制，因而由振动引起的精细结构也损失得越多。

溶剂极性对 $\pi \rightarrow \pi^*$ 跃迁谱带的影响：当溶剂极性增大时，由 $\pi \rightarrow \pi^*$ 跃迁产生的吸收带发生红移。因为发生 $\pi \rightarrow \pi^*$ 跃迁的分子，其激发态的极性总比基态的极性大，因而激发态与极性溶剂之间发生相互作用从而降低能量的程度，比起极性较小的基态与极性溶剂作用而降低的能量大。即在极性溶剂作用下，基态与激发态之间的能量差变小了，所以，由 $\pi \rightarrow \pi^*$ 跃迁所产生的吸收谱带向长波方向移动。

溶剂极性对 $n \rightarrow \pi^*$ 跃迁谱带的影响：当溶剂极性增大时，由 $n \rightarrow \pi^*$ 跃迁所产生的吸收谱带发生蓝移。原因如下：发生 $n \rightarrow \pi^*$ 跃迁的分子，都含有非键 n 电子。n 电子与极性溶剂形成氢键，其能量降低的程度比 π^* 与极性溶剂作用降低得要大。也就是说，在极性溶剂作用下，基态与激发态之间的能量差变大了。因此，由 $n \rightarrow \pi^*$ 跃迁所产生的吸收谱带向短波方向移动。

在选择测定紫外-可见吸收光谱的溶剂时，应注意：①尽量选用非极性溶剂或低极性溶剂；②溶剂能很好地溶解被测物，且形成的溶液具有良好的化学和光化学稳定性；③溶剂在试样的吸收光谱区无明显吸收。表 18-2 列出了紫外-可见吸收光谱测定中常用的溶剂，以供选择时参考。

表 18-2　各种常用溶剂的使用最低波长极限

溶剂	最低波长极限/nm	溶剂	最低波长极限/nm
氯仿	245	甲醇、异丙醇	215
水、乙腈、正丁醇、环己烷、甲基环己烷、异辛烷	210	十二烷、乙醇、乙醚、庚烷、己烷、1-氢化萘	200
苯	280	乙酸乙酯	260
丙酮	330	四氯化碳、二甲苯	295
1,1-二氯乙烷、二氯甲烷	235	N,N-二甲基甲酰胺	270
硝基甲烷	380	甲酸甲酯、四氯乙烯	290
吡啶	305	苯甲腈	300
1,4-二氧六环	25	溴仿	335

第二节　紫外-可见光光谱计

一、紫外-可见分光光度计

用紫外/可见光源测定有色物质的方法，称为紫外-可见光分光光度法，所用的仪器称为紫外-可见分光光度计，可在紫外-可见光区任意选择不同波长的单色光测定物质吸收度。按使用波长可分为：可见光分光光度计（波长范围 400~780 nm）和紫外-可见分光光度计（波长范围 200~1000 nm）；按光路可分为单光束和双光束；按测量时提供的波长数分为单波长和双波长分光光度计，见图 18-5。

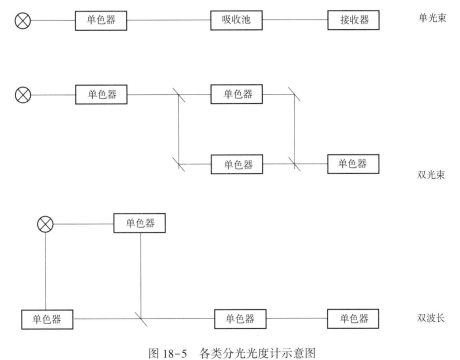

图18-5 各类分光光度计示意图

二、紫外-可见分光光度计主要部件

光源：对分光光度计用光源的基本要求是：①能产生足够强度的光辐射，便于后续检测器的检出和测量；②能提供连续的辐射，其整个光谱中应包含所有可能被使用的波长；③光源在使用期间必须稳定。

常用的紫外光源有氢灯、氘灯、汞灯及氙灯，能发射 $150\sim400$ nm 的连续光谱（汞灯发射不连续光谱）。由于玻璃对紫外线有吸收，所以紫外灯的灯管上附有石英窗。可见光源为碘钨灯及钨灯，发射的波长范围 $320\sim2500$ nm 的连续光谱。碘钨灯比钨灯的发射强度强，寿命也长。

单色器：其功能是把从光源发射出的连续光谱分为波长宽度很窄的单色光，包括色散元件、狭缝和准直镜 3 部分。色散元件是将复合光按波长的长短顺序分散成单色光的装置，其分散的过程为光的色散。色散后所得的单色光经反射、聚光后，通过狭缝到达溶液。常用的色散元件是棱镜和光栅。棱镜由普通玻璃或石英材料做成。玻璃棱镜色散能力大，分辨本领强，但由于玻璃吸收紫外线，所以它只能装置在可见分光光度计中。紫外区的光源必须用石英棱镜色散。光栅是一种在玻璃表面上刻有许多等宽、等间距的平行条痕的色散元件。紫外-可见光谱用的光栅一般每毫米刻有 1200 条条痕。它是基于复合光通过条痕狭缝后，产生光的衍射与干涉作用，使不同波长的光发生色散。但光栅色散元件也有缺点，即各级光谱有所重叠而相互干扰，因此需要用适宜的滤光片除去杂光。

狭缝：从光源发出的光在进入单色器之前，先要经过一个入射狭缝，使光线成为一细长条照射到准直镜上，然后投射到色散元件上使之色散。色散后的光又经准直镜反射到出射狭缝。转动棱镜可使光谱移动，将所需要的单色光从出射狭缝分出，投射到溶液中。狭缝能直接影响单色光的纯度和能量，也影响单色器的分辨率。

吸收池：是盛放溶液样品的容器，通常有玻璃和石英两种材质。玻璃吸收池只能用于可见光区，而石英池既可适用可见光区，也可用于紫外光区。

检测器：是一个光电转换元件，也是测量光线透过溶液以后强弱变化的一种装置，普遍采用光电管或光电倍增管作为检测器。光电管内装有一个阴极和一个丝状阳极。当光照射到阴极时，阴极上即发射电子，此光电流很微弱，需放大才能检出。光电管主要有两种，一种是紫敏光电管，适用波长为 200~625 nm；另一种是红敏光电管，适用波长为 625~1000 nm。光电倍增管与光电管一样，有一个涂有光敏金属的阴极和一个阳极。不同点是光电倍增管还有几个倍增极，具有电流放大作用。光电管或光电倍增管将光信号转变成电信号后，需经与检测器相连的电流放大器放大。

显示器：常用的有电表指示器、图表记录器及数字显示器等。

三、常见的紫外-可见分光光度计

1. 单光束紫外-可见分光光度计

用同一单光束依次通过参比池和试样池，以参比池的吸收度为零，测出试样的吸收值。吸收池配有玻璃与石英两种，分别适用于可见光区和紫外光区，适用于定量分析，也可用于吸收系数测定。由于其构造相对简单，操作方便（图18-6），要求光源及检测系统必须具有高度稳定性，且无法进行自动扫描，每一次波长改变都需要校正空白，分析误差较大，因此在使用上受到限制。

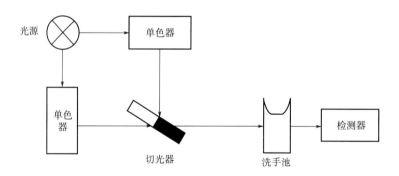

图 18-6　单光束紫外-可见分光光度计

2. 双光束分光光度计

从单色器射出的单色光，用一个旋转扇面镜（又称切光器）将它分成两束交替断续的单光束，分别通过空白溶液和样品溶液后，再用同一个同步扇面镜将两束光交替地投射于光电倍增管，使光电管产生一个交变脉冲信号，经过比较放大后，由显示器显示出透光率、吸收度、浓度或进行波长扫描，记录吸收光谱（图18-7）。测量中不需要移动吸收池，可在随意改变波长的同时记录光度值。

3. 双波长分光光度计

从光源中发出的光被分成两束，分别经过两个单色器，同时得到两束波长不同（λ_1 和 λ_2）的单色光，利用切光器使两束光以一定的频率交替照射同一吸收池，然后经过光电倍增管和电子控制系统，最后由显示器显示出两个波长处的吸光度差值 ΔA，$\Delta A = A_{\lambda 1} - A_{\lambda 2}$（图 18-8）。只要 λ_1 和 λ_2 选择适当，ΔA 就是扣除了背景吸收的吸光度差值，此时 $\Delta A = A_{\lambda 1} - A_{\lambda 2} = (\varepsilon_{\lambda 1} - \varepsilon_{\lambda 2}) bc$，该式表明，$\Delta A$ 与试样中被测组分的浓度 c 成正比，这是双波长法定量测定的依据。双波长分光光度计特点是无须参比溶液，只用一个待测溶液，提高了测量准确度。该仪器既可用作双波长分光光度计又可用作双光束分光光度计，对于多组分混合物、混浊样品分析，以及存在背景干扰或共存组分吸收干扰的情况下，双波长分光光度法能提高方法的灵敏度和选择性，获得导数光谱，也能够通过光学系统转换，转化为单波长工作方式。

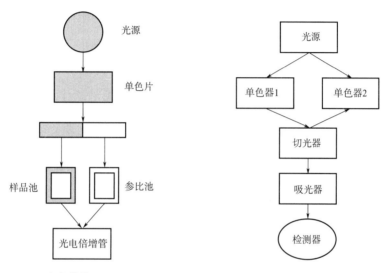

图 18-7　双光束紫外-可见分光光度计　　　　图 18-8　双波长分光光度计

4. 紫外-可见近红外分光光度计

波长范围延伸到近红外波段，可达 3000 nm 以上，有的已经达到 3500 nm，其紫外可见光波段的结构和光接收器（光电转换器），与一般紫外可见分光光度计基本一致，所不同的是近红外部分的光电接收器是采用硫化铅（PbS）或铟镓砷（InGaAs），具有稳定性好、噪声小、灵敏度高等优点，仪器组成如图 18-9 所示。

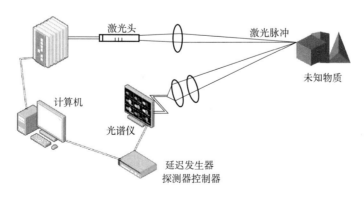

图 18-9　紫外-可见近红外分光光度光路图

5. 多通道分光光度计

利用光二极管阵列作检测器、由计算机控制的单光束紫外-可见分光光度计。由光源（钨灯或氘灯）发出的辐射聚焦到吸收池上，光通过吸收池到达光栅，经分光后照射到检测器，再经检测器上含有一个由几百个光二极管构成的线性阵列（190~900 nm），在极短时间内给出整个光谱的全部信息。适用于快速反应动力学研究及多组分混合物分析，被用作高效液相色谱仪和毛细管电泳仪的检测器。

第三节　紫外-可见光光谱法在食品检测中的应用

一、定性分析

紫外-可见吸收光谱法比较简单，特征性不强，并且大多数简单官能团在近紫外光区只有微弱吸收或者无吸收，因此有一定的应用局限性。主要适用于不饱和有机化合物，尤其是共轭体系的鉴定，推断未知物的骨架结构，要对某些比较复杂的未知物质进行定性时，需要配合 IR、NMR、MS 等进行定性鉴定和结构分析。

1. 紫外吸收光谱数据的定性分析

定性鉴定的依据是利用吸收光谱曲线的形状、吸收峰数目以及最大吸收波长的位置和相应的摩尔吸光系数。在相同的测定条件（仪器、溶剂、pH 等）下，比较未知样品与已知标准物之间的 λ_{max}、λ_{min}、ε_{max}、吸收峰数目、位置以及拐点等主要参数。如果未知样品与标准物之间光谱数据一致，则可以认为未知样品与标准物是同一种化合物。

2. 标准物质的定性分析

比耳定律 $A = \varepsilon bc$，即 $\lg A = \lg \varepsilon + \lg bc$，其中 b、c 只影响物质对光吸收的强度，并不改变吸收光谱的形状。所以对同一化合物，以 $\lg A$ 和 $\lg \varepsilon$ 为纵坐标，波长为横坐标绘制的吸收光谱图的形状应该是一致的。因此，在相同条件下，测定未知物的吸收光谱，与所推断化合物的真实标准物的吸收光谱直接比较，就可初步定性。但有时物质不同而光谱相似，如联菲与菲、联萘与萘等，由于杂质的存在，都有 α 和 β 不饱和酮，其紫外吸收光谱类似。

3. 根据紫外吸收光谱的波长位置，初步判断有机化合物的生色基团

例如在 210~250 nm 有强吸收峰，则可能有双键并处在共轭状态；在 260 nm、300 nm、330 nm 有高强度的吸收带，表示有 3~5 个共轭单位；如果在 270~300 nm 有弱吸收，表示有羟基；在 250~300 nm 有中强度吸收，表示有苯环的特征等，但以此来确定一个未知物的结构和官能团是不确切的，须配合 IR、MS、NMR 等其他方法。

二、定量分析

1. 绝对法

绝对法是以比耳定律 $A = \varepsilon bc$ 为基础的分析方法。某一物质在一定波长下的 ε 值是一个常数，石英比色皿的光程是已知的，也是一个常数。因此，可用紫外可见分光光度计在 λ_{max}，

测定样品溶液的吸光度值 A。然后，根据比耳定律 $c = \dfrac{A}{ab}$，可求得该样品溶液的含量或浓度。

2. 标准法

在选定的波长和相同的测试条件下，分别测试标准样品溶液 $C_标$ 和被测试样品溶液 $C_样$ 的吸光度 $A_标$ 和 $A_样$。按 $C_样 = \dfrac{A_标}{A_样 \times C_标}$ 公式求得样品溶液的浓度或含量。

3. 标准曲线法

标准曲线法是最常用的定量分析方法。首先，用标准物质配制一定浓度的溶液。其次，将该溶液配制成一系列的标准溶液。在一定波长下，测试每个标准溶液的吸光度，以吸光度值为纵坐标，标准溶液对应的浓度值为横坐标，绘制标准曲线。最后，将样品溶液按标准曲线绘制测得吸光度值，在标准曲线上查出样品溶液对应的浓度或含量。

4. 最小二乘法

分光光度法中试样的吸光度 A 与试样的浓度 c 之间的关系可用一条直线来描述，即 $c = aA + b$（a、b 为常数）。其适用条件是在特定条件下求得的，不能随便套用。此外，A 与 c 之间的关系应建立在回归方程中的取值范围内，否则不能随便外推。

5. 示差分光光度法

使用此法应注意选择适当浓度的参比溶液，参比溶液越接近样品溶液，则测定的结果就越准确，解决了普通分光光度法中不适用的高含量或痕量物质的分析问题，但要求仪器稳定性好、灵敏度高。

三、特点及应用

1. 直接紫外−可见分光光度法

若样品本身带有吸收紫外或可见光的基团，在选择合适的溶剂之后做吸收光谱，在吸收峰 λ_{max} 处溶剂及其他干扰组分的吸收很小，此时则可直接进行测定。直接紫外−可见分光光度法操作简单，但是干扰较多，限制了其应用。

2. 利用显色反应的紫外−可见分光光度法

一些样品能与显色剂进行反应而显色，如果显色剂选择适当，且具有专一性，就能避免分析过程中其他成分或杂质的干扰。在可见光区，涉及离子缔合反应、荷移配位反应、氧化还原反应、金属离子作显色剂等几类显色反应。

3. 色谱分离技术和紫外−可见分光光度法的结合使用

由于食品成分一般较复杂，共存成分的干扰对直接紫外−可见分光光度法产生很大的影响。为了解决此类问题，需配合一些分离技术进行测定。

4. 紫外−可见分光光度法在食品安全监测中的应用

（1）重金属的测定。

在国家标准中规定了食品添加剂中砷的测定方法采用二乙氨基二硫代甲酸银比色法；铅的测定采用双硫腙比色法。采用碘−四氯化碳萃取光度法间接测定食品中的痕量铜方法。2−（2−（4−甲基喹啉）−偶氮）−5−二乙氨基苯酚（QADP）与镉的显色反应，生成稳定络合物，最大吸收波长 590 nm。

（2）农药残留的测定。

GB 2763—2021 规定了食品中农药最大残留限量。分光光度法是国标中检测蔬菜、水果中农药残留量的方法之一。该法具有灵敏度高，操作简便等特点。

（3）硝酸盐的测定。

在国家 NY 标准中规定果蔬中的硝酸盐用紫外可见分光光度法测定。硝酸盐的最大吸收波长在 203 nm 左右，而亚硝酸盐的最大吸收波长在 208 nm 左右，二者的吸收光谱有很大部分的重叠，亚硝酸盐对硝酸盐的测定有很大干扰。运用一阶导数紫外分光光度法直接测定食品中的硝酸盐。亚硝酸盐在 208 nm 处的一阶导数值为 0，故选择 208 nm 作为硝酸盐的测定波长，既可排除亚硝酸盐的干扰，又可提高灵敏度。该法最低检出限为 2 ng/mL，灵敏度较高。

（4）维生素 A 和磷脂酰胆碱的测定。

样品经过皂化、提取、除溶剂等步骤后，于 328 nm 处测定其吸光度，测得维生素 A 的回收率为 103.3%，平均值的标准偏差为 0.32。用紫外分光光度法测定保健食品中添加的磷脂酰胆碱含量，此方法比较简单，无须消解、显色。

紫外-可见分光光度法灵敏度高，可测定 $10^{-7} \sim 10^{-4}$ g/mL 的微量组分。准确度较高，相对误差一般在 1%~5% 之内。仪器价格较低，操作简便、快速。

思　考　题

1. 名词解释：

朗伯-比耳定律；透光率；吸收系数；比耳定律的偏离、吸收光谱；生色团；助色团；红移和蓝移；增色效应和减色效应；强带和弱带；R 带；K 带；B 带；E 带。

2. 在紫外-可见分光光度法中，试分析偏离朗伯-比耳定律的主要原因。

3. 影响紫外-可见吸收光谱的因素有哪些？

4. 吸光光度分析中选择测定波长的原则是什么？若某一种有色物质的吸收光谱如下图所示，你认为选择哪一种波长进行测定比较合适？说明理由。

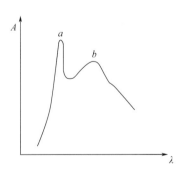

5. 紫外-可见分光光度计的主要部件有哪些？

6. 总结紫外-可见分光光度计的应用。

第十九章　光致发光光谱法

思政

发光光谱学是广泛应用于食品科学、水质、制药和生物化学等领域的一项重要技术。该技术极其灵敏，可测量飞摩尔（femtomolar）浓度的气体、固体和液体分析物。

发光是一个广义的术语，包括两种光发射：磷光和荧光发光。荧光与磷光相似，它们的激发是通过吸收光子来实现的，故可用更笼统的术语光致发光来表示，测量仪器本质上是相同的。荧光与磷光的不同之处在于荧光的电子能量跃迁不涉及电子自旋的变化，与荧光有关的激发态非常短暂（<10⁻⁵ s）；相反，磷光伴随着电子自旋的变化，且激发态的寿命更长，通常约为数秒甚至几分钟。在大多数情况下，二者的光致发光波长都长于激发辐射。

光致发光法最显著的特征之一是独特的灵敏度，其检测限通常比吸收光谱法的检测限低1~3个数量级。实际上，对于受控条件下的选定物，通过荧光光谱已能够检测到单一分子。另一个优点是线性范围大，通常比吸收法的线性范围大得多。由于激发态很容易因碰撞或在其他过程中失活，因此许多分子根本没有荧光或磷光。因为在过程中失活，定量发光方法常受到严重的干扰作用。因此，通常将发光测量与诸如色谱和电泳之类的分离技术相结合，荧光检测器作为 LC 和毛细管电泳的检测器尤其有价值。在定量分析中，发光法不如吸收法的适用性广泛，因为当辐射在光谱的这一区域被吸收时，吸收紫外和可见辐射的物质要比具有光致发光性的物质多得多。

第一节　荧光和磷光基本原理

荧光既简单地存在于分子中，也存在于复杂的气体、液体和固体化学体系中。最简单的一种荧光是由原子蒸气呈现出来的。例如，汽化钠原子的 3 s 电子可以通过吸收波长 589.6 nm 和 589.0 nm 的辐射激发到 3p 态，大约在 10⁻⁸ s 后，电子返回基态，由此向各个方向发出相同的两个波长的辐射。这种被吸收的辐射在频率不变的情况下释放出来的荧光称为共振辐射或共振荧光。

许多种类的分子也会表现出共振频率。然而，更常见的是，分子荧光（或磷光）谱带出现的波长比吸收谱带的长。这种向较长波长的偏移称为斯托克斯位移（Stokes）位移。

一、产生荧光和磷光的激发态

含有未配对电子的自由基有磁矩，会被磁场吸引，因此自由基是顺磁性的。由于奇数电子在磁场中有两种可能的取向，故自由基基态为双峰态，且每一种取向都会给体系带来不同的能量。当分子中一对电子的一个被激发到更高能级时，则形成单重态或三重态。在激发单重态下，受激电子的自旋仍与基态电子配对。但是，在激发三重态下，两个电子的自旋不成对，因此是平行的，被激发三重态比相应的被激发单重态的能量更低。

被激发三重态的分子性质与被激发单重态的性质显著不同。例如，分子在三重态下是顺磁性的，而在单重态下是反磁性的。更重要的是从单重态到三重态的转换（或三重态到单重态的转换）还涉及电子自旋的变化，这比相应的单重态跃迁到单重态发生明显更少。因此，与激发单重态的平均寿命为 10^{-8} s 相比，激发三重态的平均寿命可能在 10^{-4} s 到几秒之间。此外，受辐射诱导的基态分子激发到三重态的可能性很低，并且由于该过程引起的吸收谱带强度比类似的单重态对单重态吸收强度要低几个数量级。然而，某些分子的激发单重态可以填充到激发三重态，磷光发射通常是这种过程的结果。

通常条件下，分子处于单重态的基态。当具有一定能量的光照射荧光物质的分子时，分子吸收入射光，光子的能量传递给分子，使处于基态的分子中的电子从较低电子能级向高能级跃迁，变为激发态分子。由于分子具有一定的能级分布，所以，对于入射光的吸收是选择性的，只有当光子的能量与分子能级之间的差值（能级差）相匹配时，才能发生光的吸收，因此，不同波长的入射光对荧光分子具有不同的激发效率。处于激发态的分子不稳定，可以通过辐射跃迁和非辐射跃迁的衰变过程失去能量而返回基态，其中由第一激发单重态的最低振动能级经过辐射跃迁的方式返回基态的不同振动能级的过程会产生不同波长的荧光，因此，发射荧光的强度具有一定的波长分布。

二、发光分子的能级图

图 19-1 是典型光致发光分子的部分能级图，称为 Jablonski 图。

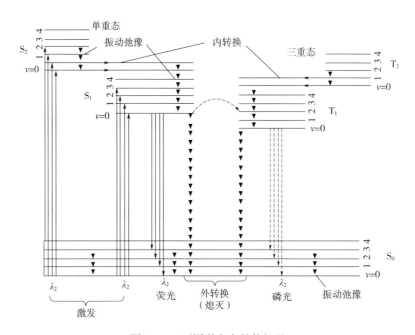

图 19-1　不同激发态的能级差

如图 19-1 所示，分子的基态能量通常为单重态，标记为 S_0。在室温下，此状态代表溶液中大多数分子的能量。S_1、S_2 和 T_1 是三个受激电子态基态振动能级的能级，其中，S_1 和

S_2 代表电子单重态，T_1 代表电子三重态。通常情况下，激发三重态的能量低于相应的单重态的能量。

每一个能级的四个电子状态都有与之相关的若干振动能级。从基态单重态电子态（S_0）到激发单重态电子态（S_1 和 S_2）的各种振动能级都可能发生吸收跃迁。对三重的直接激发未表现出来，因为这种转变涉及多样性的变化，所以发生的概率很低，这种低概率的跃迁称为禁止跃迁。分子受激后，处于电子激发的单重态的某种振动激发态的分子或通过内部转换（internal conversion）和振动弛豫（vibrational relaxation）的非辐射，相继发射荧光光子，回到电子基态得到荧光光谱；或通过激发单重态 S_1 和激发三重态 T_1 间的系间窜越（intersystem crossing）和振动弛豫至 T_1（$v=0$），放出能量回到基态 S_0（$v=0$, 1）得到荧光光谱的光子。

光子吸收是一个非常快速的过程，在 $10^{-14} \sim 10^{-15}$ s 内发生。而荧光发射的速度明显地慢得多，在 $10^{-5} \sim 10^{-10}$ s 之间发生。三重态到单重态转换的平均速率小于相应的单重态到单重态转换的平均速率。因此，磷光发射需要 $10^{-4} \sim 10$ s 或更长的时间才能发生。

每一种物质的分子或原子结构是独一无二的，原子能级图也就有不同的分布，原子能级跃迁也就会辐射出不同频率的电磁波，每一种物质的荧光效应都有其特定吸收光的波长和发射的荧光波。利用这一特性，可以定性鉴别物质。研究分子的荧光光谱可为研究分子的微观结构、分子的构象特点及变换情况提供帮助。常采用直接比较法，将试样与已知物质同时放在相同的光激发下，根据它们所发荧光的波长和强度，鉴定它们是否含有同一荧光物质。

三、荧光量子产率和时间衰减

荧光的强度由辐射和非辐射衰变的相对途径决定。量子产率 Φ 是发出荧光分子的数量与处于激发态分子的数量之比。如果该比率为 1，那么每次一个电子处于激发态时，它都会发出荧光；如果该比率为 0，则处于激发态的电子不会发出荧光。量子产率表示辐射衰变和非辐射衰变之间的竞争。

量子产率可以写为式（19-1）：

$$\Phi = \frac{k_f}{k_f + k_{nr}} \tag{19-1}$$

式中：k_f——荧光的速率常数；

k_{nr}——各种非辐射衰减通道速率常数之和。注意，如果 Φ 值为 0，则量子产率为 1。

非辐射过程已成为荧光研究的重要部分，因为这些过程可以产生有关分子环境的信息，包括与溶剂的相互作用以及所研究的物质。一般来说，荧光的量子产量会随着温度的降低而增加，因为溶剂分子移动得更慢，并且不太可能携带能量离开被激发的分子。同样，溶剂的黏度也会影响荧光的量子产量。对溶剂的可见性越高，荧光量子产率越高。

荧光的寿命或衰减时间 τ 与荧光速率和非辐射衰减速率相关，即 $\tau = \dfrac{1}{k_f + k_{nf}}$。已知在 0 处的荧光强度 I_0，通过测量荧光强度 I，作为激发后时间的函数，可以确定衰减时间 t 呈单指数衰减，时间 τ 估计为 10 ns。另一种测定衰减寿命的方法是找到半衰期，并将这个时间除以 $\ln 2$。正如所预期的，用微秒测量衰减寿命需要一个比用皮秒测量寿命更复杂的仪器。

荧光强度与入射激发功率直接相关。如果荧光信号很弱，可以通过增加激发源的功率来显著地增加。吸收和发射光谱之间的另一个重要区别是，吸收光子的比例取决于 $10^{-\varepsilon bc}$ 的浓度，而发光的发射强度线性依赖于浓度。荧光光谱学可用于进行定量分析。

荧光作为研究分子局部环境的方法是通过淬灭。当激发态分子移动时，一个荧光团有可能将能量转移到不同类型的分子（淬灭），甚至转移到另一个相同类型的分子（自淬灭）。荧光速率（或强度）与淬火物质浓度存在线性关系。溶剂淬火是外部转换的一个例子，也称为动态或碰撞淬火。

在动态淬火中，被激发的分子会失去能量，因此不会由于能量转移到淬火剂而发出荧光。在某些情况下，荧光分子由于淬火剂甚至没有达到激发态，这被称为静态淬火。静态淬火不会导致寿命发生变化。

四、荧光光度分析法

荧光定量分析是先将已知的荧光物质配成不同浓度的标准溶液，用荧光分光光度计测量其在某一特定激发波长和强度处的某一特定发射波长的荧光强度，荧光（磷光）强度与物质浓度的关系见式（19-2）：

$$F = K'\Phi I_0(1 - e^{\varepsilon LC}) \tag{19-2}$$

式中：F——荧光强度；

    K'——仪器常数；

    Φ——量子效率；

    I_0——激发光强度；

    ε——荧光物质的摩尔吸收系数；

    L——荧光池厚度；

    C——荧光物质浓度。

对于给定的物质来说，当激发光的波长、强度、荧光池厚度一定，浓度较低时，上述关系可以简写为式（19-3）：

$$F = KC \tag{19-3}$$

即荧光强度与所测定的荧光物质浓度成比例，由此可绘制校正曲线，而后在完全相同的条件下测量未知试样的荧光强度，根据校正曲线得到所测物质的含量。

第二节　荧光分光光度计

任何发荧光的分子都具有两个特征光谱：荧光激发光谱（dxcitation spectrum）和荧光发射光谱（emission spectrum）。它们是荧光分析法进行定性和定量分析的基本参数和依据，也是荧光光谱稳态分析中的两个基本特征，通过与已知物质的这两种光谱进行比较，从而鉴定所含成分。不同波长的入射光对荧光分子的激发效率以及发射荧光强度的波长分布可以用荧光分光光度计进行观测，即扫描荧光激发光谱和荧光发射光谱。

如图 19-2 所示，荧光分光光度计一般包括：①光源。仪器的光源有高压汞蒸气灯和氙弧灯，后者能发射出强度较大的连续光谱，且在 300~400 nm 范围内强度几乎相等，故较常用。

②单色器。置于光源和样品室之间的为激发单色器或第一单色器，置于样品室和检测器之间的为发射单色器或第二单色器，常采用光栅分光单色器。根据不同的测试需求，可配备单光栅单色器或双光栅单色器。③样品室。通常由液体样品架及石英比色皿（液体样品用）或可调角度固体样品支架及前表面样品架（粉末或片状样品）等组成。测量液体样品时，激发光路和发射光路分别垂直通过比色皿相邻面；测量固体样品时，固体样品支架需偏转一定角度（如测试面与检测器成30°或60°夹角），达到尽量使荧光信号通过而避开瑞利散射信号干扰的目的。低温样品测试需配备低温附件，如杜瓦瓶（液氮、液氦）等。绝对光致发光量子产率测试需配备积分球，部分磷光样品测试时还需通惰性气体保护。④检测器。一般用光电倍增管（PMT）或 CCD 作检测器。PMT 检测器有模拟信号方式和光子计数方式，并可扩展 TC-SPC 功能。

图 19-2 荧光分光光度计的构成

荧光激发光谱是在固定发射单色器为一定波长的情况下扫描激发单色器，获得的荧光强度与激发波长的关系曲线；荧光发射光谱是在固定激发单色器为一定波长的情况下扫描发射单色器，获得的荧光强度与发射波长的关系曲线。这两种扫描方式得到的荧光光谱都是二维的，即横坐标是波长，纵坐标是相对荧光强度。

普通荧光分析所测得的光谱一般是二维光谱，这种光谱扫描快捷，但提供的荧光信息与设定的激发或发射波长有关，因而是有限的。对单一荧光成分的分析测定，一般扫描二维光谱可以满足需要。但是，当体系中存在多种荧光成分且需要全面了解体系的荧光性质时，仅有二维光谱就不够了。

三维荧光光谱，其荧光强度是激发波长和发射波长两个变量的函数，只有在一幅光谱图中同时给出荧光强度随激发和发射波长变化的信息，才能全面描述被测体系的荧光性质。这种能够同时描述荧光强度随激发和发射波长变化的关系图谱即三维荧光光谱（3D fluorescence spectrum）。获取三维荧光光谱的一般方法是在不同激发波长位置上多次扫描发射光谱，并将其叠加以等角三维投影图或等高线光谱的图像形式表现出来。前者是一种直观的三维立体投影图，空间坐标 X、Y 和 Z 轴分别表示发射波长、激发波长和荧光强度。后者则以平面坐标的横轴表示发射波长，纵轴表示激发波长，平面上的点表示由两个波长所决定的荧光强度。将荧光强度相等的各个点联结起来，便在 X、Y 平面上显示了由一系列等强度线组成的等高线光谱。

第三节 光致发光光谱法在食品检测中的应用

荧光光谱检测具有诸多优点：①灵敏度高：一般荧光检测分析的灵敏度要比分光光度法大 2~3 个数量级。例如，对 3,4-苯并芘的测定，分光光度法可检测到 10^{-6} 数量级，而荧光

法可以达到 10^{-9} 数量级。②选择性强：荧光光谱包括激发光谱和发射光谱。所以荧光法既能依据特征发射，又可按照特征吸收，即用激发光谱来鉴定物质。假如某几种物质的发射光谱相似，可从激发光谱差异区分它们。因此，在鉴定物质时，荧光法选择性更强。③样品用量少及方法简便：由于灵敏度高，所以可大大减少样品用量。特别在使用微量样品时，效果明显。例如用荧光法测定蛋白质中色氨酸的含量时，只用 40 μg 的样品即可。④能提供较多的物理参数：可提供反映分子的各种特性，包括激发光谱、发射光谱及荧光强度、量子产率、荧光寿命、荧光偏振等许多物理参数。

由于荧光光谱检测具有上述诸多优点，所以有着广泛的应用，如在食品加工过程中用于食品安全的监测、土壤矿物成分的测定及物质中微量元素的检测等。

按照 GB 5009.27—2016 测定食品中苯并(α)芘。将试样及标准斑点的苯浸入荧光分光光度计的石英杯中，以 365 nm 为激发光波长，以 365~460 nm 波长进行荧光扫描，所得荧光光谱与标准苯并(α)芘的荧光光谱比较定性。与试样分析的同时做试剂空白，分别读取试样、标准及试剂空白于波长 406 nm、(406+5) nm、(406−5) nm 处的荧光强度，按基线法由公式计算所得的数值，为定量计算的荧光强度。

思 考 题

1. 荧光和磷光的发光机理是什么？
2. 荧光分光光度计由哪些组件构成？
3. 荧光光谱检测的优点有哪些？其应用在哪些领域？

第二十章　分子发光光谱法

化学发光（chemiluminescence，CL）是由化学反应生成的受激物质所发出的辐射。在某些情况下，激发态是分析物与适宜试剂（通常是强氧化剂，例如臭氧或过氧化氢）之间反应的产物，结果是分析物的氧化产物或试剂的发射光谱特征，而不是分析物本身。在其他情况下，分析物不直接参与化学发光反应。反而，分析物对化学发光反应具有抑制或催化作用。

图 20-1 显示了二张发光物体的图像：用黑光（366 nm）激发的滋补水中的奎宁、用黑光（366nm）激发不同成熟度的香蕉。生物发光（或化学发光）是由于生成处于电子激发态产物的化学反应而发出的光。

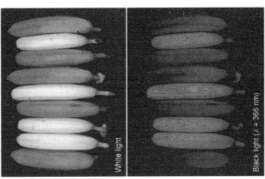

图 20-1　奎宁的荧光和不同成熟度的香蕉

从仪器角度看，生物发光的主要区别是：激发态不是辐照的结果，而是化学反应的结果。当亮度足够明亮时，人眼可以用作检测器。

并非所有分子都会发光，但可以找到一个分子（例如荧光染料和量子点），并可以选择性地与感兴趣的物质结合。例如，DNA 不发光，但可以发现多种荧光染料能结合到 DNA 的不同位点。

第一节　分子发光光谱法基本原理

化学发光是一种发出可见光的现象，即将化学反应所产生的化学能转化为光能。其发光机理是：反应体系中的反应物、中间体或荧光物质吸收了反应释放的能量从基态跃迁至激发态，然后从激发态返回基态，同时将能量以光辐射的形式释放出来，产生化学发光。

产生化学发光现象的一个化学反应必须满足 3 个条件：①化学发光反应中有某一步骤可单独提供足够的激发能，足以引起分子的电子激发，能在可见光范围观察到化学发光现象。

要求化学反应提供的化学能在 $150\sim300$ kJ/mol，许多氧化还原反应所提供的能量与此相当，因此大多数化学发光反应为氧化还原反应，而且要求反应具有一定的速度。②需有一个使化学反应的能量至少能被一种物质所接受并生成激发态的有利反应过程。对有机分子来说，芳香族化合物和羰基化合物容易生成激发态产物。③激发态分子具有一定的化学发光量子效率，释放出光子或者能够转移它的能量给其他分子使之进入激发态并释放出光子。总之，不能以热的形式消耗能量。

化合物产生化学发光的最简单反应类型可以表示为：

$$A + B \rightarrow C^* + D$$

$$C^* \rightarrow C + h\nu$$

其中，C^* 表示物质 C 的激发态，发光光谱是反应产物 C 的光谱。大多数化学发光过程比这些简单反应要复杂得多。

对于化学发光，发光强度 I_{CL}（每秒发射的光子数量）取决于化学反应的速率（dC/dt）（单位时间内反应物浓度的变化）和化学发光量子效率 f_{CL}（每个分子反应的光子）。后一项等于激发量子效率 Φ_{EX}（每个反应分子的激发态）与发射量子效率 Φ_{EM}（每个激发态的光子）的乘积。这些关系由式（20-1）描述

$$I_{CL}(t) = \frac{f_{CL}\mathrm{d}C}{\mathrm{d}t} = \frac{\Phi_{EX}\Phi_e}{\mathrm{d}t} \tag{20-1}$$

式中：$I_{CL}(t)$ ——在反应进行到 t 时的化学发光强度；

$\mathrm{d}C/\mathrm{d}t$——分析物 A 参加反应的速率。

如果，反应为一级动力学反应，化学发光强度与同一时刻的分析物 A 的浓度成正比，这是化学发光定量分析的基础。

化学发光强度随时间的变化而变化，当试样和发光试剂混合后，不久就会出现较强的发光峰值。随着分析物质 A 的消耗，光的强度随之下降，最后接近于零。一般达到峰值的时间与溶液的混合传递过程、反应过程的动力学因素等有关。在适宜的条件下，上述峰值和被分析物的浓度成线性关系，可以用于定量分析。

另一种分析方法是利用总的发光强度进行定量分析。某些痕量物质如金属离子本身并不产生化学发光，但它们可以催化或抑制某一化学发光体系，使反应速率和发光强度的变化与金属离子浓度在一定范围内呈线性关系，由此可以测定这些物质。用于分析化学的化学发光系统的 f_{CL} 值通常为 $0.01\sim0.2$。

第二节　化学发光测量仪器

用于化学发光测量的仪器非常简单，可以仅由合适的反应容器和光电倍增管组成。通常，不需要波长选择设备，因为唯一的辐射源是分析物和试剂之间的化学反应。

来自化学发光实验的典型信号是随时间变化的信号，当试剂和分析物混合完成，该信号迅速上升到最大值，然后，信号将出现或多或少的指数性衰减，通常用于定量分析，信号在固定的时间内被积分，并与以相同方式处理的标准品进行比较。或者将峰高用于定量，通常

在几个数量级的浓度范围内可以观察到信号与浓度之间的线性关系。

用于测定待测物质进行化学发光反应时所发射的化学发光强度并进行定量分析的仪器称为化学发光仪。液相化学发光仪通常由进样系统、发光反应池、检测器（PMT）、信号放大系统和工作站等几部分组成。根据进样方式的不同，液相化学发光仪有分立取样式液相化学发光仪和流动注射化学发光分析仪两种类型。影响液相化学发光的主要因素有：酸度、试液的注入速度、干扰物质的存在等。另外，溶液的浓度、仪器的增益、负高压等都必须通过实验选定最佳值。

气相化学发光分析需在恒定的气压和流量下进行，而控制气体传输和反应两个过程的稳定性比较困难，因此，气相化学发光仪的进样系统比液相化学发光仪复杂。

第三节 化学发光测定技术

根据化学反应中发光试剂的不同，目前已建立的化学发光体系主要包括以下 5 种。

一、鲁米诺化学发光体系

鲁米诺（luminol），也称冷光剂，化学名为 5-氨基-2,3-二氢-1,4-二杂氮萘二酮，又称 3-氨基-邻苯二甲酰肼，属于酰肼类有机化合物，是最常用的液相化学发光试剂之一。在碱性水溶液中，鲁米诺与过氧化氢等氧化剂反应氧化为激发态的 3-氨基邻苯二甲酸盐。鲁米诺在 CL 反应过程中发出蓝光，最大发光波长为 425 nm，Φ_{CL} 为 1%。通常情况下，鲁米诺与 H_2O_2 的反应相当缓慢，但是，当存在某些催化剂或氧化剂，如金属离子（Cu^{2+}、Co^{2+}、Fe^{3+}、Cr^{3+} 等）、NaClO、$K_2S_2O_8$、$K_3Fe[CN]_6$、IO_4^-、棕榈酸盐或某些金属复合物等时，反应速率会大大提高。在一定范围内，CL 强度直接与 Luminol、H_2O_2 或催化剂的浓度成正比。如果以 Luminol 和 H_2O_2 作为反应混合物，可以测定以上所列的各种氧化剂。

目前，已发现至少有三十几种金属离子对该体系的发光有增强或抑制作用，灵敏度都比较高，关键是如何控制反应条件来提高测定的选择性。该体系也用于测定葡萄糖、维生素、多种酶和农药等许多有机物质。

二、高锰酸钾化学发光体系

$KMnO_4$ 是化学发光反应中常用的氧化剂，能与某些生物碱直接发生 CL 反应。$KMnO_4$ 与还原性物质发生氧化还原反应，产生激发态的中间体，激发态返回基态时发出光。激发态的分子能量也可以转移给荧光物质，使荧光物质发出荧光。对 $KMnO_4$ 的 CL-FIA 体系的研究应用相对较多，如 [Ru(phen)$_3^{2+}$]-SDBS-$KMnO_4$ 体系检测人血清中的谷胱甘肽、$KMnO_4$-乙二醛化学发光体系测定抗坏血酸，此外，还用于其他药物和植物活性成分的测定等。大多数反应是在碱性介质中进行的。

三、过氧化草酸酯化学发光体系

草酸酯类化学发光体系的组分主要包括二芳基草酸酯、荧光试剂和氧化剂，常用的氧化

剂为 H_2O_2，两者之间通过发生化学反应，生成一种双氧基中间体储能物。在发光过程中荧光剂分子结构保持不变，其作用只是转移化学能和发散荧光。如果没有荧光物质存在，H_2O_2 与草酸酯反应稳定性很差。当向体系中加入荧光剂时，产生很强的化学发光，发光光谱与所加荧光剂的荧光光谱完全相同。

过氧化草酸酯化学发光体系是应用最广泛的发光体系之一。在此反应体系中，荧光体是能量接受体。该体系可测定葡萄糖、甲醛、甲酸、过氧化氢、多环芳胺类化合物和 Zn^{2+}、Cr^{6+}、Mo^{6+}、V^{5+} 等多种痕量金属离子。

四、四价铈化学发光体系

在酸性介质中，四价铈 Ce^{4+} 具有很强的氧化性能力，其氧化还原电位为 1.72 V，为强氧化性化学发光试剂之一。以 Ce^{4+} 作为氧化剂的化学发光体系，其介质不受 Cl^- 的影响，可以用 HCl 作为溶液酸度的调节剂。共存的 Cl^- 对测定没有干扰作用，所以 Ce^{4+}-CL 体系更适合于环境样品的测定。

Ce^{4+} 溶液颜色比较浅，光吸收能力小，可以通过加大浓度提高测定的灵敏度。另外，可在测定过程中加入增敏剂来提高方法的灵敏度，常用的增敏剂有罗丹明 B 和罗丹明 6G 等，该体系在药物分析、环境分析等领域被广泛应用。

五、光泽精化学发光体系

光泽精，化学名为 N,N-二甲基-9,9-联吖啶二硝基酸盐，分子式为 $C_{28}H_{22}N_4O_6$，是一种吖啶类化合物，在碱性条件下被氧化为四元环过氧化物中间体，之后裂解为激发态的吖啶酮，同时发出荧光，后返回基态。能发出绿色荧光，最大发射波长 470 nm 的光，$\varPhi_{CL}$ 为 1%~2%，具有较高的量子效率。

该体系可测定丙酮、羟胺、谷胱甘肽、果糖、维生素 C、多种酶和许多金属离子，尤其是鲁米诺体系不能测定的物质如 Pb^{2+}、Bi^{3+} 离子。

六、化学发光免疫分析法

化学发光免疫分析法（chemiluminseent immunoassay，CLIA）是根据放射免疫分析（RIA）的基本原理，将高度灵敏的化学发光与高度特异的免疫分析法相结合建立起来的一种高效非放射性检测手段。

CLIA 法将发光物质或酶标记在抗原或抗体上，免疫反应结束后，加入氧化剂或酶底物而发光，通过测量发光强度，根据标准曲线测定待测物的浓度。

CLIA 具有灵敏度高、发光标记物稳定、线性范围宽、精密度高、自动化程度高等优点。另外，CLIA 与其他分离系统如高效液相色谱、毛细管电泳的联合使用，也是目前化学发光免疫分析研究的重点方向。

第四节　化学发光在食品检测中的应用

化学发光方法通常是高度灵敏的，因为在没有噪声的情况下很容易监测低光照水平。此外，通常不需要滤波器或单色仪的辐射衰减。实际上，检测限通常不是由传感器的灵敏度决定的，而是由试剂的纯度所决定的。典型的检测限在十亿分之几（甚至更少）到百万分之几的范围内。

一、气体分析

用于测定气体成分的化学发光方法源自对测定大气污染物（臭氧、氮氧化物和硫化合物等）的高度灵敏方法的需求。使用最广泛的方法之一是通过反应测 NO，对 NO 浓度的线性响应为 1 μg/L~10g/L。化学发光法已成为监测从地面到海拔 20 km 处 NO 浓度的主要方法。

化学发光方法另一种重要的应用是监测大气中的臭氧。测定是基于当分析物与吸附在活化硅胶表面的染料若丹明 B 反应时产生的光。此法对小于 1 μg/L 的臭氧敏感。当臭氧浓度高达 400 μg/L 时，响应是线性的。也可以根据分析物与乙烯反应时产生的化学发光在气相中测定臭氧。

二、液相中无机物的分析

许多在液相中进行的分析利用了含有官能团的有机化学发光物质。这些试剂与氧气、过氧化氢和许多其他强氧化剂反应生成化学发光的氧化产物。鲁米诺是最常见的例子。在强碱的存在下，它与强氧化剂（例如 O_2、H_2O_2、ClO_4^- 和 MnO_4^-）的反应是为了使该反应以有用的速率进行，通常需要催化剂。产生的发射与产物 3-氨基邻苯二甲酸酯阴离子的荧光光谱相匹配。化学发光显示为蓝色，中心在 425 nm 附近。

三、有机物的测定

为了提高化学发光反应的选择性并将化学发光扩展至不直接参与此类反应的分析物，通常的做法是在化学发光步骤之前进行酶反应，该酶反应所需的分析物为底物，并且检测到其中一种产物通过化学发光。这通常是在装有固定化酶的反应器的流动系统中完成的。产 H_2O_2 的氧化酶通常用于预检测步骤。可以用几种不同的化学发光系统，但是大多数样品中已经存在必需的氧化剂（O_2）。假设通过酶进行定量转化，底物含量可低至 10~100 nmol/L，H_2O_2 也是如此。以这种方式检测到的底物包括葡萄糖、胆固醇、尿酸、氨基酸、醛和乳酸。该方法可以通过使用连续的酶步骤来扩展，以最终将分析物转化为等量的化学发光反应物。

鲁米诺加过氧化物酶催化剂是测定 H_2O_2 的理想反应介质。化学发光强度在 100 ms 左右达到峰值，溶剂为水，与某些有机组分相容。检测限约为 0.1 pmol/L。

思 考 题

1. 什么是化学发光？其原理是什么？
2. 化学发光测定技术中，根据发光试剂的不同，目前已建立的化学发光体系有哪些？
3. 化学发光方法在食品分析检测中主要应用在哪些方面？

第二十一章　红外光谱法

课件　　　思政

第一节　红外光谱法概述

红外吸收光谱（infrared absorption spectroscopy，IR），又称为分子振动-转动光谱。当样品受到频率连续变化的红外光照射时，分子吸收了某些频率的辐射，并由其振动或转动运动引起偶极矩的净变化，产生分子振动和转动能级从基态到激发态的跃迁，使相应于这些吸收区域的透射光强度减弱。记录红外光的百分透射比与波数或波长关系的曲线，就得到红外吸收光谱。

一、红外光区的划分

习惯上，按红外线波长将红外光谱分成 3 个区域：近红外区：$0.78 \sim 2.5 \ \mu m$（$12820 \sim 4000 \ cm^{-1}$），主要用于研究分子中的 O—H、N—H、C—H 键的振动倍频与组频。中红外区：$2.5 \sim 25 \ \mu m$（$4000 \sim 400 \ cm^{-1}$），主要用于研究大部分有机化合物的振动基频。远红外区：$25 \sim 300 \ \mu m$（$400 \sim 33 \ cm^{-1}$），主要用于研究分子的转动光谱及重原子成键的振动。

中红外区是研究和应用最多的区域，通常说的红外光谱就是指中红外区的红外吸收光谱。红外光谱除用波长 λ 表征横坐标外，更常用波数表征，纵坐标为百分透射比 $T\%$。

二、红外光谱法的特点

（1）特征性高：就像人的指纹一样，每一种化合物都有自己的特征红外光谱，所以把红外光谱分析形象地称为物质分子的"指纹"分析。

（2）应用范围广：从气体、液体到固体，从无机化合物到有机化合物，从高分子到低分子都可以用红外光谱法进行分析。

（3）用样量少，分析速度快，不破坏样品。

第二节　红外光谱基本原理

红外光谱法根据光谱中吸收峰的位置和形状来推断未知物的结构，依照特征吸收峰的强度来测定混合物中各组分的含量，已成为现代结构化学、分析化学最常用和不可缺少的工具。

一、产生红外吸收的条件

红外光谱是由于分子振动能级（同时伴随转动能级）跃迁而产生的，物质吸收红外辐射应满足两个条件：①辐射光具有的能量与发生振动跃迁时所需的能量相等；②辐射与物质之间有偶合作用。

当一定频率（一定能量）的红外光照射分子时，如果分子中某个基团的振动频率和外界红外辐射的频率一致，就满足了第一个条件。为满足第二个条件，分子必须有偶极矩的变化。已知任何分子就其整个分子而言，是呈电中性的，但由于构成分子的各原子因价电子得失的难易，而表现出不同的电负性，分子也因此而显示不同的极性。通常可用分子的偶极矩 μ 来描述分子极性的大小。设正负电中心的电荷分别为+q 和-q，正负电荷中心距离为 d（图 21-1）。

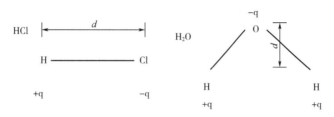

图 21-1　HCl 和 H_2O 的偶极矩

则［式（21-1）］：

$$\mu = qd \tag{21-1}$$

由于分子内原子处在其平衡位置不断振动的状态，在振动过程中 d 的瞬时值也不断地发生变化，因此分子的 μ 也发生相应的改变，分子也具有确定的偶极矩变化频率；对称分子由于其正负电荷中心重叠，$d=0$，故分子中原子的振动并不引起 μ 的变化。上述物质吸收辐射的第二个条件，实质上是外界辐射迁移它的能量到分子中，而这种能量的转移是通过偶极矩的变化来实现的。这可以用图 21-2 的示意简图来说明。

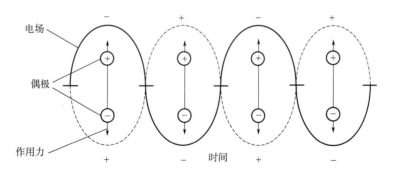

图 21-2　偶极子在交变电场中的作用示意图

当偶极子处在电磁辐射的电磁场中时，此电磁场作周期性反转，偶极子将经受交替的作用力而使偶极矩增加和减小。由于偶极子具有一定的原有振动频率，显然，只有当辐射频率与偶极子频率相匹配时，分子才与辐射发生相互作用（振动偶合）而增加它的振动能，使振动加激（振幅加大），即分子由原来的基态振动跃迁到较高的振动能级。可见，并非所有的振动都会产生红外吸收，只有发生偶极矩变化的振动才能引起可观测的红外吸收谱带，这种振动称为红外活性的, 反之则称为非红外活性的。

综上所述, 当一定频率的红外光照射分子时, 如果分子中某个基团的振动频率和它一样, 二者就会产生共振, 此时光的能量通过分子偶极矩的变化而传递给分子, 这个基团就吸收一定频率的红外光, 产生振动跃迁; 如果红外光的振动频率和分子中各基团的振动频率不符合, 该部分的红外光就不会被吸收。因此, 若用连续改变频率的红外光照射某试样, 由于该试样对不同频率的红外光的吸收与否, 使通过试样后的红外光在一些波长范围内变弱 (被吸收), 在另一些范围内则较强 (不吸收)。将分子吸收红外光的情况用仪器记录, 就得到该试样的红外吸收光谱, 如图 21-3 所示。

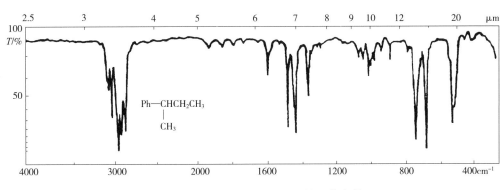

图 21-3 Ph-C(CH_3)HCH_2CH_3 的红外光谱

二、分子振动简介

(一) 双原子

分子振动: 分子中的原子以平衡点为中心, 以非常小的振幅 (与原子间的距离相比) 作周期性的简谐振动。这种分子振动的机械模型可以用经典方法来模拟, 如图 21-4 所示。

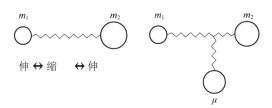

图 21-4 谐振子振动示意图

把双原子分子的两个原子看作质量分别为 m_1 和 m_2 的两个刚体小球, 连接两个原子的化学键设想成无质量的弹簧, 弹簧的长度就是分子化学键的长度, 近似看作谐振子。当外力 (相当于红外辐射能) 作用于弹簧时, 两个小球沿轴心来回振动, 由经典力学理论 (Hook 定律) 可导出该体系振动频率 $\tilde{v}$ (以波数表示) 的计算公式见式 (21-2):

$$\tilde{v} = \frac{1}{2\pi c}\sqrt{\frac{K}{\mu}} \qquad (21-2)$$

式中：K——弹簧力常数，即连接原子的化学键的力常数（两原子由平衡位置伸长 1Å 的恢复力），N/cm，见式（21-3）。

$$K = a \cdot N\left(\frac{X_a X_b}{d^2}\right) + b \tag{21-3}$$

式中：a、b——常数；

X_a、X_b——原子的电负性；

N——价键数；

d——平衡核间距。

μ 是两个小球（即两个原子）的折合质量（单位为 g），见式（21-4）。

$$\mu = \frac{m_1 m_2}{m_1 + m_2} \tag{21-4}$$

根据小球的质量和相对原子质量之间的关系，式（21-2）可写作式（21-5）：

$$\tilde{v} = \frac{N_A^{\frac{1}{2}}}{2\pi c}\sqrt{\frac{K}{M}} \tag{21-5}$$

式中：N_A——阿伏伽德罗常数；

M——折合原子量。

式（21-5）为分子的振动方程式。由此式可见，影响基本振动频率的直接因素是原子量和化学键的力常数。谐振子的振动频率和原子的质量有关，而与外界能量无关，外界能量只能使振动振幅加大（频率不变）。对于多原子分子中的每个化学键也可以看作一个谐振子。

（二）振动的量子化处理

为了便于理解，从宏观上用经典力学方法来处理分子的振动。但是，一个真实微观的粒子-分子的振动与弹簧小球体系是有区别的。弹簧和小球的体系中其能量变化是连续的，而真实分子的振动能量的变化是不连续的，是量子化的。

根据量子力学，分子的振动能见式（21-6）：

$$E = \left(V + \frac{1}{2}\right)hv_{振} \tag{21-6}$$

式中：V—振动量子数。

在光谱学中，体系从能量 E 变到能量 E_1，要遵循一定的规则，即选择定则，谐振子振动能级的选择定则为 $\Delta V = \pm 1$。由选择定则可知，振动能级跃迁只能发生在相邻的能级间。

将 $\tilde{v} = \frac{1}{2\pi}\sqrt{\frac{K}{\mu}}$ 代入式（21-6），得式（21-27）：

$$E = \left(V + \frac{1}{2}\right)\frac{h}{2\pi}\sqrt{\frac{K}{\mu}} \tag{21-7}$$

根据选择定则，可得任一相邻能级间能量差见式（21-8）：

$$\Delta E = \frac{h}{2\pi}\sqrt{\frac{K}{\mu}} \tag{21-8}$$

当照射的电磁辐射正好能使振动能级跃迁时见式（21-9）：

$$\tilde{v} = \frac{1}{2\pi c} \sqrt{\frac{K}{\mu}} \qquad (21-9)$$

由式（21-9）看出，分子固有振动频率也就是它所能吸收的辐射光的频率。

任何分子中的原子总是在围绕它们的平衡位置附近做微小的振动，这些振动的振幅很小，而振动的频率却很高（$v = 10^{13} \sim 10^{14}$ Hz），正好和红外光的振动频率在同一数量级。分子发生振动能级跃迁时需要吸收一定的能量，这种能量通常可由照射体系的红外光供给。由于振动能级是量子化的，因此分子振动只能吸收一定的能量，吸收能量后，从而使振动的振幅加大。这种吸收的能量将取决于键力常数（K）与两端连接原子的质量，即取决于分子内部的特征。这就是红外光谱可以测定化合物结构的理论依据。

（三）非谐振子的振动

由于双原子分子并不是所假想的理想谐振子，其势能曲线不是数学抛物线，实际势能随核间距距离的增大而增大，当核间距达到一定值，化学键断裂，分子离解成原子，势能成为常数。按照非谐振子的势能函数求解薛定谔方程，体系的振动能为：

$$E_V = \left(V + \frac{1}{2}\right) hcv - \left(V + \frac{1}{2}\right)^2 hcv + \cdots \qquad (21-10)$$

原子和分子与电磁波相互作用，从一个能量状态跃迁到另一个能量状态要服从一定的规律，这些规律称为光谱选律，它们是由量子化学的理论来解释的。简谐振动光谱选择定则为 $\Delta V = \pm 1$，即跃迁必须在相邻振动能级之间进行。最主要的红外跃迁是 $V_0 \rightarrow V_1$，称为本征跃迁。吸收频率 $v = \frac{1}{2\pi} \sqrt{\frac{K}{\mu}}$，与经典力学计算结果相同，本征跃迁产生的吸收带又称为本征吸收带或基频峰。真实分子的振动为近似的简谐振动，不严格遵守 $\Delta V = \pm 1$ 的选律，其振动的光谱选律为 $\Delta V = \pm 1$，± 2，$\pm 3 \cdots$ 在红外光谱中，振动跃迁从基态到第二激发态（$V = 2$）的吸收频率称为倍频，倍频吸收峰称为倍频峰。倍频峰的强度较弱。

多原子的各种键的振动能级之间可能有相互作用，当电磁波的能量正好等于两个基频跃迁的能量总和时，可同时激发两个基频振动从基态到激发态，即 $V = V_1 + V_2$，这种吸收称为合频，合频吸收峰强度比倍频更弱。

当电磁辐射能量等于两个基频跃迁能量之差时，也可能产生等于两个基频频率之差的吸收，即 $V = V_1 - V_2$，这种吸收称为差频。差频的吸收过程是一个振动状态，由基态跃迁到激发态，同时另一个振动状态由激发态跃迁到基态。由于激发态分子很少，所以差频吸收比合频更弱。合频和差频统称为组合频。倍频、合频、差频又统称为泛频。

（四）多原子分子的振动

多原子分子由于组成原子数目增多，组成分子的键或基团和空间结构的不同，其振动光谱比双原子分子要复杂得多，但是可以把它们的振动分解成许多简单的基本振动，即简正振动。

1. 简正振动

简正振动的状态是分子的质心保持不变。整体不转动，每个原子都在其平衡位置附近作简谐振动，其振动频率和相位都相同，即每个原子都在同一瞬间通过其平衡位置，而且同时达到其最大位移值。分子中任何一个复杂振动都可以看成这些简正振动的线性组合。

2. 振动的基本形式

分子振动一般分为伸缩振动和弯曲振动两大类。

（1）伸缩振动。

原子沿键轴方向伸缩，键长发生变化而键角不变的振动称为伸缩振动，用符号 ν 表示。它又分为对称（ν_s）和不对称（ν_{as}）伸缩振动。对同一基团来说，不对称伸缩振动的频率要稍高于对称伸缩振动。

（2）弯曲振动（或变形振动）。

基团键角发生周期变化而键长不变的振动为弯曲振动，又称为变形振动。弯曲振动又分为面内弯曲振动和面外弯曲振动。

面内弯曲振动：在几个原子构成的平面内进行的弯曲振动，用 β 表示。面内弯曲振动又分为：①剪式振动，即基团的键角交替地发生变化，似剪刀的开与闭，用 σ 表示。亚甲基的剪式振动表现为两个碳氢键间夹角的规律性变化；②面内摇摆振动，基团的键角不发生变化，基团作为一个整体在分子的对称平面内左右摇摆，用 ρ 表示。亚甲基的面内摇摆振动表现为两个碳氢键的同方向同角度的摆动，见图 21-5。

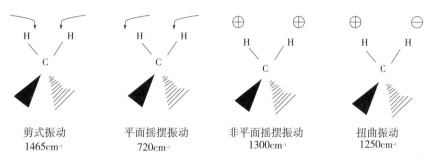

图 21-5　亚甲基的弯曲振动

面外弯曲振动：在垂直于几个原子构成的平面方向上进行的弯曲振动，用 γ 表示。也分为：①面外摇摆振动是分子或基团的端基原子同时在垂直于几个原子构成的平面内同方向振动，用 ω 表示。如亚甲基的两个氢原子同时做同向垂直于平面方向上的运动；②蜷曲振动是分子或基团的端基原子同时在垂直于几个原子构成的平面内反方向振动，用 τ 表示。如亚甲基两个氢原子同时做反向垂直于平面方向上的运动。

此外，还有骨架振动，由多原子分子的骨架振动产生，如苯环的骨架振动。

三、基本振动的理论数

简正振动的数目称为振动自由度，每个振动自由度对应红外光谱图上一个基频吸收峰。每个原子在空间都有 3 个自由度，如果分子由 n 个原子组成，其运动自由度就有 $3n$ 个，这 $3n$ 个运动自由度中，包括 3 个分子整体平动自由度，3 个分子整体转动自由度，剩下的是分子的振动自由度。

对于非线性分子，振动自由度为 $3n-6$，但对于线性分子，其振动自由度是 $3n-5$。例如水分子是非线性分子，其振动自由度 = 3×3−6 = 3。CO_2 分子是线性分子，振动自由度 = 3×3−5 = 4。

简正振动的特点是分子的质心在振动过程中保持不变，所有原子在同一瞬间通过各自的平衡位置，每一简正振动代表一种运动方式，有特定的振动频率。似乎都应有相应的红外吸收谱带。理论上每个振动自由度（基本振动数）在红外光谱区均产生一个吸收峰，但是实际上峰数往往少于基本振动数目。其原因：①当振动过程中分子不发生瞬间偶极矩变化时，不引起红外吸收；②频率完全相同的振动，彼此发生简并；③宽峰往往要覆盖与它频率相近的弱而窄的吸收峰；④吸收峰有时落在中红外区域以外；⑤吸收强度太弱，以致无法测定。

CO_2 分子理论上应有 4 种基本振动形式，但实际上只在 667 cm^{-1} 和 2349 cm^{-1} 处出现两个基频吸收峰。这是因为其中对称伸缩振动不引起偶极矩的改变，即非红外活性振动，没有红外吸收；面内弯曲振动 δ667 cm^{-1} 和面外弯曲振动 γ667 cm^{-1} 又因频率完全相同，吸收峰发生简并。

四、吸收谱带的强度

红外光谱的吸收谱带强度既可用于定量分析，也是化合物定性分析的重要依据。用于定量分析时，吸收强度在一定浓度范围内符合朗伯−比耳定律。用于定性分析时，根据摩尔吸收系数可以区分吸收强度级别。

基态分子中的很小一部分，吸收某种频率的红外光，产生振动能级跃迁而处于激发态。激发态分子通过与周围基态分子的碰撞等原因，损失能量而回到基态，它们之间形成动态平衡。跃迁过程中激发态分子占总分子的百分数，称为跃迁几率，谱带的强度即跃迁几率的量度。跃迁几率与振动过程中偶极矩的变化（$\Delta\mu$）有关，$\Delta\mu$ 越大，跃迁几率越大，谱带强度越强。

$$跃迁几率 = \left(\frac{4\pi^2}{h^2}\right)\left|\mu_{ab}\right|^2 E_0^2 \tau \qquad (21-11)$$

式中：E_0——红外电磁波的电场矢量；

μ_{ab}——跃迁偶极矩。

分子振动时偶极矩的变化不仅决定该分子能否吸收红外光，还关系到吸收峰的强度。根据量子理论，IR 的强度与分子振动时偶极矩变化的平方成正比。

最典型的例子是 C=O 基和 C=C 基。C=O 基的吸收是非常强的，常常是红外谱图中最强的吸收带；而 C=C 基的吸收则有时出现，有时不出现，即使出现，强度也很弱。它们都是不饱和键，但吸收强度的差别却如此之大，就是因为 C=O 基在伸缩振动时偶极矩变化很大，因而 C=O 基的跃迁几率大；而 C=C 基则在伸缩振动时偶极矩变化很小。

对于同一类型的化学键，偶极矩的变化与结构对称性有关。例如 C=C 双键在下述三种结构中，吸收强度的差别就非常明显：

① R—CH=CH$_2$ 　　　　　　$\varepsilon = 40$

② R—CH=CH—R′ 顺式 　　$\varepsilon = 10$

③ R—CH=CH—R′ 反式 　　$\varepsilon = 2$

对 C=C 双键来说，结构①的对称性最差，因此吸收较强，而结构③的对称性相对最高，故吸收最弱。另外，同一试样在不同的溶剂中或在不同浓度的同一溶剂中，由于氢键的影响以及氢键强弱的不同，使原子间的距离增大，偶极矩变化增大，吸收增强。例如，醇类—OH 基在四氯化碳溶剂中伸缩振动的强度就比在乙醚溶剂中弱得多，而在不同浓度的四氯化碳溶剂中，由于缔合状态的不同，强度也有很大的差别。谱带强度还与振动形式有关。

第三节　红外光谱仪

红外光谱仪的发展经历了 3 个阶段。1947 年，世界上第一台双光束自动记录红外分光光度计在美国投入使用。20 世纪 60 年代，采用光栅做单色器，但仍是色散型仪器，分辨率、灵敏度还不够高，扫描速度慢，这是第二代仪器。20 世纪 70 年代，随着傅里叶变换技术引入红外光谱仪，使其具有分析速度快、分辨率高、灵敏度高，以及波长精度高等优点。近年来，因 FTIR 体积减小，操作稳定、易行，简易。FTIR 仪的价格与一般色散型的红外光谱仪相当，已在很大程度上取代了色散型光谱仪，成为第三代仪器。

一、色散型红外光谱仪

色散型红外光谱仪的组成部件与紫外–可见分光光度计相似，但每一个部件的结构、所用的材料及性能等不同。它们的排列顺序也略有不同，红外光谱仪的试样是放在光源和单色器之间，而紫外–可见分光光度计是放在单色器之后。因为红外辐射没有足够的能量引起试样的光化学分解，这样的排列可使抵达检测器的杂散辐射量（来自单色器和吸收池）减至最小。由于红外光谱非常复杂，大多数色散型红外分光光度计一般都是采用双光束，这样可以消除 CO_2 和 H_2O 等大气气体引起的背景吸收。

1. 光源

通常是惰性固体，用电加热使之发射高强度的连续红外辐射。常用的是 Nernst 灯或硅碳棒。Nernst 灯是中空棒或实心棒，工作温度约 1700 ℃，在此高温下导电并发射红外线，但在室温下是非导体，因此在工作前要预热。其优点是发光强度高，尤其在 1000 cm^{-1} 以上的高波数区，使用寿命长，稳定性较好。

2. 吸收池

因玻璃、石英等材料不能透过红外光，红外吸收池要用可透过红外光的 NaCl、KBr、CsI 等材料制成窗片，但需注意防潮。固体试样常与纯 KBr 混匀压片，然后直接进行测定。

3. 单色器

单色器由色散元件、准直镜和狭缝构成。复制的闪耀光栅是最常用的色散元件，分辨率高，易于维护。红外光谱仪常用几块光栅常数不同的光栅自动更换，使测定的波数范围更为扩展且能得到更高的分辨率。

狭缝的宽度可控制单色光的纯度和强度。然而，光源发出的红外光在整个波数范围内不是恒定的，在扫描过程中，狭缝将随光源的发射特性曲线自动调节狭缝宽度，既要使到达检测器上的光的强度近似不变，又要达到尽可能高的分辨能力。

4. 检测器

由于红外光谱区的光子能量较弱，不足以引发光电子发射，故常用的红外检测器是高真空热电偶、热电检测器或光导电检测器。

5. 记录系统

红外光谱仪一般都有记录仪自动记录谱图。配有电子计算机控制仪器的操作、谱图中各种参数及谱图的检索等。

二、傅里叶变换红外光谱仪

随着光学、电子学，尤其是计算机技术的迅速发展，以光栅作为色散元件的红外光谱仪在许多方面已不能完全满足需要，20 世纪 70 年代出现了基于干涉调频分光的傅里叶变换红外光谱仪。这种仪器不用狭缝，因而消除了狭缝对于通过其光能的限制，可以同时获得光谱所有频率的全部信息。

傅里叶变换红外光谱仪没有色散元件，主要由光源、迈克尔逊干涉仪、检测器、电子计算机等组成。其光源与色散型红外光谱仪所用的光源相同，检测器为 TGS 或 MCT。核心是迈克尔逊干涉仪，即将光源来的信号以干涉图的形式送往电子计算机进行傅里叶变换的数学处理，最后将干涉图还原成光谱图。图 21-6 是傅里叶变换红外光谱仪的结构示意图。

图 21-7 是迈克尔逊干涉仪的工作原理图。图中 M_1 和 M_2 为两块互相垂直的平面镜，M_1 固定不动，M_2 则可沿图示方向做微小的移动，称为动镜。在 M_1 和 M_2 之间放置成 45°角。半透膜光束分裂器 BS 能将光源 S 发来的光分为相等的两部分，光束 Ⅰ 和光束 Ⅱ。光束 Ⅰ 穿过 BS 被动镜 M_2 反射，沿原路回到 BS 并被反射到达检测器 D；光束 Ⅱ 则反射到定镜 M_1，再由 M_1 沿原路反射回来通过 BS 到达检测器 D。这样，在检测器 D 上所得到的是 Ⅰ 光和 Ⅱ 光的相干光（图 21-7 中 Ⅰ 光和 Ⅱ 光应是合在一起的，为了说明和理解方便，才分开绘成 Ⅰ 和 Ⅱ 两束光）。如果进入干涉仪的是频率为 v_1 的单色光，开始时，因 M_1 和 M_2 离 BS 距离相等（此时称 M_2 处于零位），Ⅰ 光和 Ⅱ 光到达检测器时位相相同，发生相长干涉，亮度最大。当动镜 M_2 移动入射光的 $\lambda/4$ 距离时，则 Ⅰ 光的光程变化为 $\lambda/2$，在检测器上两光位相差为 180，则发生相消干涉，亮度最小。当动镜 M_2 移动 $\lambda/4$ 的奇数倍，则 Ⅰ 光和 Ⅱ 光的光程差为 $\pm\lambda/2$，$\pm3\lambda/2$，$\pm5\lambda/2$ 等时（正负号表示动镜从零位向两边的位移），都会发生这种相消干涉。同样，M_2 位移 $\lambda/4$ 的偶数倍时，即两光的光程差为 λ 的整数倍时，则都将发生相长干涉。而部分相消干涉则发生在上述两种位移之间。因此，匀速移动 M_2，即连续改变两束光的光程差时，在检测器上记录的信号将呈余弦变化，每移动 $\lambda/4$ 的距离，信号则从明到暗周期性地改

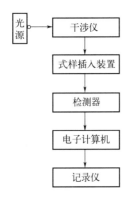

图 21-6　傅里叶变换红外光谱仪的结构示意图

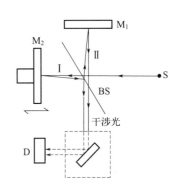

图 21-7　迈克尔逊干涉仪的工作原理图

变一次［图 21-8（a）］。图 21-8（b）是另一入射光频率为 v_2 的单色光所得干涉图。如果是两种频率的光一起进入干涉仪，则得到两种单色光干涉图的加合图［图 21-8（c）］。当入射光为连续波长的多色光时，得到的是中心极大并向两侧迅速衰减的对称干涉图［图 21-8（d）］。这种多色光的干涉图等于所有各单色光干涉图的加合。当多色光通过试样时，由于试样对不同波长光的选择吸收，干涉图曲线发生变化。但这种极其复杂的干涉图是难以解释的，需要经电子计算机进行快速傅里叶变换，就可得到所熟悉的透射比随波数变化的普通红外光谱图。

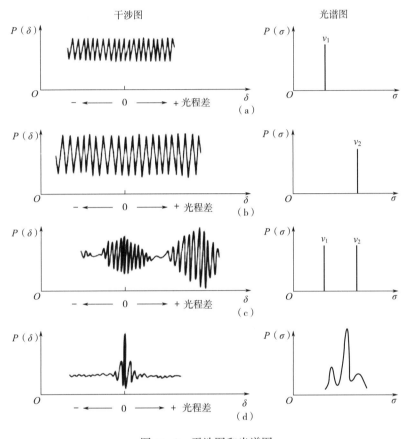

图 21-8 干涉图和光谱图

傅里叶变换红外光谱仪有如下优点：①多路优点。FTIR 仪采用干涉仪分光取得光谱信息。其测量速度较色散型要快数百倍，既有利于光谱的快速记录，又会改善信噪比。FTIR 仪特别适于与 GC、HPLC 仪联机使用，也可用来观测瞬时反应。②辐射通量大。FTIR 仪没有狭缝的限制，辐射通量只与干涉仪的平面镜大小有关，因此在同样的分辨率，其辐射通量比色散型仪器大得多，从而使检测器接收到的信号和信噪比增大，因此灵敏度很高，检测限可达 $10^{-9} \sim 10^{-12}$ g。③波数准确度高。由于将激光参比干涉仪引入迈克逊干涉仪，用激光干涉条纹准确测定光程差，从而使 FTIR 仪测定的波数更为准确。④散光低。在整个光谱范围内杂散光低于 0.3%。⑤可研究很宽的光谱范围。FTIR 仪可研究中红外和远红外光区，即 $10000 \sim 10$ cm^{-1}，这对测定无机化合物和金属有机化合物十分有利。⑥具有高的分辨能力。一般色散型仪器的分辨能力为 $3 \sim 0.2$ cm^{-1}，而 FTIR 仪能达到 0.1 cm^{-1}，甚至可达 0.005 cm^{-1}。因此可以研究因振动和转动吸收带重叠而导致的气体混合物的复杂光谱。此外，FTIR 仪还适于微少试样的研究，是近代化学研究中不可缺少的基本设备。

第四节　红外光谱在食品安全领域中的应用

红外光谱法是鉴别化合物和确定物质分子结构的常用手段之一。随着计算机技术的高速发展，出现了光声光谱、时间分辨光谱和联用技术，红外与色谱联用可以进行多组分样品的分离和定性；与显微镜联用可进行微区（10 μm×10 μm）和微量（10^{-12} g）样品的分析鉴定；与热重联用可进行材料的热重稳定性研究；与拉曼光谱联用可得到红外光谱弱吸收的信息。这些新技术为物质结构的研究提供了更多的手段，使红外光谱法广泛地应用于高分子化学、食品、化工、材料、生物、环境等领域。

IR 在食品化学领域中的应用大体上可分为两个方面：一是用于分子结构的基础研究。应用 IR 可以测定分子的键长、键角，以此推断出分子的立体构型；根据所得的力常数可以知道化学键的强弱；由简正频率来计算热力学函数，如图 21-9 所示。二是用于物质化学组成的分析。IR 最广泛的应用在于分析物质的化学组成。

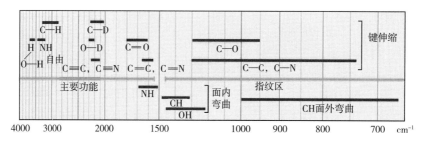

图 21-9　主要官能团的 IR 范围和指纹区

思　考　题

1. 什么是红外吸收光谱？有哪些特点？
2. 红外光谱的基本原理是什么？
3. 傅里叶变换红外光谱仪的优点有哪些？
4. 红外光谱法在食品分析检测中的应用有哪些？

第二十二章　高光谱图像检测技术

高光谱图像技术结合了光谱技术与计算机图像技术的优点，可获得大量包含连续波长光谱信息的图像块，其图像信息可检测食品的外部品质，光谱信息则可用于食品内部品质的检测，达到根据食品内、外部综合品质进行分类的目的。高光谱成像技术是食品工业无损检测的未来发展趋势。

1980 年 A. F. H. Goetz 等人在对机载成像光谱仪改进的遥感技术的重要改革中提出了高光谱图像的概念，如今高光谱图像技术已经发展为覆盖了上百条光谱通道、像素点携带波谱信息量丰富的高分辨率检测技术。高光谱图像系统包括数字摄像机和光谱仪，图像技术和光谱技术的结合使高光谱图像技术可以同时分析目标样本的物理和化学特征，因此，在食品工业中经常被用来进行样本的识别、分类和瑕疵检测。

一、高光谱图像技术原理

通常认为，光谱分辨率在 $10^{-1}\lambda$ 数量级范围内称为多光谱（multi-spectral），在 $10^{-2}\lambda$ 数量级范围内称为高光谱（hyper-spectral），在 $10^{-3}\lambda$ 数量级范围内称为超光谱（ultra-spectral）。高光谱图像技术结合了图像技术和光谱技术的各自优点，可同时获得待测样品的图像信息和光谱信息。不仅可以对待测样品的外观表面特性进行检测，而且能对内部特性进行检测，同时也利用计算机图形与光谱技术两者的长处，对研究对象的内外部特征进行可视化分析。高光谱图像技术获取的样品图像可以克服样品因化学信息分布不均造成的测试误差，同时样品的测试位置对测量的影响也会减少，其丰富的图像信息对样品的鉴定有很大帮助。高光谱图像光源的波谱范围可以在紫外波段（200~400 nm）、可见光波段（400~760 nm）、近红外波段（760~2560 nm）以及波长大于 2560 nm 的波段获取大量窄波段连续光谱图像数据，为每个像素提供一条完整并连续的光谱曲线。样本获取的图像是一个三维图像，二维是它的空间信息，三维是它的波长信息，其波长分辨率通常精度可达到 2~3 nm。高光谱图像技术获取三维图像的方法可以分为两种：一种是连续性采集一系列波段光谱图像完成三维立方图像；另一种是用一条线扫描完整光谱范围内的样本空间信息，即"推扫式"成像方法。图像信息可以反映样本表面特征信息，如特征不同，其对应的光谱信息也不同。在某个特定波长下，感兴趣区域与正常区域之间的光谱值会有很大的差异。

二、高光谱图像采集系统

高光谱图像采集系统装置如图 22-1 所示。整个采集系统由成像光谱仪、CCD 相机、位移控制平台、150 W 的光纤卤素灯光源、减少外界光源影响的暗箱和用于数据分析的计算机组成。

三、高光谱图像数据处理技术

高光谱图像技术在信息量上有着很多的独特性和优越性，首先要解决的关键问题是如何

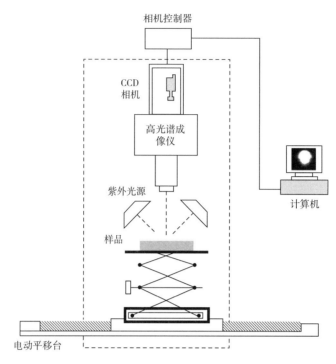

图 22-1　高光谱图像采集系统示意图

获取高光谱图像的最佳波段。在提取最佳波段过程中，数据降维是运用比较广和有效的方法，该方法可以在不损失重要信息的前提下提取能够反映原始信息的数据。最常见的数据降维方法主要有主成分分析法、特征波段法、判别分析法等。数据经降维处理后，利用相关分析法、主成分分析法、独立分量分析法、二次差分分析法、逐步多元回归等方法来获取最优波段，最后建立基于高光谱图像信息的预测模型，从而实现对样品特性的检测。

四、高光谱图像系统在食品检测中的应用

高光谱图像技术应用于食品检测方面的检测模式一般分为反射光成像模式、荧光成像模式、透射光成像模式。

（一）高光谱反射光成像模式在食品检测方面的应用

反射成像模式是高光谱图像技术中研究最多的，一般使用的波段是可见-近红外（400～1000 nm）或者近红外（1000～1700 nm），常用来检测水果表面瑕疵、排泄物污染和内部质量、蔬菜和肉制品的质量。如用 900～1700 nm 的近红外高光谱反射成像技术对苹果表面的凹陷进行检测，用偏最小二乘法建立校正模型，用阈值分割处理图像，该系统能够检测到肉眼无法检测到的凹陷。用 400～1000 nm 的可见-近红外高光谱反射成像技术检测草莓内部含水量、总可溶性固形物、酸度，并对草莓的成熟阶段进行评价，利用全波段建立的偏最小二乘预测模型和最佳波段建立的多元线性回归预测模型进行预测。

（二）高光谱荧光成像模式在食品检测方面的应用

当高强度的紫外线照射玉米时，能检测到明亮的黄绿色荧光（BGYF），这表明可能存在

黄曲霉。以中心波长为 365 nm 的紫外光激发待测玉米，检测到黄绿色荧光，是检测是否有黄曲霉毒素污染分析的第一步。

（三）高光谱透射光成像模式在食品检测方面的应用

透射光成像模式在食品检测方面的研究比较少，但高光谱透射光成像模式对在线检测食品内部损坏、缺陷有很大的应用前景。用高光谱透射成像技术对樱桃的凹陷进行检测，光源安装在待测樱桃载物台的下面，光透射穿过待测樱桃被检测器捕捉到并进行检测。

目前，采用高光谱图像技术检测食品的性质只能在实验室内实现，将其应用到实际生产上有一定的局限性。因此，进一步研究高光谱图像的特征波段和低成本的图像系统是将来的发展趋势之一。

思 考 题

1. 什么是高光谱图像检测技术？其原理是什么？
2. 高光谱图像技术在食品检测中有哪些应用？

第二十三章　拉曼光谱法

思政

拉曼光谱是一种基于拉曼散射效应的光谱分析技术，类似于红外光谱，是一种振动光谱，会产生独立的分子光谱，可作为化合物和混合物的指纹图谱以提供结构分析，已用于鉴定有机、无机和生物样品。拉曼光谱具有无损、操作简单、检测速度快、不破坏样品结构、不受水干扰、无须样品制备、灵敏度高、可在线检测等优点，可以从固体、液体、气体以及薄膜和粉末中测量，正越来越多地应用于食品安全的基础研究和工程领域。

第一节　拉曼光谱基本原理

印度物理学家 Charndrasekhara Raman 于 1928 年首先发现了非弹性散射光现象并将其命名为拉曼效应。拉曼将强汞灯发出的光发射到苯中，发现从样品中射出的散射光包含一个新的波长，该波长与汞源波长不同，他将这种以前看不见的散射光谱轮廓称为拉曼光谱。拉曼使用分光镜和滤光片来阻拦汞光源，以确定散射光的波长与汞光源的波长不同。拉曼进一步证明这种效应发生在更多的分子中。当改变激发光的波长时，对于给定的分子，激发光和发出的新光之间的频率差保持不变，他认为激发光和发出的新光之间的频率差对于所研究的每个分子都是独特的。

当入射光照射到气体、液体或固体的待测物质表面时，入射光的光子与物质中的分子之间会发生相互作用，光子向各个方向散射，同时产生弹性和非弹性散射。若入射光的光子仅改变物质分子的运动方向，而未进行能量交换，此时散射光的频率与入射光的频率相同，入射光和散射光之间的波长差为零，是弹性散射，也称瑞利散射。此过程中入射光从基态跃迁到虚态，散射光从虚态回到基态。

在入射光与物质碰撞过程中，有少量光子会与物质分子发生非弹射碰撞，入射光子由于分子内振动能级的变化而向分子传递能量或从分子中获取能量，此时入射光会同时改变分子的运动方向和频率，散射光的频率不等于入射光的频率，散射信号会减弱或增强，则是非弹性散射，也被称作拉曼散射（raman scattering，RS）。

拉曼散射分为斯托克斯散射和反斯托克斯散射。当入射光照射到物体表面时，若光子能量传递给分子，散射的频率比入射光的频率低，而分子会跃迁回到比基态较高的能级，并产生斯托克斯线，即发生了斯托克斯散射；相反，若分子的能量传递给光子，增加能量时，分子能量减小从而跃迁到比基态较低的能级，散射光的频率比入射光的频率高，并产生反斯托克斯线，即发生了反斯托克斯散射。它们均匀地分布在瑞利散射线的两边。

两种拉曼散射效应的示意图如图 23-1 所示。瑞利散射的强度是入射光的 10^{-3} 倍，而拉曼散射的强度是入射光的 $10^{-8} \sim 10^{-6}$ 倍，实验中所指的拉曼散射通常是斯托克斯散射。

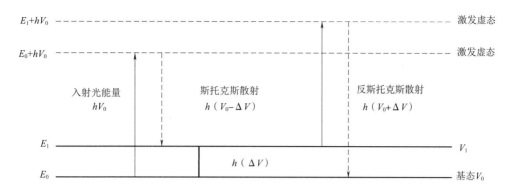

图 23-1 瑞利和拉曼散射（斯托克斯和反斯托克斯）

入射光子和散射光子之间的能量差对应于激发特定分子振动所需的能量，对这些散射光子进行检测即可得到拉曼光谱。不同的波段对应不同官能团的振动频率。因此，根据分子的化学键及其特定的振动频率，每个分子都有一个独特的光谱，称为"指纹"。

拉曼光谱可利用散射光获取分子振动信息，而分子振动可提供分子结构、对称性、电子性质等信息。因此，拉曼光谱波已成为研究分子结构的一个很有前途的选择。

第二节 拉曼光谱仪

色散拉曼光谱仪的基本组成部分是辐射源、波长鉴别器、滤波器和检测器，如图 23-2 所示。使用拉曼仪时的基本选择是激光波长和功率、光栅、滤波器和光谱仪中检测器类型（还包括冷却类型）。

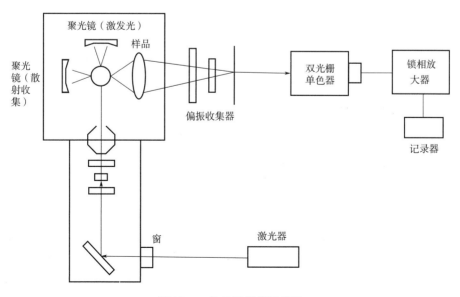

图 23-2 拉曼光谱仪示意图

激光通过线性滤波器，滤光片减少了滤光片窄带外的激光量。激光被引导至线性波滤波器上。这种光学器件以激光波长反射，并传输其他波长。激光入射到透镜上，使光聚焦到样品上。拉曼光（和散射激光）离开样品，并由透镜收集。拉曼信号通过陷波器发送，以减少收集的拉曼信号中瑞利散射激光的数量，从而不会干扰测量。拉曼光被送入光谱仪，光谱仪内装有镜子和一个或多个衍射光栅。光栅在空间上分离不同波长的光，这些光被定向到阵列检测器上。光谱仪通常不会直接与激光器对齐，即使使用激光阻挡滤光片，也会有大量激光进入检测器。

一、辐射源

拉曼光谱的辐射源是激光器。使用激光源是因为需要较高的光源强度来产生相对较弱的拉曼散射。常见的激光源包括氩离子激光器（波长 488 nm 或 514 nm）、二极管激光器（785 nm 或 830 nm）等。拉曼仪通常使用连续波激光器，而不是脉冲激光器。一般说来，拉曼谱线的强度与激发功率成线性关系，拉曼信号强度 I_{Raman} 与激发光波长 λ_{exc} 成正比。激发光波长越短，拉曼信号越大。

拉曼信号强度取决于所使用的激光功率和聚焦光斑的大小。激光的发射波长不应该接近样品的电子跃迁。波长越短，荧光的可能性就越大；当激光源接近分析物中的吸收带时，就有可能发生荧光，干扰拉曼信号。

二、波长分辨和拉曼光谱仪分辨率

在拉曼光谱中，波长鉴别通常用衍射光栅来完成。高分辨率拉曼仪器将利用多幅图像，以达到几分之一厘米或更少的分辨率。所研究化学体系的性质将取决于所需的分辨率类型。

拉曼仪中光栅的槽间距可以从标准仪器的约 1200 行/mm 到高分辨率仪器的 6000 行/mm。一般使用常规反射直纹光栅和体相全息光栅，允许较少的杂散光到达检测器。由于拉曼信号非常微弱，因此降低检测器上的杂散光水平非常重要，因为即使很小百分比的激发光也会淹没拉曼信号。

光栅的长度以及光栅到检测器的距离。对于给定的焦距，光栅单位长度的线越多，分辨率就越高。分光计的焦距越长，色散元件在阵列检测器上提供单个波长空间分离的路径长度就越大。对于非常小的便携式光谱仪，很难设计长焦距的光谱仪。因此，需要更高分辨率的图像。

三、过滤器

滤光片通常放置在单色仪之前，以阻挡瑞利散射激光的激发。这些滤光片吸收或反射激光非常重要，允许非常接近激光的拉曼信号光进入光谱仪。常用薄膜陷波器或边缘滤波器，陷波滤波器在较窄的波长范围内吸收很强，而边缘滤波器在低于边缘波长的波长下吸收很强。

四、检测器

传统的检测器通常采用光电倍增管（PMT），而现代拉曼光谱仪使用阵列检测器。被光栅光谱分离的光被送到阵列检测器上，在那里每个波长都被同时测量。阵列方法的优点是整个光谱的测量只需几秒即可完成。现代拉曼光谱仪中最常用的检测器是硅电荷耦合器件（CCD）检测器。FTRaman 常用的检测器为 Ge 或 InGaAs 检测器。

第三节　拉曼光谱技术

一、表面增强拉曼光谱

拉曼光谱是一种能够表征分子振动能级的光谱，但其散射强度较弱。拉曼光谱散射截面是每个分子 $10 \sim 30$ cm^2，而荧光有效色散射截面为 $10^{-17} \sim 10^{-16}$ cm^2，因此易受到荧光干扰。1974 年，Fleischmann 等研究发现吸附在 Au、Ag 溶胶上的吡啶分子能获得强烈的拉曼信号。1977 年，Van Duyne 等提出，如果该分子被吸附在粗糙的电极表面，其拉曼信号将比液体中单个分子的信号强 $10^4 \sim 10^6$ 倍，且增强取决于激发波长和金、银溶胶的尺寸大小，并称为表面增强拉曼散射效应（surface enhanced raman spectroscopy，SERS）。

SERS 有两种增强机制。物理增强，又称作电磁场增强，是指当入射光照射在粗糙的金属基板上时，会产生局部电场。当物质在电场内，拉曼散射增强。电磁场的增强主要取决于激发波长、金属纳米粒子的尺寸及金属纳米粒子之间的间隔。电磁场强度正比于入射光频率的四次方。化学增强，是指在光电场条件下，被吸附的底物与探针分子由某类化学键连接，使得探针分子的电子云变形更容易，即改变了分子系统的极化率，从而取得了增强效果。换句话说，金属基材表面与吸附分子当中的电荷转移、成键作用都会改变拉曼信号的强度。

二、共振拉曼光谱

拉曼散射中，当激发光频率与待测分子的某个电子吸收峰接近或重合时，由于电子跃迁和分子振动的耦合，散射截面突然增大，从而使某些特定的拉曼散射强度增强 $10^4 \sim 10^6$ 倍，产生共振拉曼散射（resonance raman scattering，RRS）效应。

普通拉曼光谱的光源选择是不受限制的，即任何波长都可以对物质样本进行拉曼检测。一般地，在对同一种物质进行检测时，由不同激发光得到的拉曼谱信息基本是相同的。尽管共振拉曼光谱收集到的光谱峰较少，但峰所具有的分辨率却比较高。与常规拉曼光谱相比，由于激发波长和电子跃迁吸收波长的重叠，RRS 显著提高了灵敏度和选择性，因此，它可以选择性地分析复杂体系中相对较少的分子，为混合物中的单个组分提供更多的指纹信息，非常有利于定量分析。

共振拉曼能够对微克每升至毫克每升（$\mu g/L \sim mg/L$）浓度范围内的痕量物质进行检测。由于共振拉曼散射主要由激发波长所决定，进行检测时，要严格地选择激发光源，即激发波长频率必须在分子电子吸收带波长附近、光源单色性好、激发光要尽可能强和会聚。

三、傅里叶变换拉曼光谱

FT-Raman 仪是在傅里叶变换红外光谱（FTIR）仪的基础上，附加 FT-Raman 附件组成的。现已有独立的 FT-Raman 仪光源采用掺钕钇铝石榴石（Nd：YAG）激光器，波长 1064

nm。为了调校仪器时安全方便，另加了一个 He-Ne 激光器使其输出光束，通过光束复合器与波长为 1064 nm 的激光共线，调校时只需以 He-Ne 激光为准。对散射光的检测由干涉仪傅里叶变换系统完成。位于试样光路和干涉仪之间或干涉仪与检测器之间的介质膜滤光片能够降低干涉仪的瑞利散射光强度。因检测器采用高灵敏度的铟镓砷（InGaAs）探头，并在液氮冷却下工作，所以降低了检测器的噪声。

与激光拉曼光谱及红外光谱相比，属无损分析，FT-Raman 有以下特点：①能避免荧光干扰；②测量精度高；③可消除瑞利谱线；④操作方便、试样用量极少；⑤测量速度快；⑥测频范围宽，对 C＝C 、 C≡C 、 S—S 、 C＝S 、 P—S 等红外弱谱峰很灵敏，能出现强峰。

第四节　拉曼技术在食品检测中的应用

拉曼光谱是由分子极化率的改变引起的，属于分子振动光谱。斯托克斯散射与入射光频率之间的差值为 $\Delta\nu$，即拉曼位移与入射光频率无关，仅取决于分子振动跃迁的能级变化，因此可以提供不同分子振动或转动频率的信息。

一、定性方法

通过软件将拉曼光谱（峰的拉曼位移频率和相对峰大小）与已知分子的大范围拉曼光谱进行比较，可有效分辨分子内对应的不同化学键和官能团的特征性振动，可以确定样品的分子结构，这种定性技术被称为指纹识别。也可以简单地将测量的拉曼峰频率与列出拉曼波段的位置进行比较。通过分析拉曼光谱的位移、强度以及数目等方面的指标，可分析物质分子的结构及其随时间发生的变化。

二、定量分析

拉曼信号强度与拉曼活性分子的浓度成正比，通过比较拉曼信号和校准曲线，可以确定拉曼活性分子的浓度。

三、拉曼分析在食品检测中的应用

拉曼光谱在食品领域目前主要用于食品安全检测，如农药残留、鉴别掺假、非法添加等。拉曼光谱也可用于食品的分类鉴别研究。采用拉曼光谱技术对咖啡豆品种进行鉴别。利用拉曼光谱技术建立了食用油种类的定性分析模型。拉曼光谱还可用于食品品质的评价。通过拉曼光谱结合化学计量学方法，对 100 多种油脂进行了分类。检测了橄榄油掺假。

拉曼光谱技术具有以下特点：①由于水和玻璃的拉曼散射很微弱，背景误差很小，水是拉曼光谱分析的优良溶剂。测量用的器件和样品池材料可以用玻璃或石英制作。②拉曼光谱只与分子能级相关，而与入射光的频率无关，因此可以选择适当频率的入射光进行测定。③单独一台拉曼光谱仪就可以覆盖整个振动频率范围（50～4000 cm^{-1}）。④拉曼光谱谱峰清晰尖锐，更适合定量研究、数据库搜索以及运用差异分析进行定性研究。在化学结构分析中，独立的拉曼区间的强度可以和功能基团的数量相关。⑤聚焦部位的激光束直径只有 0.2~2 nm，只需要少量样品就可以分析。拉曼显微镜物镜可将激光束进一步聚焦至 20 μm 甚至更小，可分析更小面积的样品。

<h1 style="text-align:center">思　考　题</h1>

1. 什么是拉曼光谱？有什么特点？

2. 拉曼光谱的基本原理是什么？

3. 拉曼光谱仪的基本结构包含哪几部分？常用的辐射源是什么？其常用什么检测器？

4. 拉曼光谱技术都有哪些类型？其特点分别是什么？拉曼光谱技术应用在哪些领域？

第二十四章 原子吸收光谱学、原子发射光谱学和电感耦合等离子体质谱法

课件　　　思政

自然界和食品中存在着必需营养素和毒性元素，必需营养素包括钠、钾、氯、钙、铬、铜、氟、碘、铁、镁、锰、钼、磷、硒、锌；毒性元素包括铅、汞、铝、碲、镉、砷、铊。由于含有高浓度的食品组分（如碳水化合物、蛋白质和脂肪）和其他可能干扰的矿物元素，准确测定食品基质中矿物质元素的浓度一直是一项重大挑战。

原子光谱分析法（atomic spectroscopy，AS）是分析化学中最常用的元素成分分析法，主要包括原子发射光谱法（atomic emission spectroscopy，AES）、原子吸收光谱法（atomic absorption spectroscopy，AAS）、原子荧光光谱法（AFS）、原子质谱法（AMS）和 X 射线荧光光谱法（XRF），前 4 种仅涉及原子外层电子的跃迁或电离，而后一种方法涉及原子内层电子的跃迁，所用仪器设备也有很大差异。

原子光谱法主要用于测定矿物元素，与传统的湿法消化化学方法相比，原子光谱法能快速、准确地测定复杂基体（如食品）中的微量元素浓度。如 AAS 可定量分离良好的中性原子对电磁辐射的吸收；AES 可定量激发态原子的辐射激发。AAS 和 AES 对每一种元素的原子吸收光谱和发射光谱都是独特的，因此即使存在其他成分，AAS 和 AES 都能精确测定矿物元素。电感耦合等离子体（inductively coupled plasma-mass spectroscopy，ICP）作为发射光谱的激发源，进一步扩大了快速测定单一样品中多个元素的能力。ICP 与 MS 的联用能够以极低的检出限测量矿物元素，且能够分离和定量同一元素的多个同位素。

第一节　原理

一、原子中的能级跃迁

原子吸收光谱是基态原子从辐射源吸收能量产生的。原子发射光谱是由处于激发态的中性原子返回基态或低能态时发射能量产生的。原子吸收或发射离散波长的辐射，是因为原子中电子的容许能级是固定和不同的。换言之，每一元素都有一组独特的允许电子跃迁状态，即独特光谱，即使在其他元素存在下也能准确地识别并定量。

吸收光谱，跃迁主要涉及基态原子的激发，所以跃迁的次数相对较少。当处于各种激发态的电子能量降级时，包括但不限于基态时，就会发生发射。因此，发射光谱比同一元素的吸收光谱更多。电子从基态激发到能量最低的激发态（称为第一激发态），为共振激发，产生的谱线称为共振吸收线。当电子从共振激发态跃迁回基态，称为共振跃迁，所发射的谱线

称为共振发射线。

二、原子化

原子光谱法要求所研究元素的原子处于原子状态（未与化合物中其他元素结合），并且在空间中被很好地分离。在食品中，几乎所有的元素都是以化合物或配合物的形式存在。因此，在原子吸收或者发射测定前，必须将其雾化为中性原子。雾化是通过将含有待分析物的溶液以细雾形式暴露于高温下，通常为火焰或等离子体中。溶剂快速蒸发，使被分析物的固体颗粒蒸发并分解成可吸收辐射（原子吸收）或受到激发然后发射辐射（原子发射）的原子。

元素在火焰或者等离子体中的原子化过程：元素的化合物溶液经脱溶剂为固态化合物，蒸发为蒸汽状态，经原子化为元素的原子状态，离子化为离子。3种常用的雾化样品方法和温度范围如表24-1所示。

表24-1　待分析物原子化的方法和温度范围

原子化的能量来源	原子化的温度范围/K	分析方法
火焰	2000~3400	AAS、AES
电热	1500~3300	AAS（石墨炉）
电感耦合氩等离子体	6000~7000	ICP-OES、ICP-MS

第二节　原子吸收光谱学

一、概述

原子吸收光谱法是基于测定物质所产生的基态原子蒸气对待测元素特征谱线的吸收作用来进行定量分析的一种方法，是测定微量和痕量元素的有效方法。早在19世纪初就发现了原子吸收现象，但作为一种分析方法是1955年由澳大利亚Walsh正式提出。近几十年来，原子吸收光谱法得到了迅速发展，趋于成熟。

原子吸收光谱法是一种重要的元素分析方法，其特点如下：①不论该元素以何种形式存在，都能测定该元素的总量。例如，水样中的Cd可以以氯化物、硫酸盐、硝酸盐、配位化合物、金属有机化合物等多种形式存在，用原子吸收法测量得到的是各种存在形式Cd的总量。②选择性好。原子吸收是对该原子特征辐射的吸收，光谱简单，因而不同元素原子之间的谱线重叠的概率很小，所以，AS的选择性高，干扰较少。③检出限低，灵敏度高。如火焰原子吸收法检出限可达ng/mL级，石墨炉原子吸收法可达到$10^{-13} \sim 10^{-14}$。④准确度高。火焰法的相对误差小于1%，非火焰法一般为3%~5%。⑤应用范围广，能够对70多种元素进行定量分析。⑥仪器设备相对较简单，操作简便，易于掌握。

二、原子吸收光谱法的基本原理

在AAS中，雾化器-燃烧器系统可将样品溶液转化为原子蒸气，样品必须在溶液（通常是水溶液）中才能用火焰原子吸收光谱法分析。样品溶液被雾化（分散成微小液滴），与燃料和氧化剂混合，在燃料氧化产生的火焰中燃烧。当样品溶液经脱溶剂、蒸发、雾化和电离后，原子和离子在火焰的最炽热部分内形成。同一元素的原子和离子吸收不同波长的辐射，产生不同的光谱。因此，最好选择一个能最大限度地雾化和最小限度电离的火焰温度，因为原子吸收光谱仪是用来测量原子吸收而不是离子吸收的。

一旦样品在火焰中雾化，通过测定经过火焰辐射束的衰减（强度下降）来定量被分析元素，这是由于待分析元素对入射辐射的原子吸收。为了使测量对待分析元素具有特异性，理想的辐射源应该发射只有待分析元素才能吸收的精确离散波长的辐射，通过使用带有待测元素制作的阴极灯来实现。因此，从灯发出的辐射光束就是该元素的发射光谱。目的谱线是通过使光束通过单色仪来隔离的，只有非常窄的波段宽度的辐射才能到达检测器。通常，选择最强的谱线之一，如钠，单色器设置为通过波长为 589.0 nm 的辐射。需要注意的是，离开火焰的辐射强度小于来自光源的辐射强度。这是因为火焰中的样本原子会吸收部分辐射，源辐射的线宽小于吸收光谱中相应的线宽。这是因为火焰的温度越高，线宽就越宽。

待分析元素吸收的辐射量由比耳定律给出，见式（24-1）：

$$A = \log\left(\frac{I_0}{I}\right) = abc \qquad (24-1)$$

式中：A——吸光度；

I_0——火焰的入射辐射强度；

I——火焰的发射辐射强度；

a——摩尔吸光系数；

b——通过火焰的路径；

c——火焰中原子浓度。

很明显，吸光度与火焰中原子浓度直接相关。

电热（石墨炉）原子吸收光谱原理：除雾化过程外，电热原子吸收光谱与火焰原子吸收光谱完全相同。在电热原子吸收光谱法中，样品在石墨管（通常称为石墨炉）内分阶段电加热，以实现雾化。该管与待雾化样品吸收的辐射光束路径对齐，并测定吸光度。石墨炉法要求样品尺寸更小和检测限更低，缺点是石墨炉成本高、样品处理量低、基质干扰大、精度低。

（一）共振吸收原理

原子通常处于能量最低的基态，当光辐射通过特定条件产生原子蒸气时，如果光子能量恰好等于原子的基态与某个激发态的能量之差，则原子最外层电子可能跃迁到能量较高的能级。其中从基态跃迁至能量最低的激发态（第一激发态）时因吸收特定波长的光而产生的吸收谱线称为共振吸收线。当电子从能量最低的激发态跃迁回基态时，也会发射一定波长的光辐射从而产生相应的发射线，称为共振发射线，共振吸收线和共振发射线统称共振线。由于各种元素的原子结构和外层电子排布不同，不同元素的原子从基态跃迁至第一激发态时所吸收的能量也就不同，因而各种元素的共振线具有不同的波长，是元素的特征谱线。通常情况下，原子光谱的波长是进行光谱定性分析的依据。因为电子从基态跃迁至第一激发态所需的能量最小，所以这种跃迁更容易发生，尤其是气态条件下跃迁所产生共振线的吸收强度也就大于其他吸收谱线的强度。对于大多数元素来说，共振线是测量该元素的灵敏线，常被用来进行原子吸收光谱的分析。原子吸收光谱通常位于紫外区和可见区。

原子吸收光谱为线状光谱，吸收线的波长 λ 由产生该原子吸收谱线的能级之间的能量差 ΔE 决定，见式（24-2）。

$$\Delta E = \frac{hc}{\lambda} \tag{24-2}$$

式中：h——普朗克常量；

c——光速。

处于基态的待测原子蒸气对光辐射的共振吸收程度取决于吸收光程内基态原子的浓度 N_0，见式（24-3）。

$$A = \log\left(\frac{I_0}{I}\right) = K_v N_0 L \tag{24-3}$$

式中：A——吸光度；

I_0——入射光强度；

I——投射光强度；

L——光程长度；

K_v——处于原子基态的原子蒸气对频率 v 的光吸收系数。

由于原子对光的吸收具有选择性，因而对不同频率的光吸收程度不同，若将吸收系数对频率作图，可得如图 24-1 所示曲线，该曲线称为吸收曲线的轮廓。

从图 24-1 中可见，原子由基态跃迁至激发态所吸收的共振线不是绝对单色的几何线，而是具有一定宽度的几何线。通常用谱线峰值一半处的宽度，即半宽度 Δv 来表征吸收线的宽度，宽度一般在 0.01~0.001 nm。

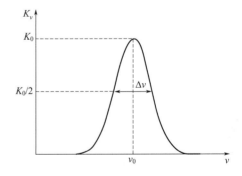

图 24-1　吸收曲线轮廓和半宽度

吸收曲线轮廓的特征由吸收线的频率、形状和强度来表征。吸收线的频率取决于原子跃迁的能级差，形状由其半宽度表征，强度由能级间跃迁概率决定。

（二）原子吸收锐线光源发射线

由于原子吸收谱线的半宽度很小，要测量这样一条很小宽度谱线的吸收值，需要分辨率极高的单色器，制作工艺难以达到，同时这种测量在实际应用上也是难以实现的。

为了解决这个难题，瓦尔西提出用锐线光源来测定原子吸收光谱的吸光度。锐线光源能发出半宽度很窄的发射线，常用的锐线光源是空心阴极灯，它发射的谱线和原子吸收谱线的

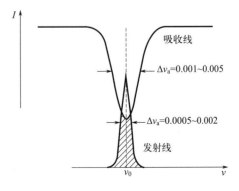

图 24-2　锐线光源与原子吸收线

中心频率一致，都处在 V_0 处，如图 24-2 所示。

锐线光源发射线的半宽度 Δv_e 要比吸收线的半宽度 Δv_a 小得多。这种单色性更好的锐线光可以充分被原子蒸气中的基态原子所吸收，此时入射光强度（发射线轮廓的面积）及透射光强度（阴影部分面积）相差较大，检测它们的差别就不那么困难了。这就是原子吸收光谱法一般需要用到锐线光源的原因。

（三）原子吸收与原子浓度关系

在通常的火焰和石墨炉原子化温度下，处于激发态的原子浓度与处于基态的原子浓度相比，可以忽略不计，实际上可将基态原子的浓度看作总原子浓度，因为原子蒸气中总原子浓度 N 与被测元素的含量 C 成正比，见式（24-4）。

$$N = \beta C \tag{24-4}$$

式中：β——与实验条件和被测元素化合物性质有关的系数。

由式（24-4）和式（24-3）可得式（24-5）。

$$A = KCL \tag{24-5}$$

式中：$K = K_v \beta$，在固定测试条件下为一般常数，光程长度 L 在测试时也为一固定值，所以原子吸收的吸光度与被测元素的浓度成正比。式（24-5）是原子吸收光谱法定量分析基本关系式。

三、仪器装置

原子吸收光谱仪通常采用双光束设计，由下列部件组成：①辐射源（光源）：空心阴极灯（HCL）或无电极放电灯（EDL）；②雾化器：通常是雾化器-燃烧器系统或石墨炉；③单色仪：通常是紫外-可见光栅单色仪；④检测器：光电倍增管（PMT）或固态检测器（SSD）；⑤读出装置：模拟或数字读出装置。

1. 光源（辐射源）

光源的作用是发射待测元素基态原子所吸收的特征共振线。对光源的基本要求是：发射线的半宽度要明显小于吸收线的半宽度；辐射强度足够大；背景低，低于特征共振线强度的 1%；稳定性好，30 min 内漂移不超过 1%，噪声小于 0.1%；使用寿命长。空心阴极灯（hollow cathode lamp，HCL）和无极放电灯（electrodeless discharge lamp，EDL）是最能满足上述要求的理想的锐线光源。

空心阴极灯由充满氩气或氖气的空心管、钨制阳极和被测元素金属形式的阴极组成。当电压通过电极时，灯会发出阴极金属的辐射特性。例如，如果阴极是铁做的，就会发出铁光谱。当辐射（光源）通过含有雾化样品的火焰时，只有铁原子（不是其他元素的原子）才会吸收该辐射，因为空心阴极灯发出的波长是铁原子特有的。当然，这意味着有必要为每个待分析元素配备不同的灯（包含由多个元素组成的阴极的多元素灯）。目前市面上约有 60 种金属元素的空心阴极灯，这表明 AAS 可用于多达 60 种元素的分析。

无极放电灯是一种中空玻璃容器，里面充满惰性气体和感兴趣的元素，不含电极。放电是由高频发生器线圈而不是电流产生的。无极放电灯适用于砷、汞、镉等挥发性元素。

2. 原子化器

原子化器（atomizer）的作用是将试样中的待测元素转化成基态原子蒸气，入射光束在这里被基态原子蒸气吸收，因此也可把它视为"吸收池"。待测元素由试样中转入气相并解离为基态原子的过程称为原子化过程，即利用原子化器提供的能量使试样干燥、蒸发和原子化。原子化是整个原子吸收光谱法的关键，应设法将试样中待测元素尽可能多地转化成基态原子。试样原子化的方法大体上分为两大类：火焰原子化法和非火焰原子化法。

火焰雾化喷嘴和石墨炉雾化喷嘴是原子吸收光谱法中常用的两种雾化喷嘴。适用时，采用冷蒸汽法测定汞和氢化物生成法测定几种元素，以提高灵敏度。

火焰雾化器由雾化器和燃烧器组成。雾化器的设计目的是将样品溶液转化为细雾或气溶胶。通过将样品通过毛细管进入有氧化剂和燃料流动的腔室中实现的。该室有挡板，可以去除较大的水滴，留下非常细的雾。只有约1%的样品被氧化剂燃料混合物带入火焰中。较大的水滴落在混合室底部，作为废物被收集。燃烧器头部有一个狭长的细槽，可以产生 5~10 cm 长的火焰。这提供了一个长路径，增加了测量的灵敏度。

火焰特性可以通过调整氧化剂/燃料比以及氧化剂和燃料的选择来控制。空气-乙炔和 N_2O-乙炔是最常用的氧化剂-燃料混合物。火焰有 3 种类型：①化学计量型。这种火焰是由氧化剂和燃料之比基本符合化学计量数（确切的反应比）产生的，因此燃料完全燃烧，氧化剂完全消耗。其火焰特征是黄色条纹。温度高、稳定、噪声小、背景低；②氧化型。这种火焰是由燃料和助燃气（过量氧气）之比小于化学计量产生的，是最热的火焰，燃烧充分、稳定性低，适用于易电离难氧化元素的测定；③还原型。这种火焰是由燃料（燃料过量）和助燃气之比小于化学计量产生的。是一种相对较冷的黄色火焰，含有未完全燃烧的燃气，背景值高，适用于易形成难离解氧化物的元素的原子化。分析人员应遵循制造商的仪器说明或查阅相关文献，以确定每种元素的火焰类型。

火焰雾化器具有工作稳定、使用方便等优点。然而，由于大部分样品从未到达火焰，且样品在火焰中的停留时间较短，因此灵敏度相对较低。

石墨炉是一连接到电源的圆柱形石墨管。注射器容量从 0.5~100 μL，将样品注射至入口注射管内。在操作过程中，用惰性气体冲洗系统，以防止管道燃烧，并将空气排除在样品室之外。石墨管分阶段电加热：先将试样溶剂蒸发，然后灰化，最后将温度迅速提高到 2000~3000 K，使试样迅速汽化和雾化。

冷蒸汽技术只适用于汞，因为汞是唯一在室温下以气态自由原子形式存在的矿物元素。样品中的汞化合物首先通过氯化亚锡（一种强还原剂）的作用还原为单质汞。然后，元素汞被惰性气体带入一吸收池，无须进一步雾化。

氢化物生成技术仅限于能够形成挥发性氢化物的元素，包括砷、铅、锡、铋、锑、碲、锗和硒。含有这些元素的样品与硼氢化钠反应生成挥发性氢化物，这些氢化物被带入一个吸收池，并被加热分解。这两种方法的吸光度测量方法与火焰雾化方法相同，但由于样品损失很小，因此灵敏度大大提高。

3. 分光系统

分光系统的作用是将待测元素所需的共振吸收线与邻近谱线分开。分光系统，又称单色器，主要由色散元件（光栅）、反射镜和狭缝等组成。在单色器的光入射口及出射口分别装有入射狭缝及出射狭缝。通过转动光栅，可以使光谱中各种波长的光按序从出光狭缝射出。光栅与波长刻度盘相联结，转动光栅时即可从刻度盘上读出出射光的波长。

由于采用锐线光源和峰值吸收测量方法，且吸收光谱本身也较简单，因此不要求过高的分辨率，只要能将共振线与邻近线分开（如能分开镍三线 Ni 230.003 nm、Ni 231.603 nm、Ni 231.096 nm）即可。

在原子吸收分光光度计中，单色器要放置在原子化器之后，以阻止来自原子化器内所有不需要的辐射进入检测器，也可避免光电倍增管疲劳。

4. 检测与显示系统

检测与显示系统主要由检测器、交流放大器、对数变换器和显示装置组成。

原子吸收光谱法中广泛使用的检测器是光电倍增管，其作用是利用光电效应将经过原子蒸气吸收和单色器分光后的微弱光信号转换为电信号。为了提高测量的灵敏度、消除火焰发射的干扰，需要使用交流放大器将光电倍增管转换的电信号放大，再通过对数变换器，就可在显示装置上读出测定数据。

5. 原子吸收光谱仪的类型

原子吸收光谱仪型号繁多，各型号仪器的设计、功能、质量、价格各异，但它们的基本结构原理是相似的。使用最普遍的是单道单光束和单道双光束原子吸收光谱仪。

（1）单道单光束原子吸收光谱仪。

所谓单道是指仪器只有一个单色器和一个检测器，只能同时测定一种元素。单道单光束型仪器的光学系统结构原理如图 24-3 所示。

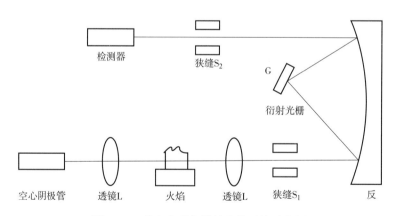

图 24-3　单光束型仪器的光学系统示意图

单光束型仪器结构比较简单，共振线在外光路损失少，灵敏度较高，能满足日常分析工作的要求，是目前商品仪器主要设计类型。缺点是不能消除光源波动造成的影响，导致基线漂移（零漂），使测定结果产生误差。为了克服这种现象，使用前要预热光源，并在测量时经常校正零点。

（2）单道双光束原子吸收光谱仪。

双光束型仪器在光学系统设计上进行了改进，以克服单光束型仪器因光源波动而引起的基线漂移。图 24-4 是其光学系统原理示意图。

光源空心阴极灯辐射的共振线光束落在旋转切光器 1 上，被分解为两个均匀的光束：一束光为反射的试样光束 S，通过火焰产生共振吸收；另一束光为透射的参比光束 R，绕过火

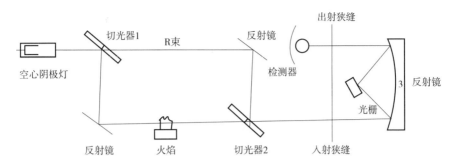

图 24-4　双光束型仪器的光学系统示意图

焰。两光束分别交替进入单色器 3，于是就得到与切光器同步的一定频率的 S 脉冲和 R 脉冲。检测与显示系统将接收到的两束脉冲信号进行同步检波放大，并经运算、转换，最后由测量仪器显示出来。由于两束光均由同一光源辐射，检测器的信号是对两个脉冲进行比较的结果，因此，光源的任何波动都可由参比光束的作用而得到补偿，给出一个稳定的输出信号，使仪器具有较高的信噪比。然而，因参考光束没有通过火焰，故不能抵消因火焰波动带来的影响。

四、原子吸收光谱技术

虽然所有原子吸收光谱仪的基本设计都是相似的，但操作程序却因仪器的不同而有所不同。对于任何给定的方法，在使用仪器之前仔细检查制造商提供的标准操作程序。大多数说明书还为分析每种特定元素提供了相关的信息（波长和狭缝宽度的要求、干扰和校正、火焰特性、线性范围等）。

（一）安全预防措施

必须认真遵守仪器制造商建议的一般实验室安全规程和程序以及安全预防措施，以避免人身伤害或代价高昂的事故。火焰原子吸收光谱中，最常用的燃料是空气–乙炔和一氧化二氮–乙炔的混合物。乙炔是一种爆炸性气体，操作前必须适当通风。排气口应直接安装在燃烧器上方，以避免未燃烧燃料或任何潜在危险的有毒气体的积聚。火焰原子吸收光谱仪在工作时绝不能无人看管。

（二）校准

当浓度超过一定水平时，吸光度–浓度变化曲线将偏离比耳定律预测的线性关系。因此，使用纯标准品正确地构建校准曲线对于精确地定量测量是必不可少的。如果制造商没有提供线性范围值，则应通过运行一系列浓度递增标准和绘制吸光度与浓度的关系图来确定元素的线性范围。应调整未知样品溶液的浓度，使被测吸光度始终在校准曲线的线性范围内。

（三）原子吸收光谱中的干扰

原子吸收光谱中常遇到两种干扰：光谱干扰和非光谱干扰。光谱干扰是由于其他元素或分子吸收辐射，其波长与样品中存在的待分析物的光谱区域重叠。非光谱干扰是由影响原子化效率和（或）原子中中性原子电离的样品矩阵和条件引起的。非光谱干扰包括电离干扰、物理干扰、化学干扰等。

1. 电离干扰

在原子化器中生成的基态原子会因为高温而发生电离，引起基态原子数目减少，导致吸光度降低，分析的灵敏度下降，这种干扰称为电离干扰。电离程度与元素的电离电位、温度和原子化器中原子浓度有关。元素的电离电位越低，温度越高，原子浓度越低，则原子越容易电离。在测定低电离电位元素，特别是碱金属和碱土金属元素时，电离干扰比较明显，而且只是在火焰原子吸收光谱法中才有所体现。在石墨炉中由于产生的自由电子浓度很高，电离效应很小。

消除电离干扰的方法，除了适当控制火焰温度或采用富燃火焰外，主要通过加入过量的消电离剂来解决。消电离剂是比待测元素电离电位低的元素，相同条件下消电离剂首先电离，产生大量电子，可以抑制待测元素的电离，如测定钾时，可加入铷或铯以抑制钾的电离。

2. 物理干扰

物理干扰是指样品在转移、蒸发和原子化过程中，由于样品任何物理特性的变化而引起原子吸收强度发生改变的效应。在火焰原子化法中，样品黏度的改变影响进样速度；样品表面张力影响形成的雾珠大小；溶剂的蒸气压影响蒸发速度和凝聚损失；雾化气体压力、进样管的直径和长度影响进样量的多少等。在石墨炉原子化法中，进样量大小、保护气的流速等影响基态原子在吸收区的平均停留时间，所有这些因素最终都要改变吸光值。物理干扰是非选择性的，对样品中各元素的影响基本相同。

配制与待测样品具有相似组成的标准溶液是消除物理干扰的常用方法，在不知道样品组成和无法匹配试样时，可采用标准加入法或稀释法来减少物理干扰的影响。

3. 化学干扰

化学干扰是指在样品溶液中或气相中由于待测元素与其他组分之间的化学作用而引起的干扰效应。它主要影响待测元素的化合物解离和原子化。化学干扰是原子吸收光谱法中主要的干扰因素。化学干扰是一种选择性干扰。

被测元素与其他相关组分在热力学条件下形成更稳定的化合物，这是产生化学干扰的重要原因之一。被测元素在火焰中形成稳定的氧化物、碳化物或氮化物也是引起化学干扰的重要原因。例如，Al、Si 等在空气-乙炔火焰中由于形成稳定的氧化物，原子化效率不高，测定灵敏度很低。在石墨炉原子化器中，W、B、La、Zr、Mo 等容易生成碳化物而使测量灵敏度降低。

产生化学干扰的原因各种各样，且化学干扰具有选择性，因此必须根据实际情况来选择消除化学干扰的方法。①加入释放剂或保护剂是较有效的方法。释放剂与干扰组分形成更稳定或更难挥发的化合物，从而使被测元素从与干扰组分形成的化合物中释放出来。保护剂与被测元素形成稳定的化合物，阻止了被测元素和干扰元素之间的结合，而在原子化条件下又易于分解和原子化。②提高火焰温度可以抑制或避免某些化学干扰，例如，在高温氧化亚氮-乙炔火焰中，磷比钙的含量高 200 倍时也不干扰钙的测定；而在空气-乙炔火焰中，磷对钙的干扰是很显著的。在石墨炉原子化器中，基体干扰是经常发生的。加入化学改进剂可以使基体转化为易挥发的化合物或将待测元素转化为更加稳定的化合物，在灰化阶段能有效除去基体中的干扰物，在随后的原子化阶段可以提高温度使待测元素原子化，有利于提高测定的灵敏度和准确度。③当元素在原子化过程中形成不分解的热稳定化合物时，会发生化学干扰。通常需要高温火焰进行离解。

4. 光谱干扰

样品中除感兴趣元素外的元素也吸收所使用光谱谱段的波长。这种干扰很少见，因为空心阴极灯的发射线很窄，在大多数情况下，只有感兴趣的元素才能吸收辐射。如铁对锌测定的干扰。锌的谱线在213.856 nm处，与铁的谱线在213.859 nm处重叠。解决方法可以选择另一种光谱线来测量锌或者缩小单色仪的狭缝宽度。

碱土金属的氧化物和氢氧化物的存在也可能导致几种特定的光谱干扰。氢氧化钙和氢氧化镁的光谱将作为背景吸收，分别用于钠和铬的原子吸收测量。

光谱干扰主要是指来自光源或原子化器的干扰辐射对被测元素吸光度的影响。①光谱线重叠干扰。例如用228.802 nm吸收线测定Cd，当有As共存时，As的228.810 nm吸收线可产生干扰。②与光源有关的光谱干扰。是由吸收线与相邻谱线不能完全分开造成的光谱干扰。可以通过减小光谱通带宽度和灯电流，或者采用其他分析线。③与原子化器有关的背景干扰。主要是气态分子、盐类固体微粒等对光的吸收或散射。分子吸收和光散射通常称为背景吸收。在火焰原子化器中，背景主要是由分子吸收产生或颗粒物引起的光散射背景。在石墨炉原子吸收光谱法中，背景吸收干扰尤其是光散射影响较大。校正背景吸收的方法有氘灯校正法、塞曼效应校正法和自吸收校正法。氘灯校正法适用于火焰原子化器，而塞曼效应校正法更加适合石墨炉原子化器的背景校正。

第三节　原子发射光谱学

与AAS相反，原子发射光谱法（AES）测量到的辐射源是样品中被激发的原子，而不是来自空心阴极灯的辐射。首先对样品施加充足的能量使原子激发到更高的能级；然后，当被激发原子的电子回到基态或较低能级时，测量各个元素特征波长的发射。在火焰或等离子体中发生的激发态原子返回与基态原子的比例由谐振线的Maxwell Boltzmann方程式描述。该方程式适用于原子或分子之间发生热冲击或碰撞时，其中一部分被激发。

激发能量可以由热（通常来自火焰）、光（来自激光）、电（电弧或火花）或无线电波（ICP）产生。食品分析中最常用的两种AES形式是火焰发射光谱法和电感耦合等离子体-光学发射光谱法（ICP-OES）。

一、概述

AES是根据试样中原子激发后发射的特征光谱来进行元素定性和定量分析的方法，一般简称为发射光谱分析。

早在1859年，德国学者基尔霍夫（Kirchhoff）和本生（Bunsen）研制出了第一台用于光谱分析的分光镜，并利用它研究盐和盐溶液在火焰加热时产生的特征光辐射，从而发现了铷和铯两元素，使光谱检测法得以实现。随后的30年中，逐渐确立了光谱定性分析方法。到1930年以后，又建立了光谱定量分析法。

原子发射光谱法对科学发展起到重要作用，为原子结构理论的建立提供了大量的最直接的实验数据。在元素周期表中，金属中的铷、铯、镓、铟、铊，惰性气体中的氦、氖、氩、氪、氙及一部分稀土元素是利用原子发射光谱发现或通过光谱法鉴定而确认的。

原子发射光谱法有如下优点：①可进行多元素的同时分析。试样中各元素的原子一经激发后，都各自发射出其特征光谱，这样就可同时测定多种元素，这对样品量少而元素种类多的试样显得尤为重要。②分析速度快。多数试样无须化学处理就可分析；且固体、液体、气体试样均可直接分析。若用光电直读光谱仪，则可在几分钟内同时做几十种元素的定量测定。③选择性好。每种元素都能发射一些可供选用而不受其他元素谱线干扰的特征谱线，根据这些特征谱线就可以准确无误地确定该元素的存在。对于分析化学性质极其相似的元素具有特别重要的意义。用其他方法分析如铌和钽等十几种稀土元素很困难，而对于原子发射光谱法而言毫无困难。④检出限低。经典光源可达 0.1～10 μg/mL，用电感耦合等离子体（ICP）光源，检出限可低至纳克每毫升（ng/mL）。⑤准确度较高。用经典光源相对误差为 5%～10%，线性范围约为 2 个数量级；用 ICP 光源时，相对误差可达 1% 以下，线性范围宽可延长至 4～6 个数量级。可同时测定高、中、低含量的不同元素。⑥精密度高。用 ICP 光源时，相对标准偏差可达 1% 以下。⑦试样用量少，测定范围广，可测定 70 多种元素。

原子发射光谱法的缺点是：常见的非金属元素（如氧、硫、氮、卤素等）的发射光谱落在远紫外区，目前一般的光谱仪尚无法检测；还有一些非金属元素（如 P、S、Te 等），由于其激发能高，灵敏度较低；一般只限于元素分析，而不能确定元素在试样中存在的化合物状态，更不能用来测定有机化合物的基团；仪器设备比较复杂，价格昂贵。

二、原子发射光谱分析的基本原理

（一）原子发射光谱的产生

当原子的外层电子受到外界热能、电能或光能等激发源的激发，将从基态跃迁到较高的能级上而处于激发态。处于激发态的外层电子不稳定，在极短的时间内（10^{-8} s）跃迁回基态或其他较低的能级上。以光的形式释放出多余的能量，从而产生发射光谱。谱线的波长可以表示见式（24-6）：

$$\lambda = \frac{hc}{\Delta E} \tag{24-6}$$

式中：ΔE——跃迁前后两个能级的能量差；

h——普朗克常量；

c——光在真空中的速度。

在一定条件下，一种原子的电子可能在多种能级间跃迁，能辐射出不同波长或不同频率的光。利用分光仪将原子发射的特征光按频率排列，形成光谱，这就是原子发射光谱。

原子发射光谱具有以下基本特点：①原子光谱是线光谱。原子中外层电子在核外的能量分布是量子化的值，不是连续的，所以 ΔE 也是不连续的；②同一原子中，电子能级很多，有各种不同的能级跃迁，所以有各种不同的 ΔE 值，即可以发射出许多不同频率 v 或波长 λ 的辐射线。③各种元素都有其特征光谱线，识别各元素的特征光谱线可以鉴定样品中元素的存在，这是光谱定性分析的基础。④元素特征谱线的强度与样品中该元素的含量有确定的关系，所以可通过谱线强度来确定元素在样品中的含量，这是光谱定量分析的基础。

（二）谱线强度

谱线强度是原子发射光谱的定量分析依据，因此，必须了解谱线强度与各影响因素之间的关系。原子由某一激发态 j 返回基态或较低能级态 i 时，发射谱线的强度 I_{ij} 与激发态原子数成正比，见式（24-7）。

$$I_{ij} = N_j A_{ij} h v_{ij} \qquad (24-7)$$

式中：A_{ij}——两个能级间的跃迁几率；

$\quad v_{ij}$——发射线的频率；

$\quad h$——普朗克常数；

$\quad N_j$——单位体积内激发原子数。

若激发是处于热力学平衡状态下，单位体积内激发原子数 N_j 与基态原子数 N_0 之间遵守波尔兹曼（Boltzmann）分布定律，见式（24-8）：

$$N_j = N_0 \frac{g_j}{g_0} e^{\frac{E_j}{kT}} \qquad (24-8)$$

式中：E_j——激发电位；

$\quad k$——波尔兹曼常数，$k = 1.38 \times 10^{-23} \text{J/K}$；

$\quad T$——激发温度，K；

$\quad \dfrac{g_j}{g_0}$——激发态和基态统计权重之比。

将式（24-8）代入式（24-7）中，得到谱线强度，见式（24-9）：

$$I_{ij} = \frac{g_j}{g_0} A_{ij} h v_{ij} N_0 e^{\frac{E_j}{kT}} \qquad (24-9)$$

由式（24-9）可以看出，影响原子发射光谱强度的因素有：

（1）统计权重：谱线强度与激发态和基态的统计权重之比成正比。

（2）跃迁几率：谱线强度与跃迁几率成正比。跃迁几率是一个原子在单位时间内两个能级之间跃迁的概率，可通过实验数据计算。

（3）激发温度：温度升高，谱线强度增大。但温度升高，电离的原子数目也会增多，而相应的原子数减少，致使原子谱线强度减弱，离子的谱线强度增大。

（4）激发电位：不同元素的原子激发电位不同，是该元素发射谱线强度不同的内因，谱线强度与激发电位成负指数关系。在温度一定时，激发电位越高，处于该能量状态的原子数越少，谱线强度越小。激发电位最低的共振线通常是强度最大的线。

（5）基态原子数：原子谱线强度与基态原子数成正比。在一定的条件下，基态原子数与试样中该元素浓度成正比。

当激发能和激发温度一定，谱线强度 I 与试样中被测元素的浓度 c 的关系见式（24-10）：

$$I = ac^b \qquad (24-10)$$

式中：a 是与谱线性质、实验条件有关的常数。低浓度时，$b=1$，无自吸现象，谱线强度 I 与试样中被测元素的浓度 c 成正比；浓度较大时，由于自吸现象的存在，$b \neq 1$。

三、原子发射光谱分析技术

原子发射光谱分析一般经历下列 3 个步骤：

①由光源提供能量使被测物转变为气态并使其原子化（或离子化），再激发使其发射谱线；②把所有发射的各种波长的辐射经分光装置分散为光谱；③用检测器检测光谱中谱线的

波长和强度。由于各元素的原子能级结构不同，不同的元素发射不同的特征谱线，根据光谱中是否存在某一元素的特征谱线可进行物质的定性分析；谱线的强弱与元素的浓度有关，根据谱线的强度可进行物质的定量分析。

原子发射和吸收光谱分析中要注意以下 3 点：①试剂：由于食品中许多矿物元素的浓度处于微量水平，因此必须使用高纯度的化学试剂来制备样品和标准溶液。水可以通过蒸馏、去离子化或两者的结合来净化。在分析过程中应始终进行试剂空白试验。②标准品：定量原子光谱学取决于与适宜标准品的样品测量。理想情况下，标准品应含有已知浓度的分析金属，其组成和物理性质应与样品溶液非常接近。由于许多因素会影响测量，如火焰温度、吸收率等，因此必须经常跑标准品，最好是在跑样本之前和（或）之后。标准品的制备须非常小心，因为分析物测定的准确性取决于标准品的准确性。也许检查一给定测定方法准确性的最好方法是分析一个已知组成和相似基质的参考物质。③实验室器具：用于样品制备和储存的容器必须干净，不含任何有害元素。塑料容器是较佳的选择，因为玻璃有更大的吸附和稍后过滤金属离子的倾向。所有的实验用具都要用清洁剂彻底清洗，用蒸馏水或去离子水仔细冲洗，用酸溶液浸泡（1 mol/L HCl），再用蒸馏水或去离子水冲洗。

四、原子吸收和发射光谱的应用

（一）光谱定性分析

光谱定性分析一般多采用摄谱法。试样中所含元素只要达到一定的含量，都可以有谱线摄谱在感光板上。摄谱法操作简单，价格便宜，快速。它是目前进行元素定性检出的最好方法。

光谱定性分析法对大多数元素有很高的灵敏度，除某些难激发的非金属元素外，一般元素的灵敏度可达 $10^{-6}\%\sim10^{-2}\%$，可以对 70 多种元素进行定性测定。

每一种元素的原子被激发后，都可以产生一系列特征谱线。因此，根据试样光谱中元素特征谱线是否出现就可以确定试样中是否存在被检元素。为了确定某元素的存在，没有必要检出该元素所有可能出现的谱线，只要能检出该元素的 2~3 条灵敏线，就可以确证该元素的存在。

通常采用以下两种方法进行光谱定性分析。

1. 元素光谱图比较法

若要进行光谱定性全分析或同时进行多元素鉴定时，可采用"元素光谱图"比较法。元素光谱图是采用铁的光谱作为波长的标尺，再将 68 种元素的灵敏线按波长位置标插在相应位置上而制成的，见图 24-5。

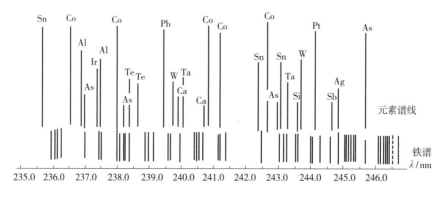

图 24-5　某一波长范围内的元素标准光谱图

铁的光谱线较多，在常用的 210~660 nm 波长范围内约有 4600 条谱线，分布均匀，而且每一条谱线波长都已进行了精确的测量，因此，将铁光谱作为波长比较的标尺是很适宜的。

定性分析时，将纯铁和试样并列摄谱于同一感光板上，然后将摄得的铁光谱和试样光谱在映谱仪上与元素标准光谱图进行比较。比较时首先须将谱片上的铁谱与元素标准光谱图上的铁谱对准，然后检查试样中的元素谱线。若试样中的元素谱线与元素光谱图中标明的某一元素灵敏线重合，则表明试样中存在该元素。需要指出的是，当试样组成较复杂时，常常发生谱线的干扰，仅靠检查一条谱线不能做出结论。一般来说，至少要查出两条灵敏线，才可以确认某元素的存在。

2. 标准试样光谱比较法

如果只定性分析少数几种指定元素，而这几种元素的纯物质又比较容易得到时，采用此法分析是比较方便的。将要检出元素的纯物质或纯化合物与试样并列摄谱于同一感光板上，在映谱仪上检查试样光谱与纯物质光谱，若两者谱线出现在同一波长位置上，即可说明某一元素的某条谱线存在。

（二）光谱定量分析

光谱定量分析主要是根据谱线强度与被测元素浓度的关系来进行的。当温度一定时，谱线强度 I 与被测元素浓度 c 的关系可用 Lomakin-Scheibe 经验公式表达，即 $I = ac^b$，此式为光谱定量分析的基本关系式。b 随浓度 c 的增加而减小，当浓度很小且无自吸时，$b=1$；有自吸时，$b<1$，且自吸越大，b 值越小。

自吸（self-absorption）现象是指原子在高温发射某一波长的辐射，被处于边缘低温状态的同种原子所吸收，使谱线强度下降的现象。自吸对谱线中心处的强度影响较大。严重的自吸作用会使谱线中心的辐射被强烈地吸收，致使谱线从中央一分为二，似乎变成两条谱线，这种现象成为自蚀（self-reversal）。

由于试样的蒸发、激发条件及试样组成的任何变化均会使参数 a 发生变化，会直接影响谱线强度。因此，以谱线的绝对强度进行定量分析，误差较大，而采用测量谱线相对强度的方法，则可以大大地减小误差，实现定量分析，这就是 Gelach 于 1925 年首先提出的内标法。

内标法具体做法是：在分析元素的谱线中选一根谱线，称为分析线；再在基体元素（或加入定量的其他元素）的谱线中选一根谱线，作为内标线。这两条线组成分析线对。然后根据分析线对的相对强度与被分析元素含量的关系式进行定量分析。

设分析线强度为 I，内标线强度为 I_0，被测元素浓度与内标元素浓度分别为 c 和 c_0，b 和 b_0 分别为分析线和内标线的自吸系数，见式（24-11）和式（24-12）：

$$I = ac^b \tag{24-11}$$

$$I_0 = a_0 c_0^{b_0} \tag{24-12}$$

分析线与内标线强度之比 R 称为相对强度，见式（24-13）。

$$R = \frac{I}{I_0} = \frac{ac^b}{a_0 c_0^{b_0}} \tag{24-13}$$

式中内标元素 c_0 为常数，实验条件一定时，$A = \dfrac{a}{a_0 c_0^{b_0}}$ 为常数，则见式（24-14）。

$$R = \frac{I}{I_0} = Ac^b \tag{24-14}$$

取对数，得式（24-15）。

$$\lg R = b\lg c + \lg A \tag{24-15}$$

此式为内标法光谱定量分析的基本关系式。

金属光谱分析中的内标元素，一般采用基体元素。加入的内标元素应符合下列条件：①内标元素与被测元素在光源作用下应有相近的蒸发性质；②内标元素若是外加的，必须是试样中不含或含量极少可以忽略；③分析线和内标线没有自吸或自吸很小，且不受其他谱线的干扰；④分析线对两条谱线的激发电位和电离电位应该相近；⑤分析线对波长应尽可能接近；⑥内标元素含量是一定的。

内标法可在很大程度上消除光源放电不稳定等因素带来的影响，尽管光源变化对分析线的绝对强度有较大的影响，但对分析线和内标线的影响基本是一致的，所以对其相对影响不大。

（三）在食品分析中的应用

原子吸收光谱法和发射光谱法被广泛应用于食品中矿物质元素的定量测定。原则上，任何食品都可以用测定过的原子光谱法进行分析。在分析之前，有必要对食品进行灰化，以破坏有机物结构，并将灰分溶解在合适的溶剂中（通常是水或稀酸）。在干燥灰化过程中可挥发元素可采用湿法灰化，挥发较少。除了硼的测定，用干灰化法可以更好地回收硼。灰化过程中必须进行空白试验。

某些液体产品可以不灰化而进行分析。例如，植物油可以通过将其溶解在有机溶剂中，如丙酮或乙醇中，并将溶液直接吸入火焰原子吸收光谱仪中进行分析。牛奶样品可用三氯乙酸处理以沉淀蛋白质，直接分析得到的上清液。但样品在过程中被稀释，分析物可能被夹住或与被沉淀的蛋白质所络合，当分析物浓度低时，此方法不适用。另一种方法是使用石墨炉进行雾化。例如，一种油可以直接引入石墨炉进行雾化。

第四节　电感耦合等离子体发射光谱

一、电感耦合等离子体发射光谱的原理

不同于火焰发射光谱，ICP-OES 使用氩等离子体作为激发源。等离子体被定义为含有大量阳离子和电子的气体混合物。氩等离子体的温度可以高达 10000 K，分析物激发温度通常在 6000~7000 K 之间。

氩等离子体的极高温度和惰性气氛是样品中待分析原子发生原子化、电离和激发的理想环境。低含氧量可减少氧化物的生成，有时这是火焰方法的问题。样品几乎完全雾化，使化学干扰降到最低。等离子体中相对均匀的温度（与火焰中不均匀的温度相比）和相对较长的

停留时间在较宽的浓度范围内（高达 6 个数量级）具有良好的线性响应。

二、电感耦合等离子体光学发射光谱仪

电感耦合等离子体光学发射光谱仪（图 24-6）通常由以下组件组成：①氩等离子体火炬；②单色仪、多色仪或梯形光学系统；③检测器：单个或多个 PMT 或固态阵列检测器；④用于数据收集和处理的计算机。

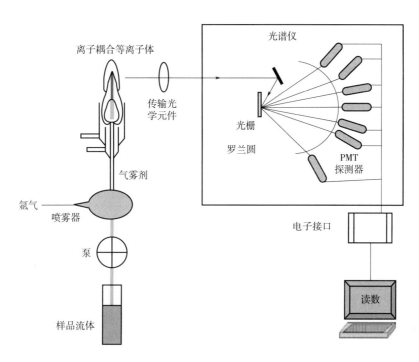

图 24-6　电感耦合等离子体光学发射光谱仪原理图

1. 氩等离子体火炬的特性

等离子体火炬由 3 个同心石英管组成，它们以称为负载线圈的铜线圈为中心。在火炬运行过程中，氩气流通过外管，并将射频（RF）功率施加到负载线圈上，产生一个射频发生器频率（通常为 27 MHz 或 40 MHz）的振荡磁场。等离子体通过电火花电离氩原子生成氩离子和电子。振荡磁场与氩离子和电子耦合，迫使它们沿环形路径流动。加热不需要燃烧，燃料直接加热和雾化样品，就像火焰原子吸收光谱法（氩是一种惰性气体，不会燃烧）一样。相反，加热是通过将射频能量转移到自由电子和氩离子来实现的，其方式类似于在微波炉中将微波能量转移到水。这些高能电子又与氩原子发生碰撞，产生更多的电子和氩离子，并导致温度迅速上升到约 10000 K。该过程持续至约 1% 的氩原子被电离。在这一点上，等离子体是非常稳定和自我维持的，只要射频场应用在恒定的功率。通过利用磁场产生的电动势向系统传递能量被称为感应耦合，因此得名 ICP（图 24-7）。

2. 试样引入与分析物激发

样品被雾化并以气溶胶形式由另一股氩气流携带在射频负载线圈底部等离子体环空内的

内管中引入。样品经过脱溶、汽化、雾化、电离、激发等过程，激发主要取决于等离子体中电子的数目和温度。当电子在磁场中加速时，它们获得足够的动能在碰撞时可激发待分析的原子和离子。

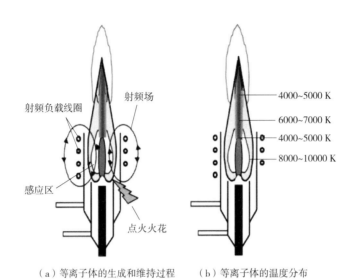

（a）等离子体的生成和维持过程　　（b）等离子体的温度分布

图 24-7　ICP 等离子体

3. 径向和轴向观察

电感耦合等离子体火炬的辐射可以从径向或轴向观察。在径向观察中，光学元件与火炬垂直对齐［图 24-8（a）］。在轴向观察中，通过向下查看火炬中心可以看到光线［图 24-8（b）］。轴向观察提供较低的检测限，但更容易受到矩阵干扰。现代 ICP-OES 仪器制造商大多将径向和轴向配置组合成单一的"双视图"单元，为最终用户提供了更大的灵活性。

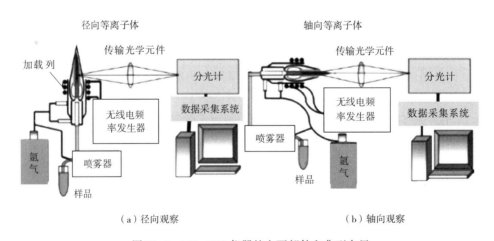

（a）径向观察　　　　　　　　　　（b）轴向观察

图 24-8　ICP-OES 仪器的主要部件和典型布局

4. 检测器及光学系统

较老的 ICP-OES 仪将来自每个分析物元素的发射线聚焦在单独的排列成半圆（罗兰圆）的 PMTs 上。PMT 基仪器相对体积较大，其中有些仪器仍在使用。如今，它们大多已被配备有梯形光学系统和固态阵列检测器的现代化仪器所取代，能够在宽的波长范围内测量连续发射光谱。梯形光学系统采用串联的棱镜和衍射光栅两种色散元件。ICP-OES仪通常使用以下3种固态阵列检测器：电荷耦合器件（CCD）、互补金属氧化物半导体（CMOS）或电荷注射装置（CID）。

三、电感耦合等离子体发射光谱技术

（一）电感耦合等离子体发射光谱中的干扰

一般来说，ICP-OES分析中的干扰比AAS要小，但确实存在，必须加以考虑。光谱干扰最常见，含有高浓度某些离子的样品可能会引起某些波长背景辐射的增加（位移），这将导致测量中出现正误差，称为背景偏移干扰。修正相对简单，在分析物发射线的波长之上和之下，还进行了两个额外的发射测量。然后减去分析物的放射后得到这两种发射的平均值。交替地，可以在没有背景偏移的区域选择另一条发射线。

当仪器的分辨率不足以防止一个元素与另一个元素的发射线的重叠（相当短的谱带）时，就会产生一种更麻烦的光谱干扰，称为光谱重叠干扰。例如，当测定含有高浓度钙样品中的硫时，其中一条钙谱线的某些发射与硫谱线在180.731 nm处重合，这将导致测量到的硫浓度表观增加，可以通过选择不同的硫发射线或计算元素间校正（IEC）因子来克服。首先测量不同波长时钙的发射量，以确定其在样品中的浓度。其次在相同浓度下制备纯钙标准溶液，并测定纯钙标准溶液中（假定不含硫）的表观硫浓度。最后对样品进行硫分析，减去钙对硫信号的贡献，从而准确估计真实的硫浓度。

（二）定量分析

ICP光源稳定性好，一般可以不用内标法。但由于有时试液黏度等有差异而引起试样导入不稳定，也采用内标法。ICP光电直读光谱仪带有内标通道，可自动进行内标法测定。在ICP光电直读光谱法中常用标准曲线法和标准加入法来进行定量分析。

1. 标准曲线法

在选定的分析条件下，测定待测元素3个或3个以上的含有不同浓度的标准系列溶液（标准溶液的介质和酸度应与试样溶液一致），以分析线强度为纵坐标，浓度为横坐标，绘制标准曲线，计算回归方程，R^2应不低于0.99。在同样的分析条件下，同时测定试样溶液和试剂空白，扣除试剂空白，从标准曲线或回归方程中查得相应的浓度，计算试样中各待测元素的含量。

2. 标准加入法

当待测元素含量低或找不到合适的基体配试样，为抑制基体影响，利用标准加入法测定。取几份同体积的待测试样溶液（至少4份），分别置于相同体积的不同容量瓶中，除第一个容量瓶外，在其他几个容量瓶中分别精确加入不同浓度的待测元素标准溶液，分别稀释至刻度，摇匀，制成系列待测溶液。在选定的分析条件下分别测定，以分析线强度为纵坐标，待测元素的加入量为横坐标，绘制标准曲线，将标准曲线延长交于横坐标，交点与原点的距离所相应的含量，即为待测试样取用量中待测元素的含量。

第五节　电感耦合等离子体质谱法

原子吸收和发射光谱仪的设计目的是在该元素特有的波长下通过测定吸收或发射辐射来定量样品中感兴趣的矿物元素。另一种方法是直接测量样品中元素原子（或离子），这就需要采用电感耦合等离子体质谱（ICP-MS）仪器。ICP-MS结合了ICP与质谱仪的优势，使检测限极低，在每万亿分之一水平，增强了多元素检测能力，以及量化多同位素元素中存在的单一同位素的能力。注意，同位素分析用原子吸收或发射光谱是不可能的，因为一个指定元素的所有同位素的吸收和发射线是相同的。

一、概述

1980年，Bouk发表了第一篇关于电感耦合等离子体质谱技术的里程碑文章，自从1983年第一台商品化仪器上市以来，ICP-MS技术发展相当迅速。ICP-MS兼具了ICP的高温电离和MS的快速灵敏等特点，具有灵敏度高、检出限低、线性动态范围宽、准确度高、样品分析速度快、样品处理简单、可进行多元素分析等优点。在ICP-MS中，当高频射流（RF）施加在电感线圈上时，线圈内部将形成温度可高达6000～10000 K的电感耦合等离子体。在源源不断的气体的推动下，等离子体持续电离并且保持稳定平衡。等离子体的高温特性将使绝大多数样品中的元素发生电离，形成一价的正离子。质谱就是质量分析器，它根据不同的质荷比（m/z）选择相应的离子并检测其信号强度，进而分析计算出目标元素的浓度。

目前"ICP-MS"的概念，已经不仅仅是最早起步的普通四极杆质谱仪（ICP-QMS）了，它包括后来相继推出的其他类型的等离子体质谱技术，比如多接收器的高分辨扇形磁场等离子体质谱仪（MC-ICP-MS）、等离子体飞行时间质谱仪（ICP-TOFMS）以及等离子体离子阱质谱仪（Ion Trap-ICP-MS）等。四极杆质谱仪也不断升级换代，如动态碰撞反应池（DRC）等技术的引入，分析性能得到显著改善。采用各种联用技术，如气相色谱和高效液相色谱以及毛细管电泳等分离技术与ICP-MS的联用，激光烧蚀与ICP-MS等联用技术发展迅速。Barnes曾预言"21世纪将是ICP-MS仪器激增的时代"。ICP-MS新技术除了大量应用于元素分析外，在同位素比值分析、形态分析等方面的研究和应用也非常活跃。

与其他无机质谱相比，ICP-MS的优越性在于：①在大气压下进样，便于与其他进样技术联用；②图谱简单，检出限低，分析速度快，动态范围宽；③可进行同位素分析，单元素和多元素分析，以及有机物中金属元素的形态分析；④离子初始能量低，可使用简单的质量分析器（如四极杆和飞行时间质谱计）；⑤ICP离子源产生超高温度，理论上能使所有的金属元素和一些非金属元素电离。

ICP-MS的主要缺点是：①ICP高温引起化学反应的多样化，经常使分子离子的强度过高，干扰测量；②对固体样品的痕量分析，ICP-MS一般要对样品进行预处理，容易引入污染。

由于ICP-MS对痕量和超痕量元素良好的检测能力以及质谱图谱的简单易识，使其逐渐成为分析实验室对水溶液中痕量和超痕量元素的常规分析方法。随着人们对环境保护和生命科学的关注，无机分析的对象已转向生物、医药、环境、食品等学科的痕量和超痕量元素分析，特别是元素形态分析。

二、ICP-MS仪器的基本结构

ICP-MS仪器的发展经历了3个阶段：①四极杆质谱仪（ICP-QMS）；②分辨双聚焦质谱仪（HR-ICP-MS）；③接收高分辨双聚焦质谱仪（MC-ICP-MS）。在低分辨模式下，HR-ICP-MS的元素灵敏度和检出限要优于四极杆质谱，其检出限可以达到pg/mL的范围，同时它的高分辨率可以消除分子离子和同量异位素的干扰；MC-ICP-MS在同位素测量精密度上也已经达到热电离质谱（TIMS）水平，这是四极杆质谱所无法比拟的。

ICP-MS是以电感耦合等离子体为离子源，以质谱仪为检测器的无机元素分析技术。ICP-MS仪器基本结构见图24-9，主要由6个部分组成：①进样系统。可将不同形态（气、液、固）的样品直接或通过转化成为气态或气溶胶状态引入等离子火炬的装置。②ICP离子源。利用高温等离子体将分析样品的原子或分子离子化为带电离子的装置。RF发生器是ICP离子源的供电装置，用来产生足够强的高频电能，并通过电感耦合方式把稳定的高频电能输送给等离子炬。③接口与离子光学透镜。接口是常压、高温、腐蚀气氛的ICP离子源与低压（真空）、室温、洁净环境的质量分析器之间的结合部件，用于从ICP离子源中提取样品离子流。离子光学透镜是将接口提取的离子流聚焦成散角尽量小的离子束，以满足质量分析器的工作要求。④离子聚焦系统。⑤质量分析器。带电粒子通过质量分析器后，按不同质荷比分开，并把相同m/z的离子聚焦在一起，按m/z大小顺序组成质谱。⑥检测与数据处理系统。检测器将质量分析器分开的不同m/z离子流接收，转换成电信号经放大、处理给出分析结果。

此外，典型的ICP-MS仪器还配置多级真空系统，由接口外的大气压到高真空状态质量分析器压力降低至少达8个数量级，可通过压差抽气技术由机械真空泵、涡轮分子泵来实现。仪器控制和数据处理的计算机系统，计算机系统对上述各部分的操作参数、工作状态进行实时诊断、自动控制及采集的数据进行科学运算。供电系统。其中进样系统、ICP离子源、接口和透镜、质量分析器是核心部分，其他各项是仪器的辅助部分。

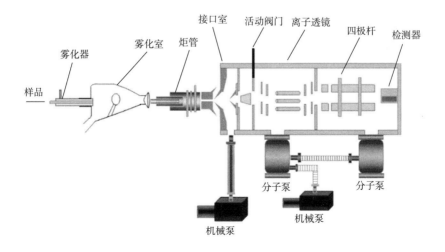

图24-9 ICP-MS仪器的基本结构

三、ICP-MS 分析技术

（一）ICP-MS 分析的一般步骤

ICP-MS 分析过程中，被分析样品在雾化器的作用下转化为气体或者以水溶液的气溶胶形式被引入氩气流；然后进入由射频能量（RF）激发的处于大气压下的氩等离子体中心区，ICP 的高温使气溶胶去溶剂化、汽化、解离和电离形成大量的离子。在载气的推动下，这些离子经过采样锥、截取锥后达到离子透镜系统；在离子透镜系统中，正离子正常通过并进入质量分析器，而中性粒子、负离子和光子则受到拦截并被真空抽走。真空系统内，根据已设定好的参数，质量分析器（四极快速扫描质谱仪，MS）通过高速顺序扫描分离测定所有离子，扫描元素质量数范围从 6~260，并通过高速双通道分离后的离子进行检测，浓度线性动态范围达 9 个数量级（10^{-12}~10^{-3} g/L）。只有目标核数的离子能顺利通过，其他离子均不能正常通过；目标离子经过质量分析器后进入检测系统，检测器对离子个数进行计数并显示在计算机中；通过必要的计算，获得目标元素含量。

与传统无机分析技术相比，ICP-MS 技术提供了最低的检出限、最宽的动态线性范围、干扰最小、分析精密度高、分析速度快、可进行多元素同时测定。

（二）电感耦合等离子体质谱的干扰及其解决途径

1. 质谱干扰

分析食品中待测元素的过程中，可能受到样品基体相关多原子离子、氩相关多原子离子及基体组分的干扰。由于食品样品之间待测元素及基体组分的不同，可能某种基体中可忽略某个干扰，在另一种基体中则不可忽略，即实际分析过程中需根据所测样品进行具体分析。质谱干扰可进一步分为：同质异位素重叠干扰、多原子分子离子重叠干扰和双电荷离子重叠干扰。

对含有多个同位素的元素，最简单的方法是选择其他不受干扰的同位素，假定该同位素丰度足以进行分析检测。改变仪器参数（主要是射频功率及载气流速）可降低氧化物干扰水平或采取"冷等离子体"技术。冷等离子技术与基体分离技术联用，可用来降低大米标样中的 Cr 及 Fe 所受干扰。

2. 非质谱干扰

非质谱干扰，又称基体干扰，是指基体引起的信号波动，主要影响样品传输效率、等离子电离或质谱仪中离子提取及传输。一般分为高盐溶液引起的物理效应和基体对分析物的抑制或增强效应两类。

（1）高盐溶液引起的物理效应。

ICP-MS 最大的局限性就是含盐量，即可溶性固体总量（TDS）不要太高，一般要求最好控制在 0.2% 以下（<2000 μg/mL）。含盐量高会引起锥孔逐渐堵塞，由此导致分析信号的漂移，尤其是在最初的 20 min 内，在被测物信号稳定之前，由于盐分在采样锥上沉积，信号迅速下降。

（2）基体对分析物的抑制或增强效应。

基体效应可能造成信号的增强或抑制，影响程度取决于待测元素、样品物理性质（如黏度）、基体组分、仪器设置及操作参数。仪器设置中进样系统、接口/透镜布局及设置决定了可能发生何种基体干扰。

ICP-MS中基体干扰的主要原因是空间电荷效应，通常表现为分析元素的信号受到抑制。高密度离子流将产生空间电荷效应，同样的空间电荷力作用在所有离子上，轻质量数离子受影响较大，偏转较严重；而重质量数离子本身不易被偏转，因此仍靠近离子束中心，并对轻质量数离子产生严重的影响，这就是轻质量数元素的灵敏度较低，以及必须对轻、重质量数离子施加不同聚焦电压的原因。

某些情况下，基体效应可提高分析性能。如样品溶液中加入3%甲醇，同时提高射频功率，可提高As及Se信号强度，已成功用于食品中As、Se的含量及形态测定。原因可能是加入碳水化合物后，通过电荷转移提高灵敏度。

食品样品溶液中基体元素浓度高，易造成信号抑制。通常情况下，基体效应取决于基体元素的绝对含量而非与待测元素的相对含量。因此可通过稀释样品降低基体抑制。但过量稀释可能降低痕量或超痕量元素的检出限。

食品分析中已采用内标法、标准加入法、基体匹配法、同位素稀释法、流动注射法及基体分离法消除（或明显降低）基体干扰。其中常采用内标法，不仅可补偿基体效应还可补偿仪器漂移。但是需选择合适的内标元素以进行有效校正。

四、ICP-MS 在食品安全方面的应用

ICP-MS具有以下分析特性：①通过谱线的质荷比进行定性分析；②通过谱线全扫描测定几乎所有元素的大致浓度范围，进行半定量分析；③通过标准溶液的校正进行定量分析；④进行同位素比值测定，用于追踪来源实验及同位素示踪；⑤与激光采样、流动注射、氢化物发生、低压色谱、高效液相色谱、气相色谱、毛细管电泳等进样或分离技术联用，应用于元素形态和元素蛋白质结合形态的分析。

食品中限量元素的检测方法，主要有原子吸收分光光度法（AAS）、原子荧光光谱法（AFS）、离子选择电极法等；而ICP-MS作为一种新型检测方法，具备多种元素同时测定及低检出限的优势，已逐步成为食品中元素测定的新方法，且国家已出台相关标准。

目前ICP-MS测定食品中元素含量的相关标准如下：SN/T 0448—2011《进出口食品中砷、汞、铅、镉的检测方法》；GB 5009.94—2012《植物性食品中稀土元素的测定》；GB 5009.182—2017《食品中铝的测定》；GB/T 23372—2009《食品中无机砷的测定液相色谱-电感耦合等离子质谱法》；GB 5009.268—2016《食品中多元素的测定》；GB 31604.49—2016《食品接触材料及制品砷、镉、铬、铅的测定和砷、镉、铬、镍、铅、锑、锌迁移量的测定》。

思　考　题

1. 什么是原子分析光谱法？其一般原理是什么？

2. 什么是原子吸收光谱法？其特点有哪些？基本工作原理是什么？

3. 原子吸收光谱中的干扰有哪几种？

4. 什么是原子发射光谱法？食品分析中最常用的两种原子发射光谱形式是什么？其优点

有哪些？

    5. 原子发射光谱的基本原理是什么？影响原子发射光谱强度的因素有哪些？

    6. 原子吸收和发射光谱技术应用在哪些领域？

    7. 电感耦合等离子体发射光谱的基本原理是什么？其仪器组件包含哪几部分？

    8. 电感耦合等离子体发射光谱中存在的干扰类型有哪些？

    9. 电感耦合等离子体质谱法的优越性体现在哪些方面？

    10. 电感耦合等离子体质谱法的干扰类型有哪些？解决途径是什么？

    11. 电感耦合等离子体质谱法在食品中的应用主要体现在哪些方面？

第二十五章　核磁共振光谱法

课件　　　思政

根据量子力学理论，当原子核位于某个静磁场中时，因具有不同的自旋状态导致能级发生裂分。如果使用特定频率射频照射包含这些磁性核的样品，且射频的频率与能级裂分能量相匹配，那么原子核可以吸收射频能量并在它们的磁能级间产生共振跃迁，这就是所谓的核磁共振（nuclear magnetic resonance，NMR）现象。即具有固定磁矩的原子核，如 ^1H、^{13}C、^{31}P、^{19}F、^{15}N、^{129}Xe 等，在静磁场与交变磁场的作用下，与交变磁场发生能量交换的现象。

1938 年，I. Rabi 用分子束实验发现在外磁场下的核磁共振现象，并因此获得了 1944 年的诺贝尔物理学奖。1946 年，美国斯坦福大学布洛赫（F. Bloch）和哈佛大学普舍尔（E. M. Purcell）几乎在同一时间、用不同的方法独立地发现了石蜡水和蜡的质子共振信号（物质的核磁共振现象），1952 年，他们二人共同获得了诺贝尔物理奖。1950 年，首次利用低分辨率核磁共振测定食品和牛奶分析中的水分含量，但是核磁共振在食品科学中真正的应用始于 20 世纪 80 年代，现已被有效和系统地应用于食品分析和鉴定。

食品是一类非常复杂和非均质的混合物，含有大量的化合物，其成分在特定条件（如种植、养殖、成熟、工业加工、储存等）下变化很大。因此，核磁共振在食品的分析和表征中具有重要的作用。NMR 技术研究食品的优势主要包括：①非破坏性（non-destructive）和非侵入性（non-invasive），非常有利于食品的研究，不会对样品造成物理破坏和化学污染；②测量迅速、准确、直观；③一般不受样品状态、形状和大小的限制（只要保证样品不超出射频线圈直径即可）；④能够实现实时在线测量；⑤能够获得样品的空间位置信息，样品内部不同切层的图像，直观观测样品质子的迁移过程和水分分布情况。

第一节　核磁共振的基本物理概念

一、原子核的自旋

物质要产生 NMR 现象，其原子核必须具有磁性。物质所含原子是由原子核和核外电子构成，核外电子分布规律严格遵守泡利不相容原理，即在同一个原子中，不能稳定存在两个量子数完全相同的电子，在同一轨道，两个电子的自旋一定是相反的。电子的自身旋转，让电子拥有磁矩和自旋角动量。与核外电子一样，原子核也拥有磁矩和自旋角动量。由于原子核是由质子和中子组成，它们具有自旋为 1/2 的粒子，在核内还有相对运动，因而具有相应的轨道角动量。所有轨道角动量和自旋角动量的矢量和就是原子核的自旋，通常也叫角动量。

在物理学中，为了便于分析，常将原子核的自旋简单地描述为绕自身轴线的转动，它是

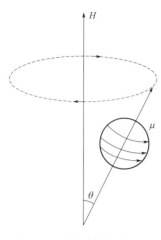

图 25-1　核子在外磁场
场中磁矩进动示意图

具有方向性的物理量，用 I 表示，见图 25-1。自旋矢量 I 的方向与自旋运动的轴重合，自旋的大小与原子核中的核子数有关。除了质子数和中子数均为偶数的原子核外，质子数和中子数都是奇数或者其中之一为奇数的原子核都有自旋特性。

自旋可以用矢量来表示，其长度可用约化普朗克常数 h 来量度。核子数为偶数的原子核，自旋 I 等于 $\frac{1}{2h}$ 的偶数倍，而核子数为奇数的原子核，自旋 I 等于 $\frac{1}{2h}$ 的奇数倍。自然界的所有化学元素都至少有一个具有自旋特性的同位素。氢的同位素 ^1H 和 ^2H 的自旋分别为 $I = \frac{1}{2}$ 和 $I = 1$。这是因为 ^1H 的原子核由一个质子组成，而 ^2H 的原子核则由一个质子和一个中子组成。核磁共振技术主要利用质子 ^1H 核磁共振现象，因为在生物物质中 ^1H 不仅浓度最高，而且磁共振信号的灵敏度最大。

按照电荷运动产生磁场的原理，有自旋特性的原子核周围必然存在一个微观磁场。这个微观磁场是一个磁偶极子，物理学上称其为原子核的自旋磁矩，用 μ 表示。自旋的原子核都具有自旋角动量（I）和磁矩（μ）。对于每个有自旋的核，允许自旋的数量被量子化，I 值由公式 "$2I+1$" 确定，积分差范围从 $+I$ 到 $-I$。原子核质量数为奇数时，I 为半整数值 $\left(+\frac{1}{2}\right)$；而原子核质量数为偶数，原子序数为奇数的原子核，$I$ 取整数值，如 ^{13}C 同位素。这些自旋原子核的 $I \neq 0$，沿自旋轴产生称为 μ 的磁矩，其作用就像一个微小的磁棒。$I = 0$ 的核不是 NMR 活性核，即 ^{12}C 同位素，如表 25-1 所示。

μ 的大小与角动量（S）和旋磁比（γ）成正比，决定了其磁强度（$\mu = \gamma S$）。旋磁比 γ 是任何原子核的自然属性，决定于原子核本身性质的常数。^1H 的旋磁比 $\gamma = 42.58MHz/T$。

对于像质子这样的原子核（^1H），磁矩在外部磁场 B_0 的作用下呈现两种排列：与外部磁场的相同方向 $\left(+\frac{1}{2}\right)$ 或相反方向 $\left(-\frac{1}{2}\right)$。排列的原子核比未排列的原子核更加稳定且能量更低。在外加磁场存在下，能量从原始状态转移到更高的能量状态。发生了对应于无线电频率波长的能量传输，当自旋返回其基态能级时，会以相同的频率发射能量。以多种方式测量该频率并对其进行处理以得到相应原子核的核磁共振光谱。

表 25-1　原子核自旋特点

原子序数 Z	质量数 A	自旋量子 I	实例	自旋有无
偶	偶	0	$^{12}_{6}C$，$^{16}_{8}C$	无
奇	奇	半整数	$^{1}_{1}H$，$^{15}_{7}N$	有
偶	奇	半整数	$^{13}_{6}C$	有
奇	偶	整数	$^{2}_{1}H$，$^{14}_{7}N$	有

二、自旋磁矩在外磁场中的能级

如果一个原子核磁矩 $\boldsymbol{\mu}$ 处于指向 Z 方向的磁场 B_0 中，那么该磁矩将具有磁场能量，相邻能级之间有相同的能量差 $\Delta E = \gamma h B_0$。

^1H 在磁场中将分裂为两个能级。自旋为 $\frac{1}{2}$ 的质子处于较低能量状态；而自旋为 $-\frac{1}{2}$ 的质子处于较高能量状态。处于低能级的质子数略高于处于高能级的质子数，但两个能级的质子数之差仅有百万分之几。

三、磁共振条件和拉莫尔方程

将含有 ^1H 的化合物样品置于在空间均匀分布、不随时间变化的恒定磁场 B_0 中向样品发射电磁波进行激励。当电磁波频率 v_0，满足关系式（25-1）。

$$hv_0 = \Delta E \tag{25-1}$$

其中 $h = 2\pi\hbar$，称为普朗克常数。ΔE 是自旋系统的两个能级之间的能量差。在此条件下，原来处于低能级的自旋将被激发，即吸收电磁波能量而改变能量状态，从低能级跃迁到高能级，这种现象就是一般所说的有自旋特性的原子核与入射电磁波（场）的核磁共振。

由于 $v_0 = \dfrac{\omega_0}{2\pi}$，$h = 2\pi\hbar$ 和 $\Delta E = \gamma\hbar B_0$，则上式可以改写成式（25-2）：

$$\omega_0 = \gamma B_0 \tag{25-2}$$

式中：v——频率；

ω——圆频率。

式（25-2）就是核磁共振学中著名的拉莫尔方程。对于确定的核，可精确地测定旋磁比 γ。可见，通过测定核磁共振时辐射场的频率 v，就能确定磁感应强度；反之，若已知磁感应强度，即可确定核的共振频率。

拉莫尔方程表述了各种有自旋特性的原子核在外加磁场中与入射的电磁波产生磁共振现象所必需的条件。外加磁场强度恒定时，激发特定原子核的磁共振需要入射特定频率的电磁波，共振频率与原子核的 γ 值成正比。

四、核磁共振参数

核磁共振提供了化合物有价值的结构信息，有助于定量和定性分析。从化学位移、自旋-自旋耦合和信号强度等参数中得到了有价值的结果。

（一）化学转移

在讨论核磁共振基本原理时，把原子核当作孤立的粒子，即裸露的核，也就是说没有考虑核外电子，没有考虑核在化合物分子中所处的具体环境等因素。当裸露核处于外磁场 B_0 中，它受到 B_0 所有的作用。而实际上处于分子中的核并不是裸露的，核外存在电子云。

核外电子云受 B_0 的诱导产生一个方向与 B_0 相反，大小与 B_0 成正比的诱导磁场。诱导磁场使原子核实际受到的外磁场强度减少。也就是说核外电子对原子核有屏蔽作用。如果用屏蔽常数 σ 表示屏蔽作用的大小，那么处于外磁场中的原子核受到的不再是外磁场 B_0 作用而是

B_0（$1-\sigma$），见式（25-3）。

$$v = \frac{\Delta E}{h} = \frac{1}{2\pi\gamma B_0(1-\sigma)}$$ （25-3）

屏蔽作用的大小与核外电子云密度有关，核外电子云密度越大，核受到的屏蔽作用越大，而实际受到的外磁场强度降低得越多，共振频率降低的幅度也越大。如果要维持核以原有的频率共振，则外磁场强度必须增强得更多。

电子云密度和核所处的化学环境有关，这种因核所处化学环境改变而引起的共振条件（核的共振频率或外磁场强度）变化的现象称为化学位移（chemical shift）。

由于化学位移的大小与核所处的化学环境有密切关系，因此化学位移提供了有关任何分子中原子核化学环境的重要信息，并有助于在 NMR 光谱中定位信号。因为在一个化合物中，并不是所有的原子核都有相同的化学环境，因此，它们不会以相同的频率发生共振。此外，化学位移与所施加的磁场成正比，由于不同原子核间的电子密度不同，原子核在不同的共振频率下吸收能量。周围具有较高电子密度的原子核具有较高的与电子相反的磁场 B_0，并且在较低的化学位移中产生共振，当原子核周围的电子密度降低，如附近存在电磁元件时，原子核被屏蔽。被屏蔽的质子需承受更大的 B_0 并在较大的化学位移下产生共振。化学位移提供了有关分子的化学环境和官能团的有价值信息。

化学位移（δ）是一维（1D）核磁共振谱中信号强度（y 轴）与频率（x 轴）的关系图，表示为百万分之一。一般以四甲基硅烷（TMS）作为内标。因为 TMS 化学性质不活泼，与样品之间不发生化学反应和分子间缔合。TMS 是一个对称结构，四个甲基有相同的化学环境，因此无论在氢谱还是在碳谱中都只有一个吸收峰。由于 Si 的电负性（1.9）比 C 的电负性（2.5）小，TMS 中的氢核和碳核处于高电子密度区，产生大的屏蔽效应，产生的 NMR 信号所需的磁场强度比一般有机物中的氢核和碳核产生 NMR 信号所需的磁场强度都大得多，与绝大多数样品信号之间不会相互重叠干扰。TMS 沸点很低（27 ℃），容易去除，有利于回收样品。但是 TMS 是非极性溶剂，不溶于水。对于哪些强极性样品，必须用重水为溶剂，测谱时需要用其他标准物。

在 ^1H 谱和 ^{13}C 谱中都规定标准物 TMS 的化学位移值为 $\delta=0$，位于图谱的右边。在它的左边 δ 为正值，在它的右边 δ 为负值，绝大部分有机物中的氢核或碳核的化学位移都是正值。当外磁场强度自左至右扫描逐渐增大时，δ 值却自左至右逐渐减少。凡是 δ 值较小的核，表明其处于高场。不同的同位素核因屏蔽常数变化幅度不等，δ 值变化的幅度也不同，如 ^1H 的 δ 值小于 20，^{13}C 的 δ 值大部分在 0~250。

（二）自旋-自旋耦合

化学位移仅考虑了磁核的电子环境，即核外电子云对核产生的屏蔽作用，但是忽略了同一分子中磁核间的相互作用。这种磁核间的相互作用很小，对化学位移没有影响，但对谱峰的形状有着重要影响。这种磁核之间的相互干扰称为自旋-自旋偶合（spin-spin coupling），由自旋偶合产生的多重谱峰现象称为自旋裂分。偶合是裂分的原因，裂分是偶合的结果。

自旋-自旋偶合对于结构表征非常重要，因为它的大小取决于原子核之间的距离和相对方向；耦合常数 J 表示耦合的核磁之间相互干扰程度的大小，以赫兹（Hz）为单位，可正可负，并且不依赖于外部磁场的强度。耦合常数与外加磁场无关，而与两个核在分子中相隔的化学键的数目和种类有关。J 值与两核间的键的数目密切相关，通常在 J 的左上角标明两核相距的化学键数目，在 J 的右下角标明相互耦合的两个核的种类。如 $^{13}C-^{1}H$ 之间的耦合只相隔一个化学键，故表示为 $^{1}J_{C-H}$，而 $^{1}H-C-C-^{1}H$ 中两个 ^{1}H 之间相隔三个化学键，其耦合常数表示为 $^{3}J_{H-H}$。

对于自旋 1/2 核，自旋-自旋分裂模式可以用 $n+1$ 凭经验解释，而 $2nI+1$ 规则通常用于整数值核，其中 n 表示相邻的质子数，I 为核自旋量子数。这种分裂给出了有关耦合质子数量的信息，其 J 值给出了有关相邻 C—H 键的相对取向的信息。例如，碘乙烷（CH_3-CH_2-I）被认为是一个双自旋系统，在核磁共振谱中亚甲基质子在分裂后表现为四重态信号，甲基质子表现为三重态。如果一个质子没有相邻的质子，则单线态出现在没有耦合的光谱中。

（三）信号强度

信号强度一般为核磁共振谱中峰所占的面积，通过数字积分法来测量。NMR 信号的强度与样品中等效核的数量成正比，用于自旋多重性和定量分析。

（四）弛豫现象

所有吸收光谱（波谱）具有一个共性，即外界电磁波的能量（$h\nu$）等于分子中某种能级的能量差 ΔE 时，分子吸收电磁波从较低能级跃迁到较高能级，相应频率的电磁波强度减弱。与此同时，存在着另一个相反过程，即在电磁波的作用下，处于高能级的粒子返回到低能级，发出频率为 ν 的电磁波，因此电磁波强度增强，这种现象称为受激发射。

吸收和发射具有相同的概率，如果高低能级上的粒子数相等时，电磁波的吸收和发射正好相互抵消，观察不到净吸收信号。事实上玻尔兹曼（Boltzmann）分布表明，在平衡状态下，高低能级上的粒子数分布由方程式（25-4）决定：

$$\frac{N_1}{N_h} = e^{\frac{\Delta E}{KT}} \tag{25-4}$$

由此可见，低能级上的粒子数总是多于高能级上的粒子数，所以在波谱分析中总是能检测到净吸收信号。为了要持续接收到吸收信号，必须保持低能级上粒子数始终多于高能级。这在红外和紫外吸收光谱中并不成问题，因为处于高能级上的粒子可以通过自发辐射回到低能级。自发辐射的概率与能级差 ΔE 成正比，在紫外和红外吸收光谱中，电子能级和振动能力的能级差很大，自发辐射的过程足以保证低能级上的粒子数始终占优势。

在核磁共振波谱中，因外磁场作用造成能级分裂的能量差比电子能级和振动能级差小 4~8 个数量级，自发辐射几乎为零。因此，若要在一定的时间间隔内持续检测到核磁共振信号，必须有某种过程存在，它能使处于高能级的原子核回到低能级，以保持低能级上的粒子始终保持多于高能级。这种从激发状态回复到玻尔兹曼平衡的过程就是弛豫现象（relaxation）过程。

弛豫过程对于观察核磁共振信号非常重要，因为根据玻尔兹曼分布，在核磁共振条件下，处于低能级的原子核数只占极微的优势。如 ^{1}H 核，当外磁场强度 B_0 为 1.4092 T（相当于 60 MHz 的核磁共振谱仪），温度为 27 ℃（300 K）时，两个能级上的氢核数目之比见式（25-5）：

$$\frac{N_1}{N_h} = e^{\frac{\Delta E}{KT}} = e^{\frac{h\pi\gamma B_0}{2KT}} = 1.0000099 \tag{25-5}$$

即在设定的条件下，每一百万个 ^1H 中处于低能级的 ^1H 数目仅比高能级多十个左右。如果没有弛豫过程，在电磁波持续作用下，^1H 吸收能量不断由低能级跃迁到高能级，这个微弱的多少很快会消失，最后导致观察不到 NMR 信号，这种现象称为饱和。在 NMR 中若无有效的弛豫过程，饱和现象是很容易发生的。

弛豫过程一般分为自旋-晶格弛豫和自旋-自旋弛豫两类。

1. 自旋-晶格弛豫

将一个质子周围的其他原子统称为晶格，自旋核与周围分子（固体的晶格、液体则是周围的同类分子或溶剂分子）交换能量的过程称为自旋-晶格弛豫（spin lattice relation），又称为纵向弛豫（spin lattice relation）。

核周围的分子相当于许多小磁铁，这些小磁铁快速运动产生瞬息万变的小磁场——波动磁场。这是许多不同频率的交替磁场之和。若其中某个波动场的频率与核自旋产生的磁场的频率一致时，这个自旋核就会与波动场发生能量交换，把能量传给周围分子而跃迁到低能级。纵向弛豫的结果是高能级的核数目减少，就整个自旋体系来说，总能量下降。纵向弛豫过程所经历的时间用 T_1 表示，T_1 越小，纵向弛豫过程的效率越高，越有利于核磁共振信号的测定。一般液体及气体样品的 T_1 很小，仅几秒。固体样品因分子的热运动受到限制，T_1 很大，有的甚至需要几个小时，因此测定 NMR 时一般多采用液体样品。

2. 自旋-自旋弛豫

核与核之间进行能量交换的过程称为自旋-自旋弛豫（spin-spin relaxation），也称为横向弛豫。一个自旋核在外磁场作用下吸收能量从低能级跃迁到高能级，在一定距离内被另一个与它相邻的核觉察到。当两者频率相同时，就产生能量交换，高能级的核将能量交给另一个核后跃迁回到低能级，而接受能量的那个核跃迁到高能级。交换能量后，两个核的取向被调换，各种能级的核数目不变，系统的总能量不变。横向弛豫过程所需时间以 T_2 表示，一般的气体及液体样品 T_2 为 1s 左右。固体及黏度大的液体样品由于核与核之间比较接近，有利于核磁间能量的转移，因此 T_2 很小，只有 $10^{-4} \sim 10^{-5}s$。自旋-自旋弛豫过程只是完成了同种磁核取向和进动方向的交换，对恢复玻尔兹曼平衡没有贡献。

3. 影响 NMR 谱线宽度的因素

弛豫时间决定了核在高能级上的平均寿命 T，因而影响 NMR 谱线的宽度。

由于 $\dfrac{1}{T} = \dfrac{1}{T_1} + \dfrac{1}{T_2}$，所以 T 取决于 T_1 及 T_2 之较小者。

由弛豫时间（T_1 或 T_2 之较小者）所引起的 NMR 信号峰的加宽，可以用海森堡测不准原理来估算。从量子力学知道，不可能同时精确测定微观粒子能量 E 和测量时间 t，但二者的乘积为一常数，见式（25-6）~式（25-8）。

$$\Delta E \times \Delta t \approx h \qquad (25-6)$$

$$\Delta E = h \times \Delta \nu \qquad (25-7)$$

$$\Delta \nu = \frac{1}{\Delta t} = \frac{1}{T} \qquad (25-8)$$

$\Delta \nu$ 为由于能级宽度 ΔE 所引起的谱线宽度（周/秒），它与弛豫时间成反比，固体样品的 T_2 很小，所以谱线很宽。因此，常规的 NMR 测定，需将固体样品配制成溶液后进行。

第二节　核磁共振仪

核磁共振现象发现之后，很快就应用到了实际物质的研究之中，化学家利用分子结构对氢原子周围磁场产生的影响，发展出核磁共振谱，用于解析分子结构。1945—1951 年，先后发现化学位移和自旋耦合，核磁共振谱仪成为解决化学问题的有力工具。1953 年，Varian 公司研制了世界第一台商品化核磁共振谱仪，1964 年超导磁场脉冲傅里叶变换核磁共振谱仪问世。随着时间的推移，核磁共振波谱技术不断发展，从最初的 ^1H 谱发展到 ^{13}C 谱、二维核磁共振谱等高级谱图。进入 20 世纪 90 年代以后，人们甚至发展出了高分辨魔角技术，使得溶液相蛋白质分子结构的精确测定成为可能。

一、磁铁

核磁共振的磁铁是仪器中最昂贵的部件，被称为核磁共振仪器的心脏。磁铁的作用是产生一个恒定的、均匀的磁场。磁场强度增大，灵敏度增加。在早期仪器中，使用了永久磁铁和电磁铁。它们可以产生高达 2.3 T 的磁场。如今，高分辨率的超导磁体得以应用，其磁场强度在 6~23.5 T 之间。在核磁共振光谱仪中，设置有源磁屏蔽，以避免磁体周围杂散磁场的干扰。

二、垫片线圈

在高分辨率核磁共振谱中，磁场的均匀性应优于样品 $1\mu g/L$。采用垫片线圈可缩小光谱宽度，并消除不均匀性，这是获取高质量光谱图像所必需的。在大多数光谱仪中，由计算机控制垫片线圈。计算机运用适当算法计算出最佳的垫片值。

三、场锁

使用垫片线圈获得所需的均匀性后，为了防止磁场漂移，时间久了峰型会变宽，通过场锁实现均匀场的稳定性。由于温度的波动和磁体的老化，磁场强度会随时间而变化。不锁场便无法匀场，无法辨明氢谱的精细结构。如果是碳谱则无所谓，可以不锁场不匀场，甚至不必用氘代试剂。

四、探针

探针是核磁共振仪的核心元件，为射频（RF）、磁场和样品提供接口。将样品插入探针并放置在磁场内，在那里它激发原子核并检测 NMR 信号。射频线圈分为 3 类：①发射和接收线圈；②仅接收线圈；③仅发射线圈。在现代光谱仪中，发射和接收线圈同时存在。它们充当磁场的发射器和来自弛豫核的射频能量的接收器。根据进行实验的类型，使用不同类型的探针。

五、控制台

在光谱仪中，磁铁旁边有一控制台，支持核磁共振光谱的记录。它为射频提供 3 个通道，即观察、锁定和解耦通道。这些频率被控制、放大、脉冲并传输到探针。在光谱仪中，信号被放大，然后混合，利用四极相位检测获得 NMR 信号。这两个信号分量在模拟数字转换器中被数字化，并输入计算机内存。

目前应用较多的两种基本类型的核磁共振波谱仪分别是：连续波核磁共振仪（CW-NMR）和脉冲傅里叶变换核磁共振仪（PFT-NMR）。

在 CW-NMR 仪器中，磁场从 NMR 光谱的低场（左）到上场（右）端连续变化以进行扫描。其仪器主要由磁铁、射频发射器、检测器、放大器和记录仪等组成。磁铁上备有扫描线圈，用来保证磁铁产生均匀的磁场，并能在一个较窄的范围内连续精确变化。射频发射器用来产生固定频率的电磁辐射波。检测器和放大器用来检测和放大共振信号。记录仪将共振信号绘制成共振图谱。这类 NMR 光谱仪一次可以激发一种待观察的同位素核。CW-NMR 价格低廉，易操作，但是灵敏度差，需要样品量大。只能测定如 ^1H、^{19}F、^{31}P 之类天然丰度很高的核，对同位素丰度低的核（如 C 等），必须多次累加才能获得可观察的信号，因而很浪费时间。

脉冲傅里叶变换核磁共振仪仪器的基本结构包括脉冲程序器、射频系统、探头、接收系统、傅里叶变换系统等。它增设了脉冲程序控制器和数据采集处理系统，利用一个强而短（$1\sim50~\mu s$）的脉冲将所有待测核同时激发，射频脉冲进入探头内与样品发生共振，在脉冲终止时打开接收系统，采集自由感应衰减信号（FID），由于分子含有许多不同的原子核，因此会同时发射许多不同频率的电磁辐射。待被激发的核返回平衡态后，再进行下一个脉冲的激发。FID 是不同原子核单一频率的时域信号，随后使用计算机和称为傅里叶变换（FT）的数学方法将其转换为频域信号。再把它加到示波器上显示或加到记录仪上记录，也可用计算机把所有波谱数据打印出来，然后被人们识别。PFT-NMR 每发射脉冲一次即相当于连续波的一次测量，可方便地对少量样品进行累加测试，大大缩短测量时间。与 CW 仪相比，脉冲 FT 仪具有更加灵敏、可以测量较弱信号等优点。但 PFT-NMR 仪比 CW-NMR 仪更加复杂，需要更加复杂的信号检测程序。

按照研究对象又可以将核磁共振仪分为高分辨核磁共振仪和宽谱线核磁共振仪。高分辨核磁共振仪的磁场均匀性较好，仪器分辨率较高，可以记录很窄的谱线，因此常被应用于液体样品的研究。其主要根据液体物质谱线的化学位移、耦合常数、谱线面积、弛豫时间等参数进行定性定量分析。宽谱线核磁共振仪用来研究固体样品，因谱线比较宽，所以对仪器的磁场均匀性要求不高，但能记录较宽的谱线，扫描范围也要广。它主要根据谱线宽度、弛豫时间、耦合常数等参数，研究晶体的结构、固体物质的结构与性质等。近年来，出现一种固体高分辨核磁共振仪，并应用于材料化学分析。它利用机械方法或射频脉冲方法来消除固体中很强的磁偶极相互作用，从而变宽谱线，得到固体样品的高分辨谱。

第三节　核磁共振技术

一、传统核磁共振技术

目前，应用于核磁共振法的原子核有 ^{31}P、^{15}N、^{19}F、^{13}C 等。最初研究比较热门的核磁共振谱是氢谱，因为它产生的${}^1H$原子在自然界中广泛存在，且它产生的信号易于检测。氢核磁共振谱中的氢原子核被电磁波照射时，能通过共振吸收电磁波能量而发生跃迁，用核磁共振仪可以记录到跃迁的信号。不同环境中的氢原子产生共振时吸收电磁波的频率不同，则其在图谱上出现峰的位置也不相同。因此，核磁共振氢谱可测定分子中 H 原子的种类和个数比。在核磁共振氢谱中，峰的数量就是氢的化学环境的数量；而峰的相对高度，就是对应的处于某种化学环境中的氢原子的数量。通过测定氢元素的含量，可间接反映水、脂肪、蛋白质等物质的含量；同时，通过测定 H 质子的弛豫时间，可表征水分子的流动和分布状态。此外，此法结合化学计量方法还可以应用于快速检测食品掺假。

${}^1H$-NMR 谱的解析方法：首先，检查图谱峰的对称性、分辨率、线性及信噪比等参数；其次，辨认图谱中的有效峰与无效峰，给出各峰代表的质子数及总质子数；再次，根据各组分峰的位移推测物质结构存在的基团，进行结构分析；最后，分析复杂裂分峰以及分子对称性，进行物质结构综合分析，检验最终结果。

在核磁共振波谱中，除${}^1H$谱之外，${}^{13}C$谱应用最为广泛，在 C 的同位素中只有${}^{13}C$有自旋现象，存在核磁共振吸收。${}^{13}C$ NMR 和${}^1H$ NMR 基本原理相同。碳谱的化学位移范围较大，一般比氢谱大 $10\sim30$ 倍，因此，碳谱的分辨能力高，物质结构中的微小差别也可在图谱中得到反映。由于碳原子是构成分子骨架的重要原子，通过碳谱中有关碳原子连接顺序的测定，可以得到分子中骨架结构的信息，而氢谱或其他谱线均无法实现。${}^{13}C$核的天然丰度较低（约为1.1%）、旋磁比小，所以极化也比较弱。从碳谱中可以得到各种碳原子化学位移、结构类型和官能团类型等信息。在许多有机结构分析的现代谱学方法中，由于碳谱的以上优点，它取代了紫外光谱的地位，与红外光谱、质谱、氢谱共称为新的"四大光谱"。

二、核磁共振新技术

（一）二维核磁共振

二维核磁共振 2D NMR 谱一般根据不同的需要分为：二维 J 分解谱和二维化学位移相关谱（COSY）。二维 J 分解谱是把原一维核磁共振谱按化学位移和耦合常数 J 在两个频率轴上展开，这样可以直接从谱上读到耦合常数及化学位移，并解决了一维谱峰拥挤的问题。J 谱只是把耦合常数和化学位移分开，没有提供新的信息。实际的二维图谱一般用等高线图（等直线图）表示，此外还有立体的叠迹图等。

二维位移相关谱（correlation spectroscopy，COSY）则直接提供相互作用核之间的自旋耦合信息，反映出具有一定化学位移的核信号之间的关系，是 2D NMR 谱的最重要部分，也是应用最为广泛的部分，二维位移相关谱中对角线上（及附近）的峰为对角峰（或自峰），在非对角线上的峰（除轴上的轴峰外）称为交叉峰。交叉峰反映了峰与峰之间的耦合关系，因而可直接得到哪些核之间有耦合。交叉峰是二维峰中最有用的部分。

根据耦合核的类型又可将二维位移相关谱分为同核（${}^1H$—${}^1H$）位移相关谱和异核（${}^{13}C$—${}^1H$）位移相关谱。在同核位移相关谱中，两个频率轴都表示该核的化学位移；异核位移相关谱由于反映不同核的耦合关系，两个频率轴就代表不同核的化学位移。

2D NMR 由于将化学位移、耦合常数等 NMR 参数在二维平面上展开，改变了在一维谱中信号拥挤，不易辨别的状况，同时还提供了核自旋间的相互作用信息，因而获得了广泛的应用和迅速的发展。

（二）分离方法-核磁共振光谱的联用

20世纪70年代末提出分离方法和核磁共振光谱的耦合。在联用技术中，两种不同的分析技术通过一个适当的界面结合起来，目前主要是将光谱技术与色谱技术相结合。赫希·菲尔德在1980年精确地提出了在一个单一输出中至少两种仪器分析方法的耦合。耦合的目的是获取使用单一分析方法无法获得的丰富数据和强大信息，耦合具有速度快，自动化水平更高，样品批量更大，重现性好，封闭系统，减少了污染等优点。

1. 液相色谱-核磁共振耦合

NMR能够提供大量的分子结构信息，但该分析方法要求样品为纯品，对于复杂的混合物，由于NMR信号的互相覆盖，单纯靠NMR谱则无能为力。

如果在核磁共振仪前加上一级色谱分离设备，即把样品直接分离后再送入NMR中扫描，就可以大大简化分析程序，提高样品分析速度，这就是色谱分离技术与NMR波谱仪结合并日趋普及的原因。

典型的HPLC-NMR联用装置由泵、注入阀、色谱柱和紫外检测器组成LC系统，通过一条2~2.5 m长的特制毛细管连接到NMR液相探头上（图25-2）。可以将NMR视为HPLC的特殊检测器，其化学位移、积分强度和谱线分裂情况能提供丰富的定量定性信息。位于NMR探头底部的阀用来控制NMR测试是在驻流状态下还是在连续流状态下进行。

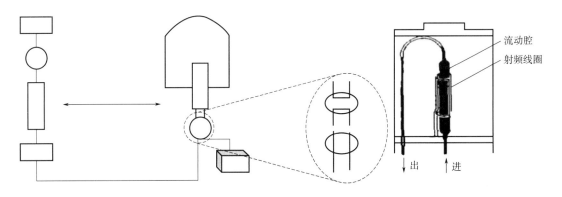

图25-2　HPLC-NMR的实验布局及液相探头剖面图

NMR探头是联用装置中最关键的部分。HPLC-NMR探头由一个不旋转的直接固定在射频线圈上的玻璃管构成，处于传统探头玻璃杜瓦瓶的中心，玻璃管内径为2 mm、3 mm或4 mm。玻璃壁长度至少超过质子检测线圈（18 mm），并与之平行，同时向两端逐渐变细。由于射频线圈直接固定在检测池的玻璃管内，NMR线圈与试样的体积比，即填充因子接近最佳值，这种NMR探头原则上是最灵敏的。

核磁共振与液相色谱的耦合需要优化色谱步骤，以增加检测单元中的分析物浓度。高的柱荷载和窄的洗脱可最大限度地提高溶质浓度和核磁共振检测。

液相色谱-核磁共振（LC-NMR）的操作模式主要有连续流模式和驻流模式。连续流模式：HPLC中流动是连续的，不受NMR取样的影响，当每一组分由HPLC流经NMR检测池时，仪器就会扫描出这一组分的谱图。使用这种方法可以在很短时间内完成样品分析并得到各组分分子结构方面的信息。由于样品在探头中停流的时间很短，分析时间有限，一般只适用于 ^{1}H 和 ^{19}F 测试。LC 采取梯度洗脱时，溶剂 ^{1}H-NMR 峰位置会随溶剂组成而变化，这样必须准确知道不同组成溶剂峰的位置才能有效地抑制溶剂的 NMR 信号；连续流方式不能对待测组分作 2D-NMR 谱，一般只用于分析样品中浓度较高的化合物结构。

驻流模式：主要用于当两个化合物保留时间很接近或分离度很差时。这种模式通过紫外检测器确定了色谱峰的位置后，在适当的时间停止色谱流动，使色谱峰准确地停流在 NMR 检测池中，同时使用 NMR 进行较长时间的扫描。让溶液停留于检测池中进行测试，当所需组分的保留时间已知或者 HPLC-NMR 采用灵敏的在线检测器时，可以采用该方法。该方法能有效地提高 NMR 信号强度。由于驻流模式对样品中各组分进行单个的、较长时间的扫描，提高了 NMR 的灵敏度，在高分辨 NMR 中能够得到化合物的二维核磁谱图（2D 谱）。由于要阶段性停止流动相流速，延长了分析时间，容易引起色谱峰展宽，分辨率降低；脱机驻流模式中放置时间较长，可能会引起某些化合物的降解和异构化；驻流模式中对已分离色谱峰的选择需要其他辅助仪器，增加了人为因素，所以在实际应用中 LC-NMR-MS 系统常采用驻流模式。

2. LC-NMR-MS

尽管 LC-NMR 系统使色谱分离与光谱鉴定成为一连续过程，然而使用它确定未知物结构时，常常需要其他方法进一步证实。NMR 所测定的化合物分子必须是含有核磁矩的原子核，当基团中不含有质子或质子极易与溶剂进行化学交换，使信号变宽而不能被检测时，NMR 谱就很难提供分析物的结构信息，如硫酸化、磷酸化、氮氧化的代谢产物。为了克服 LC-NMR 联用技术的不足，推出了 LC-NMR-MS 在线系统，实现了检测手段的相互补充，可同时获取解析复杂化合物结构的 UV、NMR 和 MS 全面信息；联用技术可检测出许多通过其他方法无法测定的内源性代谢物和硫酸盐等结合的代谢产物。

LC-NMR-MS 在线联机系统主要有并联和串联两种联机方式。并联模式：可同时得到被分析物的 MS 信息和 NMR 数据，通常在驻流模式下，被分析物到达紫外检测器和 MS 早于NMR，所以可先快速对样品进行 UV 扫描和 MS 分析，这样提高了代谢物峰识别的准确性。并联方式可避免反压对探头的影响。基于上述优点，在实际应用中 LC-NMR-MS 一般都采用并联模式。串联模式：样品首先进行 NMR 分析后再进行 MS 检测，并且，在进行 MS 分析之前也需要流量分流器控制到达离子源的样品量。这种模式中样品不能先经过 MS 进行快速分析；样品到达 MS 的时间较长，常引起色谱峰的扩散和保留时间漂移。这种联机方式较为简单，也可单独进行 MS 研究。

LC-NMR-MS 工作模式也有连续流动模式和驻流模式两种。连续流动模式是从 LC 色谱柱流出的洗脱液直接进入 NMR 和 MS，在洗脱液快速流经 NMR 探头和 MS 时实时地获得有关样品的 ^{1}H-NMR 谱和 MS 信息。在连续流动模式中，LC 的流动是连续的，不受 NMR 取样的影响，所以从联用的角度看，连续流动模式是最理想的工作方式。

LC-NMR-MS 已应用于各个领域的有机化合物的检测，包括天然产物、药物开发、组合化学和杂质分析等，是适用于食品分析一种可选技术。

（三）核磁共振成像技术

核磁共振成像（MRI）的基本原理是利用氢原子在强磁场内受到一定频率的射频脉冲激

发之后，产生磁共振现象，然后经过空间编码技术，把在核磁共振过程中氢原子向外发射的射频能信号、与射频能有关的质子密度、弛豫时间等参数进行接收转换，再经过计算机处理，最后形成图像。MRI对人体没有放射性危害，且可以获得丰富的诊断信息，因而该技术主要作为临床诊断的工具。

（四）魔角旋转技术

20世纪90年代初，高分辨魔角旋转核磁共振技术（MAS）得到发展。在固体核磁共振中，自旋核之间会出现各种相互作用（化学位移各向异性、直接偶极–偶极相互作用、间接偶极–偶极相互作用），这些相互作用会导致固体核磁共振谱线增宽，使分辨率降低，而快速魔角旋转技术可以消除化学位移磁各向异性及减弱偶极–偶极耦合作用，从而提高其分辨率。

第四节　核磁共振光谱法在食品分析领域的应用

与其他物理化学检测方法相比，核磁共振技术具有一定的优点：能定性测量；在时间及空间上都能用各种比例尺进行广泛测量以求得定量的结果。因此核磁共振波谱法是对食品中不均匀系列复杂特性的最佳分析手段之一。NMR及其成像技术在氨基酸和蛋白质的结构测定，糖类的化学结构，淀粉的糊化、老化，食品污染物和农药残留的分析等方面都有相应的研究。

一、在食品营养成分快速检测的应用

现已广泛应用于食品中营养成分的快速检测。如测定肉中总脂肪和水分含量。用时域核磁共振结合偏最小二乘回归建立乳酪中脂肪和水分含量的预测模型。利用核磁共振结合偏最小二乘回归建立未经处理、干燥、吸水的油菜籽和芥菜籽中水分、脂肪、蛋白质含量的预测模型。用脉冲核磁共振仪建立大豆含油量核磁共振法测定标准曲线。

二、在食品品种区分及产地鉴别的应用

核磁共振技术现已广泛应用于食品品种的区分和产地鉴别。利用时域核磁共振结合化学计量学方法根据可溶性固体的含量区分完整的李子。核磁共振数据利用主成分分析方法将不同产地的大米进行鉴别，可表征产地距离与大米品质之间的关系。用磁共振技术检测煎炸油品质，通过多组分横向弛豫时间图谱可检测煎炸油的品质。核磁共振技术结合主成分分析方法能够有效区分牛乳与类牛乳的掺假品质特征。

三、在食品中水分的迁移和分布监测的应用

核磁共振是以不同氢质子的弛豫现象为基础的一项技术，可研究水分在不同处理条件的变化情况。运用核磁共振研究了粽子蒸煮过程中水分含量和水分状态变化，也可探究鲜乳变质过程中水分的变化情况。

思　考　题

1. 什么叫核磁共振？其在食品分析和表征中的优势体现在哪些方面？

2. 名词解释：角动量；自旋磁矩；化学位移；自旋-自旋耦合；弛豫现象；自旋-晶格弛豫；自旋-自旋弛豫。

3. 核磁共振仪的组成部件主要有哪些？

4. 核磁共振技术有哪些？其工作原理分别是什么？

5. 核磁共振技术在食品分析中的应用主要有哪些方面？

第二十六章 质谱

　　质谱技术是结构分析和成分分析不可缺少的工具。早在19世纪末，W. Wein发现正电子束在磁场中会发生偏转，为质谱技术的产生奠定了技术条件。1910年英国剑桥卡文迪许实验室的J. J. Thomson研制出第一台现代意义上的质谱仪。50年代质谱技术飞速发展，在质量分析器方面，高分辨双聚焦仪器性能进一步提高，并出现了四极滤质器、脉冲飞行时间分析器等，离子化手段也增加了，火花离子源和二次离子源进入实际应用，后来还进行了串联质谱仪的研制。GC和质谱联用的成功，从而使质谱在复杂有机混合物的分析方面占有独特的地位。

　　最近30年，质谱技术在各个方面都获得了极大的发展。新的离子化方法如场致电离（FI）、场解吸电离（FD）、化学电离（CI）、激光离子化、等离子体法（ICP）等不断出现。复杂的、高性能的商品仪器不断推出，如离子探针质谱仪、磁场型的串联质谱仪、离子回旋共振–傅里叶变换质谱仪等。目前，质谱仪器正向更高效率、小型化方向发展，出现了便携式质谱仪。

　　质谱技术在小分子（如咖啡因，194 Da）与大型复杂生物分子（如免疫球蛋白，144000 Da）的鉴定、表征、验证和定量中必不可少。两个重要因素使得质谱得以迅速普及。首先是GC或LC等分离技术与质谱连接技术的发展。色谱与质谱的耦合显著地降低了定量分析的检测限，同时通过高特异性增加了测量的置信度。其次是混合式、台式质谱仪器的开发，实现了高分辨率、精确质量的LC–MS分析程序。连续、混合质谱技术提供稳健、高灵敏度、精确的测量，这些技术可经受严格的统计分析，以用于定量分析，同时显著减少样品制备的时间和精力。

　　质谱技术是现代众多分析测试技术中同时具备了灵敏度高、特异性好、响应速度快的普适性方法。对于绝大多数质谱仪器而言，从待测物离子产生到获得离子的响应信号仅需要毫秒级的时间。然而，传统质谱仪器要完成一个实际样品的定性和定量分析，通常需要数小时。样品的预处理过程是制约现代质谱技术分析效率的关键因素。2004年，Cooks等人在无须进行样品预处理的情况下，利用电喷雾解吸电离（DESI）技术，在常压下对固体表面上痕量待测物直接离子化，成功地获得了不同表面上痕量物质的质谱，为实现无须样品预处理的常压快速质谱分析打开了窗口，随即在国际上掀起了基于直接离子化技术的快速质谱分析研究热潮，标志着常压快速质谱分析技术研究新时代的来临。

第一节　质谱原理

　　质谱（mass spectrometry, MS）根据气相中形成离子的质荷比及其各自相对丰度来表征分子结构并量化有机分子或元素。其主要作用是准确测定物质的分子量，根据碎片特征进行化合物的结构分析。

质谱分析是用高速电子撞击被分析样品的气态分子或原子，使之离子化，并让正离子加速，准直，在质量分析器磁场的作用下，按不同的质荷比分开，分离后的离子先后进入检测器，检测器得到离子信号，放大器将信号放大并记录在读出装置上，形成相应的质谱图。根据质谱峰出现的位置，可进行物质的定性和结构分析，根据质谱峰的强度可进行定量分析。

一、质谱基本方程式

化合物经汽化后引入离子化室，在离子化室，组分分子被一束加速电子碰撞（能量约70eV）撞击使分子电离形成正离子 M^+：$M + e^- \rightarrow M^+ + 2e^-$，或与电子结合，形成负离子 M^-：$M + e^- \rightarrow M^-$。

M^+进一步裂分为碎片离子：正离子、负离子、游离基和中性分子等。

荷正电离子进入一个具有几千伏特电压的加速区，被加速电压加速，质量为 m 的离子经电场加速后获得的动能来源于加速电场的势能，产生一定的速度 v，与质量、电荷及加速电压有关，见式（26-1）：

$$zH = \frac{1}{2mv^2} \qquad (26-1)$$

加速电子进入一个强度为 H 的磁场，离子的运动方向发生偏转，离子在磁场作用下做圆周运动，只有磁场施加给离子的向心力（Hzv）与离子的离心力 $\left(\dfrac{mv^2}{r}\right)$ 相等，才能达到分析器的出口，被检测到。

此时半径见式（26-2）：

$$r = \frac{mv}{zH} \qquad (26-2)$$

将式（26-1）、式（26-2）合并得式（26-3）：

$$\frac{m}{z} = \frac{H^2 r^2}{2v} \qquad (26-3)$$

这就是质谱基本方程。

由公式可知，当仪器的加速电压（v）和磁场强度（H）一定时，只有半径为 r 的离子才能达到分析器的出口，被检测器检测出来。

当固定加速电压 v 或离子运动半径 r 时，对磁场进行扫描，由于 $\dfrac{m}{z}$ 与 H^2 成正比，当 r 从小到大改变时，不同质荷比的离子就会由小到大，依次通过狭缝到达检测器，从而得到所有质荷比离子的质量谱。

二、分辨率

质谱仪器的性能指标包括质量范围、分辨率和灵敏度。分辨率 R 就是质谱仪器刚好完全分开相邻两个质谱峰的能力见式（26-4）。

$$R = \frac{M_2（或 M_1）}{M_2 - M_1} = \frac{M}{\Delta M} \qquad (26-4)$$

式中：M_1、M_2——两个相邻峰的质量；

ΔM——两个峰质量数之差（两个离子质量之差）；

　M——两个离子的平均质量。

所谓正好分开，国际上通常采用 10% 谷的定义：若两峰重叠后形成的谷高为峰高的 10%，则认为两峰正好分开，但实际测量中，不易找到两峰等高，且谷高正好为 10%，故实用的分辨率计算公式见式（26-5）：

$$R_{10\%} = \frac{M}{\Delta M} \cdot \frac{a}{b} \tag{26-5}$$

式中：a——两峰顶之间的距离；

　　b——峰高 5% 处峰宽。

例如 CO 和 N_2 所形成的离子，其质量（以相对原子量单位计）分别为 27.9949 和 28.0061，若某仪器能够刚好分开这两种离子，则该仪器的分辨率为：$R = \dfrac{M}{\Delta M} = \dfrac{27.9949}{28.0061 - 27.9949} \approx$ 2500。一般 R 在 1 万以下者称为低分辨，R 在 1 万至 3 万称为中分辨，R 在 3 万以上称为高分辨仪器。

三、常用术语和质谱表示方法

（1）质荷比：离子质量（以相对原子量单位计）与它所带电荷（以电子电量为单位计）的比值，写作 m/z。

（2）峰：质谱图中的离子信号通常称为离子峰或简称峰。

（3）基峰：在质谱图中，指定质荷比范围内强度最大的离子峰称为基峰。

（4）质谱图：以质荷比为横坐标，以基峰（最强离子峰，规定相对强度为 100%）相对强度为纵坐标所构成的谱图，称为质谱图。有条形图（常用）和表格法。

（5）丰度：离子的峰高。

（6）相对丰度：峰高/最高峰高×100%。

（7）峰强度与碎片离子的稳定性成正比。

（8）总离子流图：在选定的质量范围内，所有离子强度的总和对时间或扫描次数所作的图，也称为 TIC 图（图 26-1）。

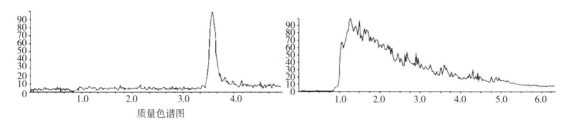

图 26-1　质谱图与总离子流图

（9）准分子离子：指与分子存在简单关系的离子，通过它可以确定分子量。最常见的准分子离子峰是 $[M+H]^+$ 或 $[M-H]^-$。在 ESI 中，往往生成质量大于分子量的离子如 M+1，M+23，M+39，M+1 称准分子离子，表示为：$[M+H]^+$、$[M+Na]^+$ 等。

（10）碎片离子：准分子离子经过一级或多级裂解生成的离子。碎片峰的数目及其丰度则与分子结构有关，数目多表示该分子较容易断裂，丰度高的碎片峰表示该离子较稳定，也表示分子比较容易断裂生成该离子。

（11）多电荷离子：指带有两个或更多电荷的离子，常见于蛋白质或多肽等离子。有机质谱中，单电荷离子是绝大多数，只有不容易碎裂的基团或分子结构，如共轭体系结构，才会形成多电荷离子。多电荷离子的存在说明样品是较稳定的。

（12）同位素离子：由元素的重同位素构成的离子称为同位素离子。各种元素的同位素，基本上按照其在自然界的丰度比出现在质谱中，这对于利用质谱确定化合物及碎片的元素组成有很多方便，还可以利用稳定同位素合成标记化合物，如氘等标记化合物，再用质谱法检出这些化合物，在质谱图外貌上无变化，只是质量数的位移，从而说明化合物结构、反应历程等。

第二节　质谱仪

MS 技术的强大之处在于它能够在分子上放置电荷，从而在称为电离的过程中将其转换为离子，然后在质量分析器中使它们经受射频（RF）和静电场的组合并且最终由高灵敏度检测器检测，根据它们的质荷比分离所产生的离子。来自检测器的结果信号被数字化并由软件处理以将信息显示为质谱，显示其分子量和结构组成，从而实现识别。

MS 执行以下 3 个基本功能：离子源电离分子；质量分析器将带电分子离子及其碎片根据它们的质荷比进行分离；电子/光电倍增器检测分离的带电离子。

质谱仪主要由六大部分组成：进样系统、离子源、质量分析器、检测器、真空系统、数据系统，其中最重要的两个部分是离子源和质量分析器（图 26-2）。

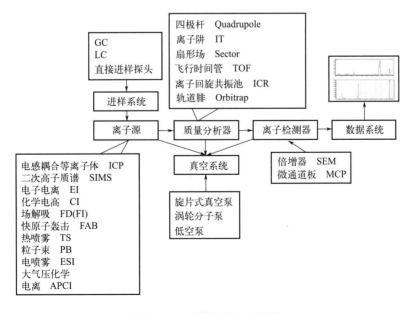

图 26-2　质谱仪的主要部件

一、进样系统

进样可以是静态的或是动态的,后者涉及与 GC 或 LC 仪器的接口。由于所有质谱仪都在高真空中工作,无论样品的状态如何(气体、液体或固体),所有离子都被引入 MS 接口,将样品转换成可引入真空室的形式。

1. 静态方法

MS 操作的第一步是将样品送入离子源室。将作为气体或挥发性液体的纯化合物或样品提取物直接注入源区。无须特别的设备,与将样品注入 GC 非常相似。因此,用静态方法将样品引入源称为直接注入。对于略微挥发的固体,使用直接插入探针法。通过一样品入口将探针插入离子源,并加热源直到固体蒸发。直接进样和直接进样探针方法都适用于纯样品,但在分析复杂混合物时,应用有限。

2. 动态方法

对于混合物,进样是一种动态方法,其中样品必须分离成单一化合物,然后 MS 分析。通常由通过接口连接到 MS 的 GC 或 HPLC 单元完成。

二、离子源

离子源是使被分析样品的原子或分子离子化为带电粒子(离子),并对离子进行加速使其进入分析器。离子源有两个方面的作用:使样品物质电离;把离子引出、加速和聚焦、准直。

离子源的种类很多,根据离子化方式的不同,常用的有:电子电离源(electron ionization,EI)、化学电离源(chemical ionization,CI)、快原子轰击源(fast atomic bombardment,FAB)、电喷雾源(electronspray ionization,ESI)、大气压化学电离源(atmospheric pressure chemical ionization,APCI)等。其中 EI、ESI 的应用最为广泛。

1. 电子轰击电离

样品分子一旦进入离子源,就暴露在由铼或钨金属组成的灯丝发射的电子束。当向灯丝施加直流电(通常为 70eV)时,它加热并发射电子,该电子穿过离子室朝向正电极移动。当电子通过源区时,它们非常接近样品分子并提取电子,形成电离分子。一旦电离,分子含有如此高的内能,可以进一步发展成片段较小的分子片段。整个过程称为电子轰击(EI)电离,尽管发射的电子很少撞击分子。

2. 电喷雾电离

电喷雾电离(ESI)过程中大致可分为液滴的形成、去溶剂化、气相离子形成 3 个阶段。样品溶液通过雾化器进入喷雾室,这时雾化气体通过围绕喷雾针的同轴套管进入喷雾室,由于雾化气体强的剪切力及喷雾室上筛网电极与端板上的强电压(2~6 kV),将样品溶液拉出,并将其碎裂成小液滴。随着小液滴的分散,由于静电引力的作用,一种极性的离子倾向于移到液滴表面,结果样品被载运并分散成带电荷的更微小液滴。

如果有液滴进入真空系统时,会引起噪声,因此,雾化器要以"正交"的方式喷雾进入真空的入口,能避免这种影响。随着溶剂的继续蒸发,重复这一过程,当液滴表面的电场强达到 108 V/cm^3 时,裸离子从液滴表面发射出来,即转变为气体离子。

ESI 是一种软电离方式，适于分析极性强的有机化合物，容易形成多电荷离子，可分析大分子量的蛋白质和其他大聚合物（如 2000~70000 Da 之间），主要应用于 LC-MS 联用仪。

3. 大气压化学电离

大气压化学电离（APCI）比 ESI 更加苛刻，是一种气相电离技术。因此，分析物和溶剂蒸气的气相化学在 APCI 过程中起重要作用。

喷嘴下游放置一个针状放电电极，进行高压放电，使空气中某些中性分子电离，产生 H_3O^+、N_2^+、O_2^+ 和 O^+ 等离子，溶剂分子也会被电离，这些离子与样品分子进行离子-分子反应，使样品分子离子化。

APCI 接口很强大，可以处理高达 2 mL/min 的流速。不受缓冲液强度或组成微小变化的影响。APCI 属于"软"电离方式，在大气压下操作的 APCI 接口通常用于弱极性和挥发性的分子量小于 2000 Da 的化合物。APCI 只产生单电荷离子，主要是准分子离子，很少有碎片离子，主要应用于 LC-MS 联用仪。

4. 大气压光电离

大气压光电离（APPI）是一种电离技术，可改善 APCI 可能的接口。APPI 接口，使用氪或氙光源产生光子束，电离电位低于光源波长的化合物将被电离。由于大多数 HPLC 溶剂不会在通常使用的光子源产生的波长处电离，因此 APPI 提高了信噪比，从而提高了检测限。

5. 基质相关激光解吸电离

在基质相关激光解吸电离（MALDI）中，将样品溶解在基质中，并使用 UV 激光电离。基质在电离中起着重要作用，它既作为激光能量的吸收剂又起蒸发作用，并作为质子供体和受体启动电荷转移到分析物。由于样品不是直接电离的，因此 MALDI 被认为是一种"软电离"技术，可用于大型生物聚合物和其他易碎分子（如核酸或碳水化合物）的电离。

三、质量分析器

质量分析器是利用电磁场（包括磁场、磁场与电场组合、高频电场、高频脉冲电场等）的作用将来自离子源的离子束中不同质荷比的离子按空间位置、时间先后或运动轨道稳定与否等形式分离的装置。

质量分析器是质谱仪的心脏，执行基于 m/z 分离带电分子或其碎片，且它决定质量范围、准确度、分辨率和灵敏度。下面介绍最常用的质量分析仪。

1. 单聚焦质量分析器

单聚焦质量分析器（single focusing mass analyzer）是在其垂直方向上装有扇形磁场的一定半径的真空圆形管道，产生均匀、稳定的磁场，从离子源射入的离子束在磁场作用下，由直线运动变成弧形运动。不同 m/z 的离子，运动曲线半径 r 不同，被质量分析器分开。

由于出射狭缝和离子检测器的位置固定，即离子弧形运动的曲线半径 r 是固定的，故一般采用连续改变加速电压或磁场强度，使不同 m/z 的离子依次通过出射狭缝，以半径为 r 的弧形运动方式到达离子检测器，使离子从时间上被分开。

若固定加速电压 U，连续改变磁场强度 B，称为磁场扫描；若固定磁场强度 B，连续改变加速电压 U，称为电场扫描。无论磁场扫描或电场扫描，凡 m/z 相同的离子均能汇聚成为离子束，即方向聚焦。由于提高加速电压 U 仪器的分辨率得到提高，因而宜采用尽可能高的加速电压。当取 U 为定值时，通过磁场扫描，顺次记录下离子的 m/z 和相对强度，得到质谱图。

单聚焦质量分析器结构简单，操作方便（图 26-3）。由于被加速初始能量不同，离子源产生的离子速度不同，即使质荷比相同的离子，最后不能全部聚焦在检测器上，致使仪器分辨率不高。

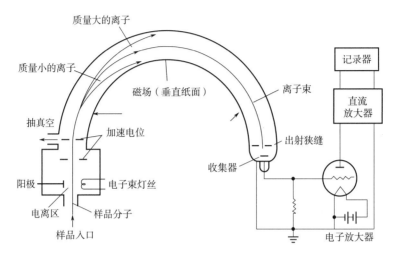

图 26-3　单聚焦质量分析器示意图

2. 双聚焦质量-能量分析器

为了提高分辨率，通常采用双聚焦质量分析器（double focusing mass analyzer），可同时实现速度和方向双聚焦的分析器，即将一个扇形静电场分析器置于离子源和扇形磁场分析器之间，离子垂直进入扇形电场，受到与速度垂直方向的作用，改作圆周运动，当离子所受到的电场力与离子运动的离心力相平衡时，离子运动发生偏转的半径 r 与其质荷比 m/z、运动速度 v 和静电场的电场强度 E 相关。当电场强度 E 一定时，r 取决于离子的速度或质荷比（图 26-4）。因此，扇形电场是将质量相同而速度不同的离子分离聚焦，导致速度不合适的离

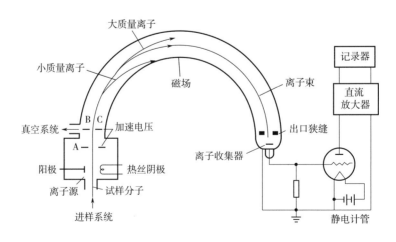

图 26-4　双聚焦质量分析器示意图

子无法进入磁场的狭缝中，即具有速度分离聚焦的作用。然后，经过狭缝进入磁分析器，再进行 m/z 方向聚焦。调节磁场强度（扫场），可使不同的离子束按质荷比顺序通过出口狭缝进入检测器。

质量相同而能量不同的离子经过静电场后会彼此分开，即静电场也有能量色散作用。如果使静电场的能量色散作用和磁场的能量色散作用大小相等方向相反，就可以消除能量分散对分辨率的影响，实现中高分辨率。

3. 四极杆质量分析器

四极杆质量分析器（quadrupole mass analyzer）由四根严格平行，并与中心轴等间距的圆柱形金属极杆组成。相对的极杆被对角地连接起来，构成两组电极。在两电极间加有数值相等方向相反的直流电压 Ude 和射频交流电压 Urf。可以改变电位差以在两个相对的杆之间产生振荡电场，导致它们具有相等但相反的电荷，形成动态电场，即在四根极杆内所包围的空间产生双曲线形电场——四极场。

当从离子源入射的加速离子进入四极场时，它将立即被吸引到保持负电位的杆上，如果该杆的电位在离子冲击之前发生变化，它将被偏转（即改变方向）。通过调节杆上的电位，只有选定 m/z 的离子以限定的频率稳定地通过四极杆，其他离子碰到杆则被吸滤掉，不能通过四极杆。四极杆质量分析器通常被称为质量过滤器。

四极杆质谱计是目前最成熟、应用最广泛的小型质谱计之一，是一种无磁分析器，体积小，重量轻，操作方便，扫描速度快，分辨率较高，适用于色谱-质谱联用仪器。

4. 飞行时间质量分析器

飞行时间质量分析器（time of flight mass analyzer，TOF）既不用电场也不用磁场，其核心是一个离子漂移管。用一个脉冲将离子源中的离子瞬间引出，经加速电压加速，它们具有相同的动能而进入漂移管。初始能量相同的带电原子或者带电分子，在漂移管中飞行的时间与离子质荷比的平方根成正比，质荷比最小的离子具有最快的速度因而首先到达检测器，质荷比最大的离子则最后到达检测器。根据这一原则，可以把不同质荷比的离子因其飞行速度不同而分离，依次按顺序到达检测器。漂移管的长度越长，分辨率越高。

飞行时间分析具有大的质量分析范围和较高的质量分辨率，尤其适合蛋白等生物大分子分析。

5. 离子阱质量分析器

离子阱质量分析器（ion trap mass analyzer）由环形电极和上下两个端盖电极构成。端盖电极施加直流电压或接地，环电极施加射频电压（rf），通过施加适当电压就可以形成一个离子阱。离子阱基本上是多维四极质量分析仪，根据 rf 电压的大小，离子阱就可捕捉某一质量范围的离子。离子阱可以储存离子，待离子累积到一定数目后，升高环电极上的 rf 电压，离子按质量从高到低的次序依次离开离子阱，被电子倍增监测器检测。目前离子阱分析器已发展到可以分析质荷比高达数千的离子。

离子阱和四极质量分析器的主要区别，在离子阱中，不稳定的离子被喷射出来，而稳定离子被捕获到（时间上的 MS）；而在四极杆中，具有稳定飞行路径的离子到达探测器，不稳定的离子撞击杆并被泵走（空间中的 MS）。

离子阱技术的最新发展产生了二维离子阱，通过将离子云扩散到四极杆状组件中，大大增加了离子俘获体积。

6. 傅里叶变换质谱法

傅里叶变换质谱法（fourier transform mass spectrometry，FTMS）是离子回旋共振波谱法（ion cyclotron resonance spectrometry，ICR）与现代计算机技术相结合的产物，因而又称傅里叶变换离子回旋共振质谱法（FT-ICR-MS）。

FT-ICR-MS 将离子源产生的离子束引入 ICR 中，通过一个空间均匀的射频场（激发电场）的作用，随后施加一个涵盖了所有离子回旋频率的宽频域射频信号。当离子的回旋频率与激发射频场频率相同（共振）时，离子将同相位加速至一较大的半径回旋，从而产生可被接受的像电流（image current），被电学仪器放大和记录。

必须保持质量分析器/检测器处于最强的真空区域（$10^{-6} \sim 10^{-8}$Torr）：①在带电离子到达检测器之前避免带电离子和其他气态分子之间的离子-分子反应；②离子透镜、质量分析器电极和离子的正确操作需要使用高压的检测器。真空性能决定了质谱仪的灵敏度和分辨率。

傅里叶变换法所采用的射频范围覆盖了欲测定的质量范围，FTMS 仪的分辨率极高，远远超过其他质谱计。可完成多级串联质谱的操作，由于它可提供高分辨的数据，因而信息量更丰富；一般采用外电离源，可采用各种电离方式，便于与色谱仪联机；灵敏度高、质量范围宽、速度快、性能可靠等。

第三节　质谱技术

质谱分析是一种测量离子质荷比的分析方法，试样中各组分在离子源中发生电离，生成不同荷质比的带电荷的离子，经加速电场的作用，形成离子束，进入质量分析器，再利用电场和磁场使发生相反的速度色散，将它们分别聚焦而得到质谱图，从而确定其质量。

（一）气相色谱-质谱

虽然样品可以直接引入 MS 离子源，但许多应用在分析前需要进行色谱分离。GC-MS 的快速发展使这两种方法可以用于常规分离问题。与 GC 偶联的 MS 允许鉴定或确认峰，并且如果存在未知，则可以使用计算机辅助搜索包含已知 MS 谱的文库来鉴定峰。GC-MS 的另一个关键功能是确定每个峰从柱中洗脱时的纯度。在峰中洗脱的物质是否含有一种化合物，或者它是几种恰好在相同保留时间下共洗脱物质的混合物。

在大多数情况下，毛细管气相色谱柱通过加热的毛细管传输管线直接连接到 MS 源。传输线保持足够热，以避免从 GC 柱洗脱的挥发性组分在进入低压 MS 源的途中冷凝。样品流过 GC 色谱柱进入界面，然后由 MS 进行处理。计算机用于存储和处理来自 MS 的数据。

（二）液相色谱-质谱

对于 LC-MS 接口，必须满足与 GC-MS 相同的总体要求。必须有一种方法去除多余的溶剂，同时将一部分液体流出物转化为气相，使其适合于 MS 分析。此外，通过 HPLC 分析的大多数化合物是非挥发性的或热不稳定的，使得液-气相的转变更具挑战性，尤其是在保持化合物完整性时。

现代 LC-MS 电离接口在大气压下存在高电荷电场的情况下通过去溶剂化将液体（LC 洗

脱液）转化为气相离子（由 MS 取样）。所耗的能量几乎完全用于去溶剂化过程，且不会导致 LC 洗脱液中不稳定物质的热降解。LC-MS 电离界面均基于大气压力的电离界面，如 ESI 和 APCI，使 LC-MS 是一种常规技术。

（三）串联质谱

两个或更多的质谱连接在一起，称为串联质谱（MS/MS，MS^n）。最简单的串联质谱（MS/MS）由两个质谱串联而成，其中第一个质量分析器（MS_1）将离子预分离或加能量修饰，由第二个质量分析器（MS_2）分析结果。常见的形式有串联（多联）四极杆质谱、四极杆离子阱质谱、四级杆和磁质谱混合式串联质谱和采用多个扇形磁铁的串联磁质谱。

串联质谱用于 GC-MS 和 LC-MS，但在 LC-MS 中特别有用，因为它可以在超高灵敏度下进行表征、验证和定量。

（四）高分辨率质谱

根据半峰全宽（FWHM）的最大值来定义质谱仪的分辨率。在单位质量分辨率（四极杆和离子阱等）下，FWHM 通常约为 0.6 Da，因此在质荷比为 300 时，分辨率为 500（300÷0.6）。轨道阱或 Q-TOF，FWHM 为 0.01 Da，因此可以为质荷比为 300 提供 30000（300÷0.01）的分辨率。FTMS，FWHM 为 0.0001 Da，使其能够提供分辨率为 3000000（300÷0.0001）。

准确质量在质谱中很重要，因为它可以提供元素组成并能够识别未知物。通过精确质量和 MS/MS 碎片高分辨率数据，在识别"已知"未知物（数据库中的化合物，但分析人员不知道）中的不确定性显著地降低，并且对于筛选型定性分析非常有价值。对于低于 5mg/L 的质量准确度，通过应用复杂的软件算法，元素组成的确定变得简单。

（五）电感耦合等离子质谱

电感耦合等离子质谱（inductively coupled plasm mass spectrometry，ICP-MS）具有灵敏度高、检测限低、选择性好、能同时进行多元素快速分析及同位素分析等优点，是国内外金属元素普遍采用的检测方法，已广泛应用于环境、动植物食品等多个领域。

（六）稳定同位素质谱技术

稳定同位素质谱技术（stable isotope ratio mass spectrometry，IRMS）是一种研究产地溯源的有效方法，在国外较早应用于葡萄酒掺伪鉴别及原产地鉴定。近年来，随着人们对食品安全问题关注度的不断提高，IRMS 在动植物源食品中真伪检测和产地溯源方面的应用逐渐增多。

第四节　质谱技术在食品检测中的应用

一、质谱解析

质谱是当分子经受某个电离技术之一时，产生的各种质荷比片段强度的图（或表）。大多数 MS 现在都带有 MS 光谱数据库和所需的匹配软件。

（一）质谱图

图 26-5 是乙醇的质谱。图中的竖线称为质谱峰，不同的质谱峰代表有不同质荷比的离子，峰的高低表示产生该峰的离子数量的多少。质谱图以离子峰的相对丰度为纵坐标，质荷比为横坐标。图中最高的峰称为基峰。基峰的相对丰度常定为 100%，其他离子峰的强度按基峰的百分比表示。在文献中，质谱数据也可以用列表的方法表示。

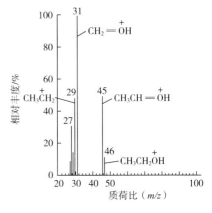

图 26-5　乙醇的质谱图

（二）质谱解析步骤

质谱解析大致步骤如下：

1. 分子离子区的解析

确认分子离子峰，并由其求得相对分子质量和分子式，计算不饱和度。

（1）确认分子离子峰，并注意分子离子峰对基峰的相对强度比，有助于判断分子离子的稳定性和确定结构。

（2）注意是偶数还是奇数，如果为奇数，而元素分析又证明含有氮时，则分子中一定含有奇数个氮原子。

（3）注意同位素峰中 $\dfrac{M+1}{M}$ 及 $\dfrac{M+2}{M}$ 数值的大小，据此可以判断分子中是否含有 S、Cl、Br，并可初步推断分子式。

（4）根据高分辨质谱测得的分子离子的 m/z 值，推定分子式。

2. 碎片离子区的解析（推断碎片结构）

一般指相对强度较大的离子峰，并记录这些离子峰的质荷比和相对强度。

（1）找出主要碎片离子峰。并根据碎片离子的质荷比，确定碎片离子的组成。若离子是 M-1，失去的碎片是 H，可能存在的结构是醛及胺；若 M-18，失去的碎片是 H_2O，可能存在的结构是醇类，包括糖类；若 M-45，失去的碎片是 COOH，可能存在的结构是羧酸类。

（2）注意分子离子有何重要碎片脱去；$m/e = 29$，离子是 CHO、C_2H_5，可能的结构类型是醛类、乙基；$m/e = 30$，离子是 CH_2NH_2，可能的结构类型是伯胺；$m/e = 43$，离子是 CH_3CO，可能的结构类型是 CH_3CO。

（3）用 MS-MS 找出母离子和子离子，或用亚稳扫描技术找出亚稳离子，把这些离子的质荷比读到小数点后一位。找出亚稳离子峰：利用 $m^* = \dfrac{m_2^2}{m_1}$，确定 m_1 与 m_2 的关系，确定开裂类型。

3. 提出结构式

根据以上分析，配合元素分析、UV、IR、NMR 和样品理化性质提出试样的结构式；最后将所推定的结构式按相应化合物裂解的规律，检查各碎片离子是否符合。若没有矛盾，就可确定可能的结构式；列出可能存在的结构单元及剩余碎片，根据可能的方式进行连接，组成可能的结构式。

已知化合物可用标准图谱对照来确定结构是否正确，可由计算机自动完成。对新化合物的结构，最终结论要用合成此化合物并做波谱分析的方法来确证。

二、在食品安全检测中的应用

（一）在食品鉴别上的应用

目前，蛋白质组学已应用在物种鉴别、产地溯源和掺假鉴定等领域，检测产品主要包括海产品、乳制品、肉制品及酒等，分离方法多采用 2-DE、SDS-PAGE 等凝胶电泳技术或 LC 等方法，质谱技术多采用 MALDI-TOFMS、LC-MS/MS 等方法，对不同产品中的特征蛋白质或肽进行分析，进而对产品掺假进行鉴别。

通过 MALDI-TOF-MS 鉴定奶粉中的肽段来鉴别奶粉掺假。采用全信息串联质谱 MSE 结合数据非依赖性采集对乳清蛋白掺假进行鉴别。蛋白质组学技术可以用于识别奶制品中特定生物标志物，这有助于设计快速和方便的分析工具，进而来检测奶制品中欺诈掺假现象。

使用高分辨率 MS 和 ICP-MS 的代谢指纹识别已被应用于葡萄酒鉴定。在大多数研究中，色谱分离主要使用 GC 或 LC 实现，平均运行时间为约 25 min。

（二）食品有害物质的分析

LC-MS/MS 仪器已成为分析蜂蜜、鱼、虾和牛奶等食品中氯霉素、硝基呋喃、磺胺、四环素、三聚氰胺、丙烯酰胺和孔雀石绿等化合物必不可少的方法，在食用油中芥酸、水解植物蛋白中 3-氯-1，2-丙二醇残留、食物中矿物油、奶粉中二噁英、肉类食品中激素残留等有害物质的检测中得以广泛的应用。

（三）在食品成分分析中的应用

MS 已经应用于食品中胆固醇，糖类，蛋白质，氨基酸，多肽成分，挥发性成分如发酵酒中挥发性成分含量，白酒、茶叶、啤酒花的香味成分的测定。

思　考　题

1. 质谱技术的基本原理是什么？

2. 名词解释：分辨率；质荷比；峰；基峰；质谱图；丰度；相对丰度；总离子流图；准分子离子；碎片离子；多电荷离子；同位素离子。

3. 质谱仪主要由哪些元件构成？

4. 什么是离子源？常用的离子源种类有哪些？

5. 电喷雾与 APCI 接口中电离发生方式的主要区别是什么？什么是离子抑制？

6. 四极杆、离子阱、飞行时间和傅里叶变换质量分析器之间的主要区别是什么？每个分析仪的优点是什么？基于傅里叶变换的质量分析器有什么独特之处？

7. 预期乙醇（CH_3—CH_2—OH）的 EI 质谱中的主要离子（碎片）是什么？

第二十七章　电磁光谱成像技术

扫码查看本章内容

第三篇　基于食品感官评定的计算机辅助检测技术

思政

食品感官评定中涉及色香味和质构，其中颜色、味道和质地是决定食物可接受度的 3 个主要质量属性。如使用颜色可确定香蕉是否处于消费者喜爱的成熟水平，肉类产品的变色可以警告消费者产品可能发生变质。对于顾客来说，颜色必须是"正确的"，为其产品制定质量控制规范的食品科学家必须非常了解颜色和外观的重要性。

第二十八章　计算机视觉技术

课件　　　思政

计算机视觉技术，即利用计算机、摄像机、图像卡以及相关处理技术来模拟人的视觉，用以识别、感知和认识我们生活的世界。该技术以计算机为载体，以图像处理、传感器等为核心，涵盖软件、硬件两个层面，融合了多种元素，包括相应算法、采集设备、镜头控制设备等，其灵敏度和客观性是人类无法比拟的。

计算机视觉于 20 世纪 50 年代从统计模式识别开始，当时的工作主要集中在二维图像分析和识别上。60 年代，通过计算机程序从数字图像中提取出诸如立方体、楔形体、棱柱体等多面体的三维结构，并对物体形状及空间关系进行描述。80 年代以来，计算机视觉的研究已经历了从实验室走向实际应用的发展阶段，而计算机工业水平的飞速提高以及人工智能、并行处理和神经元网络等学科的发展，更促进了计算机视觉系统的实用化和涉足许多复杂视觉过程的研究。

第一节　计算机视觉技术的工作原理

计算机视觉（computer vision，简称 CV），也称机器视觉，是利用计算机、摄像机、图像卡以及相关处理技术来模拟人的视觉，实现人的视觉功能，感知、识别和理解客观世界的三维场景。计算机视觉技术实际上也就是用计算机模拟生物外显或宏观视觉功能的科学和技术，利用代替人眼的图像传感器获取物体的图像信息，并将图像转换成数字图像，然后通过计算机的运算对获取的图像进行分析，用以描述某一情景或者某一物体的动作规律，将像素分布、颜色、亮度等图像信息转换成数字信号，并对提取出目标的特征信息进行分析和理解，最终实现对目标的识别、检测和控制等，达到分析图像和得出结论的目的。

计算机视觉技术是对宏观物体进行计算机模拟的科学和技术，是人工智能领域的一个重要分支，和人工神经元网络、自然语言理解等是近年来发展较快的信息处理技术。它综合运用了模拟识别人工智能、心理物理学、图像处理、计算机科学及神经生物学等学科。

计算机视觉可以简单地理解为用摄像机代替人的眼睛，用计算机代替人的大脑，用计算机程序和算法来模拟人对事物的认识和思考，从而完成对周围环境和目标的识别和解释，替代人类完成程序为其设定的工作。

计算机视觉技术的工作原理是利用计算机视觉对宏观事物进行近距离拍摄，再通过人工智能技术、数字图像处理等技术对拍摄到的图像或者视频信息进行计算分析，最终得出对于研究有价值的数据，这一过程主要包括图像采集、信息预处理、图像分析和特征提取等。

计算机视觉技术由多个相关的图像处理系统组成，主要包括光源提供系统、图像提取系统、计算机数据运算系统等。其硬件组成是计算机图像处理系统，主要包括计算机、摄像机、图像卡（模拟图像信号转换为数字信号）、光源等。其基本原理是：利用摄像机获得对象的二维图像信息，通过信号转换将图像信息转变成计算机能接受的数字图像。

计算机视觉对图像的处理根据抽象程度、研究方法、操作对象和数据量的不同可以分为三个层次：图像处理、图像分析和图像理解。图像处理是比较低层的操作，它主要在图像像素级上进行处理，处理的数据量非常大。图像分析则进入了中层，采用分割和特征提取把原来以像素描述的图像转变成比较简洁的非图形式的描述。图像理解主要指高层操作，基本上是对从描述抽象出来的符号进行运算，其处理过程和方法与人类的思维推理有许多类似之处。

随着抽象程度的提高，数据量是逐渐减少的。首先利用各种方式从场景获得图像。对图像的低层次处理主要是为了改善图像的视觉效果或在保持视觉效果的基础上减少图像的数据量，处理的结果主要是为用户观看的。进一步对图像的中层分析主要是对图像里感兴趣的目标进行检测、提取和测量。分析的结果能为用户提供描述图像目标点和性质的数据。最后对图像的高层理解是要通过对图像里各个目标的性质和它们之间相互关系的研究，了解把握图像内容并解释原来的客观场景，理解的结果能为用户提供客观世界的信息，从而可以指导和规划行动。

在食品科学上，计算机视觉技术能为人们提供多方面的信息，使人们能对食品品质做出客观的评定。而且因为计算机视觉精度优于人眼的视觉精度，对食品颜色变化反应灵敏，故将计算机视觉技术应用于色度的评估，可实现对人眼的扩展，在一定程度上使计算机具有如人的判断能力。

与人的视觉相比，计算机视觉技术具有以下显著优势：①自动化程度高。计算机视觉可以实现对食品的多个外形和内在品质指标进行同时检测分析，可以进行整体识别、增强对目标识别的准确性。②实现无损检测。计算机视觉技术对食品的识别是通过扫描、摄像，而不需要直接接触，可以减少对所检测食品的伤害。③稳定的检测精度。设计的运行程序确定后，计算机视觉技术的识别功能就会具有统一的识别标准，具有稳定的检测精度，避免了人工识别和检测时主观因素所造成的差异。

　　尽管计算机视觉具有对光谱的敏感范围广、测量精度高以及视觉信号易于计算机处理等特点，但人的视觉具有很大的视野，且易于区分颜色和纹理，易于形状识别。因此，计算机视觉技术的开发和研究，应注重其特长的发挥，然后融入人类智能化的模式识别方法，新型的、有效的人工智能模式识别算法的研究是计算机视觉技术研究的关键。

　　目前，计算机视觉技术在国内外食品工业中的应用方面主要集中在农产品质量分级、外部形态（如大小、重量、外观损伤、颜色等）的识别、内部品质和缺陷检测等方面。

第二节　计算机视觉系统的仪器组成

　　计算机视觉系统主要由硬件和软件两部分组成，其中图像处理和图像分析是该系统的核心。

　　（一）计算机视觉系统的硬件组成

　　计算机视觉系统的硬件主要由计算机、光室、电荷耦合器件（charge coupled device，CCD）摄像头仪、载物平台4部分组成，如图28-1所示。计算机能够满足系统图像处理速度要求即可。

　　光室是一个密闭的空间，用来消除外界光线的干扰，保证整个图像采集过程的稳定性。光室中的光源一般使用LED灯或日光灯，将光源固定在顶端，同时配置光源调节器以便进行光强度调节。

　　光照是图像采集的重要前提。拍摄图像的质量会受到照明条件的极大影响，选择正确的照明配置并确定适宜的光源配置是获得高质量图像的先决条件。高质量的图像有助

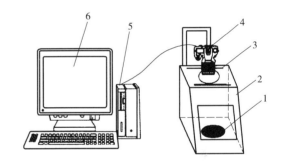

图28-1　计算机视觉硬件系统的组成
1—样本　2—光室　3—灯管
4—CCD照相机　5—主机　6—显示器

于减少后续图像处理步骤的时间和复杂性。通过提高图像对比度，一个设计良好的照明系统可以提高精度，并导致成功的图像分析。大多数照明布置可以分为正面照明或背面照明。前灯选项最适合获取物体的表面特征，而背光照明最适用于地下要素。

　　使用偏振器和偏振光可以提高光强对比度，消除不必要的眩光，并最大限度地减少漫反射，尤其适用于透明和半透明的物体。由于物体的颜色取决于照明，颜色测量很容易受到白炽灯色温变化的影响。因此，测量亮度信息，例如密度或颜色值，需要非常稳定的照明源和传感器。当试图最大化图像对比度以获得最佳效果时，有时必须尝试不同光谱响应的多种光源。对于多种颜色或颜色鲜艳的水果和蔬菜，需要多光谱照明系统来确保大光谱范围内的准确性。

　　CCD照相机的性能直接影响拍摄图像的质量，是计算机视觉硬件系统中的核心部件。选择高配置的照相机和合理的参数设定是得到真实、准确图像信息的必要条件。

CCD 相机可以将光转换为电荷，并创建高质量、低噪声的图像，具有大量像素和出色的感光度，没有几何失真，对光的响应具有高度的线性。CCD 摄像机广泛用于食品的质量分类、物理特性检测和特性评估。在某些情况下，很难在通常使用的光谱范围内评估食品质量。通过使用安装在 CCD 相机上的不同滤光器，可以对选定光谱区域的图像进行分析。除了 CCD 摄像机外，其他图像采集技术也越来越多地应用于食品质量保证和过程控制的应用，诸如磁共振成像、热成像、超光谱成像、超声波和 X 射线。

（二）计算机视觉系统的软件组成

计算机视觉软件系统要与硬件系统相匹配，从而实现硬件系统的功能。软件系统的开发设计会根据识别对象、目的的不同而有较大的差异，但是基本框架是一样的，如图 28-2 所示。

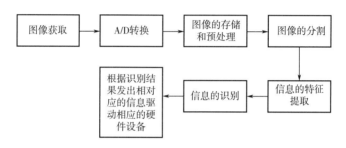

图 28-2 计算机视觉软件系统的组成

为提高图像特征提取和识别分析的可靠性，在计算机视觉软件系统中设置图像预处理模块，通过图像预处理可以消除图像中无关的信息并恢复加强有用的信息，以便增强有关信息的可测性和最大限度地简化数据。在经过图像预处理之后，需要对图像的像素进行分类识别，通过图像分割将图像分解为一些特定的性质相似的部分，并对这部分图像进行特征提取、识别分析。

第三节 计算机视觉技术工作流程及图像处理

（一）工作流程

计算机视觉系统的工作原理是通过摄像机获得所需要的图像信息，利用信号转换器将获得的图像信息转变为计算机能够正确识别的数字信息。具体工作流程包括 4 个模块：

（1）图像采集模块：该模块由两个子功能组成：灰度图像采集和彩色图像采集。

（2）图像预处理模块：该模块由 4 个子功能组成，分别是直方图均衡、图像增强、均值滤波和边缘检测。同时对采样的图像可以实现诸多算法处理，如滤波、增强、平滑及边缘检测等。

（3）特征提取模块：通过图像变换，更易于分析，从而得到相应的结果。

（4）结果输出模块：检测与分析的结果由窗口给出。

计算机视觉系统工作流程见图 28-3。

（二）图像处理

图像处理是计算机视觉系统的核心，其处理过程可根据检测精度和设备精细度分类。一旦获得图像，通常将执行预处理步骤以获得增强的图像。之后，图像被分割成不相交和不重叠的区域，每个区域通常对应一个对象，可以测量这些物体的特征，例如尺寸、形状、颜色和纹理。通过将对象分类到不同的组中，最终识别出这些对象。

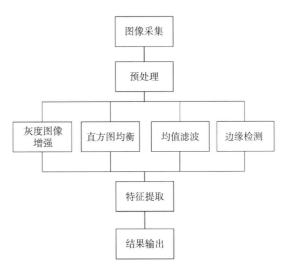

图 28-3　计算机视觉系统工作流程图

1. 初级处理操作

初级处理操作，即图像预处理过程，包括降低图像噪声、提高图像对比度及清晰度，由于环境因素使图像摄取装置对图像判断产生一定的干扰性影响，为了使这种影响降到最低，需要对收集到的图像进行预处理，通过图像增强技术将图像本身容易被忽略的细节部分显现出来，提取出图像的特征，方便后续处理。

2. 中级处理操作

中级处理操作，即将图像中提取出来的特征输入图像处理系统进行图像分割处理，将图像分为目标部分和其他组成部分，图像分割处理是整个图像处理过程中最困难、最重要的一步，如果软件中的设计算法不稳定或不成熟的话，极易导致分割结果不准确，影响后续识别工作。

3. 高级处理操作

高级处理操作，即将图像整体特征值进行识别后执行相关函数算法以及其他处理工作。图像处理算法在很大程度上决定了视觉检测系统的检测效果及效率，所以针对不同包装产品选择合适的图像处理算法十分重要，食品包装主要运用到的图像处理算法包括二值化处理和边缘检测等。二值化处理也被叫作阈值分割，是较为常见的图像分割处理方式，主要是将图像特征部分和背景部分分开，具体做法为首先根据图像的像素对比度确定分割阈值，利用灰度处理使目标区域和背景区域通过不同的灰度区分开。设定一个阈值，可以得出图像算法。

图像的信息主要集中在边缘部分，灰度变化也最显著，边缘检测就是将图像灰度有明显阶跃变化的像素集合，区分目标区域和背景区域，即根据相邻区域的边缘划分目标范围。边缘分为阶跃边缘和屋顶状边缘，其中阶跃边缘中图像灰度变化非常明显，呈垂直跳跃式；而屋顶状边缘中图像灰度变化比较弱，呈渐变式。边缘检测主要是提取图像中的交界线，使用灰度倒数变化表征图像边缘变化，最后运用算法求取导数值，边缘检测算法中需利用算子求导，常用算子包括 Robert 算子、Sobel 算子、Prewitt 算子等。

第四节　计算机视觉技术在食品分析中的应用

计算机视觉技术在食品工业上的应用研究，起始于 20 世纪 70 年代初期，随着近几十年技术的更新迭代，计算机视觉技术也越来越成熟。已经广泛应用于果蔬、肉制品、烘焙食品、禽蛋、海鲜等大类食品的外观（如重量、形状、大小、色泽、外观损伤等）识别、内部无损检测、腐败变质检测、新鲜度检测等方面。

（一）外形尺寸识别分类

食品等级是对食品的外观、安全性、保质期等方面的严格规定和划分，而食品的外形尺寸是食品分级的重要依据。在尺寸及形状检测中，通常以面积、周长、长度和宽度等作为样品的特征参数，通过计算图像中目标样本区域的像素个数获取被测样本的特征参数。

根据苹果的大小、形状、颜色、表面质量状况和瑕疵的光谱反射率将苹果分为不同的等级。通过计算机视觉评估草莓的大小、形状、成熟度、擦伤、焦点污染、硬度、可溶性固形物含量和花青素分布。计算机视觉还可以根据不同的质量属性对其他水果进行分类，如樱桃、柑橘、梨、石榴、葡萄干、食用橄榄和番茄。

（二）品质检测

使用计算机视觉可用于小麦、大米和玉米的质量保证，例如识别受损的杂质、谷物及其品种的分类，以及关联透明度和谷物硬度。当组合形态、颜色和质地特征集时，可以实现小麦、大麦、燕麦和黑麦的最高分类准确度。

（三）品种分类

计算机视觉已被用于蔬菜的分类，根据颜色和损害程度进行分类，如患有褐色斑点病或姜斑点病的蘑菇。此外，可以自动检测芦笋的缺陷，包括扩展的顶端，破碎的顶端和结疤或开裂的嫩茎。

（四）颜色检测

人眼对于颜色的感知存在一段适合的阈值，长时间分辨会出现视觉疲劳。为了克服人眼的疲劳和差异，可以利用计算机视觉系统对食品颜色做出评价和判断。利用计算机视觉技术实现食品表面色泽、单元完整性、表面花纹清晰性及露馅等项目的检测，把图像的灰度均值、斑点面积和局部阈值分割结果等作为图像特征，实现各项目客观、定量、准确和快速地检测。

（五）新鲜度检测

基于计算机视觉的叶类蔬菜新鲜度等级识别系统，以计算机视觉和模式识别理论为基础，获取在一定条件下背景为白色的叶类蔬菜图像，利用 MATLAB 软件对图像进行处理、分析，同时采用主成分分析、费歇尔判别相结合的方法，实现了特征提取和判别模型的构建。

作为一种强有力的工具，计算机视觉在分析数据和整合信息方面有着重要的作用。目前，计算机视觉通常应用于食品的宏观图像。由于通过先进的显微镜可以更好地表征微观结构，分子和细胞水平的发现可以用于获得新的见解。

计算机视觉技术与人工神经网络、数学模型、微生物快速计量等高新技术相融合，探究该技术在高层次语义理解方面的应用，为食品品质检测发展提供技术支持，预计计算机视觉技术将在食品质量保证和控制中有更多的实际应用。

思　考　题

1. 什么是计算机视觉技术？计算机视觉技术的工作原理是什么？
2. 计算机视觉系统的仪器组成主要有哪些？
3. 计算机视觉系统的软件组成有哪些？
4. 计算机视觉技术主要包括哪些方面的内容？其工作流程有哪些？
5. 计算机视觉技术在食品分析中主要有哪些方面的应用？

第二十九章 色差分析

课件　　　思政

衡量任何食品质量的最常见属性是其外观，外观包括颜色、形状、大小和表面状况。消费者很容易受到特定水果或蔬菜或加工食品外观的先入为主观念的影响，食品的外观颜色直接会刺激人们的食欲，为了让制作的食品具有更佳的"卖相"，就需要让产品呈现出理想的色泽。一直以来，人们都是运用感官方法进行食品色、香、味等方面的品质评定，但可以用肉眼对色泽进行比较，却无法对色泽进行量化分析。在工业化的生产过程中，想要管控食品外观颜色，可以通过专业的色差仪来测量。

颜色是三维的，涉及物理学、生物学、心理学和材料学等多种学科，是一门很复杂的学科。颜色是人脑对物体的一种主观感觉，用数学方法来描述这种感觉是一件很困难的事。已有很多有关颜色的理论、测量技术和颜色标准，目前常用的色泽表示方法主要有孟赛尔颜色体系（munsell）、自然色彩系统（natural colour system，NCS）以及国际照明委员会（CIE）的颜色空间等。

第一节 概念

颜色可以定义为当可见光谱（380~770 nm）内的辐射能量落在眼睛的视网膜上时个体经历的感觉。发生颜色现象，必须具备：有色物体；光谱可见区域的光和观察者这 3 个因素。在评估和测量颜色时，必须考虑这 3 个因素。当白光照射物体时，它可以被吸收、反射和/或散射。某些波长光的选择性吸收是物体颜色的主要基础。从眼睛看，颜色是由从物体发出光经大脑处理后的结果。

人类具有出色的色彩感知，可以检测多达 1 千万种不同的颜色。然而，人的颜色记忆非常差，不能准确地回忆先前观察到的物体的颜色，因此需要客观地测量颜色。与味觉和嗅觉相比，虽然人的颜色感觉有所不同，但是它的变化要小得多。对于具有正常色觉的人来说，色彩感知相对均匀；然而，8%的男性和0.5%的女性有生理缺陷，并且以明显不同的方式感知颜色。

图 29-1 是人眼的简化图。光通过角膜进入眼睛，通过水和玻璃体液，并聚焦在含有受体系统的视网膜上。黄斑是一个小的（直径约 5 mm）和视网膜高度敏感的部分，是视力最敏锐的地方。它大致位于视网膜的中心，呈黄橙色，含有高浓度的类胡萝卜素、叶黄素和玉

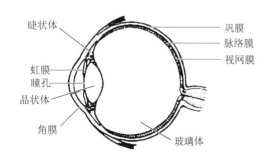

图 29-1 人眼的简化图

米黄质。黄斑中心凹是黄斑的中心，直径约 2 mm，含有高浓度的视锥细胞，它们负责日光和色觉，被称为"明视"视觉。对红色、绿色和蓝色光敏感。

大脑对信号的解释是一种复杂的现象，受到各种心理方面的影响。一是颜色恒定性。在明亮的阳光下以及在昏暗的光线下在室内观看时，同一张白纸将显示为白色。在每种情况下，物理刺激显然是完全不同的，但大脑知道纸应该是白色的，并借鉴其经验。二是发生在大范围的颜色比小区域中的相同颜色更亮。

色度学是将主观颜色感知与客观物理测量值联系起来，建立科学、准确的定量测量方法。

比色法是色彩测量的科学方法。可以用数学单位定义颜色，但是，这些数字并不容易与观察到的颜色有关。已开发了许多颜色排序系统和颜色空间，这些系统和颜色空间更符合视觉评估。在食品研究和质量控制中，需要能够提供与眼睛看到的颜色相对应的可重复数据的仪器。

虽然在食品工业中仍然使用主观视觉评估和视觉颜色标准，但是广泛使用仪器测量颜色。客观的颜色测量对于研究和工业应用都是理想的。已开发出更适合测量色差的色阶系统，包括 Hunter Lab 系统、CIE $L^*a^*b^*$ 系统和 $L^*C^*H^*$ 系统。后两种系统由 CIE 推荐，已广泛运用于食品工业的颜色测量。

第二节　颜色规范系统

食品的颜色测量很重要，它是色差测量的基础。所有颜色都可以用明度、色调和饱和度（彩度）3 个属性来描述，即可由一个三维空间数值来表示：①色调（H），又称色相：是色彩互相区分的特性，表现为视觉上各种色调。表示物体具有什么样的颜色，如红、黄、绿、蓝等。②纯度（C），又称饱和度或彩度：表示在某一色调中该颜色所含的量。在色调中所含的消色（如灰色、白色）越少，则该色的纯度越高。光谱色纯度最高；在光谱色中加进白色，色调不变，而纯度降低。③明度（L），又称亮度：表示物体表面的明亮程度，白色明度最高，黑色明度最低，而灰色明度则介于白色和黑色之间。对于一定波长来说，明度正比于光强。

一、色差

色差是指两种颜色在颜色知觉上的差异，包括明度差、彩度差和色相差 3 个方面。色差的评估问题一直是颜色科学领域内和实际生活中一个重要问题，客观地测量或评价两个给定色样之间的色差，长期以来被认为是工业界异常困难且迫切的问题。理想的色差公式的计算结果与目测应有良好的一致性，可使用近似统一的色差宽容度用于质量控制。因此，在基础色度学的基础上推导出一种色差公式和对应的色度空间，使计算的色度值与目测结果较为均匀一致。

常用的色度空间是 CIELAB 色空间，利用 L^*，a^*，b^* 3 个不同的坐标轴，指示颜色在几何坐标图中的位置及代号。它是基于一种颜色不能同时既是绿又是红、既是蓝又是黄的理论而建立起来的。一种颜色用 CIE L^*，$+a^*$，$+b^*$ 表示时，L^* 轴表示明度，黑在底端，白在顶端：$+a^*$ 表示红色，$-a^*$ 表示绿色；$+b^*$ 表示黄色，$-b^*$ 表示蓝色（图 29-2）。任何颜色的色彩变化可以用 a^*、b^* 数值来表示，任何颜色的层次变化可以用 L^* 数值来表示，用 L^*、a^*、b^* 3 个数值就可以描述自然界中的任何色彩。

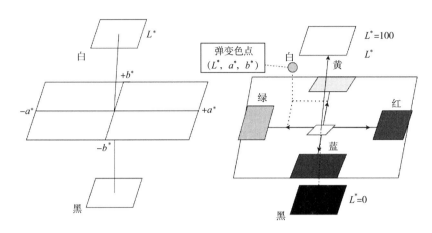

图 29-2　CIELAB 空间

色差总是通过样品的色值减去标准样品的色值来计算。如果 ΔL^* 为正值，则样品比标准样品浅。如果是负值，它会比标准颜色暗。如果 Δa^* 为正，则样品比标准样品更红或更少绿色。如果是负数，它会更绿或更少红色。同样，如果 Δb^* 为正值，则样品比标准品更黄或不那么蓝。如果是负的，它会更蓝或不那么黄。那什么是可接受的色差？简单的答案是最小可感知的颜色。可接受的公差应该是多少？理论上，1.0 的总色差应该是无法区分的，除非样品彼此相邻。色差可以使用式（29-1）计算。

$$\Delta L^* = L_2^* - L_1^*, \quad \Delta a^* = a_2^* - a_1^*, \quad \Delta b^* = b_2^* - b_1^*$$
$$\Delta E_{ab}^* = \sqrt{(L_2^* - L_1^*)^2 + (a_2^* - a_1^*)^2 + (b_2^* - b_1^*)^2} \tag{29-1}$$

二、色系

色系就是颜色三维空间关系。

（一）孟塞尔视觉系统

孟塞尔（Munsell）系统是目前世界上应用最广泛的颜色系统，由波士顿艺术老师 A . H . Munsell 于 1905 年开发（图 29-3），是用立体模型表示物体色的方法之一，其立体空间表征了颜色的 3 个基本视觉参数，即明度、色相和饱和度。该系统基于心理学方法和视觉特性，将各种颜色的明度、色调和饱和度进行分类和排列，并采用统一标号，汇编成颜色图册。

孟塞尔颜色立体的中央轴代表无彩色的黑白中性颜色，从上到下由白到黑划分为各个明度等级，称为孟塞尔明度值，以符号 V 表示。理想白色在纵轴的上端，明度值 $V=10$；绝对黑体在下端，明度值 $V=0$。由 0~10 的 11 个明度等级在视觉上是等间隔的，每一明度等级代表了某一种颜色在标准照明体 C 下的亮度因数。实际应用中，0 和 10 都是不存在的，通常只用到 1~9 级明度值，所以在孟塞尔颜色图册中，主要给出明度值从 1.75（$Y=2.5$）到 9.5（$Y=90$）的各级中性色卡。彩色的明度值在颜色立体中以离开基底平面（理想黑）的高度来表示，并用与其相等明度的灰色来度量。

孟塞尔色相（H）是以围绕纵轴的环形结构来表示，常称为孟塞尔色相环。在这一色相环中的各个方向共代表 10 种孟塞尔色相，包括 5 种主要色相，即红（R）、黄（Y）、绿（G）、蓝（B）、紫（P）和 5 种中间色相，即黄红（YR）、绿黄（GY）、蓝绿（BG）、紫蓝（PB）、红紫（RP）。为了对色相做更加详细的划分，每一种色相又分成 10 个等级，每种主要色相和中间色相的等级都定为 5。明度值为 5 的中性色则可以表示为 N5。

在孟塞尔颜色立体中，某一颜色样品离开中央轴的水平距离代表了颜色饱和度的变化，称为孟塞尔彩度，它表示离开相同孟塞尔明度值的中性灰色的程度，以符号 C 表示。具有相同明度等级的颜色，其彩度按照离开中央轴距离的大小，被分成许多视觉上等间隔的等级，在中央轴上的中性色的彩度为 0，离开中央轴越远，其彩度则越大。在孟塞尔颜色图册中，以每两个彩度等级为间隔制成颜色样卡，各种颜色的最大彩度并不相同。

在自然界中存在的任何颜色都可以在孟塞尔颜色立体中以其色调 H、明度值 V、彩度 C 坐标确定一个唯一的位置点，并用其专门的颜色标号来表示，即 HV/C（色调、明度值/彩度）。例如，一个孟塞尔标号为 5GY 6/8 的颜色，其色调 5GY 说明它是中间色调的黄绿色，明度值 6 表示它为中等亮度，而彩度 8 则说明该颜色为较饱和的黄绿色。

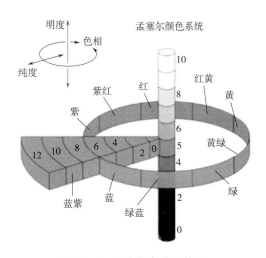

图 29-3　孟塞尔色彩系统图

（二）CIE 表色系统

国际照明委员会（international commission on illumination，CIE）是关注颜色和颜色测量的主要国际组织。CIE 于 1931 年建立了用于颜色测量的标准光源。图 29-4 显示了 3 种标准 CIE 光源 A、C 和 D65 的光谱功率分布曲线。1931 年采用的光源 A 代表白炽灯泡，光源 C 代表阴天，而 1965 年采用的光源 D65 也代表平均日光，但包括紫外波长区域。当在光源 A 和 C 下观察时，物体看起来会有不同的颜色。

色彩的刺激及感觉是由光源、被照射物体、观测者三要素构成的，它是 CIE 表色系统的基本架构。色系是用三刺激值 X、Y、Z 定量描述颜色的测色系统，是一个抽象的三维空间量。要测定物体色的三刺激值，首先要测出光谱三刺激值，即颜色匹配数。将观察者的颜色匹配实验数据加以平均，确定标准色度观察者光谱三刺激值，用来代表人眼的平均颜色视觉特性，能见到的光波长在 380~780 nm 之间。国际照明委员会建立了 CIE 标准测色系统，使每种颜色有了量化值（图 29-4）。

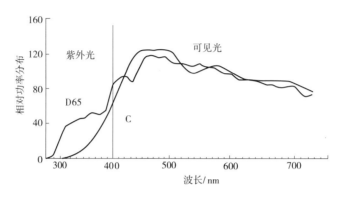

图 29-4　3 种标准 CIE 光源的光谱功率分布曲线

一直以来，CIE 不断地推荐新的颜色空间及其有关色差公式，以期能达到色差计算值与目测结果一致的目的，从而对工业生产过程中的颜色质量进行控制和指导，其中较常用的方法有 CIE XYZ 颜色空间和 CIE L^* a^* b^* 色空间法。CIE XYZ 颜色空间只是采用简单的数学比例方法，描绘所要匹配颜色的三刺激值的比例关系，而 CIE L^* a^* b^* 色空间法则是由 CIE XYZ 颜色空间经过非线性变换得到，使颜色空间的均匀性得到了改善，现在已被世界各国正式采纳、作为国际通用的测色标准，适用于一切光源色或物体色的表示与计算。

（三）三刺激系统

通过采用标准观察器功能和标准光源，可以将任何物体的光谱透射率或反射率曲线转换为 3 个数值。这些数字是已知的作为 CIE 三刺激值 X、Y 和 Z，给出颜色匹配所需的红色、绿色和蓝色原色的量。标准光源和标准观察器功能的数据值乘以所选波长的物体的反射率（%）或透射率（%）。对可见光谱中的波长的产物求和（基本上对 3 条曲线下的面积进行积分）得到 X、Y 和 Z 三刺激值。

为了在两个维度上绘制三个坐标，CIE 通过数学运算将 X、Y 和 Z 三刺激值转换为 x、y 和 z 坐标：

由于 $x+y+z=1$，因此只需要两个坐标来描述颜色为 $z=1-(x+y)$。

第三节　色差仪

一、原理

物质的颜色是物质对太阳可见光（白光）选择性反射或透过的物理现象。可见光被物体反射或透射后的颜色称为物体色，不透明物体表面的颜色称为表面色。色差计是利用仪器内部的标准光源照明来测量透射色或反射色的光电积分测色仪器。

二、结构

色差仪主要包括测头、数据处理器（含显示器及打印机）、直流电源及附件。色差仪的测头由照明光源、滤色器、硅光电池、隔热玻璃、凸透镜、导光筒、挡板、积分球等组成（图 29-5）。其中积分球是测色仪的重要构成部件，在很大程度上决定了测色仪的使用寿命、测量精度和长期重复性。内部光源照明系统采用低能耗的特殊发光管，经修正后作为测色用的标准照明体 D65，保证 220 V±22 V，50 Hz±1 Hz 的稳定电压确保光源发光的稳定性。测色仪的内部照明光源通常是标准 A 光源，而实际应用中都需要测量物体在标准 D65 和 C 光源下的色度值，因此要模拟出 D65 光源，使仪器总的光谱灵敏度符合 D65 下的卢瑟条件。

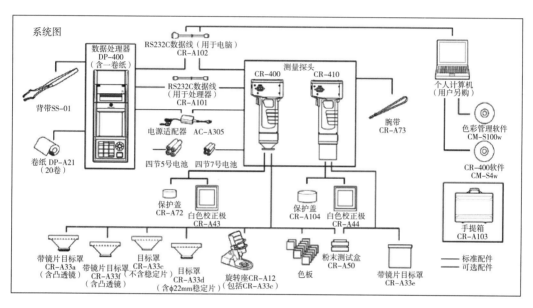

图 29-5　色差仪部件图

数据处理系统包括放大电路、A/D 转换、中央处理器、显示、打印等数据输出。采用微控制器进行数据处理，通过液晶显示和打印输出各种色度数据（图 29-6）。光谱三刺激值：选用 CIE1964 补充观察者 10°视角的数据；仪器照明几何条件为 O/D。

三、食品颜色的判定

在生产中，常常希望将产品颜色与目标色的色差控制在一定范围内，即希望食品颜色更接近于理想的颜色，但实际工作中很难做到，颜色常有偏差。利用色差仪进行测量时，用户可以根据测量结果来判断产品的偏

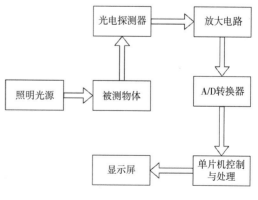

图 29-6　色差仪原理图

色情况。其中：

明度指数 L^*（亮度轴），表示黑白，0 为黑色，100 为白色，0~100 之间为灰色。

色品指数 a^*（红绿轴），正值为红色，负值为绿色。

色品指数 b^*（黄蓝轴），正值为黄色，负值为蓝色。

所有颜色都可以利用 $L^*a^*b^*$ 这 3 个数值表示，试样与标样的 $L^*a^*b^*$ 之差，用 $\Delta L^* \Delta a^*$ Δb^* 表示；ΔE^* 表示总色差。ΔL^* 为正，说明试样比标样颜色浅，为负，说明试样比标样颜色深。

第四节　技　术

为了准确地评定食品的外观颜色，可以通过色差仪进行检测。测量固体食品时，测定要尽量使表面平整。在可能的条件下，最好把表面压平。对于糊状食品，使食品中各成分混合均匀，这样仪器测定值比较一致。例如对果蔬酱、汤汁、调味汁类样品，可以在不使其变质的前提下适当均质处理。测定颗粒食品时，尽量使颗粒大小一致，可采用过筛或适当的破碎处理，颗粒大小一致可减少测定值的偏差。测定果汁类透明液体的颜色时，为避免光的散射，应使试样面积大于光照射面积。当测定透过色光时，应尽量将试样中的悬浮颗粒用过滤或离心分离的方法除去。对颜色不均匀的平面或混有不同颜色颗粒的食品，测定时可以将试样旋转，以达到混色效果。

色差仪的一般操作程序如下：

一、开机

根据仪器使用说明书进行开机操作。可以将仪器的标准值设定为纯水的三刺激值，同时设置内部目标样品的 L^*、a^*、b^* 值。设定测量模式和比较色差模式。

二、仪器校准

确保白板盖与仪器连接紧密，选择"白板校正"并按"确认"键，显示界面将会提醒放好白板盒，再次按下"确认"键或测量键进行白板校正。确保白板盖已经取下，选择"黑板校正"并按"确认"键，显示界面将会提醒将测量口对空，此时将色差仪对空，再次按下"确认"键或测量键进行黑板校正（仪器对空进行"黑板校正"时，周围须为较暗的、无明亮光源照明的环境，仪器对空方向 3 m 内不存在遮挡物）。

三、样品测量

在样品测量过程中，使用既定的取样方法适当选择样品，并以一致的方式处理所有样品。仪器校准后，就可以将样品放在万能组件的比色皿中，将样品放置在色差仪探头下，执行测量操作。可以多次重复测定，测试结果将是几次结果的算术平均值，显示屏上就会显示该样品的测定值。

四、注意事项

仪器应放置在温度稳定、干燥、无振动的地方，避开高温高湿和大量灰尘影响。切忌用手触摸测试头内部。色差仪测定需要对同一样品重复测定 5 次以上。

五、误差分析

测量过程中可能由以下原因造成误差：①仪器的测头和样品表面没有很好的吻合，因此漏光；②样品不均匀、半透明或透明，在测量过程中会导致光泄漏或逸出；③色差计与样品表面对齐不当；④参考板的表面未得到适当维护，且未给出制造商提供的参考值；⑤由于仪器样品类型不正确而产生的误差。

第五节　色差分析在食品检测中的应用

一、在肉制品检测中的应用

色差计法检测肉的新鲜度能规律性地反映肉的新鲜程度。与其他理化方法相比较，用色差计法检测原料肉的新鲜度具有精密度高、测量时间短等优点。在 CIE1971$L^*a^*b^*$ 色系统中，L^* 值与 a^* 值与时间（X）存在显著的线性关系，可判断原料肉是否新鲜。

二、在植物油品质检测中的应用

由于油籽粒中含有类胡萝卜素、黄酮类色素、叶绿素、棉酚等多种色素物质，植物油脂具有不同的颜色；加工工艺以及精炼过程也影响油脂的色泽。此外，油脂品质变劣和油脂酸败也会导致油色变深。所以，测定油脂的色泽，可以了解油脂的纯净程度、加工工艺和精炼程度，也可判断是否变质。色差计测定油脂色泽已成为油脂质量评价的依据之一。

三、在葡萄酒品质检测中的应用

根据葡萄酒的色度和色调，能够判断葡萄酒的氧化程度和质量好坏，葡萄酒色度的高低，主要由葡萄酒中的酚类物质花色素、单宁等决定，酚类含量高，葡萄酒的颜色就深，色度值则相反，较低，但是色素的各种性质，又受葡萄酒液的 pH 和某些试剂（如酸性亚硫酸钠）的影响，从而使酒的色度发生变化。用色差仪测葡萄酒色度，表明随着 pH 增大，色度值也增大。此外，通过检测天然葡萄色素色度或合成色素含量可鉴定葡萄原汁。该方法可限量测定葡萄酒原汁含量，现象明显直观，准确可靠。

四、在茶叶品质检测中的应用

茶色色泽是指茶叶在自然状态下所表现出来的颜色状况，它与茶叶品质关系密切。在茶叶感官品质评定中，干茶色泽、汤色、叶底占了 8 项因子中的 3 项，并依据成品茶色泽将茶叶分为六大茶类形成各自的品质特征。将色差分析法应用于茶叶色泽测定。如 $L^*a^*b^*$ 表色系具有均匀颜色，与人的视觉最一致，也最直观，是茶叶色泽测定中首选的最佳表色系，并利用色彩色差计测定了干茶色泽、茶汤色泽及叶底色泽。

思 考 题

1. 什么是色差？什么是色差分析？色差分析的基本原理是什么？
2. 什么是色系？它主要分为哪几种系统？
3. 色差仪的原理是什么？简述其主要的结构构成。
4. 简述色差分析在食品中的应用有哪些方面？

第三十章 电子鼻

课件　　　思政

在食品感官评价中，人类的鼻子比其他感官器官（如耳朵和眼睛）要复杂得多，是评估各种产品气味的主要"仪器"。嗅觉气味是评定食品品质的重要指标，最常用于评估食品风味或香气的工具仍然是人类的嗅觉。然而，使用人类嗅觉进行感官评估是主观的，对气味的人工判别往往受到主观因素的影响，如自身身体状况、情绪和外界环境的影响，难以做出准确的判断，此外，还存在着成本相对较高，结果的重现性和可重复性低，无法进行定量分析等局限性。因此，人们需要一种对气味的客观评价、检测方法。

仪器分析，例如气相色谱法，或者经典的分析技术，如滴定，可确定食品的物理化学性质。这些技术费时费力，且气味物质的物理化学性质与其风味特性之间的关系尚未完全搞清楚。因此，有必要开发短时间获取感官数据且成本很低的一种技术以弥补人类的嗅觉。电子鼻是最有前途的多感官系统，该设备配备了一系列的化学传感器，其响应信号的处理使用模式识别算法。

电子鼻（electronic-nose，E-nose），也称人工嗅觉系统，是一种模仿生物嗅觉的气体检测系统。1989 年北大西洋公约组织（NATO）对电子鼻的定义为："电子鼻是由多个性能彼此重叠的气敏传感器和适当的模式分类方法组成的具有识别单一和复杂气体能力的装置。"1964年，Wilkens 和 Hatman 根据氧化还原反应研制出了世界上第一个"电子鼻"；1965 年，Buck 和 Dravnieks 等人分别利用气味调制电导研制出了"电子鼻"；1967 年，日本 Figaro 公司率先将气体传感器商品化。

第一节　电子鼻的工作原理

电子鼻的工作原理就是模拟人的嗅觉器官对挥发性化合物气味（通常是复杂的混合物）和适当的受体（生物鼻中的嗅觉受体）与电子鼻中的传感器阵列之间的相互作用，被气敏传感器阵列吸附，产生信号；气味分子生成的信号被送到信号处理子系统进行处理和加工；将受体产生的信号存储在大脑或模式识别数据库（学习阶段）中，并最终由模式识别子系统对信号处理的结果做出判断，然后识别其中一种储存的气味（分类阶段），进行感知、分析和判断。

电子鼻系统和生物嗅觉系统对比如图 30-1 所示。

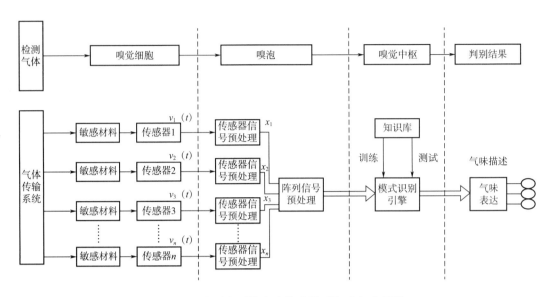

图 30-1 电子鼻系统和生物嗅觉系统对比示意图

第二节 电子鼻的构成

电子鼻系统大致分为 3 个部分：样品处理系统、化学传感器阵列和模式识别系统（图 30-2）。其工作原理是将所研究基质的挥发物转化为传感器阵列的电子信号，信号输出至数据处理单元，生成相应的图谱。

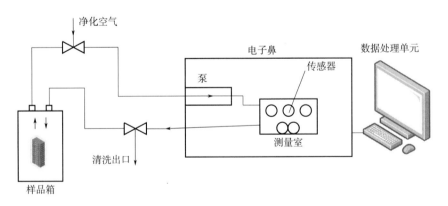

图 30-2 电子鼻结构框图

电子鼻检测主要利用气体传感器阵列的响应图案来识别气味的电子系统，即利用阵列中的每个传感器对被测气体有不同的灵敏度。例如，某种气体可在某个传感器上产生高响应，而对其他传感器则是低响应；另外一种气体产生高响应的传感器对前一种气体则不敏感。

归根结底，整个传感器阵列对不同气体的响应图案是不同的，正是这种区别才使系统能根据传感器的响应图案来识别气味。每种气味理论上都会有它的特征响应谱；反之，根据气味的特征响应谱可以确定出相应的气味。当气味中的各种化学成分能够与敏感材料发生相应的作用，传感器将这些化学反应信号转换成相应的电信号，不同类型的传感器能够产生不同的响应信号，多种不同类型的传感器对一种气味的响应便构成了传感器阵列对该气味的响应谱，这种响应谱为该气味的广谱响应谱。为了实现气味的定性或定量分析，电子鼻需要将传感器收集的信号进行适当的预处理（消除噪声、特征提取和信号放大等），并对其采用合适的模式识别分析方法处理，从而实现复杂介质和混合气体分析。

电子鼻能够持续几小时、几天甚至数月的时间，连续地、实时地监测特定位置（特别是环境恶劣的地方）的气味状况。与传统的气味分析方法（传感器、气相层析）相比较，电子鼻的优点是灵敏度高、试样制备容易、操作安全、快速和检测成本低。

第三节　商用电子鼻产品

进入 20 世纪 90 年代，国际上对仿生嗅觉的研究发展非常迅速，特别是欧美地区，1995年出现商品化的电子鼻仪器，目前常用的商品化电子鼻如美国宾夕法尼亚大学研发的 Cyranose320、德国 Airsense 公司研发的 PEN3、法国 Alpha MOS 公司研发的 FOX4000 等，商品化的电子鼻如表 30-1 所示。

表 30-1　商品化的电子鼻

公司名称	产地	型号	核心元件
Cyrano Sciences	美国	Cyranose320	32 个导电聚合物传感器
Electronic Sensor Technology	美国	zNose 系列	声表面波与气相色谱联用
Alpha MOS	法国	FOX4000	6~18 个 MOS 型传感器
Airsense	德国	PEN3	10 个 MOS 型传感器
SYSCA	德国	ARTINOS	38 个 MOS（氧化钨掺杂）传感器
Scensive Tech	英国	Bloodhound ST214	14 个导电聚合物传感器
Aroma Scan	英国	Aroma Scan A32S	32 个导电聚合物传感器
Smart nose	瑞士	Smart nose	质谱
Technobio chip	意大利	Libra Nose	8 个石英微天平
新宇宙电机株式会社	日本	XP-329 系列 In_2O_3 半导体和 ZnO	半导体
松下	日本	口腔监测仪	TGS550 MOS 传感器

以德国 Airsens 公司的 PEN3 型便携式电子鼻（图 30-3）为例。PEN3 电子鼻是一种用来检测气体和蒸汽的小巧、快捷、高效的检测系统。经过训练后可以快速辨别单一化合物或者混合气体。通过不同的识别计算系统可以扩大其应用范围。

1. 结构组成

PEN3 电子鼻内置 10 个金属氧化气体传感器（标配，可根据情况增加或选配传感器）。特殊的内置流量调节器可确保在恶劣条件下使用稳定。PEN3 电子鼻内置检测气发生器、传

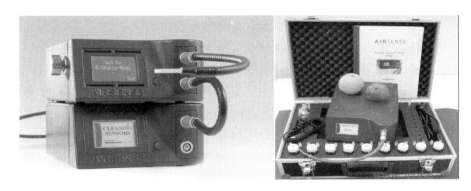

图 30-3　PEN3 型便携式电子鼻的外形

感器的校正功能等。由于其特殊的采样系统，可以在实验室进行检测，也可以在线过程控制或者环境检测应用等。

PEN3 电子鼻的采样系统内含泵系统，在移动使用或者过程控制中非常有效。在实验室可以接自动采样器进样检测。另外，可额外选择 EDU 吸附解吸附装置，进行选择性吸附和比例浓缩，可大大提高分析检测限和特殊场合的应用。

2. 技术参数

①传感器技术：加热传感器，工作温度 200～500 ℃，温度控制。

②传感器排列：10 个传感器，具有不同的金属氧化物。

③测量循环时间：依据使用情况从 4 s 到几分钟。通常是 1 min（20 s 检测，40 s 恢复时间）。

④样品进样：加热管，特殊的流体连接器。

⑤进样流量：10～400 L/min 可调，内置流量控制和采样系统。

⑥采样系统：两个内置泵（采样和零气）。

⑦数据接口：USB 和 RS232。

⑧电压：110～230 V，可选择 12VDC。

⑨软件：WIN 数据采集和分析。WIN95 以上操作系统。

3. 操作步骤

①组装电子鼻，连接电源线数据线、过滤器、进样管。

②开机，当显示屏显示绿色的 Start，在 WinMuster 软件界面上点击 Options，选择 Search Devises，连接 PEN3 电子鼻，点击 OK。

③连接电子鼻之后，设置电子鼻测试参数（Options→PEN3→Settings）。样品准备时间 5 s，自动调零时间为 5 s，样品测定间隔时间 11 s，测定时间 60 s，清洗时间 200 s，内部空气流量 300 mL/min。

④进样前，先进行洗气。点击 Start，洗气程序开始，提示 54321 后点击 Stop，停止洗气，再次点击 Start 进行洗气，直到 10 个传感器的响应值都为 1。

⑤静置 30 min 后，样品顶部空间的挥发物达到平衡状态，用电子鼻的进样针透过保鲜膜插入烧杯中进行顶空取样检测。

⑥进样检测时，点击 Start，首先是洗气程序，洗气程序过后，提示 54321 后插入进样针（和补气针）。测试程序结束，等到提示 Remove 54321 后拔出进样针（和补气针）。每一次测试都包括：洗气→归零→样品准备→进样测试。

⑦测试结束后，保存 *. nos 的结果文件到设置的路径文件夹，可以用 Excel 和记事本打开文件。

⑧使用 WinMuster 软件自带的数据处理方法进行不同水果挥发物的区分。首先，选择 File→Pattern→Edit Pattern，进入编辑模板，Add 文件，选择提取数据方式，设置时间范围和名称，添加相应电子鼻文件，建立区分模板。

⑨建立模板后，按 F5 键，依次查看 Loading 分析和 PCA、LDA 区分结果。

4. 数据处理

①分别利用 PCA、LDA 方法对 3 类水果进行分类；

②利用载荷分析，初步确定特征传感器；

③基于上述特征传感器，采用 PCA 和 LDA 对 3 类水果分类，比较传感器优选前后分类效果的差异。

相比国外，国内对电子鼻的研究起步于 20 世纪 90 年代初，绝大多数还处在实验室阶段，国内的研究大致可分为两种：一是采用国外的电子鼻系统进行后继研究和实验，二是自主研发电子鼻系统，目前主要集中在第一种上，在电子鼻的应用、信号预处理、特征提取、模式识别算法、结构设计等方面取得了较大进展，研究单位主要有中科院半导体所、浙江大学、江苏大学等，主要面向食品、农产品、环境、有毒气体的检测。上海瑞玢国际贸易有限公司研发的智鼻（i Nose）是为数不多的国产电子鼻产品之一，该产品的核心元件为 14 种不同性质的金属氧化物半导体传感器所构成的交互敏感传感器阵列。

第四节　电子鼻信号处理技术

一、采样技术

电子鼻分析过程中，对挥发性组分进行适当取样并将其输送到传感器阵列是一项重大挑战。最常见的采样系统为静态或动态顶空模式，分析物也可以用固相微萃取进行分离和富集（图 30-4）。采用何种技术主要取决于检测系统中传感器的灵敏度、鉴别样品的差异以及所处的状态。通常做法是使用较长的取样周期，例如通过延长孵化时间来增加顶空，将取样的气体保留在传感器室内或使 SPME 纤维暴露于被分析物的时间。由于这个原因，一个单独的分析通常需要一个小时。

1. 静态顶空

静态顶空法（SHS）是最早也是最基本的采样方法之一，但是只能采集到相对较小的顶空区域。使用在装有灵敏检测器的设备和一些电子鼻中，特别是基于快速气相色谱（GC）和质谱（MS）型号的电子鼻。实施静态顶空取样通常是通过使用注射器或取样环，将采样的顶部空间引入与载气流混合或吸附在吸附剂材料上，然后进行热解吸。

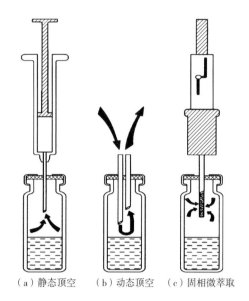

（a）静态顶空　（b）动态顶空　（c）固相微萃取

图30-4　电子鼻采样技术

2. 动态顶空

由于气动系统相对简单，动态顶空（DHS）常被用作电子鼻的采样方法。该方法的优点是当分析物从系统中冲出时，响应时间相对较短，恢复速度较快。在电子鼻中，通常使用两种DHS取样。第一种是持续流动的载气通过容器的顶部进入传感器室，或者绕过样品直接进入传感器室，以冲洗传感器并从前面的分析中去除残留物。第二种类似于气相色谱法中使用的动态顶空采样系统。使用DHS时，不需要将油样放在特殊小瓶或其他容器中。不需要事先孵育样品，以方便将分析物转移到挥发性部分。

3. 固相微萃取

固相微萃取（SPME）很少与电子鼻技术相结合，部分原因是它需要增加复杂和昂贵的外围设备，部分原因需要超出单次分析的时间。因此，富集和捕集阶段是迄今为止整个测量过程中耗时最多的阶段。

二、电子鼻信号处理系统

电子鼻信号处理系统包括信号预处理部分和模式识别部分。信号预处理部分首先对获取的信号进行滤波、交换和特征提取，而模式识别部分是根据预处理得到的数据对气体源组成进行分析和判断。

（一）信号预处理系统

信号处理技术对于实现气味的判别具有重要意义，只有进行了信号处理才能对所获取的信号进行正确的解读。在电子鼻系统中，一般通过电子鼻预处理系统来完成对传感器阵列输出的信号进行滤波、交换和特征提取，其中最重要的就是特征提取，为模式识别选择合理的数据及其表达方式。目前，常用的特征提取方法有相对法、差分法、对数法和归一法等方法。这些方法各有优劣，其中相对法可实现对传感器敏感性的补偿；而部分差分模型可以同时实现敏感性补偿和传感器电阻与浓度参数线性化处理；对数法可以实现信号与浓度之间的高线性依赖关系的线性化处理；归一法可以同时完成传感器的计量误差的降低和准备人工神经网络分类器所需的输入数据。由此可见，信号预处理系统与后续的模式识别系统是关联的，需要同时对两个系统进行考虑，使接口传输数据时不引入或少引入计算误差，并保证接口和后续处理的方便性。只有这样，才能保证模式识别的准确性和处理速度。

主成分分析（PCA）、独立成分分析（ICA）、Sammon映射、模拟退火是电子鼻中常用的信号处理方法。

（二）数据统计方法

在电子鼻中，响应信号是由一组传感器产生的，每次测量都是一组多元数据。如果不使用统计方法，就很难解释这种性质的多维数据。

数据处理可分为 3 个阶段：预处理、特征提取和分类。预处理可以局限于对分布的中心化或修改（如实现高斯分布），但在电子鼻分析时获得的信号通常需要将传感器漂移和先前分析中的残留影响降到最低。由于每个化学传感器输出一个不同大小的信号，它们的响应应该标准化。在特征提取过程中，要将输入转换为新的离散数据点。因为数据从模式空间转换到特征空间需降低维数。在此阶段，普遍采用无监督（如聚类分析、主成分分析）或监督（如判别函数分析）模式识别技术。分类是一个识别、区分、理解思想和对象的过程。在这种情况下，由人工神经网络将未知样本识别为以前学习过的类。人工神经网络具有一定性能特征的信息处理系统。当它解释人类鼻子中嗅觉传感器的反应时，它允许电子鼻以大脑功能的方式工作。在训练过程中，神经网络会调整突触的重量来学习不同气味的模式。训练结束后，当有一种未知的气味出现时，神经网络通过神经元的不同层来输入它的模式，并指定能提供最大反应的类标签。

三、电子鼻典型的工作程式

1. 传感器的初始化

利用真空泵把空气取样吸取至装有电子传感器阵列的小容器室中。

2. 测定样品与数据分析

取样操作单元把已初始化的传感器阵列暴露在气味体中，当挥发性化合物（VOC）与传感器活性材料表面相接触时，就产生瞬时响应。这种响应被记录，并传送到信号处理单元进行分析，与数据库中存储的大量 VOC 图案进行比较、鉴别，以确定气味类型。

3. 清洗传感器

测定完样品后，要用酒精蒸汽"冲洗"传感器活性材料表面，以去除测毕的气味混合物。在进入下一轮新的测量之前，传感器仍要再次实行初始化（即工作之间，每个传感器都需用干燥气或某些其他参考气体进行清洗，以达到基准状态）。

第五节　电子鼻在食品检测中的应用

一、在果蔬成熟度检测中的应用

电子鼻通过气味检测得到的数据信号与产品各成熟度指标建立了关系，从而做到在线实时根据生长中的果蔬所散发的气味进行成熟度判别。采用电子鼻系统检测和评价不同成熟度的番茄和不同成熟度番茄在贮藏期间的气味变化，可以 100% 地区分不同成熟度的番茄。

二、在食品辨别分析中的应用

食品的气味在感官评定食品质量中是一项重要的嗅觉参数。通过检测食品中一些具有特征气味的挥发物质，可以判定食品的品质等级或者划分成不同类别。利用电子鼻快速区分 5 种不同品质的绿茶，并使用人工神经网络和进化神经网络对比设计试验比较，成功率分别为 98.7% 和 100%。对不同储藏年限的小麦进行电子鼻识别，并对传感器阵列信号进行优化，结果显示采用优化后的传感器建立了 BP 网络，识别率可达 96%。

三、在肉制品检测中的应用

传统的肉品感官评价方法主观性强、重复性差，同时，人的鼻子对气味具有适应性，容易出现疲劳而影响分析结果。电子鼻分析意大利干制腊肠在不同贮期的挥发性成分构成，从而可判断腊肠的新鲜程度。同时将微生物分析方法结合到电子鼻技术中，利用微生物分析方法鉴别样品的准确性来判断腊肠的不同成熟期，使检测结果更真实可靠。用电子鼻测定分析伊比利亚火腿中一些特殊的挥发性物质的含量，通过主成分分析和人工神经网络数据分析技术的配合使用，可以判断伊比利亚火腿的原料肉种类和成熟时间，从而排除不合格和假的产品。

四、在食品安全检测中的应用

由于测定快速，易于与色谱仪连用，对宽范围食品种类的鉴别能力，电子鼻在食品安全检测中得到了有效的利用。利用电子鼻对感染了真菌的小麦和黑麦的一些挥发性代谢物质进行检测，与正常的样品比较，有显著变化。利用电子鼻对浸泡过甲醛的腐败章鱼进行检测，腐败样品被成功地检出，正确识别率为 93.1%。电子鼻定量分析棕榈油中脂肪酸等物质的含量，确定棕榈油的品质，通过测试不同温度下、贮藏不同时间的样品，系统能明显地区分出新鲜棕榈油和变质棕榈油。

电子鼻作为集仿生学、传感器和计算机科学为一体的新型仿生检测技术，提供了一种客观、具有良好重复性的辨别方法，在一定程度上解决了食品评价手段对食品工业自动化的制约。目前电子鼻技术的应用受到敏感材料、制造工艺、数据处理方法等方面的限制，但是，随着生物芯片和生物信息学的发展和传感器数据融合技术、模式识别、人工智能、模糊理论、概率统计等交叉新兴学科的发展，其功能必将进一步增强。

思 考 题

1. 什么是电子鼻？其工作原理是什么？
2. 电子鼻的基本构成主要有哪些方面？
3. 电子鼻信号处理技术的主要内容有哪些？试述电子鼻在食品分析中的应用。
4. 试述电子鼻技术的优缺点。讨论其他分析检测技术与电子鼻技术的联合使用对食品分析的影响。

第三十一章 电子舌

课件　　　思政

电子舌是以多传感阵列为基础，模拟人的舌头对未知溶液中某一项或多项指标定性或定量分析，通过模式识别处理，快速地反映出样品整体的质量信息，实现对样品识别和分类的新型电子设备。

第一节　电子舌概述

电子舌的雏形于1985年出自日本Toko教授所在的课题组，该课题组制作了一种以PVC为载体，附有修饰不同脂类物质敏感膜的传感器，并将其应用于检测系统的构建，Toko教授将由该传感器构建的检测仪器称为味觉传感系统。

20世纪90年代初，第一个基于离子选择电极的味觉传感器问世。用不同的脂质膜固定在聚氯乙烯上制成敏感膜。1995年俄罗斯的Yu. Vlasov教授正式提出"电子舌"这一概念。它基于无机硫系玻璃传感器，用于定性和定量测定。之后生物电子舌被系统引进，它包含一系列生物传感器，能够定性和定量地描述多组分液体样品。

从概念上讲，电子语言是人工确定味觉的分析工具。这些系统由一系列传感器和化学计量学数据处理方法组成，用于表征复杂的液体样品。经过适当的校准和培训，电子舌能够应用于复杂样品中更多化学物质的定性和定量分析。

电子舌作为一种新型智能仿生检测系统，与人体舌相比，有着样品预处理简单、操作方便、分辨性能好、适用性广、客观性强、重复性好、抗疲劳工作、检测响应快、标准化控制、对人健康危害小等特点。基于电子舌在检测中的优越性，已经被广泛用于如农业、食品工业等多个领域。电子舌技术集电化学、生物学、仿生学和计算机等多门学科技术为一体，在不同领域内体现了应有价值。

第二节　电子舌系统的原理

食物在人的口腔内刺激味觉器官化学感受系统产生的感觉称为味觉。生物体感受味觉的机制在于依赖舌面不同位置的味蕾。味觉的产生过程非常复杂，可以简单概括为：可溶性呈味物质在口腔中溶解，并与味蕾接触，随后味蕾中的味觉细胞被呈味物质刺激产生信号，神经感觉系统便会收集传递信息，将信息传达到大脑皮层，大脑针对味细胞采集信号的整体特征进行处理分析，给出不同物质的区分辨识以及感官性质方面的信息。

电子舌最初的设计思想来自生物感受味觉的机制。电子舌是由一组弱选择性、非专一性、对不同组分具有高灵敏性的传感器组成。传感器阵列相当于生物系统中的舌头，感受不同的化学物质。传感器阵列中每个独立的传感器仿佛舌面上的味蕾一样，具有交互敏感作用，即一个独立的传感器并非只感受一种化学物质，而是感受一类群化学物质，并且在感受某类特定化学物质的同时，还感受另一部分其他性质的化学物质。采集到的各种不同信号信息被输入电脑，电脑代替了生物系统中的大脑功能，通过软件进行分析处理，针对不同的物质进行区分辨识，最后给出各个物质的感官信息。

通过与预先建立的模型数据进行比较，电子舌对滋味指纹图谱计算可分析得到食品味道属性，实现对被测食品味道的辨识。一些味道只有微弱差别的食品，如蒸馏水和矿泉水，其特征味道在指纹图谱中的位置有明显差异，电子舌便能确定味道的特征点，从而区分不同的味道。

电子舌系统，又称人工味觉系统，主要可分为 3 部分：传感器阵列、信息处理、模式识别，如图 31-1 所示。其中，传感器阵列相当于人类的舌头，由感知不同味觉的金属丝线组成。信息处理单元相当于味觉系统中的神经感觉系统，能够收集到不同传感器阵列对不同液体的输出信号，对采集到的信号做滤波、变换以及放大等处理，并传入计算机。模式识别单元模拟人类大脑，能够将采集到的信号进行分析和识别。实际上就是模仿味觉感受的原理，运用非线性的传感器阵列采集信号，完成模式识别后，用特定的算法对被测的液体做出定性或定量的分析，就可以得到不同液体的味觉特征结果。

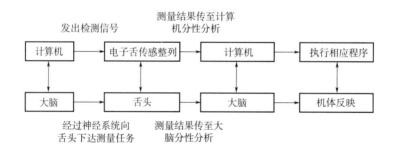

图 31-1　电子舌的系统构成

第三节　电子舌的结构组成

电子舌的基本结构见图 31-2。电子舌由 3 部分组成：①自动采样器；②具有不同选择性和灵敏度的传感器阵列；③具有适当算法的化学计量软件，用于处理来自传感器的信号并传递结果。

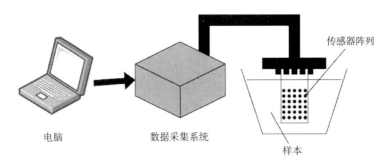

图 31-2　电子舌系统的总体方案

一、传感器

电子舌传感器对代表基本口味（甜、酸、咸、苦、鲜味）的溶液以及其他味觉或感觉（涩、辣）进行定性和定量分析。所分析的主要化合物及其传感性能见表 31-1。

表 31-1　主要传感特性及其相关化合物

味道	化合物
甜味	葡萄糖、蔗糖、果糖、D-氨基酸、甜味剂（天然或合成）
酸味	醋酸、柠檬酸、酒石酸、乳酸、磷酸
咸味	氯化钠、氯化钾
苦味	奎宁、咖啡因、氯化镁、葎草酮、L-氨基酸
鲜味	谷氨酸一钠、谷氨酸、肌苷酸二钠、鸟氨酸二钠
涩味	单宁
辛辣味	辣椒素、胡椒碱

电子舌的前身是多数量的化学传感器组成的化学传感阵列。根据电子舌中传感器工作方式的不同，电子舌的操作原理也不同。在电子舌中，非特异性传感器阵列的输出显示引起味觉的化学物质的不同模式，并进行统计分析。因此，电子舌可以被定义为"一种基于化学传感器阵列的用于液体分析的多感觉系统，它是一种合适的模式识别方法"。已采用各种化学传感器，包括电化学（电位、伏安、安培、阻抗、电导）、光学、质量和酶传感器（生物传感器）设计电子舌的传感器阵列。电子舌最实用的操作原理是电位法或伏安法。

（一）电位传感器

电位传感器是电子舌系统中应用最广泛的类型，通常采用二电极结构，即工作电极和参比电极。工作电极主要采用多通道类脂膜传感器，参比电极一般采用 Ag/AgCl 电极。其基本原理为利用电位测量法，在没有外部电流的情况下测量两个电极之间的电位。当某种样品离子能够通过类脂敏感膜，则会引起膜电位的变化而被检测出来。硫属玻璃传感器阵列采用硫属玻璃作为工作电极，配以 PVC 薄膜实现电位检测。

电位传感器具有成本低、工业化生产可能性大等优点，检测方法与分子识别原理非常相似，即利用生物检测原理对味觉敏感物质进行检测。主要缺点是其温度依赖性和溶液成分在敏感元素中的吸附改变了测量电位的值。已经应用于发酵过程监测、鉴定蜂蜜的植物来源、在橡木片存在下葡萄酒老化过程中微氧作用的评估等。

（二）伏安传感器

伏安型传感器通常采用三电极结构，即工作电极阵列、辅助电极（对电极）和参比电极。辅助电极主要用于和工作电极形成回路，使样本中的溶质于工作电极表面产生的氧化还原电流响应信号传导回测量系统。参比电极通常选用填充有饱和 KCl 溶液的 Ag/AgCl 电极，为系统检测提供一个基准电位，作用相当于地线。检测过程中，电子舌系统首先产生激励信号，然后施加于传感器阵列，最后测量溶质于工作电极表面发生氧化还原反应时产生的响应电流信号作为样本特性的表征数据。已经开发了各种基于伏安传感器的多传感器系统（金属电极、基于纳米复合材料的电极、化学改性电极等），用于不同工业产品的研究。

（三）阻抗传感器

阻抗型传感器采用二电极或三电极结构均可，若采用二电极结构，把参比电极和辅助电极接在一起即可。以工作电极为基底，以碳粉掺杂的聚合物为敏感膜，定性或定量测定气体样本。工作原理为当待测有机气体进入敏感膜后，敏感膜变厚，导致膜中碳粒子间距增大，导电介质发生变化，阻抗就会随之增大。传感器通过输入不同频率、不同幅值的正弦波信号，得到不同阻抗值和阻抗角，达到测定待测气体的目的。阻抗电子舌是基于测量阻抗在一个固定的频率或一个更广泛的光谱使用阻抗谱。已应用于基本的味觉物质、饮料和最低限度的水的识别，敏感性极好。此外，测量系统中不需要活性物质。

（四）安培传感器

在安培电子舌中，电化学转换发生在电极上，测量由于这种电化学反应而产生的电流。安培法只发生部分电解。安培电子舌要检测的化合物必须是电活性的（在外加电位、所用溶液和主要 pH 值下）。

（五）生物传感器

生物传感器是将生物受体（酶、细胞器、活细胞、组织、核酸、适体等）整合到相容的转导系统中的分析装置，能够特异地测定某些化合物。最常用的传感器有电化学传感器、光学传感器、质量传感器、热传感器，但也有其他类型的传感器。分析物与生物组分之间的特定相互作用产生了一个可测量和记录的电信号。分析物或目标化合物包含不同数量的化学物质，从无机化合物到小分子甚至大分子的有机化合物，如蛋白质。

生物传感器具有选择性极高，无须样品预处理，分析时间短（从几秒到几分钟），成本相对较低，微型化和便携性等优点，从而可实现快速、精确的现场、在线、实时分析测定，可以在真实的复杂样品中检测到目标分子。生物传感器已应用于食品的质量控制，食品变质过程的检测或监测，对各种参数的精确分析，新鲜度或变质程度的分析。

二、电子舌使用的模式识别技术

电子舌系统构建的技术方式多种多样，可以根据采用的电化学方法进行分类，也可以从其结构的 3 个主要部分进行分类。从电子舌结构看，传感器阵列的研究主要集中在单个传感器的修饰方式，不同电活性物质的选择，以及不同类型的传感器如何组合优化成传感器阵列。同时，不同构建方式的传感器阵列，决定着后端不同电化学检测方法的选择；模式识别系统的研究主要集中在各种人工神经网络分析法、主成分分析法、偏最小二乘法。

第四节　常见的电子舌设备

当前市场上电子舌的产品多种多样。如图31-3（a）是产于美国的，型号为Smartongue-3的电子舌设备，可用于对不同工艺、不同加工方式的食品进行味觉的辨别、区分，以及对饮料、酒类产品的年份、种类、产地及真假等的检测和分析。其脉冲频段为1 Hz、10 Hz、100 Hz，脉冲时间间隔为0.001 s，数据放大倍数10^6，扫描灵敏度为10^{-6} mol/L。图31-3（b）是产自上海，型号为smartongue的电子舌设备，也叫智舌。已运用于液体食品如酒类、饮料、茶叶等的真假辨识、产品质量控制与货架期、农残快速检测、病原体微生物快速检测等方面，检测速度快，1~3 min即可，分辨率高，传感器寿命达10年以上。图31-3（c）为法国Alpha. MOS公司的α-ASTREE电子舌系统。属于电势型电子舌，其包含了7个化学传感器阵列和1个Ag/AgCl参比电极。传感器是由有机物覆盖的硅晶体管制成，每个传感器前端有1个电子芯片，芯片表面覆盖一层敏感吸附薄膜，可以选择性吸附液体中的游离分子。

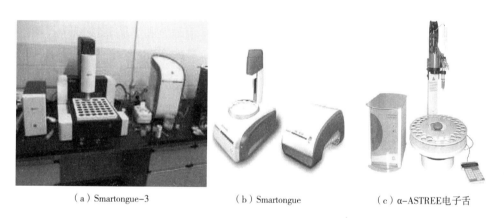

（a）Smartongue-3　　　　（b）Smartongue　　　　（c）α-ASTREE电子舌

图31-3　各种类型的电子舌

第五节　电子舌在食品检测中的应用

与传统分析方法相比，电子舌的优点具有灵敏度高、易于构建和使用、设备成本低、每次分析的价格低以及分析时间短等优点。通过小型化和自动化，电子舌可以用于在线或实时分析，也是一种无损分析方法。电子舌系统已应用于食品加工过程中的自动在线监测和供应链的监控，最相关的应用在样品识别、来源追踪、新鲜度评估、过程监测、真实性评估、定量分析和质量控制等环节。

一、食品的识别和表征

由17个离子选择电极组成的电子舌，可用于区分不同品牌的矿泉水和苹果汁之间的差异。由于矿泉水的主要成分是离子型的，因此高选择性的传感器能够很容易区分水样。一种基于选择性和部分选择性传感器的系统，可以区分不同品牌的橙汁、补品和牛奶，准确率为90%~100%。电子舌还应用于茶叶品质的识别。

二、真实性评估

正宗的原材料或成品必须在成分、品牌、产地、生产技术等方面符合标签。电子舌可对蜂蜜样品进行分类，确定最主要的花粉类型。电子舌也可以用于检测羊奶原料与牛奶原料的掺假。然而，要使用电子舌作为一种常规方法，需要通过测试对牛奶成分变化的更敏感的传感器来改进多传感器系统。

电子舌还应用于植物油的真实性评估。法国 AlphaAstree 电子舌系统可区分出玉米油、葵花籽油、橄榄油和棕榈油以及按不同比例的混合油。采用含有交叉敏感脂质膜的电位电子舌法，可鉴别单品种特级初榨橄榄油的橄榄品种和地理来源。采用元启发式模拟退火算法和LDA 进行分析，灵敏度达到97%以上。

三、新鲜度和食品质量评价

电子舌可以用于检测不同食物的新鲜度或腐败程度，如肉类、鱼、海鲜等食品。基于改良丝网印刷电极的多传感器系统可以检测牛肉粉提取物中的氨和腐胺，该传感器基质对胺类化合物具有良好的敏感性。电子舌也可以应用于评价鱼类的新鲜度，通过对电子舌数据进行多变量分析，可以评估鱼片的储存时间。

四、过程检测

电子舌已成功地用于检测食品生产过程中发生的变化，如对发酵过程的连续控制和检测微生物污染，以确保工艺的可行性。基于经不同敏感材料化学改性的伏安电极的电子舌，可用于监测红酒的陈化，并鉴别在不同特性的橡木桶中陈化的葡萄酒样品。

由于电子舌检测无须对样品进行复杂的前处理、检测灵敏度高、速度快，同时能避免人为判定误差，重复性好，可以实现简单、快速无损地在线检测未知液体样品的整体特征，短时间内将样品精确地区分。与其他仿生传感器相比，电子舌可以检测食品中的所有物质信息，包括挥发性和不挥发性物质，分析结果更加精确。随着现代技术的发展，电子舌人工智能检测系统将与生物芯片、纳米材料等相结合，在食品行业的众多领域发挥着越来越重要的作用。

思　考　题

1. 什么是电子舌？其工作原理是什么？
2. 简述电子舌的结构组成有哪些。
3. 电子舌在食品分析中有哪些应用？其主要优点有哪些？

第三十二章　质构分析

课件　　　　思政

质构分析在食品感官分析中的运用非常广泛，它是模拟人类感官从硬度、黏性、黏聚性、弹性、咀嚼性等多个角度对多种特性做出公平统一的测评。由于质构分析所分析的是与力学特性有关的食品质构特性，其结果具有较高的灵敏性与客观性，不含人为感性的干扰，可形成直观数据，使结果更加准确，目前已经运用于食品加工制品的物性研究及监测。

质构一词原指"编""织"，后来用来表示物质的组织、结构和触感等。随着对食品物性研究的深入，人们对食品从入口前的接触到咀嚼、吞咽时的印象，即对食品的滋味、口感需要有一个描述，于是借用了"质构"这一用语。目前，在食品物性学中，质构一词已被广泛用来表示食品的组织状态、口感及滋味感觉等。

美国食品科学技术学会（IFT）规定，食品的质构是指眼睛、口中的黏膜及肌肉所感觉到的食品的性质，包括粗细、滑爽、颗粒感等。国际标准化组织（ISO）规定的食品质构是指用"力学的、触觉的，可能的话还包括视觉的、听觉的方法能够感知的食品流变学特性的综合感觉"。需要明确指出的是，食品的质构是与食品的组织结构及状态有关的物理性质，它表示两种意思：第一，表示作为摄食主体的人所感知的和表现的内容；第二，表示食品本身的性质。

食品质构是与以下3个方面感觉有关的物理性质：①手或手指对食品的触摸感；②目视的外观感觉；③摄入食品到口腔后的综合感觉，包括咀嚼时感到的软硬、黏稠、酥脆、滑爽感等。按上述定义，食品质构是食品的物理性质通过感觉而得到的感知。

食品的品质因素分为色、香、味、形和营养价值五大部分，其中前四者构成感官品质因素。形作为五大要素之一，又以质构特性在食品体系中表现出来。质构特性影响消费者的决策，进而影响产品的销售情况；在一定的条件下，质构特性能很好地体现产品特性；在生产线的质量控制过程中，质构特性参数值为控制提供可靠的依据。质构测定在食品的开发、改良、品质检验和控制以及工艺优化方面具有重要的地位。质构特性的检测手段分为感官检验、生理学方法检验和仪器测定。

第一节　质构分析原理

质构分析的基本原理为在一个可控力的作用下，探头对测试物品施加一个力，同时测试物品也会给探头施加一个反作用力，再由负载元件感应出力的大小传至记录软件，以牛顿（N）或克（g）的形式呈现在屏幕上。通过对比测试过程中探头下压与上升阶段图线，来表征样品的弹性好坏；通过测试过程不断下压或拉伸，测量导致样品断裂所受的最小的力，或是样品可承受的最大的力；计算压缩过程、恢复过程所做的功等。质构分析测定的参数主要包括硬度、弹性、黏聚性、胶着性、破裂性、回复性等。

第二节　质构仪

质构仪（texture analyzer），又称物性分析仪，是一种通过模拟人的触觉来检测样品物理特征，对食品品质做出客观评价的感官化测量仪器。质构仪可以将产品的物性特点做出准确的数据化表述，具有客观性、易操作等优点，避免了感官评价方法可能出现的主观性误差。

质构仪的主要结构是能够使物体产生形变的机械装置，该装置上安装各种极为灵敏的传感器，在计算机程序设定的速度下，机械装置上下移动，传感器与样品接触达到触发力时，计算机开始根据力学、时间和形变之间的关系绘制曲线。由于传感器是以设定的速度向样品匀速移动，因此，坐标时间和距离可以自动转换，可以进一步计算出被测物体的应力和应变关系。

食品质构仪按测量的方式可分为专有测量仪器和通用测量仪器。专有测量仪器又可分为压入型、挤压型、剪切型、折断型、拉伸型等；按测试原理可分为力学测量仪器、声音测量仪器、光学测量仪器等；按食品的质构参数可分为硬度仪、嫩度计、黏度仪、淀粉粉力仪等。

一、常见的质构仪

目前常见的食品物性分析仪有由英国 Stable Micro System（SMS）公司设计生产的 TA-XT 食品物性测试仪，美国 Food Technology Corporation（FTC）公司设计的 TMZ 型、TMDX 型等系列食品物性分析系统，瑞典泰沃公司设计生产的 TXT 型质构仪，美国 Brookfield 公司生产的 QTS-25 质构仪，以及 Leather Food Research Association（LFRA）设计生产的 Stevens LFRA Texture Analyzer 物性分析仪等。其中前两种在市场上比较常用。

二、测定模式的选择

（一）TPA 模式

质构仪质地剖面分析（texture profile analysis, TPA），通过对试样进行两次压缩的机械过程来模拟人口腔的咀嚼运动，利用力学测试方法模拟食品质地的感官评价。该方法克服了传统检测法的一些缺点，且评价参数的设定也更为客观，因此，是判断果蔬质地变化的有效方法，也称全质构分析法，主要是通过探头的二次下压全面地反映果蔬的硬度、脆性、黏性、弹性、黏聚性、回复性、耐咀性、胶着性。TPA 测试时探头的运动轨迹是：探头从起始位置开始，先以测试前速率（pre-test speed）压向测试样品，接触到样品的表面后再以测试速率（test speed）对样品压缩一定的距离，而后返回到压缩的触发点（trigger），停留一段时间后继续向下压缩同样的距离，而后以测试后速率（post Test speed）返回到探头测前的位置。通过测试可以从曲线上获得硬度、脆度、胶着性、咀嚼性、弹性、弹性模量、黏着性、回复性和黏聚性等参数。

（二）其他测试模式

对不同的测试样品，可以有针对性地选择测试模式。如以胡克定律为基础来检验样品张力的拉伸测试；针对如乳制品、酒类、浆类等一些流体、半流体物质的稠度测试；主要应用于油炸、膨化等手段加工的具有酥脆性的食品以区别微观结构变化的测度测试；除以上模式外，还有剪切、穿刺、挤压等测试模式。这些模式通过力、时间和距离的关系曲线体现出力学与形变的关系，而推导出形变在物理性质中的代表意义。

第三节　质构分析技术

质构是人体器官与食品接触时产生的生理刺激在触觉上的反应，是源于食品结构的一组物理参数，属于力学和流变学的范畴。自1926年Warner发明了质构仪，食品质构测定由模糊的感官评价逐步过渡到使用仪器进行准确的量化测定。质构仪通过模拟人的触觉来检测食品的质构，其主要结构包括机械装置、传感器和计算机控制系统。机械装置上装有传感器，可使物体产生形变，在计算机程序设定的速度下，机械装置上下移动，对样品进行两次压缩。根据样品压缩变形所需的力、压缩后的恢复程度及压缩峰面积等计算质构各指标值。

质构仪的测试模式主要包括质构剖面分析（TPA）、压缩模式、穿刺测试、剪切测试、抗破碎性测试、抗挤压测试、拉伸实验、黏附性测试8个方面。其中TPA是应用最广泛的一种模式，测试曲线图解如图32-1所示，测定过程主要是模仿人咀嚼食物的过程，对样品进行两次压缩，通过对柱形探头、锥形探头等常用探头在整个运动过程中受到的力和时间的图谱进行分析，得到物料的一系列质构参数，包括硬度、脆度、黏性、弹性、咀嚼性、胶着性、黏聚性和回复性等。

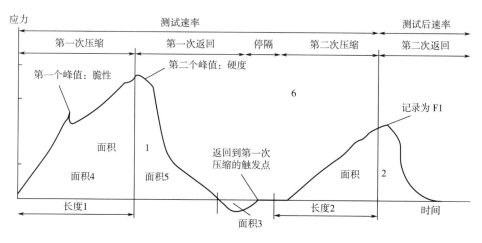

图32-1　TPA测试曲线图解

TPA测试中各项参数的含义如下：

（1）硬度：样品达到一定变形时所必需的力，硬度值指首次穿冲样品时的压力峰值，即第一次压缩时的最大峰（图32-1中第二个峰值）所对应的力值。

（2）脆度：不是所有的产品都有脆性，但是在探头第1次压缩样品的过程中，当它们破裂时，在曲线第一主峰上出现的肩峰（在该处力值下降），出现脆性点。

（3）破裂性：实验过程中出现首次明显断裂的力值。

（4）黏性：样品经过加压变形之后，样品表面若有黏性，会产生负向的力量，数值为面积3。

（5）胶着性：描述半固体样品的黏性特性，该值可模拟表示将半固体的样品破裂成吞咽时的稳定状态所需的能量；胶着性是与咀嚼性不能同时存在的，因为一个产品不可能既是半固体又是固体。数值上被定义为硬度×黏聚性＝硬度×（面积2/面积1）。

（6）弹性：样品在第一次压缩过程中产品形变后弹性恢复的程度，用第二次压缩与第一次压缩的高度比值表示，即长度2/长度1。

（7）黏聚性：该值可模拟表示样品内部黏合力，定义为第一压缩与第二压缩正受力面积的比值，即面积2/面积1。

（8）咀嚼性：可以解释为咀嚼固体食物所需的能量，仅适用于固体产品，计算公式为胶着性×弹性＝胶着性×（长度2/长度1）。

（9）回复性：产品对抗回到初始状态的能力，是第一次下压时，压缩时和返回时的曲线所包围的面积比值。在曲线上用面积5和面积4的比值来表示。该比值在0~1之间，比值越大，回复性越佳。

剪切力模式：加载HDP/BSW探头，测前速率1.5 mm/s，测试速率1.5 mm/s，测后速率10 mm/s，测试距离40 mm，通过分析力量–时间曲线获得剪切力（shear force，SN）、韧性（toughness，TN）两个参数，剪切测试是模拟牙齿咬断样品的过程。其中，剪切力是曲线的峰值，表示样品对抗剪切破裂的最大力，单位为N。韧性是曲线下的面积，表示剪切力所做的功，单位为N·s。

穿刺模式：加载P/5S的球形探头进行测试，测定条件如下：测试速率1.1 mm/s；剪切程度10 mm；触发力10 g。通过分析力量–时间曲线获得破断强度（breaking force，BF）、凹陷深度（deformation，DF）、凝胶强度（gel strength，GS）3个参数。穿刺是模拟牙齿刺破样品的过程。其中，以曲线第一峰的力值作为样品破裂时的力，即破断强度，单位为kg。第一峰的运行距离为样品凹陷深度，单位为mm。第一峰的力值与运行距离的乘积为凝胶强度，单位为kg·m。

第四节　质构仪在食品品质评价中的应用

在物性理论的基础上，用质构仪分别对谷物、乳品、果蔬和肉制品进行品质评价。

一、在小麦制品品质评价中的应用

TPA硬度、弹性、黏聚性、胶着性和咀嚼性均可反映不同品种面条的质地结构差异，可作为评价面条结构特性的客观量化指标。TPA试验中的硬度、胶着性、咀嚼性参数，剪切试验中的最大剪切力参数，拉伸试验中的拉断力参数均和面条感官评价的筋道感、硬度、弹性呈高度显著正相关。对19种小麦制成的馒头进行了TPA试验，测试指标弹性、恢复性与其感官品质显著相关。弹性与馒头百克重量、内部结构均显著相关；恢复性与馒头外观形状呈显著负相关。用质构法对传统的酵头馒头进行测试，与工业化生产的馒头相比，传统工艺制作的产品咀嚼性和黏聚性较高，弹性上无太大差别。

二、在乳制品品质评价中的应用

质构仪主要应用于奶酪、冰激凌、奶油以及酸奶等乳制品的品质评价。质构分析表明，随着脂肪含量的增加，乳化剂用量的增加，冰激凌的黏聚性和胶着性增加；硬度和咀嚼性随着乳化剂的增加而降低。

三、在肉类及其制品品质评价中的应用

使用质构仪模拟口腔咀嚼肌肉的穿透方法，测定不同肌肉的穿透曲线，发现测得的第一个极值点与猪和牛不同部位肌肉的嫩度值呈极显著的正相关关系。用 TPA 模式测定不同类型火腿肠的质构特性，发现乳化性火腿肠的硬度较小，具有较好的弹性，且火腿肠的硬度和咀嚼性呈线性关系。

四、在果蔬及其制品品质评价中的应用

对苹果整果进行 TPA 实验，变形量对硬度、弹性影响极为显著；压缩速率对回复性影响显著。对采后苹果进行质地分析，果肉胶着性与其他质地参数呈负相关；黏聚性与其他参数指标呈正相关；弹性与其他参数指标相关性较差；除了弹性和胶着性，回复性和其他参数指标呈较好的正相关。用质构方法测试水蜜桃在贮藏期间的质地变化，发现储藏温度对 TPA 的各项参数影响显著，随着储藏时间延长，质构参数呈下降趋势，并且 8 ℃比 0 ℃下降的速率更大。用 TPA 模式测定采摘后的杨梅果实品质的变化规律：随着储藏时间的延长，杨梅的硬度、黏聚性、咀嚼性和回复性都会发生明显的下降。

思　考　题

1. 什么是质构分析？其基本原理是什么？质构分析的检测指标主要有哪些？
2. 简述质构仪在食品品质评价中的应用有哪些？

第四篇　食品微生物快速检测技术

第三十三章　分子生物学检测技术

思政

第一节　PCR 基因扩增技术

课件

聚合酶链反应（polymerase chain reaction，PCR），是一项在短时间内体外大量扩增特定 DNA 片段的分子生物学技术。该技术发明人 Kary Mullis 从 1983 年开始研究 PCR 技术，1985 年被逐渐采用。其后，PCR 迅速成为分子生物学的一项常规手段，并得到了广泛的实际应用，被视为分子生物学领域最重要的一项技术突破，因此，Mullis 于 1993 年获得诺贝尔化学奖。

一、PCR 技术的检测原理

（一）基本要素和扩增原理

每个核苷酸由一个磷酸盐、一个糖（核糖或脱氧核糖）和五个含氮碱基之一（A、T 或 U、G、C）组成。核苷酸结合形成一条链，这条链的某个片段就是一个基因。许多基因形成一条很长的链，称为核酸，核酸包含生物的遗传密码。

核酸有两种类型：脱氧核糖核酸（DNA）和核糖核酸（RNA）。两者之间最重要的区别：RNA 含有核糖，DNA 含有脱氧核糖；与 DNA 中的胸腺嘧啶不同，RNA 含有含氮碱基尿嘧啶；通常，RNA 由单链组成，DNA 由双链组成。

DNA 是由 4 种碱基按互补配对原则［即腺嘌呤（A）对胸腺嘧啶（T），鸟嘌呤（G）对胞嘧啶（C）］组成的螺旋双链。DNA 在生物体细胞内复制时，解螺旋酶首先解开双链让它变成单链作为 DNA 模板（复制或扩增的起点），然后，另一种酶——RNA 聚合酶合成一小段引物（primer）结合到 DNA 模板上，最后，DNA 聚合酶以这段引物为起点，合成与 DNA 模板配对的新链。

由于基因非常小，肉眼看不到，因此需要开发一种能看到这些微小 DNA 片段的方法。一种可能性是人工扩增 DNA 片段，如果溶液中有许多相同的片段，则可以使用检测方法识别它们。

DNA 的复制是生命活动中最基本的过程之一，PCR 则是在体外模拟体内 DNA 复制的过程，PCR 的基本原理离不开 DNA 复制的基本规律，即用加热的办法让所研究的 DNA 片段变性解链成为两条单链，人工合成两个引物让它们结合到 DNA 模板（这两个单链）的两端，DNA 聚合酶即可以大量复制该模板。在 PCR 过程中模板可以是双链 DNA，也可是单链 DNA，最后扩增出来的是双链状态的，其中引物是 DNA 复制中不可缺少的。

　　与单纯的 DNA 复制不同，PCR 扩增总是在两个引物的存在下对 DNA 的两条链同时进行复制，复制的结果得到一条双链 DNA。通过仪器的自动控制，使这样的 DNA 复制重复进行，从而得到大量的位于两个引物之间的 DNA 片段，即目的片段。前一轮扩增得到的 DNA 产物可做下一轮扩增的模板，扩增产物以几何级别递增。

　　（二）PCR 扩增的步骤

　　PCR 技术实际上是在模板 DNA、两段人工合成的有 20~30 个碱基的引物和底物 dNTP（4种脱氧核糖核苷酸）存在的条件下，依赖于 DNA 聚合酶的酶促合成反应。

　　反应分为三步：第一步叫"变性"（denaturation），把样品加热到 94~96 ℃，一到数分钟，让 DNA 模板变性解链成为两条单链 DNA。

　　第二步叫"退火"（annealing）（复性），让样品温度下降到 50~65 ℃，一到数分钟，由于模板分子结构较引物要复杂得多，而且反应体系中引物 DNA 量大大多于模板 DNA，使引物和其互补的模板在局部形成杂交链，而模板 DNA 双链之间互补的机会较小，引物就可以结合到模板上去。

　　第三步叫"延伸"（extension），让样品的温度上升到 72 ℃，1 到数分钟，在 DNA 聚合酶和 4 种脱氧核糖核苷三磷酸底物及 Mg^{2+} 存在的条件下，$5'\rightarrow3'$ 的聚合酶催化以引物为起始点的 DNA 链延伸反应，就可以从引物开始用底物复制出新链（图 33-1）。

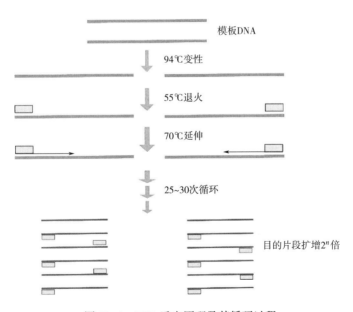

图 33-1　PCR 反应原理及其循环过程

　　经过三步一个循环，一条双链就变成了两条，每一个循环的产物可以作为下一个循环的模板，再来一个循环，就变成了四条……在一个由计算机控制的循环加热器上经过 30 个循环，就可以把原来的样品精确地扩增了 2^{30} 倍（理论上），而这只需要 2~3 h。随着循环次数的增加，目的 DNA 以 2^n-2n 的形式堆积。绝大多数扩增产物将受到所加引物 5′ 末端的限制，最终扩增产物是介于两种引物 5′ 之间的 DNA 片段。

二、PCR 技术

（一）PCR 引物的设计

要建立 PCR 方法，需要两个起始分子，一个正向引物和一个反向引物。引物设计的总原则是提高扩增的效率和特异性。引物设计一般遵循以下原则：①引物由 20~50 个核苷酸（碱基）组成，即引物长度以 15~30 kb 为宜，它们在特殊的合成实验室中生产。②引物碱基尽可能随机分布，避免出现嘌呤、嘧啶堆积现象，引物 G+C 含量宜在 45%~55%。③引物内部不应形成二级结构，两个引物之间尤其在 3′ 末端不应有互补链存在。④引物的碱基顺序不应在与非扩增区域有同源性。要求在引物设计时采用计算机进行辅助检索分析。⑤正向引物与 3′→5′DNA 链的特定序列的开头结合，并被酶沿 5′→3′ 方向延伸。合成方向 5′→3′ 是指新形成的 DNA 片段的方向。互补的 DNA 链总是反平行的。同时，反向引物与 5′→3′DNA 链的特定序列末端结合，并在酶的帮助下沿 5′→3′ 方向延伸。这意味着两条互补链的合成方向相反。

（二）PCR 反应条件与程序优化

成功的 PCR 必须具备两个基本条件："生化条件"和"温度循环条件"。

1. PCR 反应体系

PCR 是一种"体外"的生化反应，取决于所有成分的平衡。为了使该反应正确进行，必须以特定数量（浓度和体积）添加所有试剂。PCR 的生化条件是指反应试管中必须含有适宜配比的生化反应物质，至少应含有模板核酸（DNA 或 RNA）、人工合成的寡核苷酸引物、合适的缓冲体系、Mg^{2+}、三磷酸脱氧核苷酸、耐热 NDA 聚合酶 6 种生化反应物质。

标准的 PCR 反应条件如下：反应体系一般选用 50~100 μL 体积，其中含有：50 mmol/L KCl，10 mmol/L Tris·HCl（室温下 pH 为 8.4）；1.5 mmol/L $MgCl_2$；100 μg/mL 明胶或半血清白蛋白（BSA）；2 个引物，各 0.25 μmol/L；4 种底物（dATP+dGTP+dGTP+dTTP），各 200 μmol/L；模板 DNA（人基因组 DNA）0.1 μg；Taq DNA 聚合酶 2.5 单位。

反应条件一般为 94 ℃ 变性 30 s，55 ℃ 退火 30 s，70~72 ℃ 延伸 30~60 s，共进行 30 次左右的循环。

2. DNA 聚合酶

要完成聚合酶链反应，必须要有在高温下仍然具有活性的 DNA 聚合酶。这种酶可从生活在温泉中的嗜热细菌体中提取，其中最常用的一种叫 Taq 聚合酶。野生型的 Taq 聚合酶保真度较差，在复制比较长的模板时容易发生点位基因突变。通过遗传工程，已获得了高保真度的 Taq 聚合酶，大大提高了 PCR 复制的精确度。

1969 年，T. D. Brock 从美国黄石国家森林公园的火山温泉中分离得到一种水生栖热菌（thermus aquaticus）YT-1 菌株，它生长在 70~75 ℃ 极富含矿物质的环境中。1976 年，A. Chien 从该水生栖热菌 YT-1 中分离纯化出了耐热的 Taq DNA 聚合酶。1985 年，R. K. Saiki 等将分离纯化后的 Taq DNA 聚合酶应用于 PCR 反应。从此，PCR 技术开始得以真正地推广和应用。

自从大肠杆菌 DNA 聚合酶 I 被分离和鉴定至今，已有 100 多个 DNA 聚合酶相关基因被克隆和测序，它们分别来自嗜热极端细菌和古细菌。多种天然的和重组的耐热 DNA 聚合酶也被鉴定和纯化，这些酶大部分是单体酶，在溶液中的分子量一般为 80000~115000。

Taq DNA 聚合酶酶比活性为 2×10^5 U/mg，热稳定性很高，在 95 ℃时酶活性半衰期为 1.5 h；在 75~80 ℃时活性最高，延伸效率约为每秒 150 个核苷酸。70 ℃时，酶分子延伸速率在 60 个核苷酸/s 以上，温度降低时，Taq DNA 聚合酶延伸速度明显下降。

随着 PCR 技术的应用领域越来越宽，扩增对象越来越复杂，对 DNA 聚合酶的要求也越来越高，如定点突变要求 DNA 聚合酶的保真性要很高；长片段 PCR 技术要求 DNA 聚合酶要具有较高的扩增速度和持续合成能力，故尝试对原有 DNA 聚合酶进行改造，使其适应新的要求。

3. PCR 的制备——温度循环条件

要进行 PCR，需要 DNA 分离物和各种 PCR 试剂。用于分离核酸的试剂可用小瓶（手动分离）装或带有分装分离试剂（自动分离）的移液机器人。分离核酸时，无论采用何种分离方法，样品均分两步处理。

首先，酶、热或化学法破坏细胞壁。其次，去除所有干扰成分（蛋白质、细胞碎片等）。然后将核酸溶解在水中，该水溶液为核酸分离物。

温度循环条件是指变性、复性和延伸的温度与时间以及循环数等参数，由 PCR 仪器来控制和保证的。

（1）DNA 双链的变性。

每个循环都以 DNA 变性开始。在这一过程中，DNA 双螺旋的氢键断裂。加热到 95 ℃，DNA 双链被分离（变性）成两条互补的单链，从而使引物可以接触到 Taq 聚合酶。

变性温度是 PCR 的成败关键。此步若不能使靶基因模板和（或）PCR 产物完全变性，就会导致 PCR 失败。典型的变性条件是 95 ℃，30 s 或 97 ℃，15 s。

变性温度太高会影响酶活性。最简单的方法是在加 Taq 聚合酶前先使模板在 97 ℃变性 7~10 min，在以后的循环中，将模板 DNA 在 94 ℃或 95 ℃变性 1 min，对 PCR 的成功也有益处。

（2）退火。

复性温度决定着 PCR 的特异性。引物退火步骤是两个引物（正向和反向）与两条互补 DNA 链的相应靶标序列的结合。引物和靶标序列中的碱基是互补的。如果 DNA 链上不存在靶标序列，则引物不能结合，PCR 过程中就不会产生 PCR 产物。在 PCR 过程中，引物作为链延伸的启动子。每个引物对都需要一个最佳温度，通常在 52~65 ℃之间。两个引物与两条 DNA 单链的互补部分结合，可以在下一步被 Taq 聚合酶延伸。这是由于模板 DNA 结构比引物要复杂得多，引物和模板之间碰撞的机会大大地高于模板互补链之间的碰撞。

确定了复性温度后，复性时间并不是关键因素，但复性时间太长会增加非特异的复性。复性时间也不能太短（>30 s）。

（3）延伸。

在循环的最后一步，Taq 聚合酶利用溶液中存在的核苷酸（dNTP）延伸引物，形成第二个互补的 DNA 片段。Taq 聚合酶以互补方式插入核苷酸。建议 PCR 反应的延伸温度选择在

70~75 ℃之间（较复性温度高 10 ℃左右）。此时，Taq DNA 聚合酶具有最高活性。当引物在 16 个核苷酸以下时，过高的延伸温度不利于引物和模板结合。此时，可采用使反应温度缓慢升高到 70~75 ℃的方法。因为最初较低温度下，DNA 聚合酶已催化延伸反应开始，接下来的较高温度不会对这种"延长"过的引物和 DNA 模板的结合发生影响。

PCR 延伸反应的时间，可根据待扩增片段的长度而定。一般 1 kb 以内的片段，延伸时间 1 min 就足够的。扩增片段在 1 kb 以上则需加长延伸时间。延伸时间决定于靶序列的长度与浓度。

DNA 链的合成方向（延伸）总是从 5′端到 3′端。引物的延伸在游离羟基（OH）开始，它与脱氧核糖的 3′碳原子相连，并沿着 5′-3′方向发生，产生互补的 DNA 片段。

（4）循环数。

循环数决定着扩增程度。在其他参数都已优化的条件下，最合适的循环数取决于模板 DNA 的初始浓度。过多的循环会增加非特异扩增产物的数量和复杂性。当然，循环数太少，PCR 产物量就会极低。因此不管模板浓度是多少，20~30 次是较合理的循环次数。

（三）PCR 扩增产物的检测分析

PCR 的目的就是将样品中含有的微量或痕量 DNA 作为初始模板进行扩增，n 次 PCR 循环后，扩增产物中 DNA 的含量（称为扩增产物量）为初始模板 DNA 含量的 2^n 倍（理论上）。因此便于采用某种方法较为容易地检测 PCR 的结果，并通过一定的算法倒推出原始模板中 DNA 的含量。

现在的 PCR 仪兼有基因扩增和结果定量分析两种功能。常用以下方法定量分析 PCR 的结果。

1. 凝胶电泳

为了确定得到的是否是 PCR 产物，可以利用含有磷酸盐的 DNA 片段的负电荷进行凝胶电泳。要使 DNA 片段可见，凝胶可以用溴化乙锭水溶液处理，也可以在琼脂糖液化过程中将溴化乙锭添加到凝胶中。溴化乙锭分子位于 DNA 片段的碱基之间，只有在 DNA 和溴化乙锭之间形成这种复合物后，才能通过紫外线照射以"条带"（水平短线）的形式看到和拍照 PCR 产物。

2. 非特异性染料结合法

利用某些荧光素能与双链 DNA 结合，结合后的产物具有强的荧光效应。当扩增结束后，随温度的降低，DNA 复性成为双链，且结合荧光，经紫外光激发产生荧光，测定荧光强度，通过内标或外标法求出因数，可以准确定量。

3. 杂交探针标记法

样品中的 DNA 是链状结构的片段，用荧光素标记在探针上，由探针与靶标基因（被扩增样品中的 DNA）特异性结合成双链而产生荧光效应。如用两种荧光素标记两对探针，其中一种标记于 3′端，一种标记于 5′端，同时这两种荧光素的一种所发荧光恰好是另一种的激发光。当其分散在液体中时，因为距离大，一种产生的荧光不足以激发另一种的荧光。当与靶标基因特异结合后，两者距离很小，故激发出另一种荧光。PCR 扩增后，这种荧光的强度大大增加。该法优点：减少了非特异性误差，可以进行双色分析和突变分析。

此外，PCR 扩增产物的检测分析还有酶切分析、分子杂交、southern 印迹杂交、斑点杂交等鉴定方法。

三、PCR 仪器

目前，PCR 仪器生产厂家国外居多，如瑞士罗氏公司、美国 MJ 公司、美国应用生物工程公司（ABI）；国内仅有极少数厂家已经有产品上市并获得认证，如杭州大和。

从功能上看，PCR 仪器基本功能应包括扩增和分析功能。从性能指标上看，主要有温度控制指标和荧光检测系统指标两大类。温度控制指标包括控温范围、升降温速度和控温精度。控温范围一般在环境温度到 100 ℃之间，采用制冷措施后温度下限可以低于环境温度。升降温速度最大可达 20 ℃/s。荧光检测系统指标包括激发光波长、分辨率和检测灵敏度。激发光波长一般在蓝光到紫外光范围内，常用为 450 nm、470 nm、488 nm。分辨率为 12~16 bit。检测灵敏度一般在 100 个拷贝以内。表 33-1 列出了国内外几家公司 PCR 仪器的性能指标。

表 33-1　性能指标

厂家	样品数	温度参数			荧光检测系统参数			
		范围/℃	升降温速度/（℃·s⁻¹）	精度	激发光波长/nm	分辨率/bit	检测灵敏度（拷贝数）	激发光类型
罗氏	32	40~98	0.05~20	±0.4	470	12	单个	LED
美国 MJ	96	30~105	≤3.0	±0.3	450	12	10 个	氩离子激光器
ABI7700	96	室温~100	≤15.0	±0.3	488	12	5 个	氩离子激光器
杭州大和	33	30~99	≤2.0	±0.5	470	12	30 个	LED

四、PCR 技术的发展

常规 PCR 是基于核酸水平的分子生物学检测中最基础的方法。经过改进优化，衍生了实时荧光定量 PCR、多重 PCR、LAMP、数字 PCR 等反应条件和检测对象各具特色的 PCR 衍生技术。

（一）常规 PCR

常规 PCR（conventional PCR）以脱氧核糖核苷三磷酸（deoxy-ribonucleotide triphosphate，dNTP）为原料，在热稳定 DNA 聚合酶的作用下，在严格的变温程序中通过特异性引物对靶标片段进行体外扩增，经过 DNA 双链变性、引物退火、聚合酶延伸等环节，由单个核酸分子扩增生成数十亿个拷贝，实现基因检测信号的放大，通过琼脂糖凝胶电泳对检测结果进行判断。常规 PCR 以作为生物遗传信息载体的 DNA 为模板，其对物种鉴定的权威性和科学性不容置疑，已经成为食品检验领域的常规技术方法。

常规 PCR 方法的应用开创了物种鉴别的 PCR 时代，但采用该技术进行检测时需要通过琼脂糖凝胶电泳和荧光染色对扩增产物进行分析，操作繁复、耗时较长、不能实现精准定量，且荧光染料试剂对操作者的身体健康有一定的危害，因此，需要进一步开发检测手段更加方便快捷、检测试剂低毒害或无毒害的 PCR 衍生技术。

（二）实时荧光定量 PCR 技术

实时荧光定量 PCR（real-time fluorescence PC，qPCR）技术是美国 Applied Biosystems 公

司在 1995 年推出的一项 PCR 衍生技术，与常规 PCR 的主要区别是向反应混合物中添加了荧光分子，从而可以在 PCR 运行期间检测 PCR 产物。其原理是在 PCR 指数扩增期间，对荧光信号进行连续监测，根据信号强度以及信号读取时间，实时分析目的基因的拷贝数目，最后通过标准曲线对未知模板进行定量分析的检测方法。该技术实现了 PCR 从定性到定量的飞跃，且具有特异性更强、有效解决 PCR 污染问题、自动化程度高等特点，得到了广泛应用。

仪器荧光检测器的特殊热循环仪替代了简单的热循环仪，可以检测到最少量的荧光发射，连接到计算机。从检测器到计算机的信号由软件转换为图形表示。

qPCR 实验中的关键因素是指每个反应管内的荧光信号到达设定阈值时所经历的循环数，这个数值称为 CT 值，C 代表循环（cycle），T 代表阈值（threshold）。起始拷贝数越多，CT 值越小。在终点处检测扩增产物量是不恒定的，而 CT 值法则有极好的重现性。

Taq Man 探针是 qPCR 技术中常用的荧光标记方法，探针与模板可以进行特异性识别并结合，在 Taq Man 酶作用下，上游引物沿特异性识别模板延伸至探针与模板结合的位点。位于 5′端的荧光发射基团在上游引物延伸至探针所在的位点时与位于 3′端标记的荧光淬灭基团发生分离，此时释放出荧光信号，且模板每复制 1 次就有 1 个探针的荧光发射基团和淬灭基团发生分离，释放 1 个荧光信号，由此可根据 PCR 反应液中的荧光强度计算出初始模板的数量。qPCR 特异性高，灵敏度好，可以实现高效定量检测。

实时荧光定量 PCR 的整个检测过程不需要更换离心管即可实现靶标序列的扩增以及荧光信号的检测，基本不存在发生交叉污染的风险，实验结果的可靠性较高，并且实验耗时大大降低，同时实验人员也可以免于受到凝胶电泳等实验带来的健康隐患。无须内标，利用外标曲线的实时荧光定量 PCR 技术，是迄今为止定量最准确，重现性最好的实用定量方法，已得到全世界的公认。

（三）数字 PCR

数字 PCR（digital PCR，dPCR）是一项基于单分子靶标基因 PCR 扩增的绝对定量技术，是一种高效准确的稀有突变检测。1992 年，Sykes 等报道了基于样品稀释和泊松分布数据处理的巢式 PCR 定量技术，并提出了数字 PCR 的构想。1999 年，霍普金斯大学的 Kinzler 和 Vogelstein 在 PANS 上发表题为"Digital PCR"的文章，首次明确定义了数字 PCR 的概念，阐述了数字 PCR 是一种颇具优势的检测工具。2003 年 Dressman 等提出了基于珠子（beads）、乳浊液（emulsion）、扩增（amplification）和磁性（magnetics）4 个主要组分的固相数字 PCR 方法，即 BEAMing 技术，该技术在进行 PCR 之前先通过已经生物素化的寡核苷酸以及由链霉亲和素进行包被的磁珠来制备微乳液，完成 PCR 扩增后将磁珠分离出来，纯化后的磁珠与探针结合，利用探针对不同的模板进行识别，抗体通过不同的荧光进行标记后即可通过流式细胞仪的荧光技术功能对磁珠的数目进行计算。这个方法为后来微滴式数字 PCR 技术的研发提供了重要的思路。

数字 PCR 不依赖扩增曲线的 CT（循环阈值）进行定量，不受扩增效率影响，也不必采用内参基因和标准曲线，具有较好的准确度和重现性，得以实现绝对定量分析。

1. 原理

数字 PCR 采用的策略可以简单理解为"分而治之"，其过程主要包括样本分散、PCR 扩增、荧光信号的采集与数据分析 3 个环节。首先将反应体系分散到规格为纳升级别的等体积反应单元中，每个反应单元的样品稀释至只含有 1 个或 0 个反应模板，通过对 PCR 扩增后的荧光信号的读取进行结果分析。计算阳性扩增的反应单元数可以获得模板的初始浓度，对于含有 1 个以上模板的反应单元，其计数结果可能会导致靶标初始浓度值不准确，因此可以根据泊松分布的统计学原理对反应室中阳性反应和阴性反应的数量进行校正，得到较为精确的初始样品靶标核酸拷贝数，实现反应模板浓度的准确定量。

2. 分类

目前数字 PCR 技术可以分为微滴式 dPCR（droplet dPCR，ddPCR）和芯片式 dPCR（chip dPCR，cdPCR）两种。dd PCR 系统在扩增前对样品进行微滴化处理，其中每个微滴或者不含待检核酸靶标分子，或者含有一个至数个待检核酸靶标分子。经 PCR 扩增后，逐个对每个微滴进行检测，根据泊松分布原理及阳性微滴的个数与比例即可得出靶标分子的起始拷贝数或浓度。ddPCR 方法不需要标准曲线，下限可调至单拷贝，阳性微滴计算准确且直接。cdPCR 系统是反应液通过微流控等技术被均匀导入芯片上的反应仓或通孔中进行 PCR 反应，然后通过类似于基因芯片的方法扫描每个反应仓或者通孔的荧光信号，进而计算靶标序列的含量。数字 PCR 微流控芯片具有低成本、高灵敏度、用时少、节省试剂以及操作简单等优点。

3. 仪器

商业化数字 PCR 仪的出现，实现了自动化和高通量的应用。目前 cd PCR 主要有三大系统，应用于细胞分析的 Bio-Mark™HD 系统、Clarity™ 系统和 Quant Studio™ 系统。dd PCR 主要有 QX、Rain Drop™ 和 NaicaTM 三大系统。

五、PCR 技术在食品检测中的应用

由于 PCR 技术具有快捷、准确等优点，被广泛应用于食源性致病菌、非致病菌、食品成分等检测。

（一）PCR 技术在食源性致病菌检测中的应用

PCR 技术能够大幅提高食源性致病菌检测的灵敏性与特异性，并具有成本低、速度快、准确度高等优点。

（二）PCR 技术在食源性非致病菌检测中的应用

PCR 技术也经常应用于食源性非致病菌的检测。食品中非致病菌虽然对人体危害不大，但通过检测非致病菌在食品中的含量可以判断食品是否变质、食品营养价值如何以及发酵程度等。

（三）PCR 技术在其他食品检测方面的应用

PCR 技术可应用于食品成分的检测、转基因食品的检测、食品掺假检测等方面。由于转基因食品往往含有新的蛋白质及 DNA，PCR 技术在转基因食品检测中的应用尤为热门。qPCR 技术灵敏程度较高、特异性较强，因此含量极低的转基因成分也能被检测出来。数字 PCR 在进行定量检测时不需要依赖标准品，检测准确性高，对痕量样品也可以实现高灵敏度的信号捕捉，这些优势推动和扩大了其发展与实际应用范围。

六、PCR 技术的发展趋势

对未来 PCR 技术的具体要求如下：①扩增、检测、分析一体化：多功能一体化可降低仪

器造价，提高性价比。②尽可能短的循环时间和少的循环次数：缩短整个检测分析时间。③低的检测阈值和高的检测灵敏度：可以提高初始拷贝数的检测极限，甚至可检测出单拷贝样品。④高通量和小试剂用量：高通量等价地缩短了检测分析时间，从而加快进度。小试剂用量可以显著地降低经费需求。⑤全波长和更好的复现性：全波长可以同时检测各种颜色荧光，从而无须作任何仪器硬件上的改动，仅在软件上增加功能即可及时推出新的仪器。⑥宽的线性动态范围：可提高检测精度，适应不同的样品。

课件

第二节 等温信号放大技术

聚合酶链式反应作为一种经典的目标放大技术，对温度条件变化要求高，对仪器的依赖性大，需要精确地控制反应温度和循环次数，易产生假阳性信号，极大地制约了其在生物传感领域的应用。

近年来，等温条件下实现核酸扩增的技术方法得以不断开发，包括基于 DNA 自组装的信号放大技术、基于纳米材料的信号放大技术以及等温信号放大技术。以下将重点介绍滚环扩增技术、杂交链式反应扩增技术、链置换扩增技术、环介导等温扩增技术等应用比较广泛的等温信号放大技术。

一、滚环扩增技术

滚环扩增技术（rolling circle amplification，RCA）是一种简单、高效的等温酶聚合扩增技术（图33-2），是对自然界中的某些转座子、质粒和病毒基因组的滚环复制的模拟而提出的。滚环扩增反应条件主要为：①环状 DNA 模板；②短的 DNA 或 RNA 引物；③DNA 聚合酶及对应的反应缓冲液；④三磷酸脱氧核苷酸（d NTPs）。RCA 的扩增过程如同拉出一卷卷尺，通过模板的连接成环和滚环扩增两步，扩增出一条长的 DNA 或 RNA 单链，最终的 RCA 扩增产物是一个由含数百至数千个重复序列单体串联而组成的长 ss DNA。

由于滚环扩增技术产率非常高，且环状 DNA 序列设计多样，因此，可根据实验需要自由设计环状 DNA 的序列，主要有 DNA 适配体、DNAzyme 以及酶的识别序列，还可设计能与滚环扩增产物进行杂交的各种功能材料。

二、杂交链式反应扩增技术

Dirks 和 Pierce 于 2004 年首次报道了杂交链式反应扩增（hybridization chain reaction，HCR），HCR 反应原理如图33-3所示，两种发夹探针（H1、H2），在没有靶标存在时不发生杂交反应；当加入目标链，由于目标链在发夹探针 H1 的黏性末端开始与茎杆区杂交，打开 H1 发夹部分，被打开的 H1 又通过杂交打开 H2，暴露的 H2 末端序列与目标链序列一致。因此，目标链序列得以再生，为 H1 和 H2 聚合交替反应提供了基础。HCR 扩增技术不需要酶参与，可在等温条件下进行反应，实验操作过程简单，信号放大效率高，利用 HCR 技术可实现对核酸、蛋白质、小分子以及细胞的高灵敏检测。

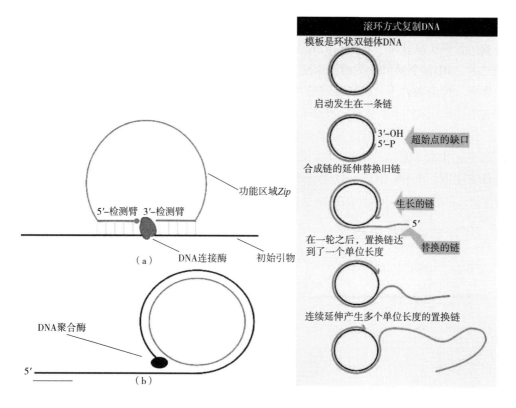

图 33-2　滚环扩增技术

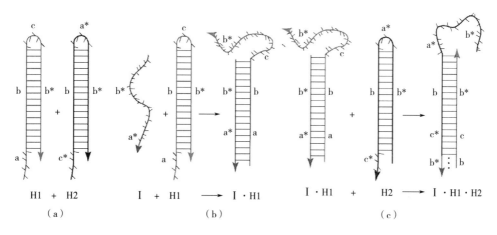

图 33-3　杂交链式反应反应原理

三、链置换扩增技术

Walker 等人于 1992 年首次提出链置换扩增技术（strand displacement amplification，SDA）。SDA 主要分为：①聚合过程，识别探针与目标链杂交打开其发夹部分，释放出能够与引物杂交的 DNA 片段，在聚合酶作用下，引物以识别探针为模板，向 5′端进行聚合反应；②置换过程，由于引物的聚合反应，形成新的刚性双链，迫使与识别探针杂交的目标链被释放出来。接着，被释放的目标链又与反应体系中其他信号探针进行杂交，从而引发新一轮聚合、置换反应，循环重复，实现信号放大。

多重链置换扩增技术（multiple displacement amplification，MDA）是一种全新的非 PCR 等温扩增技术。MDA 全基因组扩增技术使用 phi29 DNA 聚合酶和有外切酶活性的 6N 随机引物。基本原理是：恒温条件下，以环状或线性 DNA 为反应模板，硫代修饰的具有核酸外切酶活性的六核苷酸随机引物（6N 引物）在多个位点与模板退火，在具有强链置换活性的 phi29 DNA 聚合酶的作用下启动复制反应，沿模板合成新的 DNA 链，新合成的 DNA 链在延伸反应过程中从模板中置换出下游已复制的 DNA 链，被置换出的 DNA 链又作为新的模板，在 phi29 DNA 聚合酶的作用下，与 6N 随机引物退火并继续合成新的 DNA 链，合成庞大的超分支结构的 DNA 产物，直至达到最终浓度的扩增平台期。

四、环介导等温扩增技术

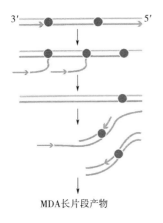

图 33-4　MDA 扩增原理图

Notomi 等人在 2000 年发明了一种快速高效且特异性强的新型恒温核酸扩增方法——环介导等温扩增技术（loop-mediated isothermal amplification，LAMP）。

环介导等温扩增技术的基本原理见图 33-4。第一阶段（A）：模板首先与内部引物进行特异性结合，同时，在聚合酶作用下进行有效的扩增反应，特定的序列开始向前延伸，在引发链中进行置换反应，替换新的目的序列，然后引入外部引物以形成环结构。第二阶段（B），主要涉及内部引物的参与，引物和模板进行特异性识别的过程中，模板通过延伸和置换无限的循环作用，在反应结束后，形成大小不同的双链 DNA 混合物（图 33-5）。

LAMP 技术特异性强、检测效率高、操作简便、对仪器设备要求低、结果判读可视化。目前 LAMP 在食品领域中对于转基因成分和过敏原的检测应用已较成熟。

五、重组酶聚合酶扩增

重组酶聚合酶扩增（recombinase polymerase amplification，RPA）的反应原理如图 33-6 所示。首先，在 25~42 ℃恒温条件下，重组酶与寡核苷酸引物结合形成酶-引物复合体，复合体在重组酶催化下以及单链 DNA 结合蛋白协助下，定位到模板的靶标序列，使 DNA 双链解旋，并在 DNA 聚合酶催化下形成新链，而单链 DNA 结合蛋白与另一条单链结合，使单链结构保持稳定；引物与单链结合后，重组酶从复合物中解离出来，此时链置换 DNA 聚合酶识别引物开始 DNA 的扩增；解离出来的重组酶继续与引物结合，进行下一次的 DNA 扩增。

与 PCR 技术不同，RPA 技术不依靠高温打开 DNA 的双螺旋结构，而是利用重组酶来打开 DNA 的双螺旋结构，进行 DNA 的扩增。RPA 一般 5~20 min 即可完成反应，且反应温度条件更低，接近人的正常体温。RPA 灵敏度高、成本低、反应速度快、样品预处理要求低、引物设计更灵活便捷，可以在条件简陋的实验室和资源不足的户外等地实现检测和应用，在食

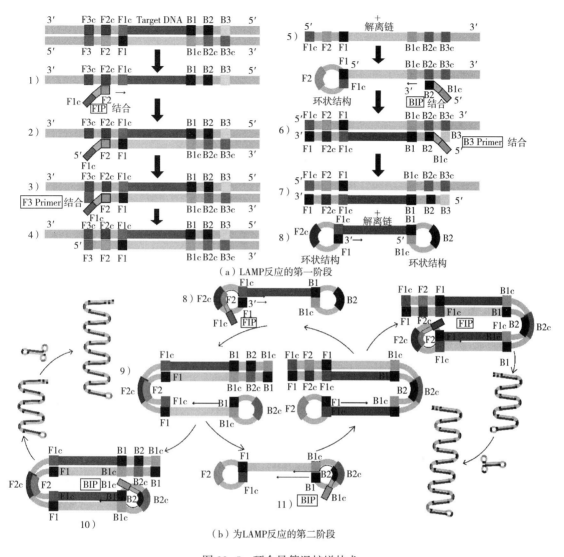

（a）LAMP反应的第一阶段

（b）为LAMP反应的第二阶段

图 33-5　环介导等温扩增技术

品检测中的应用日益广泛。

六、DNA 条形码

DNA 条形码（DNA bar code）基于基因序列多态性分析进行通用基因检测，是一种新兴的基因序列分析技术，其基本原理是利用 DNA 序列"低的种内变异"且"高的种间变异"的特点，对复杂样品中未知物种成分鉴别从"大海捞针"转变为"撒网捕鱼"，通过分析一段较短的 DNA 标准序列的多态性，来实现快速、准确的物种鉴定。目前，DNA 条形码已在食品真伪鉴别技术领域成为有效的检测工具之一。

常规 PCR 和实时荧光 PCR 是行业应用主流，恒温扩增技术有效补充了现场快筛和基层实验室检测能力，DNA 条形码因实现高效筛检样品中多物种成分而成为新兴发展方向。

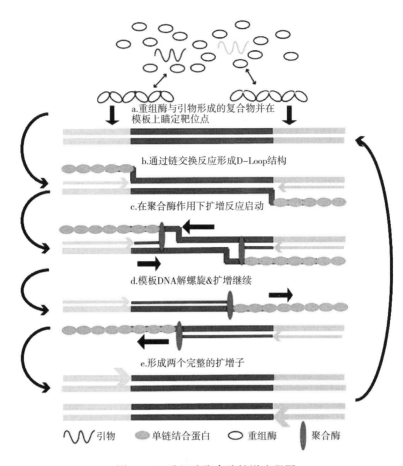

a.重组酶与引物形成的复合物并在模板上瞄定靶位点

b.通过链交换反应形成D-Loop结构

c.在聚合酶作用下扩增反应启动

d.模板DNA解螺旋&扩增继续

e.形成两个完整的扩增子

〰️引物　🔘单链结合蛋白　◯重组酶　⬭聚合酶

图33-6　重组酶聚合酶扩增流程图

第三节　核酸探针检测技术

课件

　　核酸探针是一种在核酸分子水平上进行设计、标记、合成以及应用的新兴研究手段，能够解决固定、切片或印迹等带来的复杂烦琐操作问题。核酸探针巧妙地利用核酸与蛋白质、核酸与核酸之间的相互作用关系，将生物分子具有的成分、序列、结构和相互作用等信息转变为可检测的信号，能够方便、快捷地获取生物分子以及生命活动过程中的其他重要相关信息。

　　探针（probe）通常是指针对某一特定目标物的探测器，在化学及生物领域所说的探针，是指能与特定的靶标分子发生特异性相互作用的分子，并可通过一定的检测手段对其进行分析。例如抗体-抗原、生物素-抗生物素蛋白、生长因子-受体等相互作用以及互补核酸之间的杂交都可以看作是探针与靶标分子的相互作用。

　　基于核酸分子碱基互补配对杂交原理的核酸探针（nucleotide probe）可认为是一类能特异性识别靶标分子（核酸序列），并能直接检测或者是带有可检测标记物的核苷酸序列。核酸探针根据杂交链的长短不同，通过氢键力在几十、几百甚至上千个位点上的结合，这就决定了它的特异性。

作为分子探针，核酸探针具有以下特点：①易于体外合成，可批量生产，成本低；②易进行修饰，可在核酸链的 3′/5′ 端或中间进行修饰，修饰的种类多样化；③序列可调控，根据实验需要可任意调换碱基顺序，自由决定碱基个数；④易于保存和运输，性质稳定，不易降解；⑤可检测的靶标物丰富，主要包括核酸、蛋白质、多肽、有机小分子、无机盐离子、细胞、病毒等。

一、核酸探针原理

在生物体中一般含有序列相对稳定的 DNA 片段，且不易因受到外界其他因素的影响而发生改变。总体来说，同种类的生物具有相同的 DNA 序列，不同种类的生物个体具有不同的 DNA 序列，每一种生物体都含有特异性很强的 DNA 序列。从经典的中心法则可以知道，DNA 双链是通过氢键作用力使碱基之间进行特异性地互补配对形成的，因而每个生物体基因中的 RNA 片段也是可以通过碱基配对与对应的模板 DNA 链结合起来。核酸分子探针就是利用核酸分子之间的碱基互补配对而设计的检测 DNA 靶标序列中是否存在特定核酸序列的一个片段，靶标序列与探针的强特异性结合被称作序列杂交。一般情况下，用一种能够被检测的物质标记作为探针的核酸分子，接着，让待检测的靶标序列与探针进行杂交。若被检测的靶标序列与探针的核酸分子之间存在碱基互补，则靶标核酸序列就能与探针形成杂交的核酸分子。在实验体系中，通过对标记物的信号进行检测就可以知道体系中是否存在靶标核酸分子。

二、核酸探针的分类

如果要标记某一种微生物的特征基因 DNA 双链中的一条，可通过设计成 DNA 核酸探针，验证此核酸探针与含待测靶标序列的样品能否形成杂交分子，就可以判断待测样品中是否含有某一种微生物。

根据标记方法的不同，核酸分子探针可分为放射性及非放射性探针两大类。根据核酸分子探针的来源不同和发展时间的先后顺序，可将其分为克隆探针和新型寡核苷酸探针。

（一）传统克隆探针

传统克隆探针包括 DNA 探针、cDNA 分子探针以及 RNA 分子探针。可以从全基因组 DNA 和 cDNA 文库中查找得到特定基因而进行克隆，通过培养细菌后可以提取所需要的探针。这类传统核酸探针的制备和标记技术都较成熟，并且被广泛用于分析与定位基因等方面。

1. DNA 分子探针

DNA 分子探针是最常用的核酸探针，是长度在几百碱基对以上的双链或者单链 DNA 分子，常常是某一基因的全部或者部分序列，甚至是某一非编码的序列。DNA 探针具有制备方法简便，可以无限繁殖；不易降解，DNA 酶的活性一般能被有效抑制；探针标记方法较成熟等优点。一般能用于非同位素和同位素的标记。随着基因研究的逐渐深入，已经得到病毒、细菌、真菌、植物、动物以及人类细胞的 DNA 分子探针。

2. cDNA 分子探针

cDNA 分子探针是一类用于检测基因表达水平的 DNA 核酸探针，能与待测小分子 RNA 或者病毒 RNA 序列的碱基互补。cDNA 分子探针是以 RNA 为模板，在逆转录酶的催化作用下合成与 RNA 互补的 cDNA 链，随后用 RNase H 把 RNA 消化掉，再加入 DNA 聚合酶 I，经催化聚合反应合成另一条 DNA 链，完成从小分子 RNA 到双链 DNA 的反转录过程。

反转录过程得到的所有双链 cDNA 分子被 S_1 核酸酶切平两端后，再连接上一个限制酶切位点的适配体（adapter），最后被特定的限制性内切酶消化后，产生黏性末端。在黏性末端插入常用的克隆载体，例如噬菌体 DNA，就可以筛选出特定基因的克隆。利用这种技术所得到的 cDNA 探针没有基因内含子序列，特别适用于分析检测基因的表达。

3. RNA 分子探针

单链分子的 RNA 分子与靶标序列的杂交效率极高，因此应用前景广阔。由于 RNA/RNA 和 RNA/DNA 杂交体比 DNA/DNA 杂交体的稳定性高，杂交的特异性更高；单链 RNA 分子与待测核酸序列杂交的效率较高，本底低，因此，mRNA 较为理想。但是，RNA 分子探针因容易被降解而很难进行长期保存，其标记方法也较复杂。

（二）新型寡核苷酸探针

传统克隆探针的序列一般较长，对于有少数碱基突变靶标序列变异的识别能力较低，无法区别互补靶标序列和突变靶标序列。这既是传统克隆探针的优点又是缺点，优点体现在检测病原微生物时，不会因为核酸的少数碱基变异而有遗漏，缺点是不能用于点突变的检测。

新型寡核苷酸探针具有如下特点：①寡核苷酸的链较短，序列复杂度低，分子量一般较小，所以杂交速率快；②寡核苷酸探针中单个碱基的错配能大幅度降低杂交的 T_m 值，则可以识别靶标序列单一碱基的变化；③一次可以大量合成寡核苷酸探针，价格低廉。但是，由于寡核苷酸探针序列较短，随机遇到互补序列的可能性大，所以特异性不如克隆探针。

寡核苷酸探针可以通过酶学或化学方法修饰以进行非放射性的标记。

（三）新型功能性复合核酸探针

随着分子生物学技术，尤其是 DNA 合成以及分子标记技术方面的不断发展，各种性能优良的新型寡核苷酸探针相继被开发、研制和应用。能够特异性识别并结合靶标物的功能核酸探针包括：水解寡核苷酸分子探针、相邻探针、脱氧核酶探针（DNAzyme）、分子信标（molecular beacon）、核酸适配体（aptamer）以及能够进行分子识别并具有催化功能的 G-四链体探针（G-quadruplex）等。

1. 水解寡核苷酸分子探针

水解寡核苷酸分子探针（Taqman 探针）基于荧光共振能量转移原理，分别在核酸序列的 5′端标记上能发出荧光的基团，3′端标记上具有淬灭作用的基团。当有靶标序列存在时，探针与靶标序列互补配对，能发出荧光的基团就会释放出荧光波长，与具有淬灭作用基团的吸收波长相接近而产生荧光共振能量转移（FRET），从而被淬灭。

当 PCR 反应链的延伸过程中，具有 3′→5′ 外切核酸酶活性的 Taqman 酶将切断与模板 DNA 序列结合的 Taqman 探针，能发出荧光的基团与具有淬灭作用的基团因切断而不稳定，容易被水解，两个基团相互远离，产生能被检测到的荧光信号。原理如图 33-7 所示，每当扩增一条 DNA 链，就会产生一个游离态的荧光基团，同步实现荧光信号的累积与 PCR 产物的生成，能检测到的荧光信号强度就能表示 DNA 模板的拷贝数。

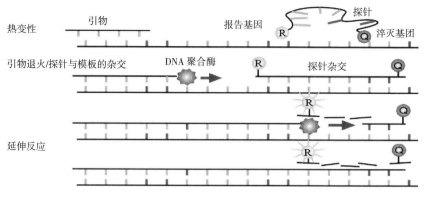

图 33-7 Taqman 探针的工作原理

Taqman 探针的优点是特异性强、灵敏度高以及能同时进行多重反应等，能准确定量扩增产物，应用十分广泛。

2. 相邻探针

相邻探针，又被称作双杂交探针，即 FRET 探针，是由两条与模板互补且相邻的特异性探针组成。如图 33-8 所示，在这两条探针中，其中一条在 3′ 端标记有供体荧光基团（edans），另一条在 5′ 端标记有受体荧光基团（dabcyl）。当发生复性时，两条探针同时都结合在模板链上，供体基团与受体基团相互靠近，供体基团被激发而产生的部分荧光能量被受体基团吸收，从而能检测到受体基团被激发而发射出的荧光信号。通过检测两者的荧光强度

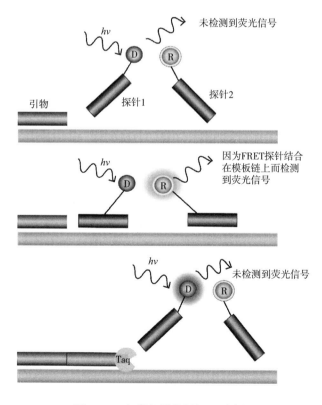

图 33-8 相邻探针作用机理示意图

之比，可以获得荧光能量转移效率，所获得的信号强度与模板的量成正比。当目标 DNA 分子不断累积时，两条探针在相邻位置处与目标 DNA 互补，其末端标记的荧光基团由于距离靠近被相邻的淬灭基团所淬灭，通过荧光信号的显著降低来分析目标分子。

相邻探针能实时检测到荧光信号，检测信号强度与模板数量严格对应，而不是信号累积。因此，相邻探针既可以进行熔解曲线分析，也可以进行 SNP 基因分型以及突变分析等。然而，相邻探针也存在荧光共振能量转移效率低、背景信号偏高、设计高效探针难度大的缺点。而且，相邻探针很难被应用于核酸等温扩增检测，需要对其 3′端进行化学修饰以阻断延伸。当发生变性时，两条杂交探针处于游离状态，两种荧光基团相互远离，因此不能检测到受体基团的荧光信号。

3. 脱氧核酶探针

脱氧核酶是具有催化活性的较小核酸分子，能识别、剪切特定的底物链。Cech 等人于 1981 年在研究四膜虫前体 rRNA 的拼接机制时发现，并因此获得 1988 年诺贝尔化学奖。随后，在自然界中发现大量的具有独特酶活性的 RNA 小分子，例如锤头型核酶、发卡型核酶等。

DNAzyme 合成成本低，可批量处理，易于修饰和功能化、特异性较高等特性，具有识别功能，可作为分子识别元件；同时具有剪切功能，能够循环使用，可作为信号放大传感器件，是生物传感技术中常用的识别元件和信号放大器件。

4. 核酸适配体探针

核酸适配体探针是一段具有特定序列的单链 DNA（RNA）片段，通过形成独特的空间结构对靶标分子进行高特异性识别以及高亲和性结合。自从 Ellington 和 Gold 首次提出适配体的概念，并在 1991 年首次利用一种新的体外筛选和扩增方法——指数富集配体进化技术（SELEX）筛选出适配体以来，已发现越来越多能够特异性识别绑定不同靶标的适配体。

适配体的靶标分子范围广，不仅可以与金属离子、核苷、无机分子等小分子物质结合，也可以与酶、细胞黏附分子、生长因子等较大的蛋白质分子结合，甚至可以与细菌、细胞等结合。核酸适配体对靶标物有着强的亲和力，其对小分子的解离常数（K_d）一般在 μmol/L 级别，对蛋白质的 K_d 值在 nmol/L 至 pmol/L 级别。此外，适配体对靶标分子具有高度特异性。如利用茶碱的核酸适配体可以将茶碱和仅与其相差一个甲基的咖啡因区分开来。核酸适配体具有小尺寸、良好的化学稳定性、低免疫原性、易于化学合成、结构设计多样化、变性可逆、易化学修饰等优点。

5. 分子信标探针

1996 年 Tyagi 和 Kramer 首次合成出分子信标探针，是一段单链 DNA（single-stranded DNA，ss DNA）通过自身杂交形成的茎环结构双标记寡核苷酸探针，两端的核酸序列碱基互补配对呈发夹结构，且两末端分别标记有荧光基团和淬灭基团，性能优异（图 33-9）。

当没有靶标分子存在时，由于信标探针的荧光基团和淬灭基团的距离很小，荧光基团被激发而产生的光子被淬灭基团淬灭掉，所产生的能量很低，以不可见的红外光形式释放出来。当有靶标分子存在时，信标探针环部与靶标分子特异性互补结合，信标探针的构象就发生变化，荧光基团和淬灭基团距离变大，从而释放出很强的荧光。信标探针呈现低检测背景和高灵敏度，并且对单碱基错配的识别能力很高。

6. G-四链体结构

G-四链体结构是一种非经典的 DNA 或 RNA 的二级结构，由 π–π 堆积形成 G-四平面体中的四个 G 碱基通过 Hoogsteen 氢键自组装形成的芳香环状平面，具有特异性识别、催化功能。G-四链体结构主要有两种类型：一种是通过一条富 G 序列的核酸链自折叠形成的分子内 G-四链体结构；另一种是通过两条或四条富 G 序列的核酸链自折叠形成的分子间 G-四链体结构。G-四链体结构是一个功能强大的金属离子配体，可与 Na^+、K^+、Mg^{2+} 等多种阳离子结合，其稳定的拓扑结构依赖于环境中阳离子的性质。此外，G-四链体结构在各种生理条件下，具有各种不同的拓扑结构，如图 33-10 所示。近年来，基于 G-四链体结构具有结构特殊性、形态多样化、可识别目标分子，实现无标记信号传导等特性，奠定了其在药物开发和生化检测等方面的基础。

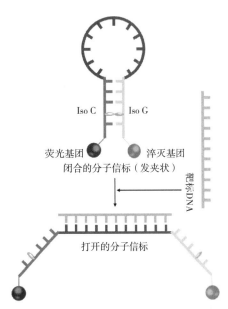

图 33-9　信标探针的结构和发光原理

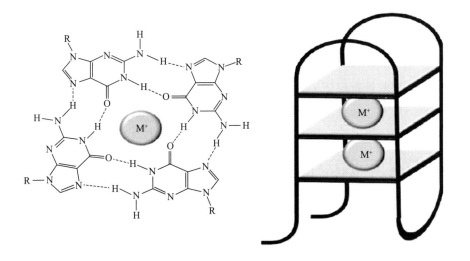

图 33-10　G-四链体和 G-四分体结构示意图

左图为四个鸟嘌呤围绕一个中心单价阳离子排列，右图这个例子中是一个具有三个堆叠四重态的反平行单分子结构

三、标记物和标记方法

标记方法一般分为放射性和非放射性，放射性核素是高度灵敏的示踪物，可以检测出 1～10 μg 高等生物基因组 DNA 中的单拷贝基因，但是放射性核素的半衰期短、污染环境等缺点，开发和应用非放射性标记物已经成为研究方向。

理想的探针标记物应具备以下特性：①高度灵敏度；②标记物与核酸探针分子的结合应绝对不能影响其碱基配对特异性；③应不影响探针分子的主要理化特性，特别是杂交特异性和杂交稳定性，杂交体的解链温度（T_m）应无较大的改变；④当用酶促方法进行标记时，应对酶促活性（K_m 值）无较大的影响，以保证标记反应的效率和标记产物的比活性，当标记探针还继续作为下一步酶促反应的底物时，应不能影响此步骤的酶活性；⑤尽量降低假阳性率。

（一）放射性核素

放射性核素是目前应用最多的一类探针标记物。放射性核素的灵敏度极高，可以检测到 $10^{-14} \sim 10^{-18}$ g 的物质，在最适条件下，可以测出样品中少于 1000 个分子的核酸含量，而一般光谱分析法只能鉴定 10^{-9} g 的物质。其最大的优点是，放射性核素对各种酶促反应无任何影响，也不会影响碱基配对的特异性与稳定性和杂交性质。另外，放射性核素的检测具有极高的特异性，极少假阳性结果的出现。其主要缺点是易造成放射性污染。另外，当标记活性极高时，放射线可以造成核酸分子结构的破坏。此外，多数放射性核素的半衰期都较短，因此必须随用随标，标记后立即使用，不能长期存放（^{3}H 与 ^{14}C 除外）。

常用于标记核酸探针的放射性核素有 ^{32}P、^{3}H 和 ^{35}S，另外也有人使用 ^{14}C、^{125}I 和 ^{131}I 等。各种放射性核素的适用范围取决于其物理特性。

^{32}P：放射性强，所释放的 β-粒子能量高，穿透力较强，因此放射自显影所需时间短，灵敏度高，被广泛应用于各种滤膜杂交以及液相杂交中。^{32}P 大多是以标记的各种核苷酸（^{32}P-NTP）和脱氧核糖核苷酸（^{32}P-dNTP）形式提供的。特别注意 ^{32}P 是标记在三磷酸核苷酸分子的哪一个位置的磷酸上，如切口平移法需要 α-位标记，多核苷酸激酶末端标记法则需要 γ-位标记。

^{35}S：S 原子可以取代磷酸分子上的一个氧原子，从而形成 ^{35}S 标记的核苷酸分子。核苷酸分子结构上的这种改变，对于大多数核酸修饰酶的活性没有太大的影响，是其适宜的反应底物，可以直接替代 ^{32}P-标记的核苷酸用于探针标记，其标记程序无须改变。^{35}S 的放射性也较强，但 β-粒子能量较低，因此其检测灵敏度稍低于 ^{32}P，弱的散射作用导致在 X 线胶片上成影分辨率较高，适用于核酸序列测定及细胞原位杂交研究。

^{3}H：^{3}H 释放的 β-粒子能量极低，散射极少，因此在感光乳胶上的成影分辨率最高，本底较低，最适用于细胞原位杂交，但放射自显影所需时间较长。^{3}H 的半衰期长，标记的探针可存放较长时间，可反复使用。

（二）非放射性标记物

多年以来，科学家们致力于寻找一些安全可靠，灵敏度高的物质以替代放射性核素用于核酸分子杂交，其优点是无放射性污染，稳定性较好，可以较长时间存放，但是灵敏度及特异性都不太高。根据其检测方法，非放射性标记物可分为以下 4 类：

1. 半抗原

目前使用较多的非放射性标记物是生物素和地高辛，它们都是半抗原，可以利用这些半抗原的抗体进行免疫检测。

2. 配体

生物素还是一种抗生物素蛋白（卵白素）和链霉菌类抗生物素蛋白（streptavidine）的配

体，可以利用亲和法进行检测。

3. 荧光素

如 FTIC、罗丹明类等，可以被紫外线激发出荧光进行观察，主要适用于细胞原位杂交。还有一些标记物可与另一物质反应而产生化学发光现象；可以像放射性核素一样直接对 X 线胶片进行曝光。这类标记物可能是今后研究的主流。

4. 光密度或电子密度标记物

如金、银等，适用于细胞原位杂交，可以在光镜下或电镜下进行观察。

(三) 各种标记方法及其选择

分子生物学领域中普遍使用的核酸分子探针几乎都是用体外 (in vitro) 标记法标记的。体外标记法有化学法与酶促法两种。

1. 化学标记法

化学标记法利用标记物分子上的活性基团与探针分子上的基团 (如磷酸基团) 发生化学反应而将标记物直接结合到探针分子上，如光敏生物素的标记等。此法简单、快速、标记均匀，但每种标记物都有各自不同的标记方法，具体标记方法请参照生产厂家的操作说明书。

2. 酶促标记法

酶促标记法将标记物预先标记在核苷酸分子上，然后利用酶促方法将核苷酸分子掺入探针分子中，或将核苷酸分子上的标记基团交换到探针分子上。此法适用于所有放射性核素标记核苷酸的标记方法。部分非放射性标记的核苷酸分子也可用此法进行标记，如生物素、地高辛标记的核苷酸等。

酶促标记法种类繁多，应根据不同的需要进行选择。一般分子杂交探针常规采用切口平移法和随机引物法进行标记，而寡核苷酸探针则多采用末端标记法。

(四) 探针的放射性核素标记法

以下主要以放射性核素^{32}P 为例介绍核酸探针的标记方法。其他核素的标记方法与之相似，可参照此方法进行。

1. 切口平移法

原理：切口平移法 (nick translation) 是目前最常用的 DNA 探针标记法。它利用大肠杆菌 DNA 聚合酶 I (E. coli DNA polymerase I) 的多种酶促活性将标记的 dNTP 掺入新形成的 DNA 链中去，从而合成高比活的均匀标记的 DNA 探针。线状、超螺旋及带切口的环状双链 DNA 均可作为切口平移法的模板。

在 Mg^{2+} 的存在下，极微量的 DNase I 在 DNA 链上随机形成单链切口。利用大肠杆菌 DNA 聚合酶 I 的 $5' \rightarrow 3'$ 核酸外切酶活性在切口处将旧链从 $5'$-末端逐步切除。同时，在 DNA 聚合酶 I 的 $5' \rightarrow 3'$ 聚合酶活性的催化下，顺序将 dNTP 连接到切口的 $3'$-末端—OH 上，以互补的 DNA 单链为模板合成新的 DNA 单链。如果在反应液中含有一种或多种标记的核苷酸 (如 ^{32}P-dCTP)，则这些标记的核苷酸将替代原来的核苷酸残基，从而形成高放射活性的 DNA 探针 (图 33-11)。

标记物应在脱氧核苷三磷酸的 α-磷酸位上；^{32}P-dNTP 的浓缩水溶液形式无须处理可直接应用，50% 乙醇水溶液形式须冷冻干燥后才能使用。DNA 聚合酶必须是 E. coli DNA 聚合酶 I 全酶。DNase I 浓度一定要适当。理想的结果应使 30%~60% 的核苷酸掺入 DNA 中，最后形

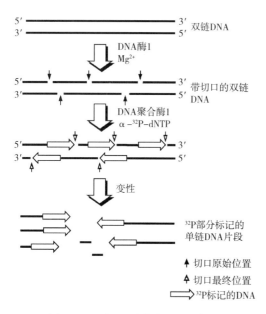

图 33-11　切口平移法原理示意图

方法，并大有取代缺口平移法的趋势。

基本原理：随机引物是含有各种可能排列顺序的寡聚核苷酸片段的混合物，可以与任意核酸序列杂交，起到聚合酶反应的引物的作用，见图 33-12。所用的随机引物可以用 DNase I 降解小牛胸腺 DNA 获得。目前市售试剂盒中的随机引物是用人工合成方法得到的，寡核苷酸

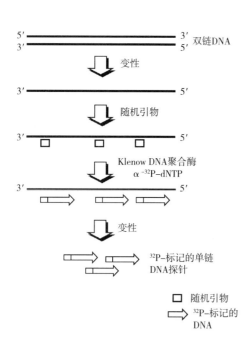

图 33-12　随机引物标记法

成的单链 DNA 探针的理想长度为 400~800 bp。在恒温水浴中进行反应，温度一定要控制在 14~16 ℃之间，时间以 1~2 h 为宜。获得理想结果取决于：采用放射性核素比活为 3000 Gi/mmol 的 α-32P-dCTP。将 1 μg DNA 标记至 $1×10^8$ 次/min，需 100 μCi 核素。一般以每 1 μg DNA 加入 5~20 U DNA 聚合酶为宜。DNA 样品应纯化。

适用范围：各种螺旋状态（超螺旋、闭环及开环）及线性的双链 DNA 均可作为切口平移法标记的底物。但单链 DNA 和 RNA 不能采用此方法进行标记。双链 DNA 小片段（特别是当其长度小于 100 bp 时）也不是此法标记的理想底物。

2. 随机引物法

随机引物法（random priming）是近年来发展起来的一种较理想的核酸探针标记片段长度为 6 个核苷酸残基，含有各种可能的排列顺序（4^6=4096 种排列顺序）。

将待标记的 DNA 探针片段变性后与随机引物一起杂交，然后以此杂交的寡核苷酸为引物，在大肠杆菌 DNA 聚合酶 I 大片段（E. coli DNA 聚合酶 I Klenow 碎片）的催化下，合成与探针 DNA 互补的 DNA 链。当在反应液中含有 α-32P-dNTP 时，即形成放射性核素标记的 DNA 探针。

随机引物法除能进行双链 DNA 标记外，也可用于单链 DNA 和 RNA 探针的标记。当以 RNA 为模板时，操作方法同上，但必须采用反转录酶，得到的产物是标记的单链 cDNA 探针。

3. 单链 DNA 探针的标记

单链 DNA 探针杂交效率要高于双链 DNA 探针，因为双链 DNA 探针在杂交时，两条链

之间还会形成自身的无效杂交，单链 DNA 探针则避免了这一缺点。

原理：一般采用 M13 噬菌体体系进行标记。作为引物的人工合成寡核苷酸先与克隆了特异基因片段的 M13 噬菌体 DNA 杂交，在 $\alpha-^{32}$P-dNTP 的存在下，利用 E. coli DNA 聚合酶 I Klenow 片段的链延伸反应合成高放射性的单链 DNA 探针。用适当的限制性内切酶切取所需探针序列，然后用变性胶电泳分离得到单链 DNA 探针。双链 RF 型 M13 DNA 也方便用于单链 DNA 的制备，选择适当的引物（上游或下游引物）可得到相应的正链或负链 DNA 单链探针（图 33-13）。作为引物的寡核苷酸一般采用互补于 M13 噬菌体多克隆位点 3′端序列的"通用引物"（universal primer），也可以人工合成一段互补于插入序列的寡核苷酸片段作为引物。

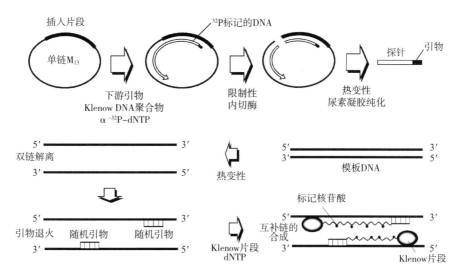

图 33-13　单链 DNA 探针制备原理示意图

选择适当的单链模板，特别用于 Northern 杂交时，要选择与所要杂交的序列相同的链，这样得到的探针才能与之互补杂交。应根据不同的需要选择适当的条件，当用于 Southern、Northern 杂交时，探针的放射活性高低是首要问题，因此模板浓度要尽可能低，而放射性核素的浓度要尽可能高。当需要均匀标记的探针（如用于 S_1-mapping 时），探针的长度及标记的均匀度更为紧要，因此，应加入适量与标记核苷酸同种的非标记的核苷酸，使其浓度达到 K_m 值。此法得到的探针在杂交前不需要变性。

适用范围：主要适用于克隆于 M13 噬菌体中的 DNA 片段的标记。选用适当的引物也可用于质粒 DNA 中插入顺序的标记。

4. cDNA 探针的标记

来源于鸟类髓母细胞病毒（avian myeloblastosis virus，AMV）的反转录酶是一种依赖于 RNA 的 DNA 聚合酶，具有多种酶促活性，包括 5′→3′DNA 聚合酶活性及 RNA/DNA 杂交体特异的 RNase H 酶活性。此酶主要应用于将 mRNA 反转录成 cDNA 克隆，也可以用于 RNA 或单链 DNA 模板的 ^{32}P-标记探针的制备。

当以聚（A）mRNA 为模板时，反转录酶的引物可以是寡-dT，也有采用特异的寡核苷酸引物，还可采用随机寡核苷酸作为引物。反转录得到的产物 RNA/DNA 杂交双链经碱变性后，

RNA 单链可迅速降解成小片段，经 Sephadex G-50 柱层析即可得到单链 DNA 探针。

注意事项：RNA 极易被环境中污染的 RNA 酶降解，必须采取一系列相应的措施加以预防。

5. DNA 探针的末端标记

与切口平移法和随机引物法不同，DNA 末端标记法并不将 DNA 片段的全长进行标记，而是只将其一端（5′或 3′）进行部分标记，主要用于 DNA 序列测定等方法所需片段的标记。T4 DNA 聚合酶、T4 多核苷酸激酶、末端脱氧核苷酰转移酶及 Klenow DNA 聚合酶等的酶促反应可用于 DNA 的末端标记。

6. 寡核苷酸探针的标记

利用寡核苷酸探针可以检测到靶基因上单个核苷酸的点突变。

（五）非放射性标记法

现有的非放射性标记物主要有两种类型，一种是预先已连接在 NTP 或 dNTP 上，因此可像放射性核素标记的核苷酸一样用酶促聚合方法掺入核酸探针上，如生物素、地高辛等；另一种是直接与核酸进行化学反应而连接到核酸上。后一类标记物标记过程更为简单，可能是今后研究发展的主流。

目前应用最广的非放射性标记物是生物素（biotin）。生物素是一种小分子水溶性维生素，通过一条碳链臂，可与 UTP 或 dUTP 嘧啶环的 5 位碳相连。生物素与尿嘧啶 5 位碳的相连不会影响其通过氢键形成碱基配对的能力与特异性，而且仍然是许多 DNA 修饰酶的良好底物。此碳链臂可长可短，但臂长为 16 或 11 个原子时，其随后的检测结果较臂长为 4 个原子的效果为佳。

除 dUTP 外，一系列生物素标记的 dATP 和 dCTP 已被研制和应用。德国 Boehringer Mannheim 公司生产的地高辛标记物已被逐步推广使用。

1. 酶促标记法

生物素和地高辛标记的 dNTP 可以完全像放射性标记的 dNTP 一样，用多种酶促方法（如切口平移法、随机引物法及末端转移酶标记法等）进行核酸探针（包括 DNA、RNA 和寡核苷酸探针）的标记。操作方法与放射性核素标记法基本相同。但是要注意，由于生物素等标记物是连接在碱基上，而不是磷酸基团，因此不能用多核苷酸激酶法进行末端标记。

2. 化学标记法

化学标记方法简单迅速，价格低廉。当然，不同标记物的标记方法也不同。具体操作方法按照厂家使用说明书进行。光敏生物素（photobiotin）与核酸探针混合后，在一定条件下强可见光照射 10~20 min 后，即可与核酸共价相连，成为生物素标记的核酸探针。单链及双链 DNA 及 RNA 均可被标记，探针可在-20 ℃下保存 8~10 min 以上。

3. 酶的直接交联法

将辣根过氧化酶或碱性磷酸酶通过化学方法直接交联到核酸探针上。将辣根过氧化物酶直接标记到探针分子上，然后通过 HRP 的酶促活性进行化学发光法检测。此法的优点是可用不同的酶标记不同的探针，在同一个样品上同时检测两种不同的靶基因。

四、探针的纯化

DNA 探针标记反应结束后，反应液中仍存在未掺入 DNA 中去的 dNTP 等小分子。如不将之去除，有时会干扰下一步反应。

（一）凝胶过滤柱层析法

利用凝胶的分子筛作用，将大分子 DNA 和小分子 dNTP、磷酸根离子及寡核苷酸（<80bp）等分离。大分子 DNA 流出，而小分子则滞留于凝胶层析柱中。常用的凝胶基质是 Sephadex G-50 和 Bio-Gel P-60。

（二）反相柱层析法

反相柱层析法是一种分离效果极好的层析方法，如 Nensorb 柱。

（三）乙醇沉淀法

DNA 可被乙醇沉淀，而未掺入 DNA 的 dNTP 则保留在上清液中，因此，反复乙醇沉淀可将两者分离。用 2 mol/L 乙酸铵和乙醇沉淀效果较好，连续沉淀两次，可去除 99% 的 dNTP。蛋白质在此条件下多不会被沉淀，如 DNA 浓度较稀（<10 μg/mL），可加入 10 μg 酵母 tRNA 共沉淀。

五、核酸分子杂交

核酸分子杂交技术的基本原理是：具有一定同源性的两条核酸单链在一定的条件下（适宜的温度及离子强度等）可按碱基互补原则退火形成双链，杂交过程是高度特异性的。

杂交的双方是待测核酸序列及探针。待测核酸序列可以是克隆的基因片段，也可以是未克隆化的基因组 DNA 和细胞总 RNA。将核酸从细胞中分离纯化后可以在体外与探针杂交（膜上印迹杂交），也可直接在细胞内进行（细胞原位杂交）。

（一）膜上印迹杂交

膜上印迹杂交是指将待测核酸序列片段结合到一定的固相支持物上，然后与存在于液相中标记的核酸探针进行杂交的过程，是目前最常用的一种核酸分子杂交方法。其操作基本流程是：首先用凝胶电泳方法将待测核酸片段分离，然后用印迹技术将分离的核酸片段转移到特异的固相支持物上，转移后的核酸片段将保持其原来的相对位置不变。再用标记的核酸探针与固相支持物上的核酸片段进行杂交。最后洗去未杂交的游离探针分子，通过放射自显影等检测方法显示标记探针的位置。由于探针已与待测核酸片段中的同源序列形成杂交分子，探针分子显示的位置及其量的多少，则反映出待测核酸分子中是否存在相应的基因顺序及其量与大小。

1. 印迹技术

印迹技术是指将待测核酸分子结合到一定的固相支持物上的方法，这些结合在固相支持物上的核酸分子即可与存在于液相中的探针分子进行杂交。选择良好的固相支持物与有效的转移方法是该技术成败的两个关键因素。

固相支持物的选择。固相支持物的种类很多，一种良好的固相支持物应具备以下 5 个特性：①具有较强的结合核酸分子的能力，一般要求每平方厘米结合核酸分子的量不应低于 10 μg，最好能达到数十微克；②与核酸分子结合后，应不影响其与探针分子的杂交反应；③与核酸分子的结合稳定牢固，能经受杂交、洗膜等过程而不至于脱落或脱落极少；④非特异性吸附少，在洗膜条件下能将非特异性吸附在其表面的探针分子洗脱掉；⑤具有良好的机械性能，以便于操作。

（1）硝酸纤维素滤膜。

硝酸纤维素滤膜（nitrocellulose filter membrane）具有较强的吸附单链 DNA 和 RNA 的能力，特别是在高盐浓度下，其结合能力可达 $80 \sim 100 \ \mu g/cm^2$。吸附的单链 DNA 或 RNA 经真空中烘烤后，依靠疏水性相互作用而结合在硝酸纤维素膜上。因此被广泛应用于 Southern、Nouthern、斑点印迹及克隆筛选中。硝酸纤维素膜非特异性地吸附蛋白质的作用较弱，因此特别适合于哪些涉及蛋白质作用（如抗体和酶等）的非放射性标记探针的杂交体系。

（2）尼龙膜。

尼龙膜（nylon membrane）是目前较理想的一种核酸固相支持物，类型多种，除网眼大小不一样外，有的尼龙膜未经特殊处理，有些则是经过了正电荷基团的修饰。尼龙膜修饰后结合核酸的能力更强。

尼龙膜结合单链及双链 DNA 和 RNA 的能力强于硝酸纤维素膜，可达 $350 \sim 500 \ \mu g/cm^2$。经烘烤或紫外线照射后，核酸分子可牢固地结合在尼龙膜上，特别是用短波紫外线照射后，核酸中的部分嘧啶碱基可与膜上带正电荷的氨基相互交联，从而使结合更加牢固。碱处理也可使 DNA 牢固地结合在尼龙膜上，因此使 DNA 的变性、吸印和固定可以一步完成。

（3）化学活化膜。

化学活化膜（chemical activated paper），即用一定的化学物质处理后的滤纸，如 ABM 和 APT 纤维素膜。化学活化膜经特殊处理活化后，产生一种活性基团，如重氮盐，此活性基团可以与 DNA 或 RNA 分子共价结合。该膜可反复多次；对不同大小的核酸片段都具有同等的结合能力。大多用于 Northern 印迹法。

2. 印迹方法

印迹方法有：①直接将核酸样品点样于固相支持物上的斑点或狭缝印迹法；②利用毛细管虹吸作用由转移缓冲液带动核酸分子转移到固相支持物上；③利用电场作用的电转法：④利用真空抽滤作用的真空转移法。根据核酸品种的不同，又可分为 Southern 印迹法和 Northern 印迹法。

（1）Southern 印迹。

Southern 印迹是指电泳分离的 DNA 片段转移到一定的固相支持物上的过程，方法如图 33-14 所示。DNA 分子经限制性核酸内切酶酶切，经琼脂糖凝胶电泳将得到的 DNA 片段按分子量大小分离，然后将含 DNA 片段的琼脂糖凝胶变性，并将其中的单链 DNA 片段转移到硝酸纤维素膜或其他固相支持物上，而各 DNA 片段的相对位置保持不变。这种滤膜即可用于下一步的杂交反应。利用 Southern 印迹法可进行克隆基因的酶切图谱分析、基因组基因的定性及定量分析、基因突变分析及限制性片段长度多态性分析（RFLP）等。

Southern 转膜时可根据需要选择不同的固相支持物用于杂交。常用的 Southern 转膜法有 3 种：

①毛细管虹吸印迹法。利用浓盐酸转移缓冲液的推动作用，将凝胶中的 DNA 转移至固相支持物上，转移方式如图 33-15 所示。其原理是容器中的转移缓冲液含有高浓度的 NaCl 和柠檬酸钠，上层吸水纸的虹吸作用使缓冲液通过滤纸桥、滤纸、凝胶、硝酸纤维素膜向上运动，同时带动凝胶中的 DNA 片段垂直向上运动，凝胶中的 DNA 片段移出凝胶而滞留在膜上。

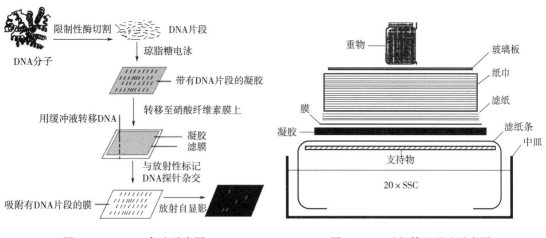

图 33-14　South 印迹示意图　　　　图 33-15　毛细管虹吸法示意图

②电转法。电转法（electrophoretic transfer）利用电场的电泳作用将凝胶中的 DNA 转移至固相支持物上，是一种简单、迅速、高效的 DNA 转移法（图 33-16）。基本原理：将尼龙膜与凝胶贴在一起，再一起置于滤纸之间，固定于凝胶支持夹，将支持夹置于盛有转移电泳缓冲液的转移电泳槽中，凝胶平面与电场方向垂直，附有滤膜的一面朝向正极。在电场的作用下，凝胶中的 DNA 片段沿与凝胶平面垂直的方向泳动，从凝胶中移出，滞留在滤膜上，形成印迹。

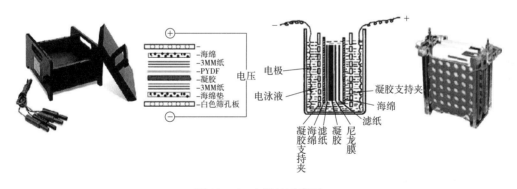

图 33-16　电转法示意图

电转法尤其适用于毛细管虹吸法转移不理想的大片段的 DNA，一般只需 2~3 h，至多 6~8 h 即可完成转移过程。注意：不能选用硝酸纤维素膜，可选用化学活化膜（如 ABM 或 ATP 纤维素膜）和正电荷修饰的尼龙膜（如 Bio-Rad 公司产品 Z-Probe）作固相支持物。转移缓冲液可采用 TAE 或 TBE；转移过程必须不间断地使用循环冷却水。目前市场上有两种类型的电转仪可供选用，一种是以铂金丝作为电极的电转仪，另一种是石墨电极电转仪。

③真空转移法。真空转移法（vacuum transfer）是一种简单、迅速、高效的 DNA 和 RNA 印迹法。其原理是将膜置于真空室上方的多孔屏上，利用真空作用将转膜缓冲液从上层容器中通过凝胶抽到下层真空室中，同时带动核酸片段转移聚积到置于凝胶下面的尼龙膜或硝酸

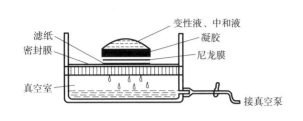

图 33-17　真空转移装置示意图

纤维素膜上，实现 DNA 和 RNA 从凝胶中快速并定量地转移（图 33-17）。真空转移法可在转膜的同时进行 DNA 的变性与中和，整个过程只需 30 min~1 h。若仔细操作，真空转移可以使 Southern 转移获得的杂交信号增强 1~2 倍。

（2）Northern 印迹。

Northern 印迹（northern blotting）是指将 RNA 变性及电泳分离后，将其从琼脂糖凝胶中转印到固相支持物（如硝酸纤维素膜）上的过程（图 33-18），从而用于杂交反应以鉴定其中特定 mRNA 分子的量与大小。

Northern 印迹基本原理与 Southern 印迹相同，但 RNA 变性方法与 DNA 不同，在进样前用甲基氢氧化银、乙二醛或甲醛使 RNA 变性，而不用碱变性。RNA 变性后有利于在转印过程中与硝酸纤维素膜结合，可在高盐中进行转印，但在烘烤前与膜结合得并不牢固，所以在转印后用低盐缓冲液洗脱，否则 RNA 会被洗脱。为测定片段大小，可在同一块胶上加分子量标记物一同电泳，之后将标记物切下，上色、照相，样品胶则进行 Northern 转印。

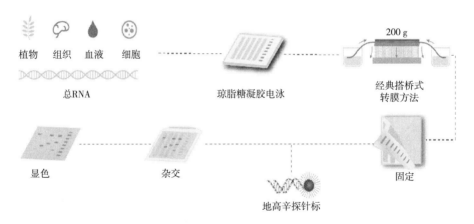

图 33-18　Northern 印迹示意图

常用的方法有：聚乙二醛和二甲基亚砜变性电泳；甲醛变性胶电泳法；甲基氢氧化汞电泳；Northern 印迹。

（3）斑点及狭缝印迹法。

斑点及狭缝印迹法（dot bloting and slot bloting）即通过抽真空方式将加在多孔过滤进样器上的核酸样品，直接转移到适当的杂交滤膜上，然后按照 Southern 或 Northern 印迹杂交一样的方式同核酸探针分子进行杂交。由于在加样过程中使用了特殊设计的加样装置，可在同一张膜上同时进行多个样品的检测，并且有规律地排列成点阵或线阵。

斑点及狭缝印迹法简单、迅速；对于核酸粗提样品的检测效果液较好，但其缺点是不能鉴定所测基因的分子量，而且特异性不高，有一定比例的假阳性。

（二）液相杂交技术

1. 核酸酶 S_1 保护分析法

核酸酶 S_1 保护分析法（nuclease S_1 protection assay）是近年来发展起来的一种检测 RNA 的杂交技术，其灵敏度较之 Northern 杂交法更高，并可进行较为准确的定量。选择适当的探针，还可进行基因转录起始位点分析及内含子剪切位点分析等。

利用 M13 噬菌体体系合成高放射活性的单链 DNA 探针。探针与待测 RNA 样品在液相中进行杂交，形成 DNA/RNA 杂交双链。核酸酶 S_1 能专一性地降解未形成杂交的 DNA 和 RNA 单链，而 DNA/RNA 杂交双链则受到保护不被降解。

2. RNA 酶保护分析法

RNA 保护分析法（RNase protection assay）的原理与核酸酶 S_1 保护分析法基本相同，只是所采用的探针为单链 RNA 探针，杂交后形成 RNA/RNA 双链。RNA 酶 A 和 T_1 专一性降解单链 RNA，而双链 RNA 则受到保护。此法的灵敏性较之核酸酶 S_1 保护分析法还要高数倍。

（三）核酸原位杂交

特定标记的已知顺序核酸为探针与细胞或组织切片中核酸进行杂交并对其实行检测的方法称为核酸原位杂交（nucleic acid hybridization in situ）。原位杂交能在成分复杂的组织中进行单一细胞的研究而不受同一组织中其他成分的影响，因此对于哪些细胞数量少且散在其他组织中的细胞内 DNA 或 RNA 研究更为方便；同时由于原位杂交不需要从组织中提取核酸，对于组织中含量极低的靶序列有极高的敏感性，并可完整地保持组织与细胞的形态，更能准确地反映出组织细胞的相互关系及功能状态。

1. 基本原理

核酸原位杂交可根据其检测物而分为细胞内原位杂交和组织切片内原位杂交；根据其所用探针及所要检测核酸的不同又分为 DNA-DNA，RNA-DNA，RNA-RNA 杂交。

原位杂交过程涉及：细胞或组织载片的处理、组织与细胞的固定、湿盒、去垢剂和/或蛋白酶预处理杂交前的组织细胞、选择探针、探针标记、预杂交、杂交、冲洗等一系列步骤及放射自显影或免疫酶法显色以显示杂交结果。

原位杂交反应的特异性可通过调节反应条件而进行精确的控制。杂交的特异性依赖于探针的结构、杂交温度、pH 及杂交液中用甲酰胺盐离子的浓度。

核酸原位杂交的特异性主要由杂交的严格性所决定。DNA 探针长度超过 0.5 kb 时非特异性杂交增多，本底增高。因此在进行原位杂交前，必须先应用 Northern 杂交以检测探针的不同严格条件，以此评定原位杂交的结果。高度敏感是原位杂交的优点之一，用放射性标记的 RNA 探针可检测细胞内 20 个拷贝的 mRNA。

2. 基本操作方法

核酸原位杂交的基本操作方法有：组织细胞内 mRNA 的原位杂交；与间期细胞内染色质 DNA 的原位杂交；与分裂中期细胞染色体 DNA 的原位杂交、原位聚合酶链反应（in Situ PCR）。

原位聚合酶链反应具备了两种方法的优点，即高度的敏感性、特异性及精确的定位。既可检测细胞内基因的有无，又可检测病原微生物的存在。关键步骤：①引物的合成：原位 PCR 中所用的引物可以是细胞内特定基因，也可以是某种病原体如细菌、病毒的特定片段引物；②示踪显色系统可以是放射性核素，也可以是生物素标记的 dUTP，应根据具体情况调节浓度；③原位 PCR 的循环数：通常以 5~10 次循环为佳，必要时可增加至 20 个循环。

核酸分子杂交技术虽是分子生物学领域中一种较经典的技术，但也在不断发展之中。总的发展趋势是固相化，便于自动化操作和精确定量，如亲和捕捉法、夹心杂交（sandwich hybridization）法、链取代（strand displacement）法等。

六、杂交信号的检测

（一）放射性核素的探测

1. 盖革-米勒计数管

盖革-米勒计数管（geigei-muller counter tuber），简称盖革管，其主要用途是随时进行放射性污染的探测、放射自显影、曝光时间的估计及探针柱层析时探针部位的跟踪等。其测量原理是利用 α 射线和 β 射线的电离作用使气体电离而进行测量。盖革管记录是单位时间内记录的脉冲数，以每分钟脉冲数（cpm）或每秒钟脉冲数（cps）表示。

2. 液体闪烁计数器

液体闪烁计数器（liquid scintillation counter），简称液闪，其原理是：粒子射到某种闪烁体上时，闪烁体产生荧光，然后经光电倍增管转变为电子脉冲而被记录下来。液闪的计数效率很高，是现代分子生物学实验室中主要的辐射探测器。

3. 放射自显影

利用发射线在 X 线片上的成影作用来检测杂交信号，称为放射自显影。常用的放射性核素为 ^{32}P 和 ^{35}S 及 ^{3}H，它们均放出 β 粒子并可通过核乳胶或 X 线片经曝光、显影、定影等过程而显示出来。

操作步骤：将滤膜用保鲜膜包好，置暗盒中。在暗室中，将磷钨酸钙增感屏置滤膜上，光面向上。再压一至两张 X 线片，再压上增感屏后屏。盖上暗盒。置 -70 ℃ 曝光适当的时间。根据放射性的强度曝光一定的时间后，在暗室中取出 X 线片，显影，定影。如曝光不足，可再压片重新曝光。

按照有关放射卫生防护条例规定，^{32}P、^{35}S 为中毒，^{3}H 和 ^{14}C 则属于低毒类。要严格按照操作规程操作，将损伤降低到最低限度。

（二）非放射性核素探针的检测

除酶直接标记的探针外，其他非放射性标记物并不能被直接检测，而需经二步反应将非放射性标记物与检测系统偶联。第一步称为偶联反应，第二步称为显色反应。

1. 偶联反应

大多数非放射性标记物是半抗原，因此可以通过抗原-抗体免疫反应系统与显色系统偶联。另一类非放射性标记物如生物素，作为抗生物素蛋白（卵白素）的配体，则可通过亲合法进行检测。近年来大多使用链亲和素（streptavidin），它不是糖蛋白，等电点为中性，因此较少形成非特异性结合，特异性较高。

根据偶联反应的不同，可分为直接法、间接免疫法、直接亲和法、间接亲和法和间接免疫-亲和法。

2. 显色反应

通过连接在抗体或抗生物素蛋白上的显色物质（如酶、荧光素等）进行杂交信号的检测。常用的检测物质与方法有以下4类。①酶法检测：最常用的检测方法。通过酶促反应使其底物形成有色反应产物。最常用的酶是碱性磷酸酶和辣根过氧化酶。②荧光检测：主要适用于非放射性探针的原位杂交检测。FTTC（isothiocyanate）应用最广，其他荧光素如罗丹明、REP（rhodymenia phycoerythrin）。③化学发光法（chemiluminescence）：是指在化学反应过程中伴随的发光反应，最适宜检测固相支持物上的 DNA 杂交体。目前最有前途的是辣根过氧化物酶催化 luminol（3-aminophthalate hydrazine）伴随的发光反应。④电子密度标记（detection via electron-dense labels）：利用重金属的高电子密度，在电子显微镜下进行检测。主要适合于细胞原位杂交检测。非放射性标记探针的检测方法繁多，请参照各生产厂家产品说明书进行。

七、核酸探针在食品微生物检测中的应用

核酸探针的主要应用范围包括：①用于检测无法培养，不能用作生化鉴定、不可观察的微生物产物以及缺乏诊断抗原等方面的检测，如肠毒素；②用于检测同食源性感染有关的病毒病，如检测肝炎病毒，流行病学调查研究，区分有毒和无毒菌株；③分析食品是否会被某些耐药菌株污染，判定食品污染的特性；④细菌分型，包括 rRNA 分型。

课件

第四节　生物芯片技术

生物芯片是现代电子技术与现代生物技术相结合而产生的一种新的、强大的全方位技术，它可以将不连续的步骤（如样品预处理、生化反应、检测等）集成在一起，制成几厘米的"微"格式，像普通印章一样，并提供连续、高通量、快速的生化信息分析和检测。

生物芯片的出现和发展与生命现象的复杂性和现代生命科学在分子水平上的深刻进步相结合。传统的分子生物学技术一次只能分析一个 DNA，为了揭示包括人类 DNA 序列的基因和非基因在内的大量信息，有必要开发一种新的技术来彻底研究基因组。第一个 DNA 阵列生物芯片于 1996 年问世，它利用微电子制造技术和化学合成方法将成千上万的 DNA 片段固定在一个小玻璃上，形成一个能够同时分析基因的检测探针阵列。这一突破大大加快了基因测序的进程，使人类基因组计划比预期提前了两年。2003 年，宣布人类基因组计划已经完成。与此同时，包含所有人类基因组、疾病相关诊断芯片和药物开发芯片的商用 DNA 芯片阵列也问世了。

一、微系统

微流控芯片的发明可以追溯到 1975 年。特里和他的同事在硅片上制作了一个微型气相色谱芯片，可以在几秒钟内分离出气体混合物。1990 年，瑞士科学家曼兹尔提出了"微观总量分析系统（uTAS）"的概念。uTAS 概念使人们意识到随着尺寸的减小，许多物理效果可以显著改善：有利于分析质量和效率；提高分析速度，缩短响应延迟时间；提高散热性能，节

省试剂，减少污染和成本且便于携带。生物芯片主要分为两类：微阵列芯片和微流控芯片。

二、微阵列芯片

DNA 芯片，也称 DNA 微阵列、寡核苷酸阵列，是基于核酸探针互补杂交技术原理研制而成，也是生物芯片技术中发展最成熟和最先实现商品化的产品。与传统的核酸印记杂交方法相比，DNA 芯片检测技术具有高通量、多参数同步分析、快速全自动分析、高精确度和高灵敏度分析等显著特征。

（一）DNA 芯片技术基本原理

将已知的核酸片段固定在一定的固相支持物表面，制成核酸探针，利用碱基互补原理，使其与待测 DNA 样品进行杂交反应，从而得到所需要的生物学信息。

DNA 芯片的基本原理与生物学中 Southern 杂交等实验技术相似，都是利用 DNA 双螺旋序列的互补性，即两条寡聚核苷酸链以碱基之间形成氢键配对（A 与 T 配对，形成两个氢键；G 与 C 配对，形成三个氢键）。DNA 芯片通常以尼龙膜、玻璃、塑料、硅片等为基质材料，固着特定序列 DNA 单链探针，并与被检测序列单链 cDNA 序列互补结合（通常称杂交）。被检测序列用生物素或荧光染料标记，通过荧光染料信号强度，可推算每个探针对应的样品量。一张 DNA 芯片，可固着成千上万个探针，具体数目则取决于芯片设计和制备方法。

微阵列芯片是排列在固体基底上的小型化测试位点（微阵列）的集合，基于无定向亲和杂交技术，允许同时进行大量同源测试，以获得更高的产量和速度。微阵列包含大量有序的生物材料（DNA、蛋白质或组织），印刷在"微型"形式的固体基片（玻璃、塑料或硅片）。通常，微型芯片的表面积不大于手指甲，就像一个能在一秒钟内完成数百万次数学运算的计算机芯片一样。微阵列芯片能在几秒钟内完成数千次生物反应，例如解码基因。最著名的是 DNA 微阵列在基因表达谱中起着不可或缺的作用。除了基因应用，还出现了蛋白质微阵列、细胞微阵列和组织微阵列，被广泛用于毒理学、蛋白质和生物化学研究。

（二）分类

微阵列芯片可以根据检测目标或功能分为基因微阵列芯片、蛋白质微阵列芯片、细胞微阵列芯片和组织微阵列芯片等。

1. 核酸芯片

核酸芯片，也称为 DNA 芯片或基因芯片（图 33-19），利用固定在固体表面的分子显微阵列（微阵列）进行生化分析。数十万个不同序列的核酸探针被固定在芯片硅或玻璃衬底的微观区域内的指定位置，形成 DNA 微阵列。用荧光分子标记的样品在这些 DNA 微阵列上杂交。杂交后，通过清洗微阵列去除未与探针结合的核酸分子，然后用适当波长的激光激活扫

图 33-19 核酸微阵列芯片示意图

描微阵列以激发染料。记录每个点上染料的相对荧光，并产生复合图像。每个通道的相对强度代表样品中核糖核酸或 DNA 产物的相对基础。利用软件对图像进行分析后，可以得到丰富基因的量化结果，可以快速指导相关研究。

互补 DNA 芯片（cDNA 芯片）是一种基于 DNA 互补链的相互和特异性亲和力的核酸芯片。一旦选择了所需的基因，通过 PCR 扩增获得各自的单个克隆。通常将双色荧光探针杂交技术用于 cDNA 芯片。两种不同的 cDNA 样品用不同的荧光染料标记并完全混合；然后在相同的探针点上实施杂交。通过使用具有不同波长的两束激发光获得表示不同样品的杂交的两个荧光信号。复杂的荧光标记探针可用于同时杂交和分离检测来自两个或多个探针的杂交信号。可非常精确和可靠地测量两个复杂样品中特定序列的相对丰度。

2. 蛋白质微阵列芯片

蛋白质微阵列芯片是一块玻璃，在其上具有不同氨基酸序列（如各种酶、受体或抗体）的蛋白质或多肽分子以有序的方式附着在不同的位置，从而形成微阵列。蛋白质微阵列芯片可用于研究高通量蛋白质–蛋白质相互作用反应、配体反应等。

3. 细胞微阵列芯片

细胞微阵列芯片为细胞被用作探针以在膜上构建的高密度细胞微阵列。基于核酸杂交和蛋白质亲和效应的原理，可以用比较的方法在细胞微阵列芯片上研究不同组织细胞样品中的多靶分子。因为细胞微阵列分析只需要少量的培养基，所以可以系统地检查细胞与小分子、天然产物、肽、抗体、多糖和其他大分子的相互作用。

4. 组织微阵列芯片

组织微阵列芯片允许一次在 DNA、核糖核酸或蛋白质水平上快速观察成千上万个组织样本中的分子目标。

（三）微阵列芯片的制作

DNA 芯片的制备主要有两种方法：一种方法是原位合成法，只适用于寡核苷酸；另一种方法是合成后点样交联，多用于大片段 DNA，有时也用于寡核苷酸甚至 mRNA 或 EST（300~400 bp）。

1. 原位寡核苷酸合成制备芯片

借助半导体照相平板印刷技术原位合成寡核苷酸探针。合成时将传统的以亚磷酰胺为基础的 DNA 合成技术加以修饰，亚磷酰胺 5′端改为光不稳定保护基团。依据所要合成的碱基序列决定模板的透光位点，从上到下，每合成一层核苷酸需要四个模具，分别指导 ACTG 的合成。合成的第一步是去除保护基团，在透过模具的紫外光照射处生成自由羟基。第二步 5′端保护的亚磷酰胺加到活性位点。随着未反应羟基的氧化、冲洗等，应用第二个模具在需要的探针位点合成下一个核苷酸。重复以上步骤直到获得所须探针的微阵列。

2. 芯片外寡核苷酸合成制备芯片

通过传统方法合成 DNA 探针后，用机械手点布在覆有凝胶的玻片上制备寡核苷酸芯片，密度为 20000~30000 g/cm^2。凝胶可增加组分密度，增强杂交，不足之处是只有短探针才能进入。也可用喷墨法制备芯片，将生化样品加载入袖珍喷嘴，在电流的控制下，喷嘴的有序开放和关闭使精确量的样品喷射在预设的底物位点表面，之后与机械打点法类似，喷出一系列的阵列来。该法几乎可用任何感兴趣的样品作芯片，包括 cDNA、基因组 DNA、抗体、小分子物质等；理论上允许高速高密度制备，非常适用于基因组分析。

3. 样品的制备

对用于制备芯片的 DNA 或 RNA 样品，通常要先对其靶序列进行高效而特异的扩增，待扩增产物纯化后再进行标记。标记可采用放射性标记、生物素标记或荧光标记等不同的方式，目前多用荧光标记法。常用的荧光色素有 Cy-3、Cy-4 等，也可用双色荧光对不同的样品及对照进行标记。标记后的样品溶于适量的杂交缓冲液中，配成合适的浓度，然后取适量加于 DNA 芯片表面，进行杂交。杂交反应的条件需根据组成阵列的序列的长度、芯片的用途等进行优化，不同的杂交强度必须对应不同的序列。

（四）仪器

1. PCR 仪

PCR 仪，也称 DNA 热循环仪、基因扩增仪。根据变温方式，PCR 仪有 3 种：水浴式、气流式和金属模块式。

2. 杂交仪

杂交仪主要由微流量泵、流量传感器、加热器及温度传感器、微量阀及微注射器构成。杂交仪可全自动控制基因芯片的杂交过程，为杂交提供精确温度和速度控制，容量大，一次可杂交 64 张芯片，性能稳定。已开发出在同一芯片上连续完成扩增、杂交、清洗和检测全部过程的核酸扩增基因芯片杂交检测仪。

分子杂交仪的基本原理是应用核酸分子的变性和复性，使来源不同的 DNA（或 RNA）片段，按碱基互补关系形成杂交双链分子。杂交双链既可以在 DNA 与 DNA 链之间，也可以在 RNA 与 DNA 链之间形成。基本原理是：互补的 DNA 单链能够在一定条件下结合成双链，即能够杂交。这种结合是特异性的，即严格按照碱基互补的原则进行，它不仅能在 DNA 和 DNA 之间进行，也能在 DNA 和 RNA 之间进行。因此，当用一段已知基因的核酸序列作出探针，与变性后的单链基因组 DNA 接触时，如果两者的碱基全配对，它们即互补地结合成双链，从而表明被测基因组 DNA 中含有已知的基因序列。由此可见，进行基因检测有两个条件，一是特异性的 DNA 探针；二是必需的基因组 DNA。当两者都变性呈单链状态时，就能行分子杂交。

3. 芯片扫描仪

芯片扫描仪具有精密影像、尽可能最好的信噪比、对每次扫描的精准定量。配合 GemePixpro 生物芯片分析软件，GenePix 系统，可以高标准地撷取和分析任何形式（包括核酸、蛋白质、组织和细胞）生物芯片的数据。

从检测原理上，DNA 芯片扫描仪可以分为激光共聚焦方式和 CCD 成像方式。虽然两种方法原理上有差别，但都涉及扫描仪的焦距校准问题，并且焦距是否精准会严重影响到仪器的成像质量。

（五）DNA 芯片技术

DNA 芯片技术利用固定化在固体表面的高密度 DNA 分子微点阵来进行生化分析。从生物体中提取的样品 DNA 或 RNA 作为靶分子，荧光或其他方法标记后，与微点阵上互补的探针杂交，从而产生异源双链。因为在微点阵上，某一特定位置上的核苷酸序列是已知的，所以通过对微点阵每一位点的荧光强度进行检测，便可对样品进行定性及定量分析。

1. 技术特点

基因芯片的最大优点在于高通量、快速、高效、大规模、高度并行性等特点，一次可以对大量的生物分子进行检测分析。在有限的实验次数中检测众多基因在特定实验体系中的变化规律；研究结果具有高度的特异性、敏感性和可重复性。

2. 自动化芯片生产技术

（1）光刻制版技术。

该方法使用带有光不稳定保护基团的亚磷酰胺核苷酸，以光为激活剂来合成寡聚核苷酸。优点是芯片探针直接根据 DNA 序列数据库制备，避免了生物样品操作的麻烦和不确定性。另一个优点是合成过程的高度精确性。这项技术的最大缺点是标准化程度差，而且非常昂贵。

（2）机械微量点样技术。

通过由镊子、针或毛细管组成的机械传递装置，与固体支持物表面直接接触，将探针转移到固体支持物表面上，从而完成芯片的制作。该技术的优点在于其易于标准化，因此成本低、可快速执行且适于多种目的。缺点是每种探针在芯片制作前必须单独合成、纯化和贮存。

（3）喷墨技术。

利用压电效应或其他形式的推进力，将探针从喷嘴转移到固体表面。

3. 主要步骤

基因芯片技术的主要步骤有芯片制备、样品制备、杂交反应和信号检测和结果分析。

（1）芯片制备。

目前制备芯片主要以玻璃片或硅片为载体。采用原位合成和微矩阵的方法将寡核苷酸片段或 cDNA 作为探针，利用机器人技术将探针准确、快速按顺序排列在载体相应位置上，再由紫外线交联固定后即得到 DNA 微阵列。

（2）信号检测。

DNA 芯片上杂交信号的检测除了判断信号有无分布位点外，还要确定每一点上的信号强度。所以杂交信号的检测系统包括杂交信号的产生、信号收集、信号处理及成像 3 个部分。由于 DNA 芯片面积小，密度大，点样量少，所以杂交信号弱。故检测系统需光电倍增管或冷却的 CCD 相机。

（六）DNA 芯片在食品分析中的应用

1. 检测食品病原体

DNA 芯片技术已经成为一种新的强有力的病原微生物检测工具，已经应用在食品安全检测方面。使用芯片技术进行细菌检测，可以大大缩短检测时间，使那些不能培养或很难培养的细菌也可以得到快速检测。

2. 检测转基因食品

采用基因芯片检测法，可以在检测载片上制备多种检测片段，以不同探针进行区分，一次可对转基因食品中的多种成分进行检测。

3. 检测食品营养成分

借助基因芯片技术对食品中的营养成分进行检测，能够明确营养素与基因表达、蛋白质之间所存在的关联性，可明确肥胖发生机理及有效预防肥胖。借助芯片技术对金属硫蛋白与金属硫蛋白基因之间的关系进行研究，以及锌转运体基因与微量元素锌的转运、吸收之间的关系。

为使基因芯片尽快成为实验室研究或实践中可以普遍采用的技术，需要从 5 个方面着手解决问题：①提高基因芯片的特异性、灵敏性；②简化样品制备过程和标记操作；③增加信号检测的灵敏度；④研制和开发高度集成化的样品制备、基因扩增、核酸标记及检测仪器；⑤加快生物信息学、系统生物学和计算生物学技术研究的步伐。基因芯片技术非常适于转基因食品及其原料的检测和食品病原微生物鉴定，具有广阔的发展前景。

三、微流控芯片

微流控分析就是指利用微流控芯片或系统对物质的组成、含量、结构与功能进行测定与研究的一类分析方法（图 33-20）。起源于 20 世纪 90 年代初由瑞士的 Manz 与 Widmer 提出的以微机电系统（micro-electro-mechanical systems，MEMS）技术为基础的"微全分析系统"（miniaturized total analysis systems 或 micro total analysis systems，μTAS）概念，通过化学分析设备的微型化与集成化，最大限度地把分析实验室的功能转移到便携的分析设备中，甚至集成到方寸大小的芯片上。次年，Manz 等人在平板微芯片上实现了毛细管电泳与流动注射分析，从而把微系统的主要构型定位为一般厚度不超过 5 mm，面积为数平方厘米至十几平方厘米的平板芯片。由于这种特征，该领域还有一个更为形象的名称"芯片实验室"。1994 年始，美国橡树岭国家实验室 Ramsey 等人在 Manz 的工作基础上发表了一系列论文，改进了芯片毛细管电泳的进样方法，提高了其性能与实用性，引起了更广泛的关注。同年，首届 μTAS 会议以工作室的形式在荷兰 Enchede 举行，推广了微全分析系统的作用。1995 年美国加州大学 Berkeley 分校的 Mathies 等人在微流控芯片上实现了高速 DNA 测序，其商业开发价值开始显现。

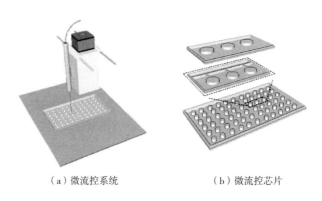

（a）微流控系统　　　　　　　（b）微流控芯片

图 33-20　微流控分析示意图

系统的核心就是微流控芯片，在方寸大小的散芯片上加工微通道网络，通过对通道内微流体的操纵与控制，实现整个化学与生物实验室区功能。微流控是多学科融合的新兴科学技术领域，与传统机械制造技术相比，它是一场理论方法和制造技术的革命。

（一）原理

微流体是处理或操纵所有流体（$10^{-9} \sim 10^{-18}$ L）的系统科学和技术，使用的通道尺寸通常为数百微米。微流控芯片（microfluidic chip），又称为芯片实验室（Lab-on-a-Chip），是在 MEMS 技术基础上，以硅、玻璃、石英和有机聚合物为材料，采用微细加工技术在芯片上构建由微通道、微反应室、储液池等微功能单元构成的微流路系统（图33-21）。在加载样品和反应液后，在微阀、微泵和电渗的作用下形成可控的微流路，于芯片上进行一种或连续多种的反应，从而把生物、化学、医学分析过程的样品制备、反应、分离、检测等基本操作单元集成到一块微米尺度的芯片上，自动完成分析全过程，由微通道形成网络，以可控流体贯穿整个系统，是一种用以取代常规生物或化学实验室的各种功能的技术。

微流控芯片能在微米级尺度构造出容纳流体的通道、反应室和其他功能部件，操控微米体积的流体在微小空间中的运动过程，从而构建完整的化学或生物实验室。

目前微流控芯片具有驱动样品、控制流体、分离细胞或颗粒、纯化分析物、聚合酶链反应扩增、其他生化反应、检测等多种功能。可以实现对无机离子、有机离子、蛋白质、核酸、细胞等的准确、快速、高通量的检测。

作为一种分析技术，微流控芯片具有使用样品量和试剂极少、高分辨率和灵敏度、低成本、分析时间短和分析装置占地面积小的优点。小体积减少了合成和分析产品所需的时间，也降低了试剂成本和化学废物的数量，具有在空间和时间上控制分子浓度的基本能力。微流控芯片是最活跃的研究领域，代表了生物和化学分析仪器的未来发展方向：小型化、集成化、个性化和应用。

（二）仪器

根据不同的功能和应用，微流控芯片由样品预处理芯片、生化反应芯片（聚合酶链反应芯片、杂交芯片或免疫反应芯片）、分离检测芯片（毛细管电泳芯片或毛细管电泳芯片）和多功能集成芯片组成。

如今，已开发了毛细管电泳微流控芯片、聚合酶链反应芯片、细胞分离芯片、细胞破碎芯片、用于纯化DNA的固相萃取芯片，以及用于驱动的压电微泵、聚合酶链反应检测仪器、DNA计算机微流控实验系统等。

1. 样品预处理微流控芯片

在实施分析或检测之前，几乎所有的生物芯片都需要相同的第一步，即从原始生物样品中提取或分离DNA、RNA或蛋白质。但是在许多情况下，回收的生物样品是高度复杂的生物混合物或生物样品和杂质的混合物（例如各种细菌和杂质如食物等的混合物）。除少数样品外，大多数粗样品不能直接与生物芯片反应。因此分析通常需要大量的预处理，包括检测前的纯化和富集。基因组分析需要先进行细胞分离、细胞裂解和从全血中提取DNA或RNA。

样品预处理微流控芯片通常由微通道和微孔组成。此外，可以包括电极、加热器/冷却器、过滤膜等部件。根据分析目标及其检测方法，利用记忆技术将简单的预处理步骤与生化反应、分析和检测的下游步骤集成在一个微流控芯片上，实现减少污染、提高整个分析过程自动化水平的集成电路。样品预处理微流控芯片具有更高的灵敏度、更快的响应速度、并行分析能力和可移植性。

2. 分离检测

许多基于不同原理的检测技术已被应用于微流控芯片中，如光学、电化学和质谱检测等。

（1）光学检测。

光学检测是微流控芯片中应用最广泛的方法，具有灵敏度高、实用性好等优点，传感器不需要直接接触分析对象。激光诱导荧光是目前最敏感的检测方法之一，灵敏度在 $10^{-10} \sim 10^{-12}$

mol/L 之间，对于某些荧光效率较高的分子，其检测能力可以达到单个分子的水平。因此，它是唯一一个用于商用微流控芯片系统的检测器。

（2）电化学检测。

基于电化学检测原理的检测系统被认为是最容易集成的芯片检测系统。其原因在于微电极和微流控芯片的制造技术是完全兼容的，可批量生产。电化学检测具有灵敏度高、选择性强、特异性强等优点，且不受光路和样品浑浊度的影响，只需少量样品。一些外围设备可以实现快速检测。主要有电流、电压和电导检测。

（3）质谱检测。

质谱检测技术可以为样品组成中的生物分子提供基本的结构和定量信息。它显示出微流控芯片检测技术的巨大潜力。该方法在芯片中集成简单，应用前景广阔，但其局限性在于质谱仪与微流控芯片的接口问题。

（4）无标签检测。

无标签检测技术可以直接检测反应引起的理化参数变化。不仅操作简单，同时在线检测。最具代表性的技术是表面等离子体共振（SPR），已得以广泛应用。SPR 法可检测液体和气体样品。反应池温度可控可调，温度高达 95°C，可以满足 DNA 扩增的要求。

3. 其他生物芯片

（1）固相萃取芯片。

采用固液萃取技术和液相色谱技术与芯片技术相结合，是一种微固相萃取（SPE）的样品预处理方法。一般程序是将溶液加载到 SPE 相上，将 SPE 固定或制造在芯片内，洗去不需要的组分，然后用另一种溶剂将所需的分析物洗去收集管中。SPE 芯片已被用于提取、纯化和富集香豆素、肽、蛋白质、DNA 或 RNA。

（2）混合生物芯片。

在典型的微流体装置中，黏度支配流动，因此雷诺数低且流动是层流的。在微流体装置中混合两种或更多种流体流是由于扩散，这是一个缓慢的过程。另外，在诸如 LOC 的微流体装置中，将两种或更多种试剂混合在一起非常重要。基于结构，微混合器可以分类为主动或被动混合方法。

大多数活性微混合器通过使用外部能量搅拌流动来增强混合，包括声学干扰、压力场干扰、磁流体动力学干扰等。有源微混合器特别适用于腔室混合物；然而，大多数活性微混合器制造复杂，需要外部电源，并且混合期间产生的热量可能破坏一些生物样品、细胞、酶或蛋白质。

（3）聚合酶链反应生物芯片。

聚合酶链反应是分子生物学中的常用方法，用于产生数百万份特定 DNA 序列的拷贝。聚合酶链反应需要一台能够控制这些温度变化的机器，因此，加热器、冷却器及其操作模式对于聚合酶链反应的扩增效率非常重要。传统的聚合酶链反应仪器通常在与聚合酶链反应的温度范围内达到 $1 \sim 2$ ℃/s 的升温速率，其中一次聚合酶链反应分析需要 $1 \sim 2$ h。聚合酶链反应微流体技术具有较小的热容量，较大的传热速率，体积小、升温速率快、成本低、集成度高等优点。

检测 PCR 微流体中 PCR 扩增产物的最常见方法是 PCR 产物的离线或在线 CE 分离，随后是激光诱导的荧光检测或 EC 检测，实时检测是另一种替代方法。可以通过动力学测量由荧光染料/探针和增加量的双链 DNA 之间的相互作用产生的荧光信号来实现，其中在它们达到检测阈值时立即观察 PCR 过程的产量，无须等到完成整个 PCR 过程所需的所有循环。

（4）毛细管电泳微流控芯片。

毛细管电泳微流控芯片（CE 微芯片）是一种微柱分离技术，在玻璃、石英硅或聚合物中制作微通道，通过施加高电场（几百 V/cm），根据电泳迁移率的差异分离目标分析物。微机械加工技术制造的 CE 芯片已广泛用于蛋白质和 DNA 样品等生物分子的分析。

根据待分离样品混合物的特性，可以使用各种模式的 CE 芯片。毛细管凝胶电泳通常用于蛋白质和 DNA 的基于大小的分离。

不同类型的检测器可以连接到 CE 芯片。大多数有机分子含有发色团，在 UV 区域吸收 195~254 nm；因此，紫外吸收检测是最常用的检测方法。激光诱导荧光（LIF）是最灵敏的检测方法，但分析物必须含有荧光团或需要衍生化。与 CE 结合使用的其他检测模式包括 MS 或电导率测量。

4. 常见的微流控装置

（1）PG-MFC 流控仪。

PG-MFC 流控仪由美国 PreciGenome 公司研制设计，是一种基于精准型压力控制的微流体压力进样系统，通过调节压力源的压力实现精确而稳定无脉冲的压力输出。由于此方法便于系统集成，占有空间少，流体对系统没有污染，所以在工业界开发产品应用较普遍。

PG-MFC 微流体控制仪集压力和流速控制于一体，既可以提供快速稳定的无脉冲压力输出，外接流量传感器时又可以提供精确稳定的流速控制。在无脉冲气流模式下提供稳定的正负压力源及恒流速输出，另可切换多种脉冲式气流发生模式。产品小巧便携，无须外接压力源。当使用内置压力源时，可在 -400~900 mbar（-7~13 psi）压力范围内精准控制压力，同时稳定速度快。如外接压力源，则可以提供更高的气压范围（定制款最大到 7000 mbar）。

PG-MFC 微流体控制仪可通过鲁尔接头实现与外部微流控芯片方便快捷的连接。可提供 4 通道、8 通道等不同机型，同时还提供外接流量传感器，通过软件控制可以提供设定的流量输出。

（2）微流控微滴制备系统。

微流控微滴制备系统包含：2 个压力泵，2 个储液池，2 个过滤器（选配），2 个流量传感器，1 个芯片夹具，1 个微滴微流控芯片和 1 个收集池。

微滴的形成原理类似于乳化现象，利用连续相对分散相进行剪切，使分散相以微小体积单元形式存在于连续相中，相比传统的乳化方式，微流控生成的液滴具有单分散性好，可连续生成等特点。根据分散相和连续相的不同，微滴可以分为水包油型微滴和油包水型微滴。

在微流控芯片上生成微滴，因其体积微小，所需样品量极微，可以以此为微反应器研究微尺寸反应；同时，由于样品溶液被不相溶的连续相包围，有效避免样品间的交叉污染；同时，样品分子留在分散相中，保证样品浓度稳定。因此，微滴在生物、化学、医学、流体、电子、材料等领域具有广泛应用。

微流控微滴制备系统和微滴形成原理如图 33-21 和图 33-22 所示。

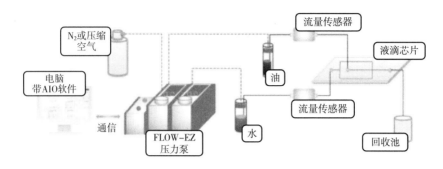

图 33-21 微流控微滴制备系统示意图

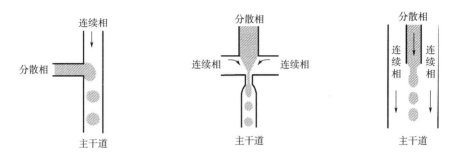

图 33-22 微滴形成原理图

（3）便携式高精密微流控压力泵。

便携式高精密微流控压力泵（FLOW-EZ）是法国 Fluigent 公司研发的组合式压力控制器，搭配流量监测模块，可实现压力和流量控制，压力分辨率可达其量程的 0.03%，压力稳定性小于 0.1%，系统响应时间小于 40 ms。

（4）UF-150 便携式微流控超快速荧光定量 PCR 仪。

UF-150 便携式微流控超快速荧光定量 PCR 仪采用微流控芯片技术，使其远超传统反应管式 PCR 速度，升降温达 8 ℃/s，最快可实现 15 min 完成 40 循环荧光 PCR 程序，1 min 完成熔解曲线分析。

（三）技术

1. 微流控芯片技术

近年来，随着微机电加工技术的不断进步，微流控器件和微流控芯片制备工艺的不断发展，与传统化学检测相比，微流控技术在减少样品使用剂量、实现高通量和高效检测方面具有显著的优越性。

2. 生物分析中的微流控技术

生物分析中的微流控技术主要包括微芯片电泳、纸基微流控技术、液滴微流控系统和数字微流控等方面。

（1）微芯片电泳。

微芯片电泳系统主要由微芯片、分离高压、信号发生与采集模块以及信号后处理模块构成。比传统电泳更快，也更允许试剂和样品的低消耗、自动化和小型化。微芯片电泳已应用于 DNA、蛋白质和多肽的检测。

（2）液滴微流控系统。

液滴微流控系统是基于少量的液体产生，操纵小通道中的液滴。由于液滴在微流体系统中通常作为反应物的微小单元，只需要很小的样品体积就能够实现化学反应，可以大大节省开发成本。此外，液滴还可以直接用于微小颗粒的合成与包装，用于生物医学的药品制作工业，具有潜在的市场价值。同时，基于液滴的微流体系统能够大大减小试验设备的尺寸，具有较高的集成度，可以同时开展多种试验的并行研究；能够携带细胞、DNA、药物和蛋白质，能对许多生物应用进行分析；在液滴中进行数字 PCR，以检测和量化 DNA 中突变型和野生型基因的比例。

（3）纸基微流控技术。

纸基微流控技术（μPADs）的基本工作原理是在亲水纸基上制作图案化的疏水屏障，形成毛细管微流通道，以控制微量液体流动。其技术要点在于纸芯片的制备及流量的控制，这将影响流体通道构建、样品前处理过程及检测通量等问题。一旦这种基质具有成本效益、简化的分析系统和便携式平台的优势，使用纸张作为芯片制造基质就极具吸引力。由于亲水性，纸张允许水溶液通过毛细管作用流过多孔结构，不需要增加抽水机械结构。因此，纸基微流控技术（μPADs）越来越广泛地应用于生物分子监测、免疫分析以及其他允许仅使用一滴样本进行的多种生物测定中。

（4）数字微流控。

数字微流控（DMF）由一个基于液滴的微流体系统组成，可通过光刻制作和丝网印刷技术制造。DMF 利用液滴在疏水化表面的介电润湿现象，通过控制微电极阵列上液滴接触角变化，实现离散液滴的精确控制。相比于传统基于微通道的微流控芯片，DMF 技术既保留了样品消耗量少、热转换快速，以及具有高并行性和自动化的能力，同时不依赖微泵、微阀或微混合器等元件，甚至无须复杂的三维流体通道，具有构建简单、可动态配置的优点，因此特别适用于高集成度、高性能、操作复杂的生物、化学微全分析体系。

（四）微流控芯片技术在食品安全分析检测中的应用

1. 食源性致病微生物的检测

微流控芯片为致病微生物提供了一个高效、快速的检测平台。环介导等温扩增（LAMP）集成的离心微流控芯片，可同时进行 30 个 LAMP 反应，从样品制备到含量检测的整个过程仅需 65 min，最小进样量为 12.5 L，并且钙黄绿素颜色从橙色变为黄绿色，直接将结果可视化，此装置已成功应用于鸡肉中大肠杆菌、沙门氏菌和霍乱弧菌的检测。基于 MnO_2 纳米酶和收敛-发散螺旋微混合器的微流体比色生物传感器用于沙门氏菌的快速灵敏检测，能在 45 min 内检测鸡肉中 $4.4 \times 10^{-1} \sim 4.4 \times 10^{-6}$ CFU/mL 的沙门氏菌。

2. 生物毒素检测

基于量子点免疫测定制成的聚二甲基硅氧烷重力驱动微流控芯片检测黄曲霉毒素 B1，检测限为 0.06 ng/mL，回收率为 98.1%～101.8%，已成功应用于牛奶、玉米、水稻中黄曲霉毒素 B1 的检测。基于表面等离子体共振技术制成的微流控生物传感器可检测黄曲霉毒素 B1，检测范围为 0.01～50 nmol/L，检测限为 0.003 nmol/L。纸基微流控芯片可用于快速检测小麦、玉米等谷物中的呕吐毒素（DON），它将比色竞争性免疫分析整合到纸微流体装置中，以金纳米粒子为信号指示剂，检测范围为 0.01~20 mg/L，在 12 min 内即可完成检测，小麦和玉米的回收率为 90%~105%。

3. 食品添加剂的检测

微流控芯片可用于食品中着色剂、防腐剂、护色剂、增白剂、漂白剂及香料等食品添加剂的检测。用芯片电泳电容耦合的非接触电导检测苯酸盐、山梨酸酯和维生素 C，能极大地减少分析时间，检出限达到 3~10 μg·mL，分析时间小于 50 s。采用芯片电泳与电化学结合检测了软饮料和糖果中的着色剂颜料黄 AB、新红、日落黄、新胭脂红和苋菜红 5 种偶氮染料，检出限分别为 3.8 μmol/L、3.4 μmol/L、3.6 μmol/L、9.1 μmol/L、15.1 μmol/L，检测时间均小于 300 s。芯片电泳与电化学检测相结合实现了水中护色剂亚硝酸盐的检测，检出限达（0.09±0.007）μmol/L。采用微流动注射化学发光法检测了面粉中的增白剂过氧化苯甲酰，检出限达 0.4 μg/mL，线性范围为 0.8~100 μg/mL。

4. 食品加工与食品风味

微流控芯片技术可以用于食品加工领域，对食品加工中黏度、密度、分子扩散系数、pH 值等工艺参数进行实时检测，确保产品质量。采用微流控芯片技术检测糖类，在较优的微流控芯片条件下，在 2.5 min 内能够及时定量检测所有的糖类。微流控芯片技术还可以用于食品风味物质的快速检测，包括苹果中风味成分的检测，香草豆和茶中香兰素和乙基香兰素的检测等。

微流控技术由于具备优异的微尺度界面调控性能，能够减少样品使用剂量、实现高通量和高效检测，不断为各个研究领域提供新的研究思路，在各研究领域发挥着重要作用。但在芯片的加工方面，超精密的微流控芯片加工难度大、成本极高，专用加工设备种类少，目前微流控技术应用仍然存在着挑战。

第五节　免疫学检测技术

课件

免疫分析（immunoassay，IA）是利用抗体作为试剂来检测分析物的存在和含量的生化分析方法。免疫分析的基本原理是抗体–抗原相互作用，免疫反应有两个最显著的特点：抗体识别抗原的高特异性，使免疫分析能从组成十分复杂的体液或组织成分中有选择地检出特定待测物。抗体–抗原间免疫反应的高亲和性（亲和常数：10^{10}~10^{12} L/mol），使这些待测物的高灵敏分析成为可能。免疫分析法分析的物质可以是小分子药物、激素、脂质、肽、蛋白质，甚至是更大结构的对象，如病毒和细菌。免疫分析不仅可以在单纯体系（如缓冲液、细胞培养基）中，也可以在复杂基质中测量分析物。

Coons 等人在 1942 年首次提出荧光免疫分析，进入了免疫分析时代。1959 年开发了第一个用于定量胰岛素的免疫分析法。美国化学家 Yalow 和 Berson 于 1960 年提出放射免疫分析方法，Rosalyn Yalow 凭借"肽激素放射免疫测定的进展"获得 1977 年诺贝尔医学奖。1966 年由 Nakene 和 Pierce 共同提出酶免疫分析的基本原理。1971 年，Engvall 和 Perimann 运用酶免疫分析方法实现了对 IgG 的定量测定。随着免疫分析中的关键试剂——单克隆抗体的杂交瘤技术的发展，免疫分析技术得以广泛应用。Georges Köhler 和塞萨尔·米尔斯坦因"单克隆抗体的生产原理"获得 1984 年诺贝尔医学奖。从那时起，建立起了能检测大量分析物的免疫分析法。

一、免疫分析方法的原理

抗原与相应抗体之间发生的特异性结合反应，是经过一系列的物理和化学变化，可通过力学、特点及影响因素分析抗原抗体结合反应。

（一）抗原抗体结合的力学分析

从力学上看，抗原抗体的结合作用主要分为结合力、亲和力以及亲合力。

1. 抗原抗体结合力

抗原抗体结合力是指抗原抗体之间的结合力，主要包括静电引力、范德华力、氢键及疏水作用力，如图 33-23 所示。

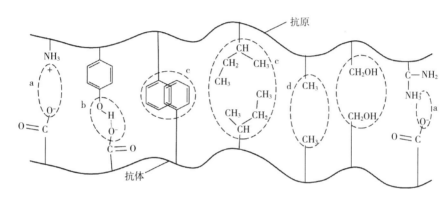

图 33-23　抗原抗体分子间的相互作用（结合力）示意图

a—静电引力　b—氢键　c—疏水相互作用　d—范德华力

静电引力主要指抗原与抗体上带有相反电荷的氨基和羧基基团之间的相互作用力。静电引力是两个相反电性带电体之间的库仑力，其大小与两个相反点电荷的乘积成正比，与电荷点间距离的平方成反比，即两个电荷点靠得越紧密，静电引力越强。多数抗原是蛋白质，而抗体则主要为免疫球蛋白，故多数情况下抗原抗体均是蛋白质，蛋白质作为两性分子，在一定酸碱度的电解质中，其所带的氨基和羧基分别通过电离形成带阳性电荷的—NH_3^+和阴性电荷—COO^-，因此出现了两个相反的点电荷。通过这两个由抗原抗体相对应的氨基和羧基形成的不同电荷基团的相互吸引，促进了抗原抗体的结合。

范德华力的作用强度小于静电引力，是抗原与抗体相互接近时分子极化作用发生的一种吸引力。其大小与抗原抗体相互作用基团极化程度的乘积成正比，与两个基团之间距离的七次方成反比。

氢键是由氢原子和电负性大的原子相互作用力而形成的引力，通常氢键的结合力较范德华力更强，由于其需要抗原分子提供供氢体和抗体分子提供受氢体，且提供的供氢体和受氢体在结构上互补才能实现氢键结合，因此具有特异性结合的特点。供氢体指的是抗原上所带有的亲水基团，例如—OH、—NH_2 及—COOH 等；抗体上的受氢体一般指电负性最大的原子，例如氮、氧等。氢键的形成能够促进抗原抗体的相互结合。

疏水作用力作为抗原抗体结合中最重要，提供作用力最大的结合力，是由于水溶液中抗原抗体之间的疏水基团相互接触，而对水分子排斥并趋向聚集的力。随着水溶液中抗原抗体结合点逐渐靠近时，相互间正、负极性消失，由于静电引力形成的亲水层也消失，两者之间的水分子被排斥，从而促进抗原抗体相互吸引而结合。

2. 抗原抗体结合的亲和力和亲合力

抗原抗体结合的亲和力指抗体分子上一个抗原结合点与对应的抗原表位之间的结合能力。抗原抗体亲和力的大小与抗原抗体结合反应的平衡常数 K 呈单调递增关系，抗体的亲和力越高，K 值越大，反之亦然。抗体分子的抗原结合部位与抗原分子的抗原表位之间存在互补构象，使得两者的化学基团之间有了充分紧密接触的可能，抗原抗体分子之间才有可能存在比较多的共价键结合。如果抗体分子的抗原结合部位和抗原表位之间的构象不能完全互补，无法形成较多的共价键，会造成两者分子之间的亲和力低，甚至不能结合。

抗原抗体结合的速度与它们之间结合的亲和力有关，而亲合力则表示抗原抗体分子之间结合的紧密程度。这两种力与抗体的结合价、抗原的有效抗原表位数目有关。

如图 33-24 所示，随着抗体分子上的抗体结合片段增多，抗体分子结合的抗原表位增多，抗原和抗体分子间的亲合力呈指数型增长。

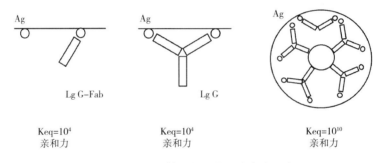

图 33-24　抗原抗体的亲和力和亲合力示意图

（二）抗原抗体反应的特点

1. 高度特异性

特异性反应是免疫反应最主要的特征，这种特异性反应来源于抗体上抗原结合片段和抗原表位之间结构的高度互补。

2. 阶段性

可见性的抗原抗体反应通常可以分为两个阶段，称为反应不可见阶段和反应可见阶段。在反应不可见阶段，该过程无法观察到反应过程，这个阶段通常需要数秒到数分钟，抗原抗体迅速进行特异性结合；在反应可见阶段，该过程由于抗原抗体结合物的物理性状不同，可能会出现凝聚、沉淀等肉眼可见的现象，通常需要较长时间，数分钟到数天不等。

3. 比例性

比例性是存在于反应可见阶段的抗原抗体反应特有的特征，是指在该类免疫反应中，反应会遵循一定的量比关系，通常被称作反应的比例性。抗原抗体比例关系分为 3 部分，抗体过剩带、等价带和抗原过剩带。只有抗原抗体比例适当，即处于等价带时，抗原抗体分子结合并形成肉眼可见的网络状复合体。

4. 可逆性

可逆性是免疫结合反应的重要特征之一。可逆性的特性是由于抗原抗体的结合是通过分子表面的共价键结合而非化学键结合形成的复合物不稳定而导致的。由于抗原抗体复合物不稳定，故在一定条件下，抗原抗体分子表面的共价键可以再次解离，成为游离且保持活性的抗体和抗原分子。抗原抗体结合反应的环境如温度、酸碱度、离子强度等改变，都可能影响抗原抗体复合物的解离度。免疫磁珠分离技术就是通过改变反应环境，使抗原抗体解离，以完成抗原的释放。

（三）抗原抗体反应的影响因素

影响抗原抗体结合反应的因素较多，除了抗原抗体本身外，还有反应基质的影响和实验环境的影响。反应基质中通常还有蛋白质、盐和其他可能污染标本的物质，这些物质有可能会干扰抗原抗体间反应。因此，需要通过实验设置减少基质干扰，或给予较长的温育时间。抗原抗体反应需要提供适当的反应环境，不同的电解质环境、液体酸碱度和反应温度都会影响反应情况。由于抗原抗体多数是蛋白质，适当的电解质可以帮助它们失去一部分负电荷并促进其相互结合。实验室通常会使用 0.85% NaCl 或其他离子溶液作为电解质稀释液。抗原抗体反应一般在 pH 为 6~8 的溶液中进行。

二、免疫分析的分类

免疫技术的分类方法较多，按照指示标记物质的不同，免疫分析方法（IA）分为发射免疫分析法（radioimmunoassay，RIA）、酶免疫分析法（enzyme immunoassay，EIA）、化学发光免疫分析法（chemiluminescent immunoassay，CLIA）和荧光免疫分析法（flurescence immuno-assay，FIA）。

按照基本原理，免疫分析可分为：①直接与抗体结合的非竞争性或夹层免疫分析；②分析物和标记的分析物试剂与抗体结合之间的竞争来检测分析的竞争性免疫测定。竞争型免疫分析法一般适用于小分子抗原或半抗原的测定，而非竞争型免疫分析法则适用于分子量较大抗原的测定。夹层和竞争性免疫分析既可以在异相（涉及洗涤步骤）或均相（无须洗涤）格式中进行。

（一）夹层免疫（标记抗体的非竞争型）免疫分析法

将固定在固相上的捕获抗体与含有分析物的样品一起保温培养，经充足时间的结合后，洗涤孔以除去所有未结合的材料，并用检测抗体检测抗体结合的分析物。检测抗体用产生信号的分子（如放射性同位素、酶、荧光或化学荧光标签等）标记。洗涤后，保留在固相上的标记物数量与样品中分析物的量直接相关。通过将信号与标准曲线进行比较，可以测定分析物的浓度（图33-25）。

在夹层免疫分析中，捕获抗体和检测抗体都超过了分析物，这种类型的分析也称为过量试剂的免疫分析。要进行夹层免疫分析，分析物必须同时与两种抗体结合。分子量较大的抗原一般含有两个以上的抗原决定基，因为每个抗原决定基都可以和不同的抗体分子结合，所以可以用固相化抗体和标记抗体与待测抗原形成夹层形免疫复合物的方法来测定抗原浓度。

因此，这种类型分析趋于非常专一化，因为两个不同的抗体不太可能偶然结合到一个基质组分上。另外，用这种分析模式不能检测较小的分子，例如，含有两个非诱导表位的有机

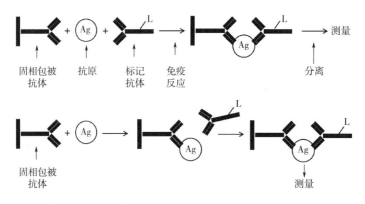

图 33-25　使用标记抗体的非竞争型免疫分析法的原理

化合物或短肽，由于其太小而不能分析。夹层分析具有高敏感性，在宽的浓度范围内能测定分析物的浓度。

（二）竞争性分析

1. 标记抗原的竞争型免疫分析法

如图 33-26 所示，这种分析法是利用分析目标抗原和标记抗原与固定在固相上的抗体的竞争反应的一种分析方法。该法中抗体和标记抗原的浓度固定，改变分析目标抗原的浓度，则反应生成物中与标记抗原反应生成的免疫复合体的量发生改变，据此可得到分析目标抗原的测定工作曲线。

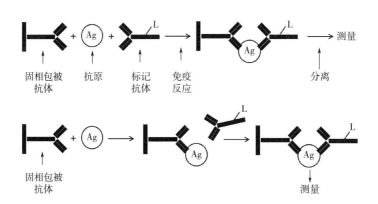

图 33-26　使用标记抗原的竞争型免疫分析法的原理

2. 标记抗体的竞争型免疫分析法

如图 33-27 所示，该方法是利用标记抗体与固相化抗原及待测目标抗原之间的竞争反应，固定固相化抗原和标记抗体的浓度，随着分析目标抗原浓度的改变，标记抗体与固相化抗原所形成的免疫复合体的量改变，则信号也随之改变。

由于竞争，分析信号与样品中分析物的含量成反比。与试剂过量的夹层分析不同，竞争性分析是试剂限制的。为了有效竞争，标记试剂分析物和分析物的浓度必须在相似的范围内，且抗体浓度必须受到限制。如果抗体浓度太高，则分析物和标记试剂分析物会与抗体结合，且信号不再取决于样品中分析物的浓度。

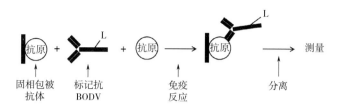

图 33-27 使用标记抗体的竞争型免疫分析法的原理

竞争性分析仅使用一种抗体，这对于无法/不可能使用抗体对的分析物而言是一大优势。小的分析物不具有两个独立的表位，因此不能同时结合两种抗体，故通常使用竞争性分析法进行测定。

（三）免疫分析法的测定形式

免疫分析法的两种基本测定形式是固相法和均相法。

1. 固相免疫分析法

固相免疫分析法是指在溶液中经过免疫反应所形成的免疫复合体的标记信号与没有进行免疫反应的标记信号没有明显差异，不能进行直接测定，因此在测定之前必须先将两种标记信号分离。RIA、EIA 以及时间分辨荧光免疫分析法等都可进行固相免疫分析。

固相免疫分析法的一个最突出的优点就是由于将未反应标记物分离除去，极大地降低了背景干扰，因此灵敏度非常高。另外，它可用于大分子物质的测定，但是由于固相免疫分析法引入了分离步骤，导致操作麻烦费时。

2. 均相免疫分析法

均相免疫分析法是指经过免疫反应生成的免疫复合物的标记信号与未经反应的标记物信号具有明显差异，在溶液中不经分离即可直接进行测定的免疫分析法。这种区别可以是光散射性质改变、光偏振度改变、荧光强度改变等。

均相免疫分析法的优点是分析时间短，操作简便，易于自动化。缺点是背景干扰严重，灵敏度较低，线性范围窄等。

（四）免疫分析的组分

1. 检测体系

在大多数的免疫分析中，抗体或试剂分析物与某种可检测的标记物通过化学结合。在不同的免疫分析中使用了各种各样的标记。因为标记能产生可观察到的信号，例如辐射、溶液中的颜色变化或荧光，故是可检测的。

（1）放射性标记。

早期的免疫分析利用放射性标记物，例如^{125}I。闪烁计数器可测量来自^{125}I和其他同位素的电离辐射。在计数器中，当放射线被闪烁体吸收时，光电倍增管会检测到闪光，放射性测定具有很高的灵敏度。

（2）酶。

许多免疫分析使用酶作为标记。酶将底物转化为发色的、荧光的或化学发光的产物。用简单的仪器，如分光光度计或荧光/发光读取器测量吸光度、荧光或发光。ELISA 是一种最常见的酶联免疫分析法，辣根过氧化物酶（HRP）与发色底物 3，3′，5，5′-四甲基联苯胺

（TMB）的组合是许多实验室的主要 ELISA 技术，使用该检测系统的多种试剂盒和试剂已实现商品化。

（3）荧光标记。

荧光分子可以通过酶，也可以直接与试剂分析物或检测抗体偶合。荧光可通过荧光计进行测量。荧光计生成特定波长范围的光以激发荧光分子，并用光电倍增管或光电二极管检测不同波长的发射光。生物样品通常具有一定程度的自发荧光，洗涤步骤可用于去除荧光样品成分。目前可在商品平台购买到具有高量子得率的荧光团（明亮的荧光团），如藻红蛋白（PE）或别藻蓝蛋白（APC）。灵敏度通常与同类 ELISA 分析相似或更好。

（4）化学发光。

与荧光类似，发光可以通过酶或能直接连接到检测抗体的化学发光分子生成。辣根过氧化物酶（HRP）和碱性磷酸酶（AP）催化底物转化为发光产物，其自发分解产生光。电也可以用来引发发光反应。

（5）其他标记。

原则上，免疫分析可以利用任何产生可测量信号的标记。在侧向流动分析中，较大的颗粒（如有色珠子或金颗粒）会通过测试条迁移，并提供眼睛或阅读器可以检测到的颜色信号。DNA 已成功地用作标记，用实时 PCR 仪可定量与检测抗体缀合的 DNA 的数量。由于仅需少量的 DNA 即可产生信号，因此 DNA 作为标记可提高测定的灵敏度。可以通过表面等离子体共振检测抗体质量的变化来检测抗体的结合。质量检测也可以通过振动表面实现，当抗体与之结合时，振动频率就会改变。抗体捕获技术与质谱技术相结合，使低丰度蛋白质的质谱检测成为可能。此处，分析物首先被固定化抗体捕获，洗脱，通常酶消解，然后在质谱仪中分析。

2. 分离体系

异相免疫分析依赖于从未结合的分析物和过量试剂中分离出结合的抗体分析物复合物。在 RIA 中，沉淀法和离心法常用于分离结合物。在 ELISA 分析中，捕获抗体被固定在固定相（如 96 孔聚苯乙烯板）上，这允许同时容易地洗涤 96 个样品。预先涂层捕获抗体的平板通常是商用生物标记物分析试剂盒的一部分。一些基于平板的平台允许在同一运行中通过多路复用测定多个分析物。将每个分析物在一个孔中的离散点中涂敷捕获抗体。每一个抗体斑点都将与样品中的各自分析物结合。针对所有分析物，检测抗体的混合物允许在单个斑点中分析物相关信号的检测。

类似的方法是将抗体试剂固定在聚苯乙烯或磁珠上。磁性粒子很容易通过施加磁场来分离，而聚苯乙烯微粒则需要离心或过滤。通过混合不同的荧光珠（具有不同的分析物特异性），可以同时捕获多个分析物。洗涤后，混合 PE 标记的检测抗体完成夹心。

膜分离也是常见的分离方法。

3. 均相分析系统

均相分析是真正的混合和读取系统。有几种方法可以在不分离和洗涤的情况下区分结合态和非结合态的分析物。

荧光偏振是一种均相分析方法。溶液中的荧光分子受到布朗运动驱动产生快速旋转，被偏振光激发后发射出大部分的非偏振光。当这些荧光分析物与抗体等大分子结合时，它们旋转速度减慢，并且大多数情况下会发出偏振光。偏振光的发射程度与抗体–荧光分析物复合物的数量有关。该分析通常以竞争模式进行。

重构分析是另一类均相系统，广泛用于检测高通量筛选（HTS）。该类分析的实例之一是克隆酶供体免疫测定法（CEDIA）。该分析基于 β-半乳糖苷酶的两个片段的自发组装，这两个片段一起互补并生成活性的 β-半乳糖苷酶复合物，该复合物通过催化发色、荧光或化学发光底物的水解。一个片段与目标分析物缀合，而不会影响酶的互补性。该分析中，抗体结合到片段缀合分析物上，并抑制酶的互补。当样品中存在分析物时，它将结合至抗体并阻止抗体与缀合片段结合，酶可以再次组装，并恢复信号。克隆酶供体免疫测定法（CEDIA）和酶多重免疫测定技术（EMIT）都是竞争性均相分析。

4. 结合试剂

抗体是免疫分析中的主要结合试剂。抗体是多克隆或单克隆的。单克隆抗体仅结合到一种已明确的表位，而多克隆抗体通常结合到任何一种抗原上的几个表位。多克隆抗体是具有不同亲和力抗体的混合物，而单克隆抗体具有一种明确的亲和力。

多克隆抗体是从用抗原免疫的动物血液中分批生产的，主要由兔产生；对于大批量的抗原来源，山羊是首选。单克隆抗体主要通过杂交瘤技术产生，并且主要来源于大小鼠。与单克隆抗体相比，多克隆抗体通常更稳定，对标记的敏感性更低。多克隆抗体通常在夹层免疫分析中用作检测抗体。与同一分析物分子上几个表位的结合能力导致信号放大，因此灵敏度更高。当对一个特定表位的特异性具有相关性时（如蛋白质异构体），单克隆抗体的均一性是有益的。

5. 标准材料

标准曲线将测定信号转化为浓度。定量免疫分析法依赖于标准曲线，而定性分析或半定量分析法则不需要标准曲线。严格的定量免疫分析要求标准曲线材料的行为与样品中的内源分析物相同。蛋白质校准物主要来自重组纯化材料，可能与内源性分析物不同。即使标准曲线材料和内源分析物的行为不相同，仍可以进行相对定量。

6. 缓冲液

缓冲液用于标准曲线和样品的稀释。免疫分析中使用多种缓冲液。最常见的缓冲液包括基于磷酸盐或三（羟甲基）氨基甲烷（Tris）的 pH 缓冲系统。此外，缓冲液通常含有减少分析物或分析试剂非特异性相互作用的成分。这用于背景信号的最小化或防止杂散的高信号。缓冲液中的牛血清白蛋白和酪蛋白可用于"阻断"与测定孔的非特异性相互作用。洗涤剂也有助于减少非特异性结合。

三、放射免疫分析法

（一）概念及特点

放射免疫技术检测是利用放射性标记的配体为示踪剂，以竞争结合反应为基础，在试管内完成的微量生物活性物质检测技术。放射免疫检测技术适用于阳性率检出相对较低的样品检测中，而且可以批量检测。该技术具有灵敏度高、准确性高、特异性强、精密度高、操作简便快速、应用范围广和安全等优点。

（二）原理

放射免疫技术主要包括放射免疫分析（radio immuno assay，RIA）和免疫放射分析（immunoradiometric assay，IRMA）。

1. RIA 基本原理

放射免疫分析的基础是标记抗原（Ag*）和非标记抗原（Ag）对其特异性抗体（Ab）的竞争抑制反应，其反应式如下：

Ag*（游离标记抗原）+Ab（专一抗体）$\rightleftharpoons$ Ag*-Ab（标记抗原-抗体复合物）

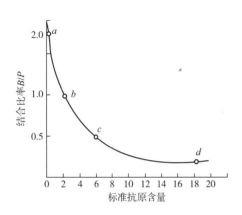

图33-28　竞争性抑制曲线（标准曲线）

在上述反应系统中，反应物与产物保持可逆的动态平衡。如果反应系统中同时存在Ag，当 Ag* 和 Ab 的量保持恒定时，则 Ag*-Ab 复合物形成量与 Ag 的含量呈相反关系。如果 Ag 含量高，则 Ag 对 Ab 结合位置的竞争机会就多，Ag-Ab 的形成量也就多，而使Ag*-Ab 的形成量减少；反之，Ag 含量低，Ag-Ab 形成量减少，而 Ag*-Ab 相对增加。也就是说，Ag*-Ab 复合物形成量与 Ag 的含量呈一定的函效关系。因此，用各种已知浓度的标准物质与限定量的 Ag* 及 Ab 作用，即可测得该物质在各种浓度下 Ag*-Ab 复合物的结合率。以结合率为纵坐标，标准抗原含量为横坐标作图，绘成曲线，称为竞争性抑制曲线（图33-28），只要将被测物质的结合率与标准曲线对照，即可算出该物质的含量。

2. RIA 特点

RIA 的优越性主要体现在：①灵敏度高：常规的生物化学分析方法检测体液中物质的质量在 10^{-3} g 水平，而 RIA 可达到 $10^{-9} \sim 10^{-12}$ g 水平；②特异性强：RIA 建立在抗原抗体反应的基础上，因此，即使分子结构很相似的物质也有很高的特异性；③操作较方便：使用的试剂大部分都有配套的试剂药盒供应，只要具有操作一般检验工作的能力即可；④成本较低：对环境和支持设备的要求不高。

3. IRMA 基本原理

在反应体系中加入过量的标记抗体（Ab*）与待测抗原（Ag）发生反应，形成 Ag-Ab* 复合物，分离游离的 Ab*，测定复合物的放射性，其活度与待测抗原的量成正相关。

IRMA 属于非竞争性放射性配体结合分析技术。与 RIA 为代表的竞争性放射性配体分析技术主要有两点区别：其一是放射性核素标记的是抗体而不是抗原；其二是采用过量抗体而不是限量抗体。与 RIA 相比，RIMA 提高了检测灵敏度，增宽了检测范围，特异性和精确度进一步提高。

4. IRMA 的特点

①以标记抗体作为示踪剂；②因标记抗体过量，且反应是非竞争性的，抗原抗体是全量反应，故反应速度比 RIA 快；③灵敏度为 RIA 的 10~100 倍；④标准曲线工作范围宽；⑤特异性高；⑥稳定性好。

（三）放射免疫检测技术

1. 双标记液相 IRMA 技术

双标记液相 IRMA 技术是第五代 RIA 技术中最具推广意义的。主要特征是将两株高特异性单克隆抗体（McAb）分别标记^{125}I 和异硫氰酸荧光素（FITC），共同作为标记试剂，待测样品在液相中生成双标记夹心免疫复合物，以抗 FITC 磁性微粒子固相作为分离剂。双标记液相 IRMA 比普通的 IRMA 节省了时间。对于中小化合物，该法灵敏度明显高于酶免疫法和化学发光法。检测量程宽，特异性强，适宜大量样本检测。

2. 固相法

将特异性抗体吸附在固相物质上，使反应液中的标记抗原和非标记抗原通过一定温度和时间与固相抗体竞争结合反应，形成固相的结合标记抗原，而游离的标记抗原遗留在反应液中，通过洗涤使两者分离。

固相法的优点是操作简便、反应快速、测定方便，有利于操作标准化、自动化，缺点是灵敏度和精确度略差。

3. 变异型抗体夹心法测定半抗原

半抗原的放免测定目前均采用液相竞争法，为了适应固相测定，采用了一种称之为抗变异型抗体建立了完全新型的夹心免疫法。其特点是能特异地结合相对应的抗原抗体复合物。因此，需要制备半抗原的抗体和半抗原抗体复合物的抗体。

4. 放射受体分析

受体是存在于细胞表面、胞浆或细胞核内的生物活性物质，其功能是和细胞外的信息分子（配体）特异性结合，将信息转变为生物效应。放射受体分析（radioreceptor assay，RRA）或受体的放射配体结合分析（radioligand binding assay，RBA）是建立在放射性标记配体与受体之间的结合反应，适用于受体分子的定量和定位分析。

（四）放射免疫测定仪

放射性核素依衰变方式分 α、β、γ3 种，用于放射性标记的有 β 和 γ 两类。依据检测射线种类的不同，可将放射免疫测定仪分为液体闪烁计数器和晶体闪烁计数器。

1. 液体闪烁计数器

液体闪烁计数器是使用液体闪烁体接受射线并转换成荧光光子的放射性计量仪。其基本结构包括基本电子线路、自动换样器和微机操作系统。其基本原理是依据射线与物质相互作用产生荧光效应。主要测定发生 β 核衰变的放射性核素，尤其对低能 β 更为有效，如^{3}H、^{32}P、^{14}C 等，已广泛应用于生物医学、分子生物学、农业等领域的核素示踪与核辐射测量。

QuantulusGCT6220 珀金埃尔默液体闪烁谱仪（液闪仪）是一种用于超低级别灵敏度的液体闪烁计数器，具有极高的灵敏度，对低水平 α 和 β 放射性的检测能力极强。

2. 晶体闪烁计数器

晶体闪烁计数器，又称 γ 放射免疫计数器，其基本结构主要有闪烁体、光电倍增管和多道脉冲分析器。晶体闪烁计数器所测量的是示踪放射性同位素的强度，在放射免疫检测中用得较多的是^{3}H、^{14}C、^{125}I、^{131}I。前两种是放射软 β 射线，后两种是放射 γ 射线。由于 γ 射线比 β 射线容易探测，碘原子化学性活泼，可用比较简单的方法来标记抗原和抗体，特别是^{125}I 有比较合适的半衰期（59.7 天），放射出的 γ 射线的能量比较低（35.5 keV），便于防护。

CN202M/KZ4GC-1200γ 放射免疫计数器是一种利用放射性同位素示踪技术的灵敏性和免疫学反应的特异性来对生物样品中物质含量进行微量测定分析的 γ 射线计数器。测量速度快、探头一致性好、操作简便、稳定可靠。

（五）应用

适用于对蛋白质、激素和多肽类的检测。同位素 ^3H 和 ^{14}C 常被应用于食品安全检测。放射免疫检测技术适用于阳性率检出相对较低的样品检测中，而且可以批量检测。在食品检测过程中可以检测水产品、肉产品和果蔬产品中的农药残留。另外，还能够检测与食品卫生有关的细菌、真菌及其毒素。

1. 抗生素快速检测

1978 年，Charm 在 RIA 技术的基础上发展了放射免疫检测技术（RRA），放射免疫检测在快速检测方面最成功的是 Charm Ⅱ 6600/7600 抗生素快速检测系统。该系统利用专受体来识别结合于同一类抗生素族中的母环以便最快速同时检测同一抗生素族在样品中的残留情况。目前，Charm Ⅱ 7600 检测系统在 β-内酰胺类、氯霉素类、四环素类、磺胺类、氨唑西林及碱性磷酸酶的检测已被 FDA 认可。用放射免疫法检测畜产品中青霉素类药物残留，该法简便、快速、敏感。

2. 农药残留的检测

由于可以避免假阳性，适宜于阳性率较低的大量样品检测，RIA 已广泛应用于水产品、肉制品、果蔬产品中农药残留的检测。RIA 检测莴苣叶片上的对硫磷残留量，检测限为 10～20 ng/mL。检测鳗鱼中磺胺类药物残留，最大残留限量 50 μg/kg，90 min 可得出结果。

3. 转基因产品的检测

利用 PCR 分别合成掺入地高辛标记的 ^{35}S 启动子和 NOS 终止子核酸探针，再利用 RIA 将 ^{135}I 标记的地高辛抗体与 ^{35}S 启动子和 NOS 终止子探针分别进行杂交检测。结果显示转基因样本的杂交信号均为阳性，灵敏度较高，可达到 pg 级的检测水平，一般在 3 h 内就可以完成多个样品的测定。

4. 细菌及毒素的检测

可检测经食品传播的细菌及毒素、真菌及毒素、病毒和寄生虫及小分子物质和大分子物质。应用 Charm Ⅱ 反射免疫分析方法测定牛奶样品中的黄曲霉毒素含量，检出限可达 0.25 g/kg。

5. 激素残留的分析

采用 ^{125}I 标记的 RIA 测定养殖红笛鲷与野生红笛鲷肌肉中雌二醇、孕酮、睾酮 3 种性腺激素残留量。该法检测限可达 ng~pg 级，检测时间约 4 h。

四、酶免疫检测技术

尽管 RIA 发展迅速，应用广泛，几乎普及于生物体内各种微量成分的测定，但是需有一定的设备，操作人员需经特殊的技术训练；长期使用对操作人员的身体可产生危害，同时会产生有公害难处理的废弃物。所以近年来尝试以无害的标记物取代放射性同位素。其中作出显著成绩的即是酶标记免疫分析法，简称酶免疫分析法（enzyme immuno assay，EIA）。

EIA 是以酶标记的抗体（抗原）作为主试剂，利用抗体（抗原）与酶标抗原（抗体）结合反应，然后加入底物，通过酶与底物的显色反应进行检测，是一种将抗原抗体反应的特异性和酶催化底物反应的高效性和专一性结合起来的免疫检测技术。

（一）原理

EIA 以免疫学为基础，将酶与抗原抗体结合成仍有免疫活性的免疫复合物，免疫复合物再与抗原和抗体进行结合反应，结合发生在抗原的决定簇与抗体的结合位点之间，这种反应具有高度的特异性。在不改变抗原或抗体的特异性的同时，又不改变酶的高效催化力。酶结合在免疫复合物上，可催化相应的底物生成发光或荧光呈色的产物，通过辨别有色产物的深浅，选择合适的方法和配套的自动化酶标仪进行定性、定量的测定，将免疫效果放大到极致。

（二）分类

酶免疫技术按照抗原抗体系统是定位于组织细胞上还是存在于液体样品中，可分为酶免疫组化技术和酶免疫测定（EIA），酶免疫测定又可分为均相酶免疫测定和异相酶免疫测定。

1. 均相酶免疫测定

均相酶免疫测定是利用酶标记物结合成抗原抗体复合物后，标记酶的活性受到抑制，因而反应后不需分离结合的和游离的酶标记物，直接测定系统中总标记酶的活性的变化，即可确定结合的酶标记物的数量，从而得到待测物含量的一种技术。常用于半抗原或小分子抗原如药物、激素、毒品、兴奋剂等的测定。

2. 异相酶免疫测定

异相酶免疫测定与均相酶免疫测定的最大区别是抗原抗体反应平衡后，在反应体系中同时存在着游离的和结合的两种酶标记物，两种标记物上的酶都具有酶活性，而只有结合的酶标记物的存在与含量才代表待测物的存在与含量。因此，需将游离的和结合的酶标记物分离，测定结合状态的酶标记物的活性推算待测物的含量。因分离游离和结合标记物的方法不同，异相酶免疫测定又分成液相酶免疫测定和固相酶免疫测定两类方法。液相酶免疫测定，由于游离的和结合的标记物都存在于液相中，故需用分离剂将二者分开后才能测定结合状态的酶标记物的活性。而固相酶免疫测定，是通过载体将结合状态的酶标记物吸附在固相支持物上，只需洗涤就可将游离的酶标记物去除。目前固相酶免疫测定以酶联免疫吸附试验（ELISA）为最常用。

ELISA 一般分为 3 类：双抗体夹心法、直接竞争法、间接竞争法。不管哪一类检测方法，都要用到 3 种必要的试剂，即固相抗原或抗体、酶标抗原或抗体、酶作用的底物。以下是三类方法的具体过程：

（1）双抗体夹心法。

首先将特异性抗体吸附到固相载体上，得到固相抗体，待洗涤掉未结合的其他成分后，加入待检标本（其中可能含有特异性抗原），二者接触反应后，形成固相抗原-抗体复合物，再次洗掉未参加反应的待检标本及其他杂质成分，加入酶标抗体，使之与固相抗原-抗体复合物上的抗原结合，形成抗体-抗原-酶标抗体复合物，彻底洗掉未结合的其他成分。此时固相载体上结合的酶量与待检标本中的抗原量呈正相关，加底物，通过酶的作用催化反应生成有色产物，可根据颜色反应的程度判断待测标本中的抗原量。由于双抗体夹心法必须形成两位点夹心，即待检抗原上必须至少有两个识别位点与对应的抗体结合，需要充足的位点和空间，因此此法适用于二价或二价以上的大分子抗原如各种蛋白质的检测，不适用于小分子单价抗原以及半抗原的测定。具体操作原理见图33-29。

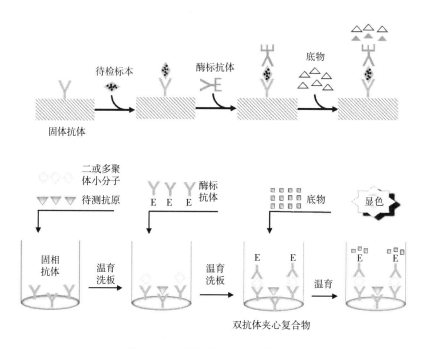

图33-29　双抗体夹心法操作原理

（2）直接竞争法。

首先将特异性抗体与固相载体连接，形成固相抗体，待洗涤掉未结合的其他成分后，加入待检标本（其中可能含有特异性抗原）与酶标抗原混合液，使待检标本中可能含有的抗原与酶标抗原竞争固相载体上的抗体，对照组只加酶标抗原。若待检标本中不含抗原，则所有的固相抗体均被酶标抗原结合，加底物显色后，该颜色与对照组颜色相同；若待检标本中含有抗原，则使固相抗体一部分被待检标本中的抗原结合，从而减少了酶标抗原与固相抗体的结合机会，显色时颜色比对照组淡，颜色越淡，表示待检标本中抗原量越多。此法适用于检测小分子抗原或半抗原。具体操作原理见图33-30。

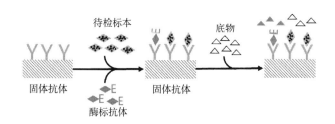

图33-30　直接竞争法操作原理

（3）间接竞争法。

首先将特异性抗原与固相载体相连接，形成固相抗原，待洗涤掉未结合的其他成分后，加入待检标本（其中可能含有特异性抗原），再加入特异性抗体，对照组只加特异性抗体。若待检标本中不含抗原，则所有游离抗体均与固相抗原结合形成固相抗原抗体复合物；若待检标本中含有抗原，则与固相抗原竞争性结合游离抗体，使固相抗原-抗体复合物的量较对照组变少。洗涤后加入特异性酶标二抗，与固相抗原-抗体复合物上的抗体结合，加底物显色，颜色越浅，说明结合到固相抗原上的抗体越少，即与之竞争抗体的待检标本中的抗原越多。此法适用于检测小分子抗原或半抗原，也适用于检测抗体。具体操作原理见图33-31。

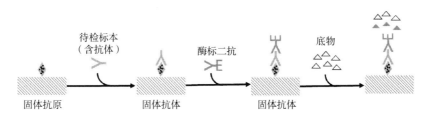

图33-31　间接竞争法操作原理

（三）酶免疫分析法的仪器

1. 微孔板固相酶免疫测定仪器（酶标仪）

酶标仪，也称为ELISA测读仪（BLISA reader），有单通道和多通道两种类型。自动型多通道酶标仪有多个光束和多个光电检测器，检测速度快。如8通道的仪器，设有8条光束（或8个光源）、8个检测器和8个放大器。

2. 半自动微孔板ELISA分析仪

半自动微孔板式ELISA分析仪在酶标仪的基础上再配置加液器、温育器、洗板机和测读仪等组成。测定中需由手工将微孔板移至下一步骤的仪器中进行。洗板机要求洗涤后固相表面非特异性物质被洗涤干净，吸液后每孔中残留的液量极小。较精密的洗板机有可调节的定时、洗涤液定量及振荡微孔板的功能。

3. 全自动微孔板ELISA分析仪

自动化酶免疫分析系统由加样系统、温育系统、洗板系统、判读系统、机械臂系统、液路动力系统、软件控制系统等组成，这些系统既独立又紧密联系。用于大批量标本的检测中，工作效率高，测定精密度改善。微孔板式ELISA仪器均为开放式的，即适用于所有微板式ELISA试剂。ELISA检测结果的精密度主要取决于试剂的质量。仪器本身的精密度一般在3%左右。应用优质试剂测定结果的精密度，定量测定可达到7%以下；常用的定性测定为感染性疾病抗原、抗体的检测，精密度在10%左右。

4. 管式固相酶免疫测定仪器

1990年德国推出的全自动管式ELISA分析系统和配套试剂。试剂包括用链酶亲和素包被的聚苯乙烯管、生物素结合的抗原或抗体，辣根过氧化物酶标记的抗体和显色底物ABTS。测定中标准曲线可使用2星期，每次测定只需一点定标，测定的CV值在3%左右。

5. 磁微粒固相酶免疫测定仪器

磁微粒可用磁铁吸引与液相分离，是免疫测定中较为理想的固相载体。该仪器由分光光度测读仪、磁铁板和试剂3部分组成。试剂包括抗异硫氰酸荧光素（FITC）抗体、特异抗体或抗原包被的磁微粒（颗粒直径 1 μm），FITC 结合的特异抗体或抗原，碱性磷酸酶标记的特异抗体或抗原及底物酚肽磷酸酯。其应用的抗 FITC 抗体是与亲和素-生物素原理相同的间接包被系统。反应在试管中进行，基本上用手工操作。反应结束后将试管架放在磁铁板上，磁微粒被磁铁吸引至管底，完成固相与液相的分离，酶作用后反应液呈粉红色。

（四）酶免疫分析技术

1. 化学发光酶免疫测定

这是采用化学发光剂作为酶反应底物的酶标记免疫测定。经过酶和发光两级放大，具有很高的灵敏度。美国贝克曼库尔特公司的 Access 全自动微粒子酶放大化学发光免疫分析系统以碱性磷酸酶标记抗原或抗体、以磁性微粒子为固相载体，用 AMPPD（diomums）作为化学发光剂，这种化学发光剂发光稳定、持续时间长，因此比闪烁发光容易控制。

2. 酶促荧光放大免疫分析技术

法国生物梅里埃公司的 VIDAS 全自动荧光酶标免疫测试系统采用双抗夹心法，以碱性磷酸酶标记抗原或抗体，用塑料吸管（SPR）为固相载体，以 4-甲基伞型酮磷酸盐（4-MIjP）为发光剂。美国 Nexct 公司的 AuraFlex 采用磁珠法和标记酶直接催化发光底物发光（AKP 标记，4-MUP 为底物）。

3. 微粒子酶免疫分析技术

美国 Abbott 公司 IMX 全自动免疫荧光分析仪，反应最终形成微粒上包被的抗体-被测物-碱性磷酸酶标记的二抗夹心复合物，将其转移到玻璃纤维柱上用缓冲液洗涤，再加入底物进行测定，有配套试剂供应。

4. 酶免疫增强测定技术（EMIT）

酶免疫增强测定技术中酶活性的抑制是由于标记抗原与抗体结合后空间位阻了酶与底物结合的部位而造成的。反应模式常用竞争法，因此，最终测得的酶活性与未标记物的含量呈正相关。

5. 克隆酶供体免疫分析

克隆酶供体免疫分析（CEDIA）中酶是以供体和受体两个片段存在的，只有两个片段结合在一起形成全酶才能具有活性，当标记了供体酶的抗原与抗体结合后在空间位阻了酶供体（ED）与酶受体（EA）的结合，从而不能形成有活性的全酶，酶活性受到抑制。反应模式为竞争性结合，最终测得的酶活性与未标记抗原的含量呈正相关。

（五）酶免疫技术的应用

1. 在食物病原微生物检验方面的应用

ELISA 具有特异性强，灵敏度高，操作简便，可大批量检测，结果准确性高，检测限低等优点，检测范围在纳克至皮克水平，目前广泛应用于临床医学、生物、化学、食品等领域，特别是在食品领域中，可用 ELISA 检测食品中农兽药残留、病原微生物、微生物毒素等。国标中制定莱克多巴胺检测方法中，要求检测限为猪肉：1 μg/kg（μg/L）、猪尿：1 μg/kg（μg/L）。

2. 在农药残留检验方面的应用

EIA 技术可以用于检测水、土壤、食品中的各种农药残留，方法简便、快速、无须净化，反应既可在试管中进行，也可在微孔板上进行；若在 96 孔板上，每次可分析几十个样品，且可同时做出标准曲线。国内外已经开发出杀虫剂、杀菌剂、除草剂等 40 余种农药的酶免疫分析方法。其中用于田间快速测定的酶免疫分析试剂盒已商品化，不仅可定性筛选，且可以定量分析，灵敏度可达纳克级甚至皮克级水平。

3. 在兽药残留检测方面的应用

ELISA 方法已成功地用于许多种兽药残留的检测。用间接竞争 ELISA 法检测出动物源性食品里红霉素残留样品回收率范围为 69.0% ~ 107.5%。以磁性微球为固定相，建立了检测猪肉中的磺胺类药物含量的化学发光酶免疫法。与常规的 ELISA 法相比，灵敏度提升了 2.5 倍，检测时间更短。

酶免疫测定具有高度敏感性、特异性，且试剂比较稳定，操作简单且无放射性危害，特别是商品试剂盒和自动化仪器的应用，使其成为一种适用于各级检验部门的免疫标记技术。

五、化学放光免疫分析方法

自公元前数百年就有生物发光现象的相关记录，人们发觉自然环境下很多真菌、细菌等均存在发光现象，只是发光强度较低，人视网膜可感知度仅为 $10^{-3} \sim 10^{-4}$，需利用光电倍增管进行放大扩大感知强度。随着科学技术水平的不断提高，人们提出借助发光进行化学分析这一理念。化学发光（chemiluminescence，CL）是化学反应激发物质产生的一种光辐射现象，化学发光分析（chemiluminescence analysis）是根据化学反应产生的辐射光的强度来确定物质含量的分析方法。其基本原理是发光底物在催化剂（如酶）的作用下发生氧化还原反应，同时释放出大量能量。底物吸收能量后，从基态跃迁到激发态，而激发态不稳定，再次回到基态，并释放出能量，释放的能量以光子的形式发射出来，因此化学发光包括化学激活和发光两个重要过程。

化学发光免疫分析法（chemiluminescence immunoassay，CLIA）是 20 世纪 70 年代发展起来的一门新兴技术，它兼具化学发光测定技术的高灵敏度与免疫反应的高特异性，因此此方法包括化学发光系统和免疫分析系统两部分。

（一）化学发光免疫的原理

化学发光免疫分析是将化学发光系统与免疫反应相结合，用化学发光相关的物质标记抗体或抗原，与待测的抗原或抗体反应后，经过分离游离态的化学发光标记物，加入化学发光系统的其他相关物产生化学发光，进行抗原或抗体的定量或定性检测。

CLIA 分为化学发光免疫分析、化学发光酶联免疫分析（chemiluminescence enzyme immunoassay，CLEIA）、电化学发光免疫分析（electrochemiluminescent immunoassay，ECLIA）。不同的 CLIA 类型原理有差异。

1. 化学发光免疫分析

CLIA 是将发光物质直接标记到抗原或抗体上，与抗体或抗原发生特异性免疫反应后，通过测定标记物的化学发光强度确定被测抗体或抗原的含量。标记后的产物不仅要稳定性好，而且不能降低抗原环境或抗体的免疫反应性及标记基团的发光效率。鲁米诺类和吖啶类化合物是常见的化学发光物质，但是鲁米诺类化合物标记抗原或抗体后发光强度大大降低，不适合直接标记。吖啶类化合物发光效率高、背景小、可在中性或碱性条件下标记抗原和抗体，偶联物的发光量子产率和生物活性几乎不损失，是 CLIA 中重要的化学发光标记物。

2. 化学发光酶联免疫分析

CLEIA 实际上是一种酶联免疫测定的过程，以酶作为标记物，标记抗原或抗体，免疫反应完成后，酶催化发光底物产生化学发光反应，最终根据发光的强度对抗体或抗原进行定性或定量分析。该法测量方式简单、成本较低、灵敏度较高。目前常用的标记酶为辣根过氧化物酶（HRP）和碱性磷酸酶，它们有各自的底物。一些酚类物质及其衍生物、胺类及其衍生物、苯基硼酸衍生物对体系的发光均有显著增强作用，被称为增强剂。有的增强剂可以使发光信号增强几十倍，还能延长发光时间，其原因是增强了发光的强度，影响了化学发光反应的动力学。

增强的鲁米诺辣根过氧化物酶体系（Luminol HRP enhance System）是目前最常用的化学发光酶联免疫体系之一，即用 HRP 标记抗原或抗体，以鲁米诺作为发光底物，对碘苯酚等作为增强剂，H_2O_2+NaOH 作发光启动剂，化学发光 2 min 后，光发射强度达到最高峰；20 min 后，光强度减少 20%。化学发光反应的运用大大提高了 ELISA 的灵敏度。

3. 电化学发光免疫分析

ECLIA 是将电化学法、化学发光和免疫分析法巧妙结合起来的一种新型检测方法。电化学发光的底物如三氯联吡啶钌经过化学反应与抗原或抗体结合，制成标记的抗原或抗体，免疫反应、分离后，在电极表面发光底物经电催化发生具有高度反应性的化学发光反应。发光强度与发光标记物的浓度呈线性关系，从而可测定待测抗原或抗体的浓度。ECLIA 除了具有灵敏高、快速、准确等特点外，还有标记物稳定、光信号线性好、可重复测量、可实现全自动化等优点。

（二）化学发光免疫的仪器

20 世纪 80 年代，Ciba Coming 和 Bayer 公司实现了以吖啶酯衍生物为抗原发光剂的全自动化学发光免疫分析系统以及配套试剂盒的研发与生产。1989 年，DPC 和 Beckman 公司研发的全自动化学发光免疫分析仪采用金刚烷衍生物作为发光剂，其在磷酸酶作用下可发出持续 1~2 h 的高强度辉光。1993 年，Abbott 公司的 AxSYM/AxSYM Plus 诊断系统上市并逐渐在世界普及，从此打开了化学发光免疫分析仪真正全自动化的进程。

已生产出功能完善、具有各自特色的全自动化学发光免疫分析仪器，雅培、Beckman、罗氏、西门子、德普、日立等公司都是国外研发、生产全自动化学发光免疫分析仪的知名公司。如雅培公司生产的 Archtect 化学发光免疫分析系统采用吖啶酯标记法与磁微粒技术，操作简便，抗干扰能力强，检测速度高达 200 测试/h。Beckman 公司的 Dxl 800 分析仪整合了 4 套 Access 2 进样系统，速度高达 400 测试/h。罗氏公司生产的 Cobas 8000e801，最多可提供 192 个试剂通道，每小时进行 1200 个测试，极大缩短了样本周转时间。

经过多年的努力和探索，国内已经基本掌握了全自动化学发光免疫分析仪的关键技术并逐渐开始生产国产仪器。

（三）化学发光免疫技术

1. 快速化学发光免疫分析方法

传统免疫分析方法常常需要数小时才能完成，长的温育时间还导致免疫试剂在管道内壁的吸附，增加了不同测定之间的信号交叉，限制了样品的检测通量和免疫分析方法的应用价值。为了克服这些不足并实现免疫分析的高通量，可通过外场驱动或对溶液进行有效混合策略加快抗原、抗体等生物大分子的传质速率，或提高反应体系的温度来加速免疫反应的动力学，从而实现快速免疫检测。提高传质速率的方法有电场驱动、电磁搅拌、改变电渗流、超声波驱动等方法。红外辐射可以快速加热和控制温度。

2. 多组分化学发光免疫分析方法

在单个分析流程中同时实现多组分的检测，具有分析通量高、所需时间短、样品消耗少、分析成本低等优点。多组分免疫分析模式主要有多组分同时检测模式和顺序检测模式两种。同时检测模式常结合空间分辨技术与阵列检测器实现对多个待测物进行同时检测，顺序检测则是在一段时间内对多个组分逐个进行检测。

3. 高灵敏化学发光免疫分析方法

在实际检测中，现有的检测手段灵敏度和特异性不够理想，高灵敏、高选择性的检测方法越来越显示出其重要性。纳米技术的发展为高灵敏化学发光免疫分析方法的发展提供了契机，纳米粒子在生物标记分析得到了广泛应用，已有多种信号放大方法用于高灵敏免疫分析方法的构建。

4. 化学发光免疫分析

化学发光免疫分析利用具有发光功能的化学类物质和抗原或抗体直接反应，随后在一系列的生理生化反应中达到检测目的的免疫分析方法。常见的标记物有吖啶脂，但吖啶脂热稳定性不好，目前常用吖啶脂衍生物作为标记物。作为标记物的吖啶脂衍生物在含 H_2O_2 的碱性溶液中发生由激发态到基态的转变，产生一定的光子而被检测器捕获。该发光系统检测速度快，无须催化剂的加入，且标记效率高，本底低，但对仪器要求较高。

5. 化学发光酶免疫分析

鲁米诺及其衍生物作为 HRP 的主要发光底物，利用 HRP 与抗原或抗体发生免疫反应产生复合物，将鲁米诺或其衍生物质在碱性环境 H_2O_2 参与下，生成激发态中间体，当其回到基态时产生光子，其中 HRP 的量也影响信号强度。传统化学发光体系为几秒内瞬时闪光，产生的光强度相对较小，从而会导致测量时难度大，如果加入化学发光增强剂可显著提高发光信号，稳定发光的时间明显延长，从而增强此反应体系的检测灵敏性和准确度。

（四）化学发光免疫的应用

1. 食品中微生物的检测

Gehring 等建立了半自动增强化学发光 ELISA 方法检测大肠杆菌 O157：H7。采用抗 O157 抗体和抗 H7 抗体夹心形式，特异性很高，有效地降低了假阳性率。该方法最突出的特点是可以定量检测到样品中活菌数目，检测限为 $1×10^5 ~ 1×10^6$ 个活菌/mL。这种方法与 FDA 规定的微生物常规方法双盲法结果一致。

Magliulo 等人研究出一种化学发光免疫方法可以同时快速检测大肠杆菌 O157：H7、小肠结肠炎耶尔氏菌、鼠伤寒沙门氏菌以及李斯特单胞菌。采用增强鲁米诺过氧化物酶发光体系电耦合照相系统检测发光信号。该方法简单快速，每种菌的最低检测浓度在 $10^4 ~ 10^5 CFU/L$ 范围内回收率在 90%～120% 之间。

2. 食品中生物毒素的检测

Maglilo 等人建立了检测牛奶中黄曲霉毒素 M1 的化学发光酶免疫分析方法。采用间接竞争方法，辣根过氧化物酶催化鲁米诺发光后进行测定。牛奶样品经稀释后直接用于测定。方

法的定量限为 1 pg/L，批间以及批内变异系数均低于 9%，回收率在 96%～122%之间。Quan
等人运用多克隆抗体建立了一种用于检测玉米、大米、高粱等样品中伏马毒素 B1（fumonisin
B_1，FB_1）的增强免疫化学发光酶联免疫分析方法。检测的线性范围 0.14～0.9 μg/L，IC_{50} 值
为 0.32 μg/L，检测限为 0.09 μg/L。

3. 食品中农药残留的检测

Botchkareva 等人基于 DDT 单克隆抗体建立了 DDT 及其代谢产物如 DDDE 的化学发光酶
联免疫检测方法，采用间接竞争形式，DDT 和 DDT 类物质最低检测限分别为 0.06 μg/L 和
0.04 μg/L，IC_{50} 分别为 0.6 μg/L 和 0.2 μg/L，检测范围分别为 0.1～2 μg/L 和 0.07～1 μg/L，
灵敏度比 ELISA 高出 4 倍。

Tudorache 等人建立一种检测阿特拉津的磁性粒子化学发光酶免疫法，将抗阿特拉津的抗
体固定于磁性粒子表面，在磁场作用下固定于检测板底部，被分析物和酶标记阿特拉津竞争
结合抗体后加入发光底物液（鲁米诺、对碘苯酚、过氧化氢）进行测定，该方法的检测限 3
pg/L，IC_{50} 为 37 pg/L，线性范围 10～1000 pg/L。

4. 食品中兽药残留的检测

Xu 等人利用间接竞争化学发光酶免疫分析方法测定虾体内的氯霉素残留。通过优化条件
后，检测限可达 0.01 ng/mL，检测线性范围为 0.03～23.7 ng/mL，回收率为 95%～123%；高
彬文等人建立了鱼和虾肌肉中氯霉素残留的直接竞争 CLISA 检测方法，检测限为 5.8×10^{-4}
μg/kg，IC_{50} 值为 0.062 μg/mL，检测范围 0.0031～0.45 μg/kg。林斯等人建立的动物性食品
中氯霉素残留化学发光免疫分析法，方法分析灵敏度为 0.05 ng/mL，以牛奶为样品的分析回
收率为 87%～100%，检测线性范围为 0.01～0.10 ng/mL。

5. 转基因产品的检测

Roda 等人在 96 孔和 384 孔微孔板上分别建立夹心式化学发光酶免疫法检测 Cry 1Ab 蛋白
检测限为 3 pg/L、5 pg/L。该方法运用于添加了法定标准 MON810 型转基因玉米的样品检测，
含 0.1%该转基因玉米的样本可以被检测出来。

随着单克隆抗体技术的运用，新的发光物质、发光体系统的发现、标记方法的改进以及
检测系统的自动化、微型化，化学发光免疫分析将会在食品安全检测中得到更普遍的运用。

六、荧光免疫分析法

荧光免疫分析法是将抗原抗体反应的特异性与荧光技术的敏感性和直观性结合起来的免
疫学检测技术。即用荧光物质标记抗体或抗原，让其与相应的抗原或抗体结合后，借荧光检
测仪检验抗原抗体复合体中特异性荧光的存在情况及其存在的部位和强度，以判断抗原或抗
体存在的位置、分布和含量。

（一）荧光免疫分析法的基本原理

1. 基本概念

荧光（fluorescence）是自然界广泛存在的物质发光现象。某些物质受到一定波长光的激
发后跃迁到激发态，当其在极短时间内回复至基态时，发射出的波长大于激发光波长的光，
这种光叫作荧光。荧光物质就是受到一定波长光的激发后会发射荧光的物质。通常情况下，
荧光物质在吸收紫外光和可见光后，可以发出比原来波长较长的紫外荧光或可见荧光。

并不是所有的物质都可以产生荧光。只有当照射光的光波和被照射物质分子或者原子有相同的结构或者特征频率时才可以产生，这主要是因为物质结构的不同，造成分子特征频率的不同，从而光波被吸收的程度也不相同。观察物质的吸收谱线，具有相同特征频率处出现了吸收带，表明吸收过程中发生了能量的转移。

发出荧光需要两个条件：①只有与照射波长频率相同的分子才可能吸收光能，分子结构和特征频率密切相关；②分子必须要有较高的荧光效率，有些物质吸收光能后并不能产生荧光或者荧光效率并不高，其能量主要消耗在溶剂分子与溶质分子的相互碰撞上。

荧光效率，也称荧光的量子产率，荧光效率＝发出的荧光量子数/吸收激发光的量子数。荧光效率是衡量物质发射荧光的能力。如果荧光物质发出的荧光弱，就表明其荧光效率低。反之，如果荧光物质的发光强，就表明荧光效率高。

激发光谱和发射光谱是荧光的主要两个光谱。发射光谱指固定激发波长，在不同波长下记录到的样品所发射的荧光强度。激发光谱指固定检测发射波长，用不同波长的激发光激发样品所记录到的相应的荧光发射强度。当激发荧光物质的时候，要用最大的荧光激发波长来激发荧光。

荧光光谱一般具有以下特征：①斯托科斯位移。根据荧光理论，荧光波长总是大于激发光的波长，这主要是因为激发光和发射光之间存在一定的能量损失，在光谱中就表现为线宽的位移。②荧光发射光谱的形状与激发光波长无关。③激发光谱和吸收光谱成镜像关系。此外，荧光光谱还具有灵敏度高，特异性好（即每种物质都有特定的激发和吸收光谱）的优点。

荧光寿命指的是分子在单线激发态平均停留的时间。即荧光物质被激发后所产生的荧光衰减到一定程度时所用的时间。各种荧光物质的荧光寿命不同。

2. 荧光物质

荧光素是能产生荧光并能作为染料使用的有机化合物。主要有两大类：①荧光色素：异硫氰酸荧光素（FITC）、四乙基罗丹明（RB200）、TRITC、藻红蛋白（PE）、ECD、PeCy5、PeCy7、APC、PI；②镧系螯合物：铕（Eu^{3+}）、钐（Sm^{3+}）、铽（Tb^{3+}）、钕（Nd^{3+}）和镝（Dy^{3+}）等，常用荧光物质的荧光特点如表33-2所示。

表 33-2　常用荧光物质的荧光特点

荧光物质	最大吸收光谱/mm	最大发射光谱/nm	荧光颜色	应用
异硫氰酸荧光素（FITC）	490~495	520~530	黄绿色	FAT、荧光偏振免疫测定、流式细胞术
四乙基罗丹明（RB200）	570~575	595~600	橙红色	FITC 的衬比染色或双标记 FAT
TRITC	550	620	橙红色	FITC 的衬比染色或双标记 FAT，也可单独采用
藻红蛋白（PE）	490~560	595	红色	可与 FITC 共用 488nm 激发光双标记 FAT、流式细胞术
ECD	488	620	桔红色	流式细胞术
PeCy5	488、532	670	红色	流式细胞术

续表

荧光物质	最大吸收光谱/nm	最大发射光谱/nm	荧光颜色	应用
PeCy7	488、532	755	深红色	流式细胞术
PI	488	620	橙红色	DNA染色
APC	633	670	红色	双激光管的仪器分析
7-氨基-4-甲基香豆素	354	430	蓝色	双标记或多标记FAT
Eu^{3+}螯合物	340	613		时间分辨荧光免疫测定

（二）荧光显微镜

1. 荧光显微镜的基本结构

荧光显微镜主要由光源、滤光片、光路、聚光器和镜头组成，如图33-32所示。

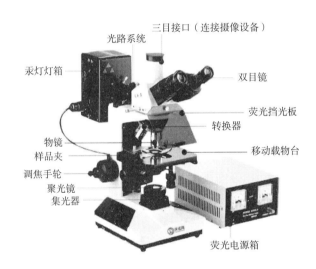

图33-32　荧光显微镜基本结构

（1）光源可分为高压汞灯、氙灯或卤素灯。

（2）滤光片分为隔热滤光片、激发滤光片和吸收滤光片。其中，隔热滤光片可阻断红外线通过而隔热；激发滤光片位于光源和物镜之间，能选择性地透过紫外线可见波长的光域，提供合适的激发光。吸收滤光片位于物镜和目镜之间，阻断激发光而使发射的荧光透过，保护眼睛。

（3）光路有透射光和落射光。其中透射光为照明光线从标本下经聚光器透过标本进入物镜。落射光则是照明光线从标本上经垂直照明落射到标本，经标本反射进行物镜，见图33-33。

（4）聚光器分为明视野、暗视野和相差荧光聚光器。

（5）镜头为消色差镜头。

2. 与普通显微镜的主要区别

照明方式通常为落射式，即光源通过物镜投射于样品上。光源为紫外光，波长较短，分

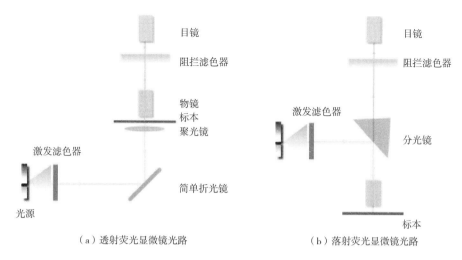

（a）透射荧光显微镜光路　　　　　　（b）落射荧光显微镜光路

图33-33　荧光显微镜光路

辨力高于普通显微镜。

（三）荧光抗体技术

荧光免疫主要技术类型包括：①荧光免疫显微技术；②荧光免疫测定：时间分辨荧光免疫测定和荧光偏振免疫测定；③免疫芯片技术。

1. 荧光抗体技术的基本原理

荧光素标记抗体与切片中组织细胞抗原反应，洗涤分离后荧光显微镜观察呈现特异荧光的抗原抗体复合物及其部位，对组织细胞抗原进行定性和定位检测，或对自身抗体进行定性和滴度测定。

2. 荧光抗体技术的具体操作步骤

荧光抗体的制备：荧光抗体由荧光素与特异性抗体以化学共价键的方式结合而成，是免疫荧光技术的关键试剂。抗体应具有高特异性、高纯度和高亲和力，经纯化后标记。

①荧光素标记物的制备。对荧光素的要求：有能与蛋白质形成共价键的化学基团，与蛋白质结合后不易解离，而未结合的色素及其降解产物易于去除。荧光效率高，与蛋白质结合后仍保持较高的荧光效率，不影响蛋白质原有的生化与免疫性质，荧光色泽与背景组织的色泽对比鲜明，标记方法简单、安全无毒。与蛋白质的结合物稳定，安全无毒，易于保存。

②抗体的荧光素标记。抗体的荧光素标记原理是利用抗体蛋白的自由氨基与FITC的异硫氰基在碱性溶液中形成硫-碳酰胺键，使抗体与FITC结合成荧光抗体，表33-3介绍了荧光素标记抗体的方法。

表33-3　荧光素标记抗体的方法

方法	标记方法	适用范围	方法学评价
搅拌法	待标记的蛋白质在磁力搅拌下加入FITC溶液	适于标记体积较大、蛋白质含量较高的抗体	标记体积大，蛋白含量高的抗体，标记时间短，荧光素用量少，但影响因素多，易引起非特异性染色
透析法	标记的蛋白质装入透析袋后置于FITC的缓冲液中过夜	适于标记样品量少，蛋白含量低的抗体	标记样品量少、蛋白含量低的抗体溶液，标记均匀，非特异性荧光染色弱，但荧光素用量较大

③荧光素标记抗体的纯化。通过透析或凝胶过滤去除游离荧光素及其降解产物；阴离子交换层析法去除荧光素未结合和结合过度的抗体；动物肝粉吸收或固相抗原吸收去除交叉反应或非期望抗体。

④荧光素标记抗体的鉴定。荧光素与蛋白结合率可用（FITC）$F/P = 2.87 \times A_{495} / (A_{210} - 0.35A_{495})$。

F/P 值越高，说明抗体分子上结合荧光素越多，反之则越少。一般用于固定标本的荧光抗体以 $F/P = 1.5$ 为宜，用于细胞染色的以 $F/P = 2.4$ 为宜。

⑤荧光标记抗体的保存。加入 0.1% NaN_3 或 0.01% 硫柳汞防腐，避免反复冻融，小量分装，$-20\,℃$ 冻存可保存 1~2 年，真空干燥后可长期保存。稀释后的抗体不宜长时间保存。

3. 标本的制作

（1）标本的类型。

①组织切片：冷冻切片、石蜡切片（最常用）；

②印片：肝、脾、淋巴结等器官或组织；

③涂片：各种体液、穿刺液、细菌培养物和细胞悬浮；

④培养细胞：单层培养细胞。

（2）组织切片的类型。

①冷冻切片：操作简单，抗原损失少，组织细胞结构欠清晰；

②石蜡切片：组织细胞结构显现清楚，抗原损失多。

（3）标本的固定和保存。

①固定剂：乙醇、甲醇、丙酮、甲醛等；

②保存：$4\,℃$、$-20\,℃$。

4. 荧光抗体染色技术类型

染色步骤：于已固定的标本上滴加经适当稀释的荧光抗体，置湿盒内 25~37 ℃ 温育 30 min 左右或 4 ℃ 过夜；然后用 PBS 充分洗涤，待干燥后镜检。

（1）直接法。

直接法是荧光素标记的特异性抗体直接与相应抗原反应。滴加荧光抗体于待检标本片上，经反应和洗涤后在荧光显微镜下观察。

（2）间接法。

间接法是特异性抗体与相应抗原反应，荧光素标记的抗抗体再与第一抗体结合。即可用于检测未知抗原，也可用于检测未知抗体，是检测自身抗体最常用的方法。即将待测抗体（第一抗体）加在含有已知抗原的标本片上作用一段时间，洗去未结合的抗体；滴加标记抗抗体。

（3）双标记法。

双标记法用两种荧光素分别标记两种不同的特异性抗体，对同一标本进行荧光染色，洗涤后在荧光显微镜下用两种不同的激发光激发，若有两种抗原存在，可显示两种颜色的荧光。

5. 荧光抗体染色结果判断

每次实验时均需设立实验对照（阳性和阴性对照）。阳性细胞的显色分布有胞质型、胞核型和膜表面型 3 种。显色深浅可作为抗原定性、定位和定量的依据。

根据特异性荧光强度判定是否为阳性。

"－" 为无或仅见极弱荧光；

"+" 为荧光较弱但清楚可见；

"2+" 为荧光明亮；

"3+" 为耀眼的强荧光；

"2+" 以上判定为阳性，对照光应呈 "－" 或 "±"。

6. 注意事项

标本应新鲜，立即处理或及时冷藏，力求保持抗原性和组织细胞结构完整。陈旧标本的自身荧光和非特异性吸附的荧光将会增强，从而影响荧光免疫检测结果和灵敏度。

观察应在暗室中进行检查，调整光源时应戴上防护眼镜。检查时间每次以 1~2 小时为宜，荧光显微镜光源寿命有限，标本应集中检查，以节省时间，保护光源。天热时，应加电扇散热降温。荧光素易受温度影响，操作时通常温度选择 15~20 ℃。

（四）荧光免疫测定

1. 荧光免疫测定的基本原理

将抗原抗体反应与荧光物质发光分析相结合，用荧光检测仪检测抗原抗体复合物中特异性荧光强度，对液体标本中微量或超微量物质进行定量测定。

2. 荧光免疫测定的类型

荧光免疫测定方法可分为：①非均相荧光免疫测定：又分为时间分辨荧光免疫测定和荧光酶免疫测定；②均相荧光免疫测定：荧光偏振免疫测定。

（1）荧光偏振免疫测定。

在荧光分子不动的情况下，如果激发荧光分子的是平面偏振光，那么发射出的光也是偏振光。在极限情况下，发射光和激发光的偏振方向相同，称为完全偏振。在多数情况下，荧光分子不是静止不动的。在整个反应溶剂中，由于分子的布朗运动是普遍存在的，造成发射偏振光和激发偏振光具有不同的方向，这一现象称为消偏振现象。

荧光偏振免疫分析（FPIA）的原理正是利用消偏振的现象建立起来的。实验过程中，一般是用激光光源或者 LED 的宽谱光源，经过透镜、滤波片等得到激发光，应用起偏器获得偏振光，偏振光照射到样品中后产生荧光。样品如果是大分子（抗体）和荧光试剂相结合的话，在特定方向上的荧光就比较强。样品如果是小分子（抗体）和荧光试剂相结合的话，在特定方向上的荧光就比较弱。激发的物质发出荧光，经过检偏器后就可以采用仪器进行接收。

荧光偏振免疫测定具有样品用量少，检测过程快速，易于自动化；方法重复性好，荧光标记试剂稳定，使用寿命长等优点。主要用于测定小分子抗原物质。

（2）时间分辨荧光免疫测定。

时间分辨荧光免疫测定（time-resolved fluorescence immunoassay，TRFIA）克服了 RIA 中放射性同位素所带来的污染问题；克服了 ELISA 中酶不稳定的缺点；由于 TRFIA 法能够很好地消除背景荧光的干扰，使其灵敏度比普通荧光法高出几个数量级。

TRFIA 分析的原理就是使用三价稀土离子及其螯合剂作为示踪物，如铕（Eu^{3+}）、钐（Sm^{3+}）等镧系元素代替传统的荧光物质、放射性同位素、酶和化学发光物质。这些稀土离子通过具有双功能基团结合的螯合剂，在水溶液中很容易与抗原分子以共轭双键结合，形成稀土离子-螯合剂-抗原螯合物。当标记抗原、待测抗原共同与抗体发生竞争反应，免疫复合物中抗原抗体结合部分就会含有稀土离子。采用一些适当的办法将结合部分与游离部分分离，根据稀土离子荧光寿命长的特点，利用时间分辨荧光分析仪，即可测定复合物中的稀土离子发射的荧光强度，从而确定待测抗原的量。

由于引进了稀土离子作为标记离子，TRFIA 具有以下优点：①提高了荧光信号测量的特异性；②提高了检测的灵敏度，为传统荧光的 $10^3 \sim 10^6$ 倍；③镧系螯合物激发光光谱较宽，最大激发波长在 300~500 nm，因而可通过增加激发光能量来提高灵敏度。而它的发射光谱带很窄，甚至不到 10 nm，可采用只允许发射荧光通过的滤光片，进一步降低本底荧光。

稀土元素标记物为原子标记，体积很小，标记后不会影响被标记物的空间立体结构，这既保证了被检物质的稳定性（尤其对蛋白质影响更小），又可实现多位点标记。标记物稳定，大大减少了偶然误差的产生，从而实现了提高检测准确度的目的。

（3）荧光酶免疫测定。

荧光酶标免疫分析（enzyme-linked fluorescent immunoassay，ELFIA）是在酶联免疫吸附分析的基础上发展起来。操作简便，检测速度快，灵敏度高，而且无传染危险，适合快速检出食品中的微生物。

ELFIA 的基本原理：首先把已知抗体吸附于固相载体，加入待测样本，样本中的抗原与固相载体上的抗体结合，然后酶标抗体与样本中的抗原结合。加入酶反应的底物，底物被酶催化为带荧光的产物，产物的量与标本中受检物质的量直接相关，然后根据荧光强度进行定性或定量分析（表33-4）。

ELFIA 法既可用于测定抗原，也可用于测定抗体。由于酶的催化频率很高，极大地放大了反应效果，从而使测定方法达到很高的敏感度。法国生物梅里埃公司生产的荧光酶标分析仪（vitek immuno diagnostic assay system，VIDAS）就是建立在 ELFIA 原理上的自动检测系统，已被应用于多种微生物的检测中。

表33-4 荧光酶免疫测定标记用酶及荧光底物

标记酶	底物	荧光产物	激发光/nm	荧光/nm	相应信号
碱性磷酸酶	4-MUP	4-MU	360	450	10
β-半乳糖苷酶	4-MUG	4-MU	360	450	10
辣根过氧化物酶	HPA	二聚体	317	414	0.03

荧光酶免疫测定方法分为：双抗体夹心法、双抗原夹心法和固相抗原竞争法。①双抗体夹心法：固相抗体和酶标记抗体与待检抗原反应，形成固相抗体-抗原-酶标抗体复合物，加入底物进行酶促发光反应，发光量与待检抗原含量成正比；②双抗原夹心法：固相抗原和酶标抗原与待检抗体反应，形成固相抗原-待检抗体-酶标抗原复合物，加入底物进行酶促发光，发光量与待检抗体含量成正比；③固相抗原竞争法：待检抗原和固相抗原竞争结合定量的酶标抗体，洗涤除去未结合部分，固相抗原与酶标抗体形成的复合物被留下来，加入底物进行酶促发光反应，荧光强度与待检抗原含量成正比。

　　方法评价：用酶和荧光底物的化学反应作为放大系统，提高灵敏度。背景荧光干扰测定，用固相荧光酶免疫测定效果好。

　　（五）免疫芯片技术

　　免疫芯片技术，一种新型生物芯片技术，可以对多种物质同时进行检测，与其他方法相比具有较大的优越性。

　　免疫芯片的检测原理：将几个、几十个，甚至几万个或更高数量的抗原（或抗体）高密度排列在固相载体上，形成高密度抗原或抗体微点阵的免疫芯片，阵列中固定分子的位置及组成是已知的，用标记物标记的抗体或抗原与芯片上的识别分子进行反应，然后用特定的扫描装置进行检测，结果由计算机分析处理。与少量待检样品或生物标本同时进行特异性免疫反应，可一次获得芯片中所有已知抗原（或抗体）的检测结果，如图33-34所示。

　　在免疫芯片中常用的标记物有放射性同位素、酶、荧光物质等，依据标记物的不同采用不同的检测方法。由于采用放射性同位素标记有放射性污染和需专门的检测设备等问题，所以多数采用酶及荧光物质标记抗原或抗体。尤其荧光标记是芯片信息采集中使用最多也是最成功的。应用激光作为激发光源的共聚焦扫描装置，具有极高的分辨能力，可以定量测读结果，并可以有很高的灵敏度和定位功能，已被普遍地用于芯片杂交结果判读。

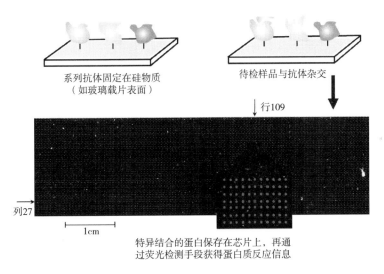

图33-34　免疫芯片的检测原理图

七、胶体金标免疫

　　免疫胶体金技术（immune colloidal gold technique，GICT）是以胶体金为标记物，利用特异性抗原抗体反应，在光镜电镜下对抗原或抗体物质进行定位、定性乃至定量研究的标记技术，是继三大标记技术（荧光素、放射性同位素和酶）后发展起来的固相标记免疫测定技术（图33-35）。1962年Feldherr第一次介绍了胶体金可作为一种电子显微镜水平的示踪记物。1971年，Faulk和Taylor首次用兔抗沙门氏菌抗血清与胶体金颗粒结合、制备成金标抗体检测细菌表面抗原的分布，将胶体金与抗体结合用于电镜水平的免疫细胞化学研究，这一年被公认为免疫胶体金技术诞生年。1974年Romano等人用胶体金标记抗球蛋白抗体，建立间接

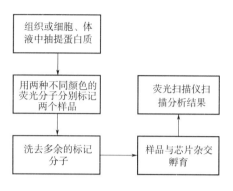

图33-35 抗体芯片的整个操作流程图

免疫金染色法。1983年Holgate将银显色技术与免疫金染色法相结合，建立了免疫金银染色技术（immunogold-silver staining，IGSS）。免疫胶体金技术因快速简便、特异敏感、稳定性强、不需要特殊设备和试剂、结果判断直观等优点在生物学方面得到广泛应用。

（一）免疫胶体金技术的基本原理

免疫胶体金标记技术是以胶体金作为示踪标志物，应用于抗原抗体反应中。胶体金（colloidal gold）是由氯金酸（$HAuCl_4$）水溶液在还原剂作用下，聚合成特定大小的金颗粒，形成带负电的疏水胶溶液，因静电作用形成稳定的胶体体系，也称金溶胶（gold sol）。胶体金颗粒的直径从几纳米到几十纳米不等，由于不同直径胶体金的光散射各异，所以其溶胶颜色的深浅相应发生显著的变化，这就是胶体金用于被动凝集试验的基础。

胶体金标记实质上是蛋白质等高分子被吸附到胶体金颗粒表面的包被过程。吸附机理可能是利用胶体金颗粒表面在碱性环境中带负电荷的性质，与蛋白质的正电荷基团因静电吸附而形成牢固结合。用还原法可以方便地从氯金酸制备各种不同粒径、也就是不同颜色的胶体金颗粒，这种球形的粒子对蛋白质有很强的吸附功能，还可以与葡萄球菌A蛋白、免疫球蛋白、毒素、糖蛋白、酶、抗生素和激素等多种物质非共价结合，从而使其成为免疫反应的优良标记物。免疫胶体金颗粒具有高电子密度的特性，在显微镜下金标蛋白结合处，可见黑褐色颗粒。当这些标记物在相应的配体处大量聚集时，肉眼可见红色或粉红色斑点，因而可用于定性或半定量的快速免疫检测，而且金颗粒可催化银离子还原成金属银，因此在胶体金免疫测定时加入银染色液，能放大反应信号，大大增加测定的灵敏度。

（二）免疫胶体金的制备

1. 胶体金的制备

胶体金的制备一般采用还原法。常用的还原剂有柠檬酸钠、鞣酸、抗坏血酸、白磷、硼氢化钠等。其原理是利用还原剂将氯金酸溶液中的金离子还原成金原子，根据还原剂的类型以及还原作用的强弱，可以制备5~150nm不等的胶体金，一般还原剂用量越大，制备的胶体金颗粒越小。

最常用的制备方法为柠檬酸三钠还原法，将0.01%的氯金酸溶液加热至沸腾，快速搅拌的同时迅速加入1%的柠檬酸三钠水溶液，继续加热，溶液颜色由浅黄色逐渐变为浅蓝色、蓝色、蓝紫色、紫红色，最后变为澄清透明的酒红色。此法制备程序简单，胶体金的颗粒形状、大小较均一。

胶体金制备过程要求所用玻璃容器必须绝对清洁，玻璃表面少量的污染会干扰胶体金颗粒的生成，产生凝集颗粒，因此玻璃器皿用前要经过泡酸、超声洗涤处理，并用蒸馏水、超纯水依次冲洗浸泡，然后烘干备用。

2. 胶体金的标记

由于胶体金颗粒在电解质中不稳定，制备后应立即用大分子（如蛋白质）进行标记。在免疫组织化学中，将胶体金结合蛋白质的复合物称为金探针，用于免疫测定时多简称为免疫胶体金（imminogold）。

胶体金颗粒对蛋白质的吸附作用取决于 pH 值。在 pH 值 = pI 值时，蛋白质溶解度最小，水化程度最小，最容易吸附到疏水的金颗粒表面。但在实际操作中，一般胶体金溶液的 pH 值调到稍高于标记用蛋白质的 pI 值，这样蛋白质带正电，结合更稳定。

可用 0.1 mol/L K_2CO_3 或 0.1 mol/L HCl 调节胶体金溶液的 pH 至选定值，但通常最适反应 pH 往往需经多次试验才能确定，在调节胶体金的 pH 值时，胶体金会阻塞 pH 计的电极，因此可用普通 pH 试纸先调到目标 pH 值附近，再换用精密 pH 试纸调节，也可以用胶体金专业 pH 计调节 pH。标记应在磁力搅拌下，逐滴加入待标记蛋白溶液，混匀 30 min 后继续在磁力搅拌下加入 10% BSA 使其终浓度为 0.5%，搅拌混匀 15 min，再加入 5% PEG 20000 至终浓度为 0.1%，再持续搅拌混匀 15 min，最后 4 ℃静置过夜。

由于盐类成分能影响胶体金对蛋白质的吸附并可使胶体金聚沉，因此待标记蛋白质溶液若含有较高的离子浓度，应在标记前先对低离子强度的双蒸水透析去盐，并通过离心及微孔滤膜过滤以除去细小颗粒，然后，通过系列稀释法找出能使胶体金稳定的待标记蛋白的最低浓度，这一浓度再加 10% 即为最佳标记蛋白量。标记好的胶体金还应加入终浓度为 0.05% ~ 0.1% 的 PEG 6000 或 PEG 20000 作为稳定剂。

多种蛋白质、葡聚糖、PEG 2000、明胶等均为良好的高分子稳定剂，PEG 和 BSA 是最常用的稳定剂。稳定剂有两大作用，一为保护胶体金的稳定性，使之便于长期保存；二为防止或减少免疫金复合物的非特异性吸附反应。稳定剂的合理选择十分重要，不适当的稳定剂有时也会导致非特异性反应。

3. 胶体金标记后的纯化

标记好的胶体金中往往还含有未结合的蛋白质、未充分标记的胶体金以及标记过程中形成的各种聚合物。因此标记好的胶体金还需经过纯化才能使用，一般纯化方法有离心法和凝胶过滤法等。采用离心法时，一般颗粒 10 nm 以上的胶体金可高速离心，颗粒小于 10 nm 的胶体金要用超高速离心。凝胶过滤法为纯化免疫胶体金的最好方法，过滤的胶体金颗粒比较均匀，不容易凝集；离心法转速高，时间长，胶体金颗粒沉淀后容易凝集，凝胶过滤法则克服了这一弱点。将浓缩好的免疫胶体金先以 1500 r/min 离心除去大的聚合物，取上清液过柱。可用 Sephacryls-400 或 Sepharose-4B（或 6B）装柱 0.02 mol/L TBS，pH 8.2 平衡和洗脱。

（三）免疫胶体金技术

1. 免疫渗滤试验技术

免疫渗滤试验（dot immunogold filtration assay，DIFA）技术的基本原理是以微孔膜（硝酸纤维素膜，简称 NC 膜）为固相载体，包被已知的抗原或抗体，加入待测样本后，经微孔膜的渗滤作用或毛细管虹吸作用使标本中的抗体或抗原与膜上包被的抗原或抗体结合，再通过胶体金标记物（或其他）指示反应形成红色的可见结果。

2. 免疫层析试验技术

免疫层析（immunochromatography）试验技术的原理是将特异的抗体或抗原先固定于硝酸纤维素膜的某一区带，当干燥的硝酸纤维素一端浸入样品液后，由于毛细作用，样品将沿着该膜向前移动，当移动至固定有抗体或抗原的区域时，样品中相应的抗原或抗体即与该抗体或抗原发生特异性结合，再通过标记技术使该区域显示一定的颜色，从而实现特异性的免疫诊断。胶体金免疫层析（GICA）就是利用胶体金本身的显色特点结合免疫层析技术诊断特异性的待测物。同样是层析法的金标纸条，根据胶体金标记的抗体或抗原不同可以分成间接法、竞争法和双抗原夹心法等不同种类。

（四）应用

1. 定量检测

根据显色强度应用简单的仪器进行定量：免疫渗滤法可用反射光密度计对斑点颜色的强度进行测定，可得到半定量的结果。另一种方法是多条测定线法，即在 NC 膜上加置多条平行的受体（抗体或抗原）线，测定时标本中受检测物浓度高，则呈色条数多。

2. 多项测定

多项测定即在同一膜上点有多种反应物，一次检测可同时得到多项结果。

3. 多份测定

试剂盒既可制成单样份的，也可制成多样份的。

4. 转基因植物产品的检测

以转基因植物中外源目标基因表达的产物为抗原，制备其特异性抗体，用胶体金标记抗体，制作免疫层析试纸条或斑点渗滤试剂盒，可快速、灵敏地检测转基因植物产品，并可通过定量或半定量技术初步鉴定其质量。

胶体金本身为红色，不需要加发色试剂，省却了酶标的致癌性底物和终止液的步骤，对人体无害。金标记物性质稳定，试验结果可长期保存。

思　考　题

1. PCR 技术在食品检测中的应用体现在哪些方面？

2. 近年来常见的等温信号放大技术有哪些？其与 PCR 技术的优越性体现在哪些方面？

3. 什么是核酸探针？它有什么特点？

4. 能够特异性识别并结合靶标物的新型功能核酸探针有哪些？工作原理是什么？

5. Southern 印迹作为一种最常用的核酸分子杂交技术，其在食品领域的应用体现在哪些方面？

6. DNA 芯片技术已被广泛应用于食品分析检测领域，具体体现在哪些方面？

7. 阻碍基因芯片成为实验室研究或实践中可被普遍采用技术的原因有哪些？解决途径是什么？

8. ELISA 技术在食品检测领域的优越性是什么？

第三十四章 食品微生物自动化检测

课件　　思政

微生物个体微小，结构简单，传统的分类和鉴定多依据形态学、生理学和生态学特征，新的特征如血清学试验与噬菌体分型、氨基酸顺序和蛋白质分析、核酸的碱基组成和分子杂交以及基因重组已成为分类鉴定的新依据。近20年来，随着微电子、计算机、分子生物学等先进技术向微生物学领域的渗透和多学科的交叉，微生物菌种鉴定逐渐由传统的形态学观察和人工生理生化实验鉴定发展进入了基于仪器自动化分析的鉴定系统阶段。微生物的快速鉴定和自动化分析技术有了突破性的进展，一系列商品化自动鉴定系统相继推出并在应用中取得理想效果，代表性的鉴定系统有 VITEK 系统、MIDI 系统、Biolog 系统、SENSITITRE 系统、AUTOSCEPTOR 系统以及 MICROSCAN 系统等，其中细胞脂肪酸分析的 MIDI 系统、碳源利用分析的 Biolog 系统与 DNA 序列分析的 16s rRNA 基因进化发育系统已经成为目前国际上细菌多相分类鉴定常用的技术手段。上述系统运用计算机进行数据分析，使分析鉴定过程更加快捷，结果更加准确、可信。

第一节　Biolog 微生物自动分析系统

美国 Biolog 公司从 1989 年开始推出 Biolog 微生物自动分析系统，最早进入商品化应用的是革兰氏阴性好氧细菌鉴定数据库（GN），其后陆续推出革兰氏阳性好氧细菌（GP）、酵母菌（YT）、厌氧细菌（AN）和丝状真菌（FF）鉴定数据库。Biolog 微生物鉴定数据库容量是目前世界最大的，可鉴定包括细菌、酵母和丝状真菌在内总计 2656 种微生物，几乎涵盖了所有的人类、动物、植物病原菌以及食品和环境微生物。可鉴定一些传统鉴定系统无法鉴定的重要细菌，且拥有丝状真菌数据库。

Biolog 系统具有操作简便、自动化程度高、鉴定快速、采用标准化程序和耗材等优点，但是，如果不配备具有一定专业背景的操作人员和科学适用的操作技术规程，准确使用该系统并得到正确的鉴定结果仍然具有一定难度。

一、原理

Biolog 分析系统主要根据细菌对糖、醇、酸、酯、胺和大分子聚合物等 95 种碳源的利用情况在一块鉴定板上进行鉴定。细菌利用碳源进行呼吸时，会将四唑类氧化还原染色剂（TV）从无色还原成紫色，从而在鉴定微平板上形成该菌株特征性的反应模式或"指纹图谱"，通过纤维光学读取设备———读数仪读取颜色变化，由于对光密度吸收值的差异，由计算机通过概率最大模拟法将该反应模式或"指纹图谱"与数据库相比较，通过目标菌株与数据库相关菌株的特征数据的比对，获得最大限度的匹配，可以在瞬间得到鉴定结果，确定所分析的菌株的属名或种名。

二、Biolog 微生物自动分析系统组成

Biolog 微生物自动分析系统包括组成读数仪、数据库软件、浊度仪、菌落放大灯、八头电动加液器以及计算机等配件。

三、操作步骤

1. 细菌的纯培养

用于鉴定的细菌必须为纯培养物，仅包含 1 种微生物菌种的培养物。可将菌种分离纯化获得单菌落，通过菌落放大灯观察菌落形态判断是否为纯培养物。

2. 通用培养基

适用于绝大多数细菌生长的培养基，好氧细菌使用好氧菌培养基（biolog universal growth，BUG）+5% 羊血（B）；厌氧细菌使用厌氧菌培养基（biolog universal anaersal，BUA）+0.25% 麦芽糖（M）；农业相关细菌可直接使用 BUG 培养基。

细菌的最适生长温度。大多数细菌在 35~37 ℃ 或 30 ℃ 下培养，某些革兰氏阳性厌氧菌在 26 ℃ 下培养。培养时间不宜过长，大多数细菌最长培养时间为 24 h，某些生长缓慢的细菌或苛求菌需要培养 48 h。

3. 革兰氏染色

对好氧菌必须进行革兰氏染色反应，根据革兰氏染色结果选择适当的培养基和微平板类型。

4. 富集培养

（1）培养基。

革兰氏阴性非肠道菌、肠道菌和革兰氏阳性球菌、杆菌（除芽孢杆菌）使用 BUG+B 的培养基；革兰氏阴性苛求菌使用巧克力培养基；革兰氏阳性芽孢杆菌使用 BUG+M+T 培养基；厌氧菌使用 BUA+B 培养基。

（2）培养时间。

培养时间不宜过长，大部分细菌培养时间为 16~24 h，某些生长缓慢的细菌培养时间为 48 h，生长缓慢的厌氧菌需要更长的时间。

（3）革兰氏阳性芽孢杆菌的特殊培养。

革兰氏阳性芽孢杆菌的培养要避免产生过多的芽孢，影响鉴定结果。采用"+"字交叉法画线，在平板上形成"+"字形，挑取"+"字外部活力较高的菌体进行后续实验。有时为了获取更多量的菌体，也可采用"米"字形画线。

5. 菌悬液的制备

不同类型的细菌必须按照相应的浊度标准品制备适宜浓度的菌悬液，如 GN-NENT 采用52%T/GN-NENT 的浊度标准。

操作步骤：取无菌棉签在接种液中蘸湿。将棉签在菌落表面滚动，粘取菌体，注意不要带

出培养基。在接种液管液面上沿内壁转动棉签，使菌体附着在内壁上，同时将菌体均匀打散。倾斜接种液管，用棉签将菌体分散于接种液中。如果有小的菌团，应使之沉到管底。调整浊度。

6. 微平板的接种与培养

Biolog 系统所采用的微平板有 96 孔，横排编号为 1~12，纵排编号为 A~H。96 孔中均含有四唑类氧化还原染色剂和胶质，其中 A1 孔为空白对照，其他 95 孔为 95 种不同的碳源物质。

（1）微平板的接种。

将制备好的菌悬液倒入加样槽中，使用八道电动移液器，将其接种于微平板的 96 孔中。革兰氏阴性菌、阳性菌分别使用 GN 和 GP 鉴定微平板，接种量为 150 μL/孔；厌氧菌使用 AN 鉴定微平板，接种量为 100 μL/孔。

（2）微平板的培养。

革兰氏阴性非肠道菌在 30 ℃，空气中培养；革兰氏阴性肠道菌在 35~37 ℃，空气中培养；革兰氏阴性苛求菌在 35~37 ℃，6.5%CO_2 条件下培养；革兰氏阳性球菌和杆菌在 35~37 ℃、30 ℃ 或 26 ℃，空气或 6.5%CO_2 条件下培养；革兰氏阳性芽孢杆菌在 30 ℃ 或 55 ℃，空气中培养；厌氧菌在 35 ℃、30 ℃ 或 26 ℃，无氢气的厌氧条件下培养。

每块 AN 微平板的操作时间不要超过 5 min，接完种的微平板 10 min 后再放入厌氧罐。厌氧罐中不能含有 H_2，因为含强氢化酶的细菌在 H_2 存在时会还原四唑类显色物质，影响鉴定结果的准确性。

（3）微平板反应。

细菌利用微平板中的碳源发生氧化-还原反应，使四唑类氧化还原染色剂发生颜色变化。鉴定细菌时全部基于显色反应，结果分为阴性值、阳性值和边缘值。

7. 微平板读数

（1）微平板读数时间。

AN 微平板培养 20~24 h 后读取结果，其他类微平板 4~6 h、16~24 h 各读数 1 次。

（2）读取微平板。

（3）保存及读取鉴定结果。

（4）浊度标准品。

针对不同种类的细菌，浊度标准品分为 52%T/GN-NENT、61%T/GN-ENT、20%T/GP-COC &GP-ROD &GN-FAS、28%T/GP-ROD SB 和 65%T/AN。

四、结果鉴定的 3 个重要参数

Biolog 微生物自动分析系统的鉴定结果由 ID box（系统默认鉴定结果）、IDList（系统根据最相近原则给出的参考鉴定结果）和 MicroPlate reactions（被鉴定菌株的碳源利用情况）3 部分组成。

Biolog 软件将读取的 96 孔微平板反应结果按照与数据库的匹配程度列出 10 个结果，如果鉴定结果与数据库匹配良好，将鉴定结果显示在绿色状态栏上；如果鉴定结果不可靠，结果栏为黄色，显示"NO ID"，但仍列出最可能的 10 个结果。

IDList 中各鉴定结果（ID）均对应可能性 Probability（PROB）、相似性 Similarity（SIM）和位距 Distance（DIST）3 个重要参数。DIST 和 SIM 是最重要的二个值，表示测试结果与数据库相应数据的匹配程度。DIST 值表示测试结果与数据库相应数据条的位距，SIM 值表示测试结果与数据库相应数据条的相似程度。当 DIST<5.0，SIM>0.75 为良好的匹配；SIM 值越接近于 1，检定结果的可靠性越高。

Biolog 系统规定：细菌培养 4~6 h，其 SIM≥0.75，培养 16~24 h 时，SIM≥0.50，系统自动给出的鉴定结果为种名；当 SIM 值小于 0.5，当鉴定结果中属名相同的结果的 SIM 值之和大于 0.5 时，自动给出的鉴定结果为属名。

中国工业微生物菌种保藏管理中心（CICC）于 2005 年 4 月引进 Biolog 系统（Microstation 4.2）以及全部 5 种鉴定数据库软件，在采用该系统进行大量微生物菌种复核和鉴定实验的基础上，根据 Biolog 系统操作手册 4.2 版和国家微生物资源平台技术规程的统一格式，研究制定了《Biolog 微生物自动分析系统——细菌鉴定操作规程》，形成了标准化的技术操作规程，规范该系统在细菌鉴定中的操作应用。

五、应用领域

BIOLOG 微生物鉴定系统能鉴定超过 2900 种常见的好氧细菌、厌氧菌、酵母和丝状真菌等微生物，几乎覆盖了所有重要的与人类、动物、植物相关的微生物，被广泛应用于各种与微生物相关的领域。

第二节　生物梅里埃 VITEK 全自动细菌鉴定系统

法国生物梅里埃公司出品的 VITEK 全自动快速微生物鉴定/药敏分析系统是目前世界上最先进、自动化程度最高的细菌鉴定仪器之一，已被许多国家定为细菌最终鉴定设备，并获 FDA 认可。该系统有高度的特异性、敏感性和重复性，还具有操作简便、检测速度快等特点，绝大多数细菌的鉴定在 2~18 h 内完成。

一、工作原理

VITEK 系统的识别技术基于生长的自动化微生物学系统。根据不同种类微生物的理化性质，以微生物的生理生化反应为基础，再结合先进的比色技术，获得一系列相关数据后于系统数据库进行对比得出鉴定结果。主要是利用物质产生的 pH 值变化，能释放色源或荧光源复合物的酶学反应，四氮唑标记碳水化合物代谢活性的产生，挥发或非挥发酸的产生或可见生长。简单地说，就是仪器把 30 个对细菌鉴定必需的生化反应培养基固定到卡片上，然后通过培养后仪器对显色反应进行判断，利用数值法进行判定。

使用不同类型的卡片，使微生物经受不同的化学底物并评估它们利用这些化学物质的能力来识别它们。不同种类的测试卡含有多种生化反应孔，高达 64 孔，每个孔都有特定的底物来测量微生物代谢活动如碱化、酸化、对生长抑制剂和酶水解的敏感性。GN 卡用于革兰氏阴性杆菌的鉴定，GP 卡用于革兰氏阳性球菌的鉴定，BCL 卡用于芽孢菌的鉴定，ANC 卡用于厌氧生物和棒状杆菌物种的鉴定，CBC 卡用于棒状细菌的鉴定，YST 卡片用于酵母和酵母样生物的鉴定。GP 卡有 43 项反应、GN 卡有 47 项反应、BCL 卡有 46 项反应，且大多数采用以酶为底物的反应。

用目标测试微生物接种含有各种底物的孔的特定微生物识别卡，并在孵育后系统评估光学信号，通过使用各种波长的透射光学系统进行解释，以确定由于底物微生物利用而导致的浊度或颜色变化，然后将其与系统数据库中已发现的结果进行比较，获得微生物的鉴定。

二、VITEK 系统的结构组成

VITEK 鉴定系统的外观和构成如图 34-1 所示。VITEK 是集试卡接种、培养、读数于一体的高度自动微生物仪器。填充机将待测菌的菌悬液注入试卡内。读书器/恒温箱可在培养过程中定时读出细菌在试卡内培养基中的生长变化值。电脑主机/显示器/打印机用于储存和分析资料、系统的操作和结果分析鉴定，实验结果的自动显示报告和打印。

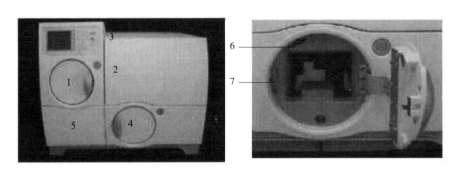

图 34-1　全自动微生物鉴定仪

1—填充门：填空入口　2—用户前门：光学、孵育室、测试卡的运送入口
3—用户上门：只有前门打开时才能打开，光学系统和旋转装置在此门
4—装载门：用于测试卡的装载/卸载　5—废卡收集门：从此门取出仪器处理过的废测试卡
6—光学检测器：检测门是否关好　7—门锁

1. 试卡架

试卡架是试卡运送系统的主要部分，可放 10 张试卡和菌液试管，用于在仪器内进行样品制备和处理（图 34-2）。试卡架装备有条形码，可鉴别出仪器的试管架。菌种鉴定卡采用独立包装的一次性测试卡，生化检验所需试剂均预先填充在不同类型的一次性鉴定卡片上。

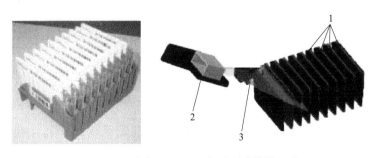

图 34-2　试卡架（左）和条形码读数器（右）

2. 条形码读数器

条形码读数器（图 34-2 右）组成为：1 为条形码，2 为条形码扫描器，3 为光束。试卡架装载仪器中，读数器扫描每一个试卡架和测试卡上的信息，然后把所有试验卡条码数据传输到工作站计算机。

3. 封口器

封口器位于试卡装载与卸载区，为放入试卡做准备。通过加热切割-密封试卡上的导液管，防止试卡中菌液外流。

4. 孵育器

孵育器包括加热器和循环风扇，保证在测试过程中在最理想的环境条件下孵育试验卡。通过两个远程精密热敏电阻来监控温度，使试验卡的平均温度保持在 35.5 ℃。

5. 光学系统

光学系统用可见光直接检测细菌的生长，以细菌生长前每个试卡孔的初始读数为基础，每 15 min 读一次相同孔的透光度。

三、VITEK 系统的功能和应用

目前 VITEK 系统的检测卡有 14 种，微生物常用的有 7 种，每张检测卡对应接种 1 份标本，检测卡为一次性消耗品。

1. 可鉴定 405 种细菌

其中：GPI 卡可鉴定凝固酶阳性和阴性的葡萄球菌、肠球菌、李斯特氏菌属等 51 种；GNI+卡可鉴定肠杆菌科、弧菌科和非发酵菌等 116 种；NFC 卡可鉴定假单胞菌、弧菌等 42 种；YBC 卡可鉴定假丝酵母（念珠菌）、丝孢酵母、红酵母等 34 种；ANI 卡可鉴定放线菌、拟杆菌、梭杆菌、乳杆菌、梭菌等 94 种；BAC 卡可鉴定芽孢杆菌 21 种；NHI 卡可鉴定奈瑟氏菌等 47 种。

2. 可对澄清液体中的微生物进行计数

3. 检测细菌生长曲线

4. 药敏试验

有 70 多种药物，约 50 种药物组合的药敏卡。已广泛用于识别食品和食品加工环境中的细菌分离物，了解细菌菌群的组成并确认某些细菌的发病率，还用于评估不同污染物中的微生物（如大肠杆菌、克雷伯氏菌）污染水平。此外，系统还被用于评估食品加工人员的卫生状况。

第三节　全自动快速微生物质谱检测系统

2013 年生物梅里埃推出了全自动快速微生物质谱检测系统，采用基质辅助激光解吸电离-飞行时间质谱技术（MALDI-TOF），配备全面的临床相关微生物数据库的自动化微生物质谱鉴定系统，几乎所有分离株都能在短时间内以高精度鉴定。质谱仪检测时，无须进行革兰氏染色，简化了鉴定步骤，随开随用的基质，并能利用 ATCC 菌株完成质控。

一、工作原理

MALDI 的原理是用激光照射标本与基质形成共结晶膜，基质从激光中吸收能量传递给标本中的生物分子，并将质子转移到生物分子而使其发生电离。TOF 的原理是离子在电场作用下加速飞过飞行管道，根据到达检测器飞行时间的不同而被检测，即待测离子的质荷比与离子飞行时间成正比。形成的特有指纹图谱与数据库中的标准图谱经对比即可鉴定细菌。

通过测定细菌自身独特的蛋白质组成，应用质谱技术将测得的蛋白质和多肽按分子质量大小排列，形成独特的蛋白质组指纹图谱，再通过特征性的模式峰完成菌株的鉴定。

二、仪器

全自动快速微生物质谱检测仪结构由标本准备工作站、质谱仪主机、控制质谱仪主机的数据采集工作站、安装有 Myla 软件的服务器组成。该检测系统可与全自动微生物鉴定系统连接，实现快速鉴定和药敏试验。

1. 标本准备工作站

标本准备工作站利用全自动快速微生物质谱检测系统准备工作站，每个样品的信息都能和标本板上的孔位以及全自动微生物鉴定系统卡片一一对应，并实现一站式鉴定及药敏检测。

2. 质谱仪主机

质谱仪主机由基质辅助激光解吸电离离子源（MALDI）和飞行时间质量检测器（TOF）两部分组成。

3. 控制质谱仪主机的数据采集工作站

实时显示实验进程，提示需要重新测试的样品。

4. 安装有 Myla 软件的服务器

安装有 Myla 软件的服务器包括网络程序、数据库管理、鉴定结果分析、查询、确认、传输等。系统通过 Myla 连接了全自动微生物鉴定系统，将产生的鉴定结果与全自动微生物鉴定系统给出的抗生素敏感性测试结合起来，提供一站式鉴定及药敏解决方案。

三、基质辅助激光解吸电离飞行时间质谱技术

MALDI-TOF 技术的内在特性是检测生物分析物的质荷比，并在数分钟内提供光谱。利用基质与细菌细胞内的蛋白质形成结晶，激光照射结晶体，在电场作用下使其快速爆炸性蒸发，基质与标本间发生电荷转移，使菌体蛋白质离子化并带入气相介质，沿着高真空的飞行管道飞行，质荷比越小，到达检测器所需时间就越短，从而区分不同的带电离子，并获得该细菌的全蛋白组图谱。

该技术主要反映微生物核糖体蛋白信息，蛋白质是生命活动的主要承担者，其差异性主要体现为微生物的表现型。该技术是将完整的病原菌细胞（IC）直接进行检测，无须蛋白提纯，样本准备简便，只需要 1~2 个纯菌落，2~3 min 即可出结果，因此具有高通量、高重现性、快速灵敏的特点。除了常见病原菌外，还能鉴定出难以培养的微生物，例如苛养菌、厌氧菌等。

四、应用

全自动快速微生物质谱检测仪提供了微生物的独特质谱指纹，可用于分析细胞提取物中的细菌蛋白质，应用于鉴定来自不同属、种和同一物种不同菌株的微生物。可应用于 G⁻ 杆菌和 G⁺ 球菌、真菌和厌氧菌，鉴定数据包含了科研和临床数据库一共 2100 个菌种。运行速度快（30~60 s）、成本低，无须染色、无须触酶、氧化酶等辅助实验；无须小试剂（如 VP 试剂，果脯双试）、高通量（每分钟完成 1~2 个菌株鉴定，一次可进行 192 个测试）。由于其具有保证分子结构完整性的软电离特点，因此广泛应用于蛋白质、聚合物、多肽等大分子化合物相对分子质量的准确测定。

第四节　微生物测序分型系统
——MicroSeq 微生物鉴定系统

当微生物危害人类健康时，需要依靠高效、快速、高精确性的微生物鉴定系统检测。DNA 测序鉴定方法已经被证明比传统的生化分型和表型分型方法更加准确、快捷，尤其在其他方法分型失败时特别有价值。16S rRNA 基因是伯杰方法（bergey manual）细菌菌种分类的客观基础，也是 DNA 测序鉴定分型的基础。

基于美国应用生物系统公司基因分析仪的 MicroSeq 微生物鉴定系统为微生物测序分型所专门设计，通过对细菌共有的 16 s rRNA 基因进行自动化测序得到细菌鉴定结果，对于真菌鉴定则通过对真菌 26 s rRNA 基因上的 D2 基因片段进行测序。该系统不需要任何菌种分类的知识、革兰氏染色和生化检测就能够得到准确、高重复性的实验结果。

MicroSeq 系统鉴定从菌落培养的制备样品中提取少量的标本，使用配套的提取 DNA 试剂盒得到目的 DNA，然后进行 PCR 扩增反应和测序反应，这两个反应都应用已经预先得到验证的试剂盒。测序反应的产物则在全自动的基因分析仪上完成测序，所得到的数据通过 MicroSeq ID 软件自动分析和鉴定。软件将根据序列比对和种系发生树自动将位置鉴定样本与 MicroSeq ID 数据库进行比较，找到最匹配的细菌序列或百分比最匹配的菌株。整个鉴定过程为 5 h。

采用 MicroSeq 系统可方便地鉴定数千种微生物，包括细菌、酵母和真菌。PrepMan Ultra 试剂能简单地从菌落或者培养基中制备样品。MicroSeq 500 16 s 细菌鉴定试剂盒和 MicroSeq Full Gene 16 s 细菌鉴定试剂盒分别对 16 s rRNA 基因的 500 碱基长度和全长基因进行鉴定。MicroSeq D2 LSU 真菌鉴定试剂盒则对真菌的核内核糖体 DNA 进行测序来对真菌进行鉴定。MicroSeq ID 软件自动将测序结果与 MicroSeq 微生物数据库中经过验证的序列进行比较，得到一个比较序列分析结果最接近的菌株清单。该结果根据样本的遗传距离排列，并在显示屏上以种系发生树方式显示。MicroSeq 细菌和真菌鉴定系统的数据库是一个已经验证过的序列数据库，其中细菌数据库录入了超过 1700 种细菌，包括非发酵性革兰阴性菌、杆状菌、棒状杆菌、分枝杆菌、葡萄球菌等。真菌数据库录入了超过 1000 种真菌。两个数据库都根据新的录入条目不断进行更新和扩充。数据库支持序列多态性，同时包含了 A 级生物威胁的所有细菌。数据库只包含良好培养条件下获得正确鉴定的菌株，而且其基因序列都已经过严格的质控分析。与此同时，用户也可以将自己独有的菌种序列加入 MicroSeq 数据库或者加入其他新的序列，从而建立自己个性化的菌株序列文库。MicroSeq 微生物鉴定系统所有组分都已经过验证和优化，以保证联合使用的效果。

在所有的细菌鉴定方法中，MicroSeq 微生物鉴定系统是唯一能够以 100% 的准确性和100% 的重复性鉴定出制药工业和环境中最常见的 18 种美国菌种保藏库（ATCC）菌种的商业化系统。手工操作很少，无须 DNA 测序或者分型的技术经验，只要使用一套标准化的流程来对所有的细菌和真菌样本进行实验。

第五节　基于图像处理的菌落自动计数系统

菌落总数是衡量食品是否合格的重要安全标准，快速精确地测定食品的菌落总数是行业内亟待解决的问题。目前国内通常采用的国家标准检验法——普通营养琼脂倾注法依靠人工观察计数，具有一定的主观性，误差较大。借助计算机及图像处理工具减少工作强度，提升工作效率，实现菌落的自动计数已成为趋势。

目前，国内外已开发多种菌落计数仪。如法国 Scan 5000 全菌落计数仪、德国 ColonyQuant 菌落计数仪、上海睿钰生物科技有限公司的 Countstar 计数仪等。

一、菌落自动计数硬件系统

菌落自动计数系统的硬件配置如图 34-3 所示，平皿（内有接种好的菌落）于光学平台上，光学平台主要用于调节辐射光的幅度与角度，使 CCD 数码相机采集的图像便于后期的处理与识别。在设定的光线条件下，通过 CCD 数码相机采集菌落的图像，并将其送入 PC 机，然后通过运行于 PC 机上的图像处理软件对获取的数字图像进行一系列的预处理和目标分割后计数，得到菌落的个数。

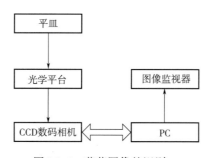

图 34-3　菌落图像的识别

计数仪大多包括高质量的摄像头，可以获取高清晰度的菌落图像，在上位机中应用图像处理技术进行处理，达到自动计数的目的，计数准确率高，但设备以 PC 机作为运算平台，体积大，便携性差，难以满足实时检测要求。

为了满足菌落自动计数系统对体积、便携性、实时性的要求，设计采用箱体式硬件拍照设备（轻便可携带），该设备分为硬件拍照设备、移动端手机 App、电脑计数终端 3 个部分。硬件拍照设备由箱体、光谱照相机和照明系统组成，光谱照相机和照明系统主要用来调节照明系统的光照条件以使菌落图像满足后期的处理与识别。通过 USB 接口或无线网络与手机 App 进行通信，同时在有可用网络条件下，手机 App 可与电脑计数终端通信并得到计数结果。

二、自动计数方法的实现

借助图像处理工具进行菌落的自动计数主要分为 3 个步骤：①图像的预处理，即对图像进行灰度化、滤波去噪等操作；②图像目标与背景的分离，即对图像进行阈值分割，理想的结果是将所有菌落从背景中分割出来并作为单独的目标；③粘连菌落的分割，将图像中一些粘连的菌落分割开以提高计数的准确性。设计的菌落自动计数系统流程如图 34-4 所示。

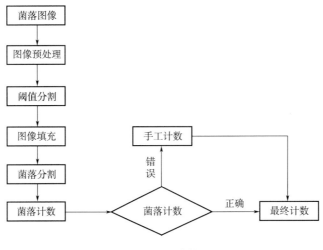

图 34-4　自动计数流程

1. 图像预处理

为使目标分割易于进行，并提高处理的精度，自动计数系统需对采集到的图像进行一些预处理，图像的预处理操作主要包括中值滤波去噪和图像增强等操作。系统噪声主要是 CCD 电路引入的随机噪声，因此可在较短的时间间隔内采集多幅图像，然后对多幅图像进行平均，产生待测图像。此外，还需对产生的待测图像进行均值滤波、中值滤波、图像锐化、对比度增强等预处理，以进一步去除噪声，增强图像。

2. 阈值分割——菌落的提取

通过对各种图像阈值分割算法的应用比较，采用适宜的方法确定最优阈值，对预处理后的菌落图像进行二值化。如光谱阈值分割法以 HSV 颜色模型为基础，通过调节图像的光谱、饱和度、明度来分离目标与背景的分割方法。

3. 去除平皿边缘图像

从二值化后的菌落图像中可看出，除了检测出的平皿中的菌落图像外，还可见明显的平皿边缘图像，这影响了后续计数步骤的进行，故需去除平皿边缘图像。由于平皿边缘是个规则的圆形，采用 Hough 变换检测圆的方法可去除平皿边缘图像。

4. 二值图像优化

菌落与背景分割完成后，为后续的分割计数更加准确，需进一步优化图像。系统将二值图像灰度值取反并对其进行填充等操作，从而使图像中的菌落点形成封闭区域以便进行计数。采用四邻域像素洪水填充算法，该方法从一个点到附近的像素点，覆盖菌落内部的空白部分，直到菌落封闭区域内的所有像素点都为统一的颜色为止。

5. 菌落分割

由于去除平皿边缘后的菌落图像中有粘连的菌落，为使后续的计数准确，需要使用图像分割算法对粘连的菌落进行分离。系统可采用不同的方法进行分割，如开值运算能够除去孤立的小点、毛刺和小桥，断开菌落粘连处细小的部分，而总的位置和形状不变；距离变换和分水岭算法结合的分割方法。

6. 菌落计数

系统中菌落的计数采用八邻域边缘跟踪法检测菌落边缘，并对计数值进行优化。在菌落二值图像中，设目标（前景）为"1"，背景为"0"，将图像按照从左至右、从下至上的顺序搜索，找到的第一个目标点记为 A，则 A 点在图像的左下方。从 A 点开始，以正右方作为初始搜索方向进行搜索，并按照正右、右上、正上、左上的顺序继续搜索，可以找到一个或多个目标点 B。将 B 作为初始搜索点，按照正右、右上、正上、左上、正左、左下、正下、右下的方向顺序进行搜索，可以找到下一个目标点 C，如果 C 是 A，则跟踪结束，计数加 1，如果不是，则继续寻找，直到找到 A 为止。若一个连通区域跟踪完毕，则将该区域搜索的结束点作为起始点继续下一区域的搜索，累加得到菌落的计数值 M。

同时，对菌落图像进行灰度值扫描，得到前景图像的像素面积 S，则每个菌落的平均面积为 $S_{AVG}=S/M$。获得每个连通区域的面积，记为 S_I，并与 S_{AVG} 对比，若 $S_I \leqslant S_{AVG}$，计数值加 1；若 $S_{AVG}<S_I<2\times S_{AVG}$，计数值加 2；若 $2\times S_{AVG}<S_I<3\times S_{AVG}$，计数值加 3；若 $3\times S_{AVG}<S_I<4\times S_{AVG}$，计数值加 4；若 $S_I \geqslant 4\times S_{AVG}$，计数值加 5，由此得到最终的计数值。

第六节　Analytic Products INC 细菌鉴定系统

国内外微生物的鉴定，传统上按照科、属、种双歧索引常规方法来鉴定，但常规鉴定方法需要配制各种培养基，须有商品试剂供应，对基层实验室来讲很难配齐，且操作比较烦琐。随着致病微生物的种、属的不断增加，传统方法已不能相适应，并且细菌表型生化反应多样性，需要正确把细菌鉴定到种，因此细菌鉴定简易化、微量化、快速化、电脑化是一种发展趋势。

Analytic Products INC（API）细菌鉴定系统是由生物梅里埃公司生产的细菌数值分类分析鉴定系统。API 系统为国际微生物学所公认的快速鉴定系统，也是国内应用最多的一个系统，该系统品种齐全，包括范围广，鉴定能力强，数据库在不断地完善和补充，目前有 1000 多种生化反应，可鉴定的细菌大于 600 种。

一、原理

API 系统用于细菌鉴定的品种有 15 种，分别有相应的数据库。数据库由细菌条目（taxa）组成，每个条目可能因情况的不同代表细菌种、细菌的生物型、细菌的菌属。鉴定主要依据 API 试剂条的生化反应结果将一种/组细菌与其他细菌相鉴别，并用鉴定百分率表示每种细菌的可能性。数值鉴定是通过出现频率的计算进行，即每个细菌条目对 API 系统中每个生化反应出现频率总和的比较。

各类 API 试剂条均由多个生化反应组成，编码即是将生化反应谱转换成数码谱，以便于使用生化反应检索手册或 API 电脑分析软件进行检索，确定生化反应谱对应的细菌种类。编码的原则是将所有的项目，每 3 个分为一组，每组按其位置，第 1 位阳性时标记为 1，第 2 位阳性时标记为 2，第 3 位阳性时标记为 4，所有阴性反应均标记为 0，再将每组标记的数字相加成一个数字，结果可能是 0~7 中的任一数字。这样可将鉴定条的生化反应谱编码成一组 7~10 位的数码谱。以 API20E 为例，鉴定条总共有 20 个生化反应，附加氧化酶试验组成 21 个试验，编成 7 组。如某一未知菌通过编码得出的数码谱为 5144512，使用 API20E 生化反应检索手册或 API 电脑分析软件进行检索，可确定该未知菌为大肠埃希氏菌。有些情况下，如一个编码下有几个菌名的，7 位数字尚不足以分辨，还需要做一些补充试验，补充试验的项目根据具体情况而定。如硝酸盐还原成亚硝酸盐（NO_2）、硝酸盐还原成氮（N_2）、动力（MoB）、麦康凯琼脂上生长（McC）、葡萄糖氧化（OF-O）、葡萄糖发酵（OF-F）等。

综上所述，API 鉴定系统是根据微生物在各种生理条件（温度、pH、氧气、渗透压）、生化指标（唯一碳氮源、抗生素、酶、盐碱性）下的代谢反应进行分析，并将结果转化成软件可以识别的数据，进行聚类分析，与已知的参比菌株数据库进行比较，最终对未知菌进行鉴定的一种技术。

二、仪器设备（图 34-5）

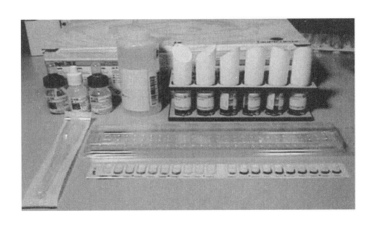

图 34-5 Analytic Products INC 鉴定套装

注：试剂盒的组成：①API 试条；②培养盒；③接种管；④附加试剂；⑤石蜡油；⑥无菌水；⑦安培架

三、操作步骤（见图 34-6）

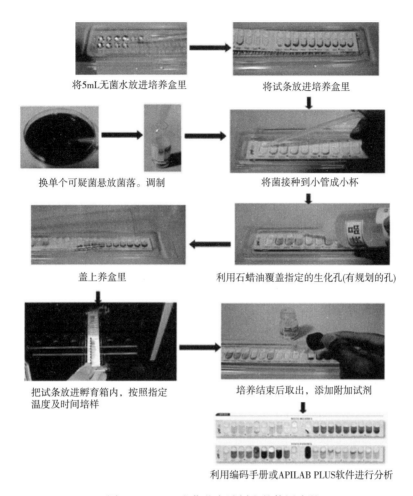

将5mL无菌水放进培养盒里　　　　　将试条放进培养盒里

换单个可疑菌悬放菌落。调制　　　　将菌接种到小管成小杯

盖上养盒里　　　　利用石蜡油覆盖指定的生化孔(有规划的孔)

把试条放进孵育箱内，按照指定　　　培养结束后取出，添加附加试剂
温度及时间培样

利用编码手册或APILAB PLUS软件进行分析

图 34-6　API 生化鉴定试剂盒的使用步骤

四、API 生化鉴定试剂盒的优点

API 生化鉴定试剂盒使细菌的鉴定标准化、系统化、简易化，缩短检验周期，可以快速报告结果，拥有菌种资料大于 25000 份，鉴定系统的发源生化测试大于 750 份，并且对软件的不断升级保证了用户拥有 API 数据库的最新版本。API 生化鉴定系统以微生物生化理论为基础，借助微生物信息编码技术，为微生物检验提供了简易、方便、快捷、科学的鉴定方法。

五、应用

API 系统使微生物有一个鉴定标准，不会因为所使用生化培养基的不同而鉴定出不同的菌名。使用现成的 API 系统就可以增加对细菌的检验鉴定能力，尤其弥补解决对一些鉴定难度相对较大的非发酵菌、念珠菌属、隐球菌属等的检验能力。常规双歧检索法对非发酵菌分属采用鞭毛染色时，遇到无鞭毛的不动杆菌属有时很难确定染色是否成功，由于鞭毛染色操作技术要求相对较高，这时采用 API20NE 显示了极大便利，只要革兰染色、氧化酶、OF 初定为非发酵菌后，接种到 API20NE 板条上即可解决，应用 API-CAUX 系列体现了简便、快速的优势。

API 鉴定结果编码代表了细菌生物型号码，以此可作为流行病病原学追踪的途径。在一起疫情或细菌性食物中毒的病原学检验中同时检出多株同一种细菌，并为相同的号码，可认为是来自于一个同源株即相同的生物型。

第七节　Sherlock 微生物鉴定系统

定量描述微生物群落是微生物生态学的难题之一。迄今为止，在自然界中存在的微生物已为所知的仅占一小部分。目前得到定种的原核生物仅有 5000 多种，其中主要原因就在于自然界存在的大多数微生物（有人认为可能超过 99%）在目前条件下不能或很难在实验室进行人工培养，不可能得到其纯培养物并对其进行形态、生理和遗传等特性的研究。应用传统的微生物培养方法和显微技术，需要在选择性培养基上培养微生物，即首先从环境样品中分离出纯菌株，再对该菌株进行一系列的生理生化分析。也就是说，传统的基于培养基的微生物技术在微生物生态学研究中有很大的局限性，培养基本身实际上具有一定的选择性，且无法还原微生物的真实生境；培养过程是一个重新选择的过程，存在着很多不确定性，其结果不能反映原始的群落结构。因此，传统方法只能提供微生物群落的一小部分信息，不能满足微生物生态学研究的需要。

与传统的基于培养基的微生物分离技术以及生理学方法、分子生物学方法相比，基于现代生物化学技术发展起来的磷脂脂肪酸（phospholipid fatty acid，PLFA）分析方法具有以下优点：①PLFA 不用考虑培养体系的影响，能直接有效地提供微生物群落中的信息，适合跟踪研究微生物群落的动态变化；②对细胞生理活性没有特殊的要求，对样品保存时间要求不高，获得的信息基本上由样品中所有微生物提供；③脂肪酸成分不受质粒增减的影响，几乎不受有机体变化的影响，实验结果更为客观、可靠；④试验条件要求低、操作难度小、价格相对较低，并且测试功能多。因此该方法在微生物生态学的研究中得到了越来越多的应用。

美国 MIDI 公司的微生物鉴定自动化系——SherlockMicrobial Identification System（MIS）操作安全、简单、快速，实验成本相对较低。主要根据不同种类微生物细胞膜中磷脂脂肪酸（PLFA）的类型和含量具有种的特异性、指示性和遗传稳定性等特殊性能对微生物进行全自动鉴定和分析。

一、原理

磷脂是几乎所有微生物细胞膜的重要组成部分，细胞中磷脂的含量在自然条件下（正常的生理条件下）恒定，约占细胞干重的 5%，其长链脂肪酸——磷脂脂肪酸可作为微生物群落的标记物，不同的微生物具有不同的 PLFA 种类和数量，一些脂肪酸还可能特异性地存在于某种（类）微生物的细胞膜中，PLFA 可以作为微生物生物量和群落结构变化的生物标记分子。磷脂不能作为细胞的贮存物质，在细胞死亡后会很快降解，可以代表微生物群落中

"存活"的那部分群体，适合于微生物群落的动态监测，但是古菌不能使用PLFA谱图进行分析，因为它的极性脂质是以醚而不是酯键的形式出现。

Sherlock MIS根据微生物中特定短链脂肪酸（$C_9 \sim C_{20}$）的种类和含量进行鉴定和分析。脂肪酸作为生物标记物，细菌细胞内有300多种脂肪酸成分，细菌脂肪酸成分相对稳定，易于提取、定性和定量。该软件可以操控Agilent公司的6850、7890型气相色谱，以氢气做载气，通过对气相色谱获得的短链脂肪酸的种类和含量的图谱进行比对，从而快速准确地对微生物的种类进行鉴定。质粒的丢失或增加、突变对脂肪酸组成没有影响。

二、流程和设备

1. PLFA 测定流程（见图34-7）

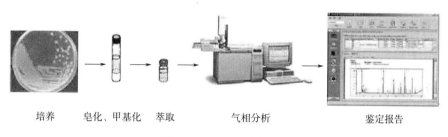

培养　　　皂化、甲基化　萃取　　　　气相分析　　　　　　鉴定报告

图34-7　PLFA测定流程

2. 样品前处理的流程

在微生物生态学研究中，PLFA通常被用来估算微生物生物量、确定群落结构、指示特定微生物、指示生理和营养状况等。利用PLFA进行这些测定的步骤见图34-8。

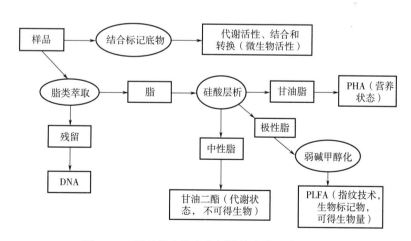

图34-8　用于微生物生态领域的脂类的分析技术

3. MIS 系统构成

MIS系统由Agilent气相色谱仪（GC）、MIDI微生物数据库、MIDI模式识别软件构成。

MIDI微生物菌种库是微生物鉴定系统中最大的数据库资源，包括嗜氧菌库，含有大于1500株的菌种；可选厌氧菌库，含有大于800种的菌种；可选酵母库，含有大于300种的菌种。三组库共约2600种，每种菌又有20多个亚型，具有PLFA分析功能，可以做菌群变化分析。

4. MIS软件选择

（1）菌种鉴定系统主机软件。

菌种鉴定系统主机软件包含Sherlock6.1 software菌种鉴定系统软件、Standard/Rapid Aerobe Library 6.1嗜氧菌库/快速嗜氧菌库。

（2）厌氧菌库（anaerobe library）。

（3）酵母库（yeast library）。

（4）脱氧核糖核酸库（DNA libraries）。

来源于任意测序仪的细菌的16 s rRNA基因或真菌/酵母菌的28 s rRNA的测序结果可以直接拷贝到Sherlock DNA软件，它利用系统发生树对序列进行识别分析和鉴定。

（5）文库生成软件（library generation software only）。

LGS是一个终端开放的研究软件包，完全由用户定义创建用户可以为自己的特殊菌株或物种创建新的数据库，如通过脂肪酸分析鉴定的鱼库，通过碳水化合物分析鉴定的昆虫库。

三、操作方法

（1）MIS主要用来分析及鉴定在人工培养基中纯化培养的微生物。

（2）Sherlock利用样品的前处理过程和GC去产生定性及定量脂肪酸再现性成分描述。

（3）从未知的微生物中萃取出脂肪酸，而后自动化地被定量且利用Sherlock的软件来鉴定检测出脂肪酸的成分。

四、优势

脂肪酸鉴定方法将菌分为嗜氧、厌氧及酵母在对应培养条件下培养一定时间（24~48 h），通过2 h的脂肪酸抽提后，进行GC，全自动分析，操作简单；自动取样，样品需求量少，成本低，检测试剂普通，易保存；脂肪酸成分在细菌中结构、含量十分稳定，鉴定过程无须人为判断；脂肪酸分析基于种的数据库，定性判断准确。

五、应用

对微生物细胞磷脂脂肪酸进行研究，根据微生物中特定$C_9 \sim C_{20}$短链磷脂脂肪酸的种类和含量进行鉴定和分析，通过对气相色谱获得的短链磷脂脂肪酸的种类和含量的图谱与数据库进行比对，从而快速准确地对微生物种类进行鉴定以及对磷脂脂肪酸分析。

1. 估算生物量

磷脂几乎存在于所有细胞的细胞膜中，在适宜的条件下，自然界微生物群落中细菌的细胞磷脂含量和微生物量有相对稳定的比例关系，故可根据这一点来确定细菌的生物量。总的生物量可以由极性磷脂水解后的磷酸盐估算，也可以由总的PLFA量估算。

2. 确定微生物群落的结构和指示特定微生物

结合白酒窖泥微生物发酵过程的特殊性，利用不同土壤类型和常见的酿酒微生物进行研究并建立白酒窖泥微生物群落的指纹图谱识别方法，从窖泥微生物中定量或半定量地获得了好氧菌、厌氧菌和真菌的量及相互之间比值的信息，一定程度上揭示了白酒酿造过程中微生物间的作用规律。

在现有的研究中 PLFA 一般只能粗略地区分革兰氏阳性、阴性菌，好氧细菌，厌氧细菌，真菌等，但有时也根据具有种属特异性的 PLFA 来指示特定的微生物。

3. 指示微生物群落结构的变化

用 PLFA 法测定重金属对土壤微生物的影响，发现经长时间重金属污染后，土壤中真菌/细菌的比值上升，其原因可能是真菌具有耐重金属污染的能力，同时也发现，在富含重金属的淤泥和黏土中，微生物量有明显的减少。

4. 指示营养状况

在自然条件中，微生物细胞易受外界环境因素的影响，从而改变膜脂的化学组分，以适应新的环境。因此，可以用脂类化学物质的变化作为微生物的生理学指标。根据这些生理学指标，可以定量地描述微生物所受环境压力的程度，以及种群中"活的"那部分微生物所占的比例。由于生理学指标与化学参数的变化紧密相联系，从而反映出了微生物活性。

PLFA 方法具有一定的局限性，主要表现为对微生物的分类还不够精确，只能根据某些相同的生理特征分成一个大的类群；标记脂肪酸进行实验室处理时易受人为因素干扰；脂肪酸含量在不同生长期，以及环境压力下会发生变化，但目前可通过环境因素标准化来解决一些问题。

在实际应用中，PLFA 分析法结合核酸鉴定技术、传统培养方法以及 BIOLOG 微量分析等，可以很大程度地提高结果的可靠性。

第八节　BacT/ALERT 3D 全自动微生物快速检测系统

一、全自动微生物快速检测的新标准

多项全自动微生物快速检测功能：BacT/ALERT3D 是第六代全自动微生物快速检测系统，也是血液和分枝杆菌检测系统的新标准，仪器外观如图 34-9 所示。它延续采用先进的不可逆二氧化碳改变颜色技术来侦测标准化培养瓶底二氧化碳感应器，可快速、准确地检测出培养瓶内是否有微生物的存在或生长。当培养瓶放入 3D 培养瓶后，仪器本身就提供了连续孵育、连续振荡、每 10 min 自动连续检测及 24 h 警示报告等多项全自动功能。

二、BacT/ALERT 3D 检测原理及判读

1. 显色原理

BacT/ALERT 3D 系统（图 34-9）中所使用的每一个培养瓶内底部都有颜色感应器，其中半渗透性硅胶膜隔离了培养基及颜色感应器，只有 CO_2 可渗透硅胶膜。当血液培养瓶内有微生物生长时，释出的 CO_2 渗透至经水饱和后的感应器，产生 H^+ 离子改变感应器的酸碱性，且颜色也随之改变，从深绿色转变为黄色。由颜色的变化计算有无微生物生长。其反应如下：

$$CO_2 + H_2O \Longrightarrow H_2CO_3 \longrightarrow H^+ + HCO_3^-。$$

图 34-9 BacT/ALERT 3D 检测系统

2. 检测原理

BacT/ALERT 3D 孵育机内，每一测试槽底部都有一组 LED 激光器及反射光感应器，放射光感应器随瓶底颜色感应器颜色的改变，产生不同的反射值。在光度信息经扩大、传送至电脑后，软件会自动连续分析及记录，然后电脑会自动计算并报告是否为阳性或阴性。电脑有下列 3 种阳性生长计算图表：①起始阈值——培养瓶放入孵育机前已经阳性，检测信号已经超过预设阈值，仪器判读为阳性；②速率——培养瓶放入孵育机时细菌是在生长期，检测信号已呈上升趋势，仪器判读为阳性；③连续加速度——培养瓶放入孵育机时细菌还未生长，经过一段时间后细菌开始生长，检测信号逐步开始上升。

三、BacT/ALERT 3D 硬件

1. 3D 操控台

（1）管理控制孵育机功能。

（2）使用条形码扫描机单一步骤输入或取出培养瓶。

（3）接受孵育机读取资料记录及分析。

（4）设定孵育机检测天数及温度（27~45 ℃）。

（5）触摸式 LED 荧幕，图示操作界面。

（6）1 台可控制管理 6 台孵育机。

2. 3D 检测孵育机

（1）每一孵育机容量为检测 240 瓶。当检测量超过 240 瓶时，只需加装另一个孵育机，可由同一操控台控制。

（2）每一孵育机有四个抽屉，每一个抽屉可同时检测 60 瓶，且每一个抽屉的温度、检测天数及是否振荡（与检测对象有直接关系）可独立由操控台控管。

（3）检测血液培养及分枝杆菌可以在同一检测孵育机的不同抽屉内。

（4）每一培养瓶检测槽底部都有一组反射检测器，每 10 min 自动连续检测一次。

（5）操作简易、安全、保养方便且无易损件。

四、BacT/ALERT 软件整合性资料库

（1）Windows 界面软件。

（2）培养瓶资料处理记忆力为 180 万瓶。

（3）整合性资料库，除检测结果外还可以输入细菌鉴定等结果。

第九节　阻抗法全自动微生物检测计数仪

电阻抗法（impedance technology）将待测样本与培养基置于反应试剂盒内，底部有一对不锈钢电极，测定因微生物生长而产生阻抗的改变。如微生物生长时可将培养基中的大分子营养物经代谢转变为活跃小分子，电阻抗法可测试这种微弱变化，从而比传统平板法更快速监测微生物的存在及数量。测定项目包括总生菌数、酵母菌、大肠杆菌群、霉菌、乳酸菌、嗜热菌、革兰氏阴性菌等。

一、应用原理

阻抗法通过测量微生物在生长代谢过程中导致培养基电导特性的变化，间接快速地检测样品中微生物含量。在培养过程中，微生物通过新陈代谢作用将培养基中电惰性的大分子营养物质，如蛋白质、脂肪、碳水化合物等转化分解为微电活性的小分子物质，如各种胺类、丙酮酸、氨基酸、乳酸盐、无机盐类、尿酸和有机酸等产物。

随着微生物的生长繁殖，培养基中的电活性物质逐渐累积，从而导致培养基的电特性发生变化——盐离子含量增加 3 ~ 12 倍，大大地提高了培养基的导电性能，其阻抗则呈现相应的下降趋势。

利用这个原理，通过测定培养基电阻抗随时间的变化，可以得到阻抗曲线图，不同的微生物在培养基中可产生具有作为诊检依据的特征性阻抗曲线，因此，可以根据阻抗改变的图形，对检测细菌做鉴定。如图 34-10所示，将两个电极浸入培养基中组成串联电路，通过放大器放大，即可检测出培养基阻抗的微弱变化。

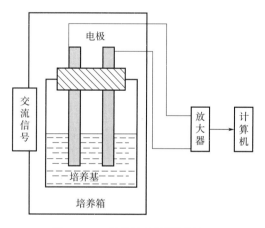

图 34-10　阻抗法的检测原理

二、仪器

电阻抗法操作时将一个接种过的生长培养基置于一个装有一对不锈钢电极的容器内，测定因微生物生长而产生的阻抗（及其组分）改变。电阻抗法可测试微弱的变化，从而比传统平板方法快速监测微生物的存在及计算数量，表 34-1 介绍了不同阻抗检测仪的特性比较。

目前，法国梅里埃公司的 Bactometer 全自动微生物检测计数仪、奥地利 Sy-lab 公司的 BacTrac 自动微生物快速检测系统、英国 Malthus 公司的 Malthus 微生物自动快速分析仪和英国 Don Whitley 公司的 Rabit 微生物检测系统是较为成熟的商业化阻抗仪。

表 34-1 不同阻抗检测仪的特性比较

仪器名称	Bactometer 电阻抗法全自动微生物监测系统	BacTrac 微生物快速检测系统	Malthus 微生物自动快速分析仪	Rabit 全自动微生物阻抗计数
工作频率/kHz	≤2	≤2	10	10
控温方式	空气	铝模	水浴	空气
温度范围/℃	10~55	0~56	10~55	5~45
检测参数	阻抗	阻抗	电导率	电导率
电极材料	不锈钢	不锈钢	铂	不锈钢
样品容量	64	21	60	32
相关系数	0.85~0.95	0.90~0.97	0.90~0.99	0.85~0.99

Bactometer 是一全自动微生物监测系统，主要由 BPU 电子分析器/培养箱、电脑、彩色终端机及打印机组成。样本在 BPU 电子分析器/培养箱中恒温培养，仪器及每 6 min 对每个样本进行检测，监测其微生物生长情况。Bactometer 是唯一能利用电阻抗、电容抗或总抗阻 3 种参数的监测系统，可处理 64~512 个样本，视型号而定。

三、应用

阻抗法具有敏感性高、反应性快、特异性强、重复性好、劳动强度低等优点。

1. 测定样品中菌落总数

阻抗法在食品检测中的主要应用是检测菌落总数，特别是对于保质期较短的食品，如果按常规的国标方法往往无法作出迅速的判断，因此，可通过测定电阻抗的变化来确定样品溶液中细菌的浓度，计算出每克样品的菌落总数。

使用阻抗法进行菌落总数的检测，首先需制定一条标准曲线，用平板计数法和阻抗法同时对样品进行测定，当培养基的阻抗变化达到设定的阈值时，记录所消耗的时间即为阻抗检测时间（IDT）。将平板计数所得数据的对数值作为纵坐标，对应的 IDT 值作为横坐标，可建立一条标准曲线。之后，把样品按比例稀释，接种检测，根据该样品的 IDT 值从标准曲线上计算出菌落总数。

2. 测定样品中的大肠杆菌群

国标规定食品中大肠杆菌群的检测方法为 MPN 法，需要耗费 48 h 以上才能得出结论。阻抗法可检测含菌量为 1 CFU/mL 的样品，所需时间仅为 10 h。由此可知，使用阻抗法检测生鲜牛奶中的大肠菌群时，比常规国标方法快 5~10 倍。

3. 测定样品中的霉菌酵母

国标中霉菌酵母的检测所需时间最长，为 5~7 d，对有些货架期较短的食品产品而言，如此长时间的检测耗时极大地阻碍了产品的销售，而阻抗法能大大缩短对霉菌酵母的检测时间，加快食品产品的流通。

使用阻抗法对饮用纯净水中的真菌总数进行测定，测定结果与现行的国际法比较，相符率为 90.4%，检测时间缩短至 44 h。

4. 对样品商业无菌的测定

目前，我国对罐头食品的检测主要依据于 GB 4789.26—2013《食品安全国家标准 食品微生物学检验 商业无菌检验》标准，即将样品在规定温度下放置 10 d，观察是否出现胖听、泄露、pH 显著变化等问题，以检查罐头中是否因杀菌不足或密封不当而存在微生物。使用国标方法对低酸性罐头食品进行商业无菌检测时常常存在假阴性，而阻抗法检测结果更为准确，同时，阻抗法全部检测过程可在 3 d 内完成，大大缩短了检测时间。

阻抗法是一种能对产品中的微生物含量和种类进行快速测定的方法，特别是一些常规的检测项目，如细菌总数、大肠菌群、霉菌和酵母、肠道性致病菌等，在检测时间上有明显的优势。如果与实时监测技术相结合，还能实现对微生物进行持续监测，监控生产过程中的微生物污染情况。

第十节　农药残留快速检测试剂盒

农药残留的检测仪器（气相色谱、液相色谱、色质联用等）花费金额巨大、便携性差，为相关部门的检测造成了巨大的困难。为此，快速检测农药残留试剂盒因其方便经济而受到广泛应用。

快速检测农药试剂盒包括酶联免疫（ELISA）试剂盒、胶体金免疫层析法快速检测试剂盒、酶抑制试剂盒等。重点介绍酶抑制试剂盒。

1985 年美国报道了一种称为农药检测器的酶片，可在田间快速检测有机磷和氨基甲酸酯类农药，其灵敏度在 0.1~10 mg/kg 范围。21 世纪初，酶抑制快速检测方法在我国基层得以推广应用。此技术是基于氨基甲酸酯和有机磷类农药对乙酰胆碱酯酶具有水解抑制作用的毒理学原理而建立的农残快速检测法，具有使用方便、操作简单和成本低廉等优点，适合现场大量样品的检测和筛选。国家质检总局标准委员会为此颁布了《蔬菜中有机磷和氨基甲酸酯类农药残留量快速检测》GB/T 5009.199—2003 国家标准。酶抑制快速检测试剂盒是一种非定量、非定性型的试剂盒，适用于有机磷和氨基甲酸酯类剧毒、高毒农药的检出。

一、原理

在农药残留中，最容易引起农药食物中毒的当属有机磷类杀虫剂。氨基甲酸酯类农药毒作用机理与有机磷农药相似，主要是抑制胆碱酯酶活性。

（一）生物酶法

生物酶法是基于农药能抑制某些特定的生物酶（如乙酰胆碱酯酶、羧酸酯酶等）的活性，并借助特定的显色反应，通过肉眼观察或仪器读数进行判定，以定性或定量检测样品中农药残留状况。

利用这一原理可以将靶标生物酶置于薄层色谱板、纸片或者试管中，使酶与试样进行反应，如果试样中没有农药残留或残留量极低，酶活性就不被抑制，底物可以被水解，水解产物通过与特定显色剂反应显色或本身具有颜色而显色；反之，如果试样中有较高量的残留农药，酶活性被农药抑制，底物不能被水解，从而不能显色。薄层法和纸片法的结果判定可通过显色程度大小或斑点大小、称重、溶出法等进行定性或半定量分析，比色法可采用吸光度值来计算酶活性的抑制程度，从而判断试样中是否有农药残毒。

（二）酶抑制试剂盒的作用原理

根据生物酶法，制成酶抑制试剂盒。其原理是利用有机磷和氨基甲酸酯类农药对动物体内乙酰胆碱酯酶（AChE）具有抑制作用，它的抑制率大小与农药的种类及含量有关。

在 AChE 及其底物（乙酰胆碱）的共存体系中，加入农产品样品提取液（样品中含有水），如果样品中不含有机磷或氨基甲酸酯类农药，酶的活性就不被抑制，乙酰胆碱就会被酶水解，水解产物与加入的显色剂反应就会产生颜色。反之，如果试样提取液中含有一定量的有机磷或氨基甲酸酯类农药，酶的活性就被抑制，试样中加入的底物就不能被酶水解，从而不显色。在检测方法上，可分为肉眼观察法和比色法。

肉眼观察法是利用胆碱酯酶可催化靛酚乙酸酯（红色）水解为乙酸与靛酚（蓝色），有机磷或氨基甲酸酯类农药对胆碱酯酶有抑制作用，使催化、水解、变色的过程发生改变，由此可判断出样品中是否含有有机磷或氨基甲酸酯类农药。比色法则利用有机磷和氨基甲酸酯类农药对动物和昆虫的毒性作用，通过特异性抑制胆碱酯酶（ChE）来实现的，但结果的判定是根据比色管溶液的变化通过目测比色来完成的（图34-11）。

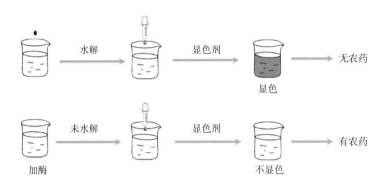

图34-11　显色判断

用目测颜色的变化或分光光度计测定吸光度值，计算出抑制率，就可以判断出样品中农药残留的情况。

以下是抑制率的公式［式（34-1）］：

$$抑制率（\%）=（[\Delta A_0 - \Delta A_1]/\Delta A_0）\times 100 \qquad (34-1)$$

判定方法：当抑制率≥50%时，表示蔬菜中存在一定浓度的有机磷或氨基甲酸酯类农药。测定值与农药残留呈正相关，测定值越高，说明农药残留越高。

在比色测定中，酶活性越高，吸光度值越低。当样品提取液中有一定量的有机磷或氨基甲酸酯类农药存在时，酶活性受到抑制，吸光度值则较高。据此可判断样品中有机磷农药或氨基甲酸酯类农药的残留情况。因此，测定待测样品对 AChE 的抑制率，通过与标准农药样品进行比较，可对待测样品中农药残留进行初步定性和定量。

二、仪器

酶抑制试剂盒内包含4种：试剂酶、底物、显色剂和缓冲溶液。试剂酶可以通过农药残留中的有机磷等特殊物质遇到酶产生的抑制作用来判断农药是否有残留。底物对于试验结果也有一定的影响，底物的稳定性关系到试验结果误差的大小，所以通过考虑底物的经济价值和稳定等方面来选择合适的底物。显色剂的作用非常大，在加入显色剂后，它可以与被测物质发生反应，然后生成具有一定颜色的物质，让它在紫外线和可见光区域吸收，从而可以测量被测物质的含量。显色剂放在干燥阴凉的地方，便于存储。配置好的试剂存放于 12 ℃ 冰箱中，当配置好的试剂在冰箱中存放 14 d，试剂的抑制率稍有变化，但酶活不随时间的移动而持续降低，并不影响使用。缓冲溶液能够维持体系的稳定，包括保持 pH 的稳定，保持溶液的总离子强度稳定，保证溶液内物质的稳定。溶液体系的 pH 的变化往往关系到实验研究工作的成效。所以缓冲溶液是不可缺少的一部分。图 34-12 是几种酶抑制试剂盒的照片。

图 34-12　商品化酶抑制试剂盒

（一）酶的基质和显色反应类型

酶抑制剂显色反应可使用的基质（底物）和显色剂很多，包括各种乙酰胆碱（ACh）、乙酰萘酯以及其他羧酸酯、乙酸羟基吲哚及其衍生物。根据其反应的灵敏度、适用性、酶原、基质、显色剂获得难易等，选用最合适的基质和显色剂。

（二）酶原的种类

酶原选择是生物酶技术应用的基础，其性质的好坏、特异性大小、稳定与否直接关系到检测结果。各种农药对一些酶的活性均有不同程度的抑制作用。

常用的酯酶：动物（牛、猪、绵羊、猴、鼠、兔或鸡）的肝脏酯酶；人血浆或血清；马血清或黄血中的胆碱酯酶；蜜蜂或蝇头的脑酯酶；动物（兔、牛、鼠）的羧酸酯酶。肝酯酶和植物酯酶应用较少，常用的是脑酯酶和血清酯酶。

（三）影响因素

该方法检测农药残留的检测灵敏度与所使用的酶原、测定方法（终点法或速率法）、反应时间、反应温度等有密切关系。其中所采用酶原的活性以及不同农药对酶活性的抑制能力是影响酶法检测灵敏度的主要因素。在优化的条件下，酶活力越高，测定的灵敏度也越高。

对测定中的酶液工作浓度、底物用量、显色剂用量以及酶促反应时间等参数进行优化，以确定酶抑制法农药残毒快速测定的最佳工作条件。

三、技术

（一）酶抑制剂

酶抑制剂是一种与酶结合的化合物。抑制剂通过防止 ES 的形成或防止 ES 生成 E+P 来抑制酶的活性。抑制作用可分为不可逆抑制和可逆抑制作用，不可逆抑制剂通过共价键与酶结合；可逆抑制剂通过非共价键与酶结合，可以通过透析或凝胶过滤从酶溶液中除去。

酶制剂的来源：微生物、动物和植物，但是主要来源于微生物。由于微生物比动植物具有更多的优点，一般选用优良的产酶菌株，通过发酵来产生酶。

酶抑制法中酶最为关键，酶的种类决定着检测的灵敏度。酶抑制法测定农药残留所用的酶包括乙酰胆碱酯酶、丁酰胆碱酯酶、动物与植物酯酶，其中乙酰胆碱酯酶应用较多，乙酰胆碱酯酶对有机磷农药较敏感，测定灵敏度高，选择性强。

（二）操作

取样：取 1 g 样品（非叶菜类取 4 g），切碎。

提取：加入 20 mL 提取试剂。

抑制反应：振荡 1~2 min。

培养：将上清液倒入试管中，静止 3 min，加入 50 μL 酶，3mL 样品提取液，50 μL 显色剂。

仪器测定：倒入比色杯测定。

1. 样本要求

尽量选取新鲜的水果、蔬菜和茶叶。擦去表面泥土，剪成 1 cm 左右见方碎片。对于蔬菜，含有对检测有影响的物质，容易产生假阳性。处理这类样品时（包括叶绿素较多的样品），可选取整株或整片蔬菜检测。

2. 试剂保存

配制前均为冷冻保存，有效期 18 个月（0~5 ℃冷藏保存为 12 个月）。

3. 试剂配制

缓冲液：取一包用 510 mL 蒸馏水摇匀溶解后常温备用。

底物：取一瓶加入 3.1 mL 蒸馏水摇匀溶解，用时取 100 μL，配制后 0~5 ℃冷藏保存。

酶液：取一瓶加入 3.1 mL 缓冲液摇匀溶解，用时取 100 μL，配制后 0~5 ℃冷藏保存。

显色剂：取一瓶加入 20 mL 缓冲液摇匀溶解，用时取 100 μL，配制后 0~5 ℃冷藏保存。

4. 检测样本制备

取有代表性的蔬菜除去泥土，用天平称取 1 g，叶菜取叶片部分，瓜果取皮 2 g。

将菜样剪成小碎片置于小烧杯内，加入 5 mL 缓冲液，静置浸泡 15 min（或振荡 1 min）。

将烧杯中的浸泡液用移液管吸取上清部分 2.5 mL 移入另一试管内，即为样本提取液。

5. 测试

取一支试管加入 2.5 mL 缓冲作为空白对照，然后与各样本提取液的试管分别依次加入酶液 100 μL、显色剂 100 μL（摇匀，放置 15 min），加入底物 100 μL。

摇匀后马上倒入比色皿中然后立即放入仪器，按"开始空白分析"键后等待检测结果。（做过对照后，接下来的检测则按"开始样品分析"，但重新开机或更换试剂后需要再做一次空白对照）。

检测时间为 3 min 的空白对照值 ΔA_0 应 ≥0.3；当温度低于 20 ℃时应该采取加温措施，以提高数据的准确性；若 $\Delta A_0 < 0.3$，又无条件加温时，空白及样品的酶量可加倍。

6. 结果判定

抑制率<50%时，判定为合格；抑制率≥50%时，农药残毒超标，必要时可进行定量检测。

7. 注意事项

使用试剂时，用一瓶配制一瓶，用前应摇匀。试剂应避免交叉污染，吸出后的试剂不可再打回瓶内。

（三）酶抑制法试剂盒的特点（表34-2）

表34-2 酶抑制法检测的优缺点

酶抑制法	优点	缺点
残毒速测箱	无须大型设备和专业人员，成本较低，酶片保存时间长	灵敏度低，不能定量
比色法	灵敏度高，操作简便，检测快，可检测多种残毒综合量	酶易失活，不易保存，检测时受温度影响，需要控制的条件较多
传感器	灵敏度高，仪器自动化程度高，响应时间短，适合现场检测	方法选择性有限，原理单一（仅限于胆碱酯酶的功能被抑制）生物材料固定化易失活

（四）酶抑制快速检测试剂盒技术存在的问题

酶抑制法具有操作简便、快速、不需要昂贵的仪器设备、测定方法易于掌握等优点，特别适于现场检测及大批量样品的筛选。但是，该方法会造成一些检测的假阳性，造成一些误差。假阳性率和假阴性率越低，试剂盒的准确度越高。

四、在食品分析中的应用

在国外酶抑制试剂盒快速检测农药残留被用于空气、水、土壤和食品等样品的农残测定，国内市场也陆续推出如"农药速测卡"和"农药检测卡"等产品。

酶抑制试剂盒能快速便捷地检测出农药残留，不同有机磷和氨基甲酸酯类农药的水溶性不同，由于水的渗透性较差，通常不能将残留于叶片内部的农药有效地提取出来，因而，测定结果往往误差较大，造成错筛、漏筛的概率非常高。随着技术进步、科技发展，可以通过研究试剂酶来弥补酶抑制试剂盒存在的灵敏度有限的问题。通过酶的优化，能够使得酶抑制快速检测试剂盒向更广的应用领域进发。

思 考 题

1. Biolog 微生物自动分析系统的优缺点分别是什么？

2. VITEK 系统的应用体现在哪些方面？

3. 基于图像处理的菌落自动计数系统与传统的普通营养琼脂倾注法相比，优越性体现在哪些方面？

4. 酶抑制试剂盒在农药残留快速检测中的应用有哪些？

参考文献

[1] 汪尔康. 21 世纪的分析化学 [M]. 北京：科学出版社，2009.

[2] JUSTYNA PLOTKA-WASYLKA, JACEK NAMIESNIK. Green Analytical Chemistry [M]. Springer Nature Singapore Pte Ltd. ，2019：19.

[3] S. SUZANNE NIELSEN. Food analysis [M]. Springer International Publishing，2019.

[4] JAMES W. ROBINSON, EILEEN M. SKELLY FRAME, GEORGE M. FRAME II. Undergraduate Instrumental Analysis [M]. Taylor & Francis Group LLC，2014：61.

[5] 赵杰文，孙永海. 现代食品检测技术 [M]. 北京：中国轻工业出版社，2008.

[6] 郭培源，刘波，李杨，等. 食品安全现代检测技术综述 [J]. 中国酿造，2014，33 (4)：5-7.

[7] 谢修志. 生物技术在食品检测方面的应用 [J]. 生物技术通报，2010 (1)：68-72.

[8] 孙东平，李羽让，纪明中，等. 现代仪器分析实验技术（上册）[M]. 北京：科学出版社，2015.

[9] 汪东风，徐莹. 食品化学 [M]. 3 版. 北京：化学工业出版社，2019.

[10] 张明生. 激光光散射谱学 [M]. 北京：科学出版社，2008.

[11] 华东师大光学教材编写组，姚启钧. 高等学校教材·光学教程 [M]. 北京：高等教育出版社，2006.

[12] 黄蕙忠. 表面化学分析 [M]. 上海：华东理工大学出版社，2007.

[13] 华中一，罗维昂. 表面分析 [M]. 上海：复旦大学出版社，1989.

[14] 孟庆昌. 透射电子显微学 [M]. 哈尔滨：哈工大出版社，1998.

[15] 黄孝瑛. 透射电子显微学 [M]. 上海：上海科技出版社，1996.

[16] 张清敏，徐濮. 扫描电子显微镜和 X 射线微区分析 [M]. 天津：南开大学出版社，1988.

[17] 黄兰友，刘绪平. 电子显微镜与电子光学 [M]. 北京：科学出版社，1991.

[18] 里德著. 电子探针显微分析 [M]. 林天辉，章靖国，译. 上海：上海科学技术出版社，1980.

[19] 洪班德，崔约贤. 材料电子显微分析实验技术 [M]. 哈尔滨：哈尔滨工业大学出版社，1990.

[20] LUDGRER O. FIGURA, ARTHUR A. TEIXEIRA. Food Physics [M]. Springer. Com，Springer-Verlag Berlin Heidelerg，2007.

[21] D. 布里格斯. 聚合物表面分析 X 射线光电子谱 XPS 和静态次级离子质谱 SSIMS [M]. 曹立礼，邓宗武，译. 北京：化学工业出版社，2001.

[22] 滕凤恩，王煜明. X 射线分析原理与晶体衍射实验 [M]. 长春：吉林大学出版

社，2002.

[23] 周玉，武高辉．材料分析测试技术：材料 X 射线衍射与电子显微分析 ［M］．哈尔滨：哈尔滨工业大学出版社，2007.

[24] 杜希文，原续波．材料分析方法 ［M］．天津：天津大学出版社，2014.

[25] 王富耻．材料现代分析测试方法 ［M］．北京：北京理工大学出版社，2006.

[26] 朱和国，尤泽深，刘吉梓．材料科学研究与测试方法 ［M］．3 版．南京：东南大学出版社，2016.

[27] 祁景玉．现代分析测试技术 ［M］．上海：同济大学出版社，2006.

[28] 周玉．材料分析方法 ［M］．北京：机械工业大学出版社，2004.

[29] 黄惠忠．论表面技术及其在材料分析中的应用 ［M］．北京：科学技术文献出版社，2002.

[30] 秦玉娇．扫描电镜原理及样品制备 ［J］．2020 （22）：34-35，41.

[31] 常铁军，祁欣．材料近代分析测试方法 ［M］．哈尔滨：哈尔滨工程大学出版社，2005.

[32] 屠康，姜松，朱文学．食品物性学 ［M］．南京：东南大学出版社，2006.

[33] 李里特．食品物性学 ［M］．北京：中国农业出版社，2010.

[34] 姜传海，杨传铮．X 射线衍射技术及其应用 ［M］．上海：华东理工大学出版社，2010.

[35] 漆雍，戎觯华．X 射线衍射与电子显微分析 ［M］．上海：上海交通大学出版社，1992.

[36] 马咸尧．X 射线衍射与电子显微分析基础 ［M］．武汉：华中理工大学出版社，1993.

[37] 刘粤惠，刘平安．X 射线衍射分析原理与应用 ［M］．北京：化学工业出版社，2003.

[38] 陈晋南，何吉宇．聚合物流变学及其应用 ［M］．北京：中国轻工业出版社，2018.

[39] 吴其晔，巫静安．高分子材料流变学 ［M］．北京：高等教育出版社，2014.

[40] 于甜．软质食品流变学特性及测量方法的研究 ［D］．青岛：中国海洋大学，2012.

[41] HELEN S. JOYNER. Rheology of Semisolid Foods ［M］. Springer Nature Switzerland AG，2019：63.

[42] 蔡正千．热分析 ［M］．北京：高等教育出版社，1993.

[43] 沈兴．差热、热重分析与非等温固相反应动力学 ［M］．北京：冶金工业出版社，1995.

[44] 于伯龄，姜胶东．实用热分析 ［M］．北京：纺织工业出版社，1990.

[45] 曾幸荣．高分子近代测试分析技术 ［M］．广州：华南理工大学出版社，2007.

[46] 崔丽伟，展海军，白静．热分析技术在食品分析研究中的应用 ［J］．食品研究与开发，2013 （10）：126-129.

[47] 黄海．DSC 在食品中的运用 ［J］．食品与机械，2002 （2）：6-9.

[48] 高义霞，周向军．食品仪器分析实验指导 ［M］．成都：西南交通大学出版社，2016.

[49] 刘振海，陈学思，山立子．聚合物量热测定 ［M］．北京：化学工业出版社，2002.

[50] 李占双，景晓燕，王君．近代分析测试技术 ［M］．北京：北京理工大学出版社，2005.

[51] 刘小明．介电常数及其测量技术 ［M］．北京：北京邮电大学出版社，2015.

[52] 谭忠印，周丹红．电化学分析原理及技术 ［M］．沈阳：辽宁师范大学出版社，2001.

[53] 张绍衡．电化学分析法 ［M］．重庆：重庆大学出版社，1999.

[54] 吴守国，袁倬斌．电分析化学原理 ［M］．合肥：中国科学技术大学出版社，2006.

[55] 徐培方．仪器分析（一）：电化学分析 [M]．北京：地质出版社，1992．

[56] 李启隆．电分析化学 [M]．北京：北京师范大学出版，1995．

[57] 达世禄．色谱学导论 [M]．武汉：武汉大学出版社，1999．

[58] INAMUDDIN, Ali Mohammad. Green Chromatographic Techniques [M]. Springer Science+Business Media Dordrecht, 2014：55．

[59] 刘约权．现代仪器分析 [M]．北京：高等教育出版社，2001．

[60] 陈集，饶小桐．仪器分析 [M]．重庆：重庆大学出版社，2002．

[61] 奚长生，宗荣阵．仪器分析 [M]．广州：广东高等教育出版社，1999．

[62] 冯晓群，包志华．食品仪器分析技术 [M]．重庆：重庆大学出版社，2013．

[63] 杜一平．现代仪器分析方法 [M]．上海：华东理工大学出版社，2008．

[64] 庞国芳．农药兽药残留现代分析技术 [M]．北京：科学出版社，2007．

[65] 贾晓春．现代仪器分析技术及其在食品中的应用 [M]．北京：中国轻工业出版社，2005．

[66] 曾繁清，杨业智．现代分析仪器原理 [M]．武汉：武汉大学出版社，2000．

[67] 严衍禄．现代仪器分析 [M]．北京：中国农业大学出版社，1999．

[68] 张祥民．现代色谱分析 [M]．上海：复旦大学出版社，2004．

[69] 夏之宁，季金苟，杨丰庆．色谱分析法 [M]．重庆：重庆大学出版社，2012．

[70] 张廉奉．气相色谱原理及应用 [M]．银川：宁夏人民出版社，2009．

[71] 丁明玉，田松柏．离子色谱原理与应用 [M]．北京：清华大学出版社，2001．

[72] 熊维巧．仪器分析 [M]．成都：西南交通大学出版社，2019．

[73] 王俊德，商振华，郁蕴璐．高效液相色谱法 [M]．北京：化学工业出版社，1992．

[74] 许国旺．现代实用气相色谱法 [M]．北京：化学工业出版社，2006．

[75] 张华．现代有机波谱分析 [M]．北京：化学工业出版社，2007．

[76] 刘虎威．气相色谱方法及应用 [M]．北京：化学工业出版社，2007．

[77] 吴烈均．气相色谱检测方法 [M]．北京：化学工业出版社，2006．

[78] 汪正范．色谱定性与定量 [M]．北京：化学工业出版社，2007．

[79] 孙凤霞．仪器分析 [M]．北京：化学工业出版社，2004．

[80] 陈培榕，李景红，邓勃．现代仪器分析实验与技术 [M]．北京：清华大学出版社，2012．

[81] 陆婉珍．现代近红外光谱分析技术 [M]．北京：中国石油出版社，2010．

[82] 朱明华．仪器分析 [M]．4 版．北京：高等教育出版社，2000．

[83] 马红梅．实用药物开发仪器分析 [M]．上海：华东理工大学出版社，2014．

[84] 任玉红，王艳红．现代仪器分析技术 [M]．济南：山东人民出版社，2014．

[85] 成跃祖．凝胶渗透色谱法的进展及其应用 [M]．北京：中国石化出版社，1993．

[86] 张文清．分离分析化学 [M]．上海：华东理工出版社，2014．

[87] 严拯宇．中药薄层色谱分析技术与应用 [M]．北京：中国医药科技出版社，2009．

[88] 张震南，周振惠．薄层色谱分析及其最新进展 [M]．昆明：云南科学技术出版社，1989．

［89］章育中，郭希圣．薄层层析法和薄层扫描法［M］．北京：中国医药科技出版社，1990．

［90］朱自强．超临界流体技术 原理和应用［M］．北京：化学工业出版社，2000．

［91］罗永明．中药化学成分提取分离技术与方法［M］．上海：上海科学技术出版社，2016．

［92］吴国祯．分子振动光谱学原理与研究［M］．北京：清华大学出版社，2001．

［93］邱德仁．原子光谱分析［M］．上海：复旦大学出版社，2002．

［94］范康年．谱学导论［M］．北京：高等教育出版社，2001．

［95］杨茹，邱法林，刘翊．分光光度学［M］．北京：机械工业出版社，1998．

［96］王宗明，何欣翔，孙殿卿．实用红外光谱学［M］．北京：石油工业出版社，1990．

［97］王兆民，王奎雄，吴宗凡．红外光谱学 理论与实践［M］．北京：兵器工业出版社，1995．

［98］荆煦瑛，陈式棣，么思云．红外光谱实用指南［M］．天津：天津科学出版社，1992．

［99］刘翠玲，孙晓荣，吴静珠，等．多光谱食品品质检测技术与信息处理研究［M］．北京：机械工业出版社，2018．

［100］朱自莹，顾仁敖，陆天虹．拉曼光谱在化学中的应用［M］．沈阳：东北大学出版社，1998．

［101］李蔚，王锡宁，王国玲．原子吸收光谱分析应用指南［M］．青岛：中国海洋大学出版社，2012．

［102］张扬祖．原子吸收光谱分析应用基础［M］．上海：华东理工大学出版社，2007．

［103］沈泽清．原子吸收分光光度计及其维修保养［M］．北京：科学技术文献出版社，1989．

［104］原现瑞．核磁共振波谱学的基本原理和实验［M］．石家庄：河北人民出版社，2019．

［105］阮榕生．核磁共振技术在食品和生物体系中的应用［M］．北京：中国轻工业出版社，2009．

［106］孟令芝，龚淑玲，何永炳．有机波谱分析［M］．武汉：武汉大学出版社，2009．

［107］吴立军．有机化合物波谱解析［M］．北京：中国医药科技出版社，2009．

［108］李冰，杨红霞．电感耦合等离子体质谱原理和应用［M］．北京：地质出版社，2005．

［109］贾益群，牟峻．食品添加剂及药剂辅料质谱与红外光谱鉴定［M］．长春：吉林大学出版社，2007．

［110］杨玉平，张振伟．太赫兹成像技术［M］．北京：中国民族大学出版社，2008．

［111］向世明．现代光电子成像技术概论［M］．北京：北京理工大学出版社，2013．

［112］毕诗章．现场光谱技术与仪器研究［D］．天津：南开大学，2000．

［113］徐霞，成芳，应义斌．近红外光谱技术在肉品检测中的应用和研究进展［J］．光谱学与光谱分析，2009，29（7）：1876-1880．

［114］YUKIHIRO OZAKI，CHRISTIAN HUCK，SATORU TSUCHIKAWA Near-Infrared Spectroscopy［M］．Springer Nature Singapore Pte Ltd，2021．

［115］孙大文，吴迪，何鸿举，等．现代光学成像技术在食品品质快速检测中的应用［J］．华南理工大学学报：自然科学版，2012，40（10）：59．

［116］刘翠玲，吴静珠，孙晓荣．近红外光谱技术在食品品质检测方法中的研究［M］．北

京：机械出版社，2016.

[117] 双锴．计算机视觉［M］．北京：北京邮电大学出版社，2020.

[118] 郑南宁．计算机视觉与模式识别［M］．北京：国防工业出版社，1998.

[119] 刘传才．图像理解与计算机视觉［M］．厦门：厦门大学出版社，2002.

[120] 廖宁放，石俊生，贺书芳，等．高等色度学［M］．北京：北京理工大学出版社，2020.

[121] 汤顺青．色度学［M］．北京：北京理工大学出版社，1990.

[122] 李云飞，姜晓峰．计算机图形图像技术与应用教程［M］．北京：北京希望电子出版社，2002.

[123] 滕秀金，邱迦易，曾晓栋．颜色测量技术［M］．北京：中国计量出版社，2007.

[124] 肖作兵，牛云蔚．香精制备技术［M］．北京：中国轻工业出版社，2019.

[125] 高利萍，王俊，崔绍庆．不同成熟度草莓鲜榨果汁的电子鼻和电子舌检测［M］．浙江大学学报：农业与生命科学版，2012，38（6）：715-724.

[126] 王晶，王林，黄晓蓉．食品安全快速检测技术［M］．北京：化学工业出版社，2007.

[127] 朱永定，揭广川、包志华．食品检测技术——食品安全快速检测技术［M］．北京：科学出版社，2010.

[128] 王林，王晶，周景洋．食品安全快速检测技术手册［M］．北京：化学工业出版社，2008.

[129] 师邱毅，纪其雄，许莉勇．食品安全快速检测技术及应用［M］．北京：化学工业出版社，2010.

[130] 朱水芳．实时荧光聚合酶链反应 PCR 检测技术［M］．北京：中国计量出版社，2003.

[131] 马立人，蒋中华．生物芯片［M］．北京：化学工业出版社，2002.

[132] 卢圣栋．现代分子生物学实验技术［M］．北京：中国协和医科大学出版社，1999.

[133] 姜富昌，黄庆华．食源性病原生物检测技术［M］．武汉：湖北科学技术出版社，2003.

[134] 蒋原．食源性病原微生物检测技术图谱［M］．北京：科学出版社，2019.

[135] 余传霖，熊思东．分子免疫学［M］．上海：复旦大学出版社，2001.

[136] 朱正美．简明免疫学技术［M］．北京：科学出版社，2001.

[137] 陶义训．免疫学和免疫学检验［M］．北京：人民卫生出版社，2001.

[138] 梁国栋．最新分子生物学实验技术［M］．北京：科学出版社，2001.

[139] 张维铭．现代分子生物学实验手册［M］．北京：科学出版社，2007.

[140] 林万明．PCR 技术操作和应用指南［M］．北京：人民军医出版社，1993.

[141] 朱水芳．实时荧光聚合酶链反应 PCR 检测技术［M］．北京：中国计量出版社，2003.

[142] 张璟，胡晓宁．食品微生物检验技术及设备操作指南［M］．兰州：甘肃文化出版社，2017.

[143] 王睿．免疫学实验技术原理与应用［M］．北京：北京理工大学出版社，2019.

[144] 虎永兰，邵健．免疫学检验［M］．南京：江苏科学技术出版社，2015.

[145] 王易．免疫学导论［M］．上海：上海中医药大学出版社，2007.

［146］蒋建飞．纳米芯片学［M］．上海：上海交通大学出版社，2007．

［147］马文丽，郑文岭．DNA 芯片技术的方法与应用［M］．广州：广东科技出版社，2002．

［148］向正华，刘厚奇．核酸探针与原位杂交技术［M］．上海：上海第二军医大学出版社，2001．

［149］黄晓峰，张远强，张英起．荧光探针技术［M］．北京：人民军医出版社，2004．

［150］郭素枝．电子显微镜实验原理与技术［M］．厦门：厦门大学出版社，2008．

［151］姜静．分子生物学实验原理与技术［M］．哈尔滨：东北林业大学出版社，2004．

［152］E. VAN PELT-VERKUIL, W. B. VAN LEEUWEN, R. TE WITT. Molecular Diagnostics ［M］. Springer Nature Singapore Pte Ltd., 2019.

［153］YUNBO LUO. Functional Nucleic Acid Based Biosensors for Food Safety Detection ［M］. Springer Nature Singapore Pte Ltd. , 2018.

［154］苏弘艳．无标记核酸探针的构建及其在高灵敏核酸检测中的应用［D］．长沙：湖南大学，2014．

［155］王鑫，车振明，黄韬睿．分子生物学方法在食品安全检测中的应用［J］．食品工程，2007（3）：7-10．

［156］CHUANLLAI XU, HUA KUANG, LIGUANG XU. Food Immunoassay ［M］. Springer Nature Singapore Pte Ltd. 2019.

［157］Gennady Evtugyn. Biosensors：Essentials ［M］. Springer-Verlag Berlin Heidelberg，2014：21.

［158］姜昌富，董庆华．食源性病原生物检测技术［M］．武汉：湖北科学技术出版社，2003．

［159］白新鹏．食品检验新技术［M］．北京：中国计量出版社，2010．